全国建设行业职业教育任务引领型规划教材

建筑与结构施工图识读

主　编　庞　玲
主　审　刘丽君

中国建筑工业出版社

图书在版编目（CIP）数据

建筑与结构施工图识读/庞玲主编. —北京：中国建筑工业出版社，2016.8
全国建设行业职业教育任务引领型规划教材
ISBN 978-7-112-19606-7

Ⅰ. ①建… Ⅱ. ①庞… Ⅲ. ①建筑制图-识别-职业教育-教材 Ⅳ. ①TU204

中国版本图书馆 CIP 数据核字（2016）第 157594 号

本书包括 3 个项目，分别为：建筑制图基础知识、识图节点训练、综合实训。本书为实训型教材，图文并茂、注重实用、重点突出，每个任务后的思考训练题，可起到巩固知识的作用。本书附有 3 套工程图纸。

本书既可作为职业学校建筑类专业的实训教材，也可供工程技术人员参考使用。

责任编辑：朱首明 聂 伟
责任校对：李欣慰 关 健

全国建设行业职业教育任务引领型规划教材
建筑与结构施工图识读
主 编 庞 玲
主 审 刘丽君
*
中国建筑工业出版社出版、发行（北京西郊百万庄）
各地新华书店、建筑书店经销
霸州市顺浩图文科技发展有限公司制版
廊坊市海涛印刷有限公司印刷
*
开本：787×1092 毫米 横 1/8 印张：20 字数：557 千字
2016 年 8 月第一版 2016 年 8 月第一次印刷
定价：**42.00** 元
ISBN 978-7-112-19606-7
（29121）

前 言

本书以职业教育人才培养要求为目标，定位于综合能力与职业素养的培养，融“教、学、做”为一体。本书注重能力与基础知识融会贯通，以基础理论够用为原则，重点突出实用性。本书采用项目形式，以识图实训为主线，融入建筑物构造原理。通过本书的学习，可使学生掌握建筑工程施工、工程造价专业应具备的核心知识和操作技能，为后续课程做准备。

本书共分为 3 个项目。项目 1 为建筑制图基础知识，共 5 个任务，任务中的思考训练和实训任务，用于巩固知识点。项目 2 为识图节点训练，以识读附录 1 的建筑与结构施工图为主线，共分为 9 个任务，每个任务包括 2 个模块，模块 1 先导入学习情境引导文，模块 2 为知识链接，其主要内容为完成学习情境引导文应了解的知识点，包括建筑图、结构图识读的内容和方法，以及图纸中涉及的相关构造知识。任务后附有思考训练，用于巩固相关知识点。建议在教学过程中，教师将学习情境引导文的识读任务逐一布置给学生，引导学生了解知识链接中与该任务相关的内容后，以学生独立或小组讨论的方式来完成学习情境引导文中的识读任务，教师检查并讲评，指导学生梳理知识点，最后布置思考训练，进一步巩固知识点。项目 3 为综合实训，包括附录 2、附录 3 中图纸的综合识读，每个任务均布置了实训任务单，学生可独立完成相关问题，教师通过检查和讲评，指导学生识读图纸，提高识读技能。

本书附录包括 3 套工程图纸，其中附录 1 为某小学教学楼建施图、结施图，附录 2 为某住宅楼建施图、结施图，附录 3 为某办公楼建施图、结施图。

本书由广西城市建设学校的庞玲主编，其他参编人员为王颖、蒙萱、林妍。全书由刘丽君主审。具体编写分工如下：项目 1 由王颖、庞玲编写；项目 2 的任务 2.1～任务 2.3 由蒙萱、庞玲编写；项目 2 的任务 2.4 由王颖、庞玲编写；项目 2 的任务 2.5、任务 2.6、任务 2.8、任务 2.9 由林妍、庞玲编写；项目 2 的任务 2.7、项目 3、附录由庞玲编写。

限于编者水平，书中难免存在不足和不当之处，恳请读者不吝批评指正。

目　录

项目1　建筑制图基础知识

【教学目标】

能力目标： 掌握图幅、比例、尺寸标注、图线的相关规定，了解投影方法的分类、三面视图的原理及定位关系，了解点、线、平面的投影规律，掌握基本形体的投影，了解组合形体投影的识读，掌握剖面图、断面图的画法规定、分类及识图方法。

知识目标： 图幅、比例、尺寸标注及图线的基本知识，投影方法分类，三面视图及对应关系、方位关系，点、直线、平面的投影，基本形体的投影，组合体投影，剖面图、断面图的画法规定及识图方法，剖面图、断面图分类。

任务1.1　图幅、比例、尺寸标注、图线

工程图样之所以能够成为工程技术界的共同语言，主要是由于图样格式、内容、画法、几何及工程制图和标注等，都有一系列必须共同遵循的统一规定，简言之，就是实现了制图的标准化。制图的标准化工作是一切工业标准的基础。

我国现行的制图标准是1983年和1984年发布，1985年实施的《中华人民共和国国家机械制图标准》。国家标准简称“标准”，代号“GB”。本书主要介绍《房屋建筑制图统一标准》GB/T 50001—2010及《技术制图图纸幅面和格式》GB/T 14689—2008等标准中有关图纸幅面、图线、比例及尺寸标注等内容。

模块1.1.1　图 纸 幅 面

一、图纸幅面规格

图幅，即图纸幅面，指图纸的大小。图纸的幅面有5种基本尺寸，见表1-1。

幅面及图框尺寸（mm）　　**表1-1**

尺寸代号＼图幅代号	A0	A1	A2	A3	A4
$b\times l$	841×1189	594×841	420×594	297×420	210×297
c	10			5	
a	25				

注：$b\times l$分别为图纸的短边与长边，a、c分别为图框线到图幅边缘之间的距离。A0面积为$1m^2$，A1为A0的对开，其他以此类推。

必要时，图纸可沿长边方向加长（短边一般不加长），但加长后的尺寸应符合表1-2的规定。

图纸长边加长后尺寸（mm）　　**表1-2**

幅面代号	长边尺寸	长边加长后尺寸
A0	1189	1486、1635、1783、1932、2080、2230、2378
A1	841	1051、1261、1471、1682、1892、2102
A2	594	743、891、1041、1189、1338、1486、1635、1783、1932、2080
A3	420	630、841、1051、1261、1471、1682、1892

二、图样格式

图纸以短边作垂直边称为横式，一般A0～A3图纸宜采用横式。图纸以短边为水平边的称为立式，A4图纸常采用立式。必要时各号图纸都可以横式或立式使用。A0～A3横式图幅、A4立式图幅、A0～A3立式图幅如图1-1～图1-3所示。

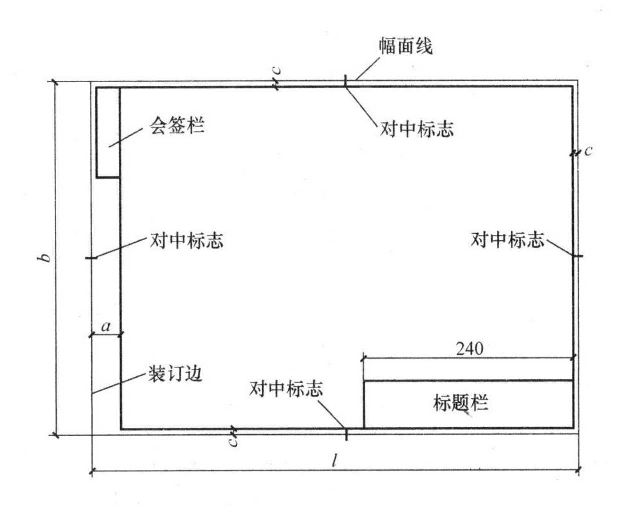

图1-1　A0～A3横式图幅

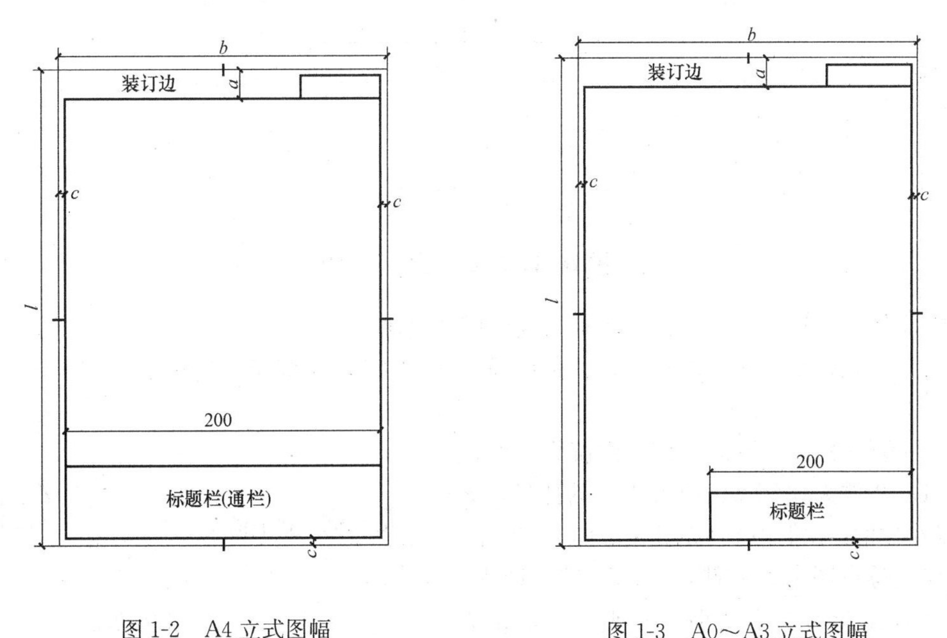

图1-2　A4立式图幅　　图1-3　A0～A3立式图幅

三、标题栏

标题栏用于填写图纸的图表名、图名、比例、设计单位、设计师姓名及日期等内容，主要分区及尺寸常见形式如图1-4所示。

四、会签栏

会签栏在图纸左上角，其尺寸应为100mm×20mm，栏内应填写会签人员所代表的专业、姓名、日期。一个会签栏不够时，可另加一个，两个会签栏应并列，不需要会签的图纸可不设会签栏。会签栏格式如图1-5所示。

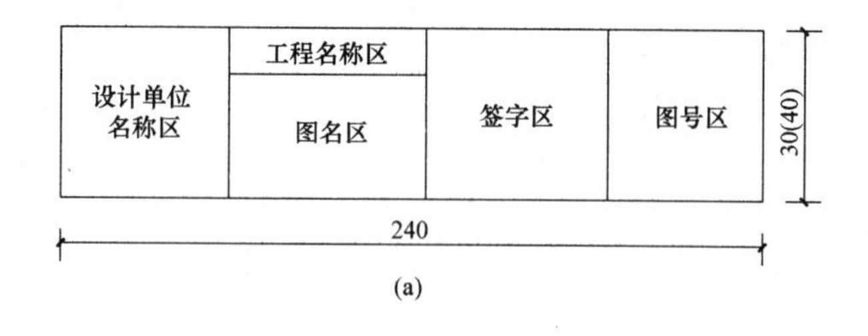

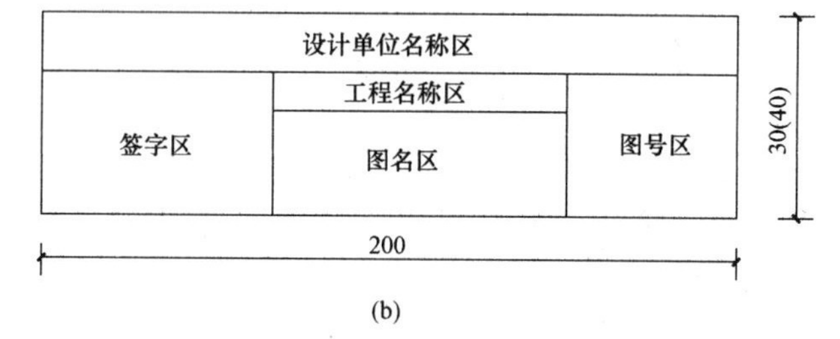

图 1-4 标题栏

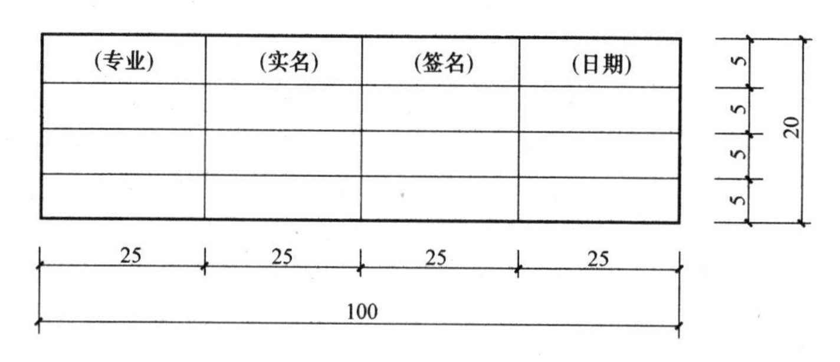

图 1-5 会签栏

模块 1.1.2 比 例

图样的比例是图形与其实物相应要素的线性尺寸之比。

比例的大小，是指其比值的大小，比例的符号为“∶”，比例应用阿拉伯数字表示，如：1∶1、1∶50、1∶200 等。

比例可分为三种：①原值比例：比值为 1 的比例，即 1∶1；②放大比例：比值大于 1 的比例，如 2∶1；③缩小比例：比值小于 1 的比例，如 1∶100。

比例宜注写在图名的右侧，字的基准应取平，比例的字高宜比图名的字高小一号或二号，如图 1-6所示。

北立面 1∶100　　⑤ 1∶50

图 1-6 比例的注写

绘图所用比例，应根据图样的用途以及复杂程度选用，国家规定绘制房屋建筑图时常用的比例见表 1-3。

常用比例　　表 1-3

图 名	常 用 比 例
总平面图	1∶500、1∶1000、1∶2000
平面图、剖面图、立面图	1∶50、1∶100、1∶200
局部放大图	1∶10、1∶20、1∶50
详图	1∶1、1∶2、1∶5、1∶10、1∶20、1∶50

模块 1.1.3 尺 寸 标 注

图样上，除了画出建筑物及其各部分的形状外，还须包括准确的、详尽的和清晰的标注尺寸，以确定其大小，作为施工的依据。

一、基本原则

1. 物体的真实大小应以图样上所标注的尺寸数值为依据，与图样的大小及绘图的准确性无关。

2. 图样中（包括技术要求和其他说明）的尺寸，以“mm”为单位，不需标注计量单位的代号或名称，如采用其他单位，则必须注明相应的计量单位的代号或名称。

3. 图样中所注的尺寸，为该图样所示物体的最后完工尺寸，否则，应另加说明。

4. 物体的每一个尺寸，一般只标注一次，并应标注在反映该结构最清晰的图形上。

二、尺寸标注的组成（标注尺寸的四要素）

一个完整的尺寸由尺寸界线、尺寸线、尺寸起止符号和尺寸数字组成，故常称为尺寸的四要素。尺寸标注的组成，如图 1-7 所示。

1. 尺寸界线

尺寸界线应与被注长度垂直，一般用细实线绘制，也可借用轮廓线、中心线等代替。其一端应离开图样轮廓线不小于 2mm，另一端宜超出尺寸线 2～3mm。

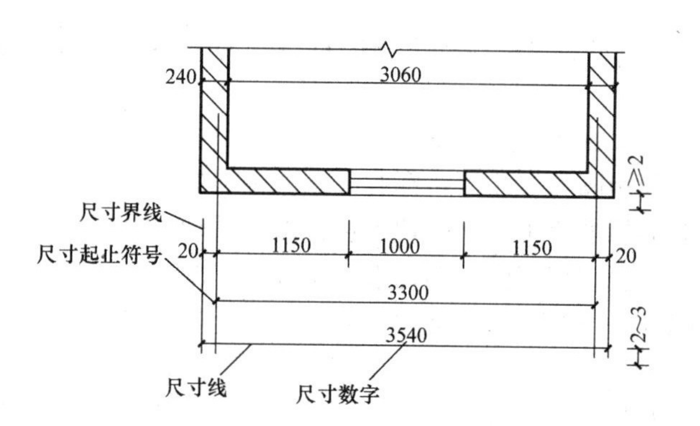

图 1-7 尺寸标注的组成

2. 尺寸线

尺寸线应与被注长度平行，且不得超出尺寸界线。尺寸线应用细实线绘制，任何图线均不得用作尺寸线。

3. 尺寸起止符号

尺寸起止符号一般用中粗短线绘制，其倾斜方向应与尺寸界线呈顺时针 45°角，长度宜为 2～3mm。半径、直径、角度与弧长的尺寸起止符号，宜用箭头表示。

4. 尺寸数字

尺寸数字应注写在尺寸线中部。当尺寸线为水平方向时，尺寸数字注写在尺寸线上方；当尺寸线为垂直方向时，尺寸数字注写在尺寸线左方；当尺寸线为其他方向时（倾斜方向），尺寸数字字头要保持朝上的趋势，如图 1-8（a）所示。应尽量避免在斜线范围内注写尺寸，当不能避免时，可按

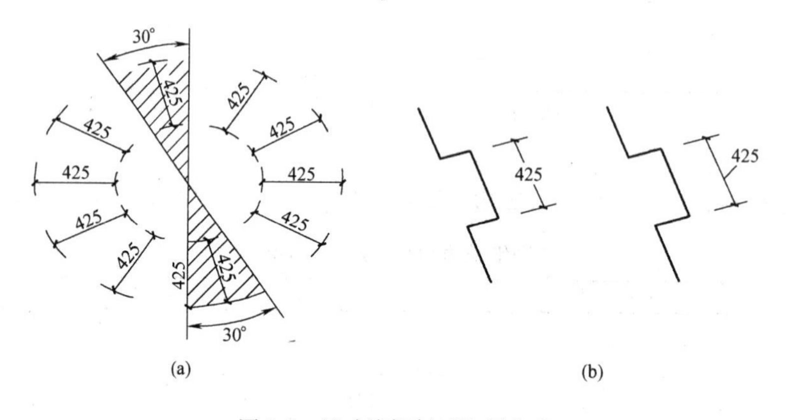

图 1-8 尺寸线倾斜时注写方式

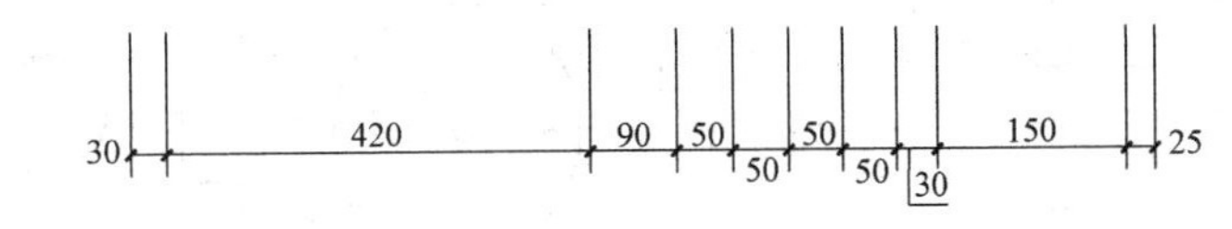

图 1-9 尺寸数字注写位置

照图 1-8（b）所示注写。当尺寸数字较密时，最外面的尺寸数字可注写在尺寸界线外侧，中间相邻的尺寸数字可上下错开注写，或用引出线引出再标注，引出线端部用圆点表示标注尺寸的位置，如图 1-9 所示。

三、尺寸的标注方法

1. 尺寸宜标注在图样轮廓线外，不宜与图线、文字和符号等相交，如图 1-10 所示。

2. 相互平行的尺寸线，应从图样轮廓线由近向远整齐排列，小尺寸在里面，大尺寸在外面，如图 1-11 所示。

3. 图样轮廓线以外的尺寸界线，距图样最外轮廓之间的距离，不宜小于 10mm。平行排列的尺寸线的间距宜为 7～10mm，并应保持一致，如图 1-11 所示。

4. 总尺寸的尺寸界线应靠近所指部位，中间的分尺寸的尺寸界线可稍短，但其长度应当相等，如图 1-11 所示。

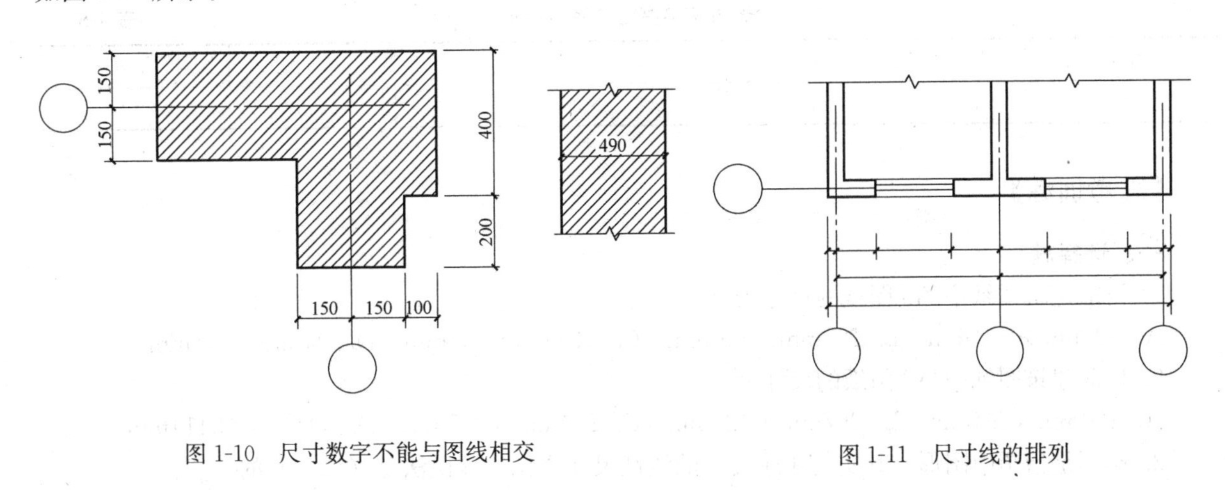

图 1-10 尺寸数字不能与图线相交　　图 1-11 尺寸线的排列

四、半径、直径、圆弧、角度及坡度的尺寸标注

1. 半径的尺寸线，一端从圆心开始，另一端画箭头指向圆弧，且尺寸数字前加注半径符号“*R*”，如图 1-12 所示。

2. 直径的尺寸线应当通过圆心，两端画箭头指向圆弧，标注圆的直径时，直径数字前加注直径符号“*ϕ*”，如图 1-13 所示。

3. 较小的半径或直径，可标注在圆弧外部，较大的半径可用折线表示，如图 1-14～图 1-16 所示。

4. 标注圆弧的弧长时，尺寸线应以与该圆弧同心的圆弧表示，尺寸界线应垂直于该圆弧的弦，起止符号应以箭头表示，弧长数字上方加注符号“⌒”，如图 1-17 所示。

5. 角度的尺寸线用细实线圆弧表示，圆弧的圆心为角的顶点，起止符号用箭头表示，当角度较小时，箭头可标注在轮廓线外侧，如图 1-18 所示。

6. 坡度尺寸可采用百分数、比值和直角三角形的形式标注。标注坡度时，在坡度数字下面应加注坡度符号“⟵———”，如图 1-19 所示。

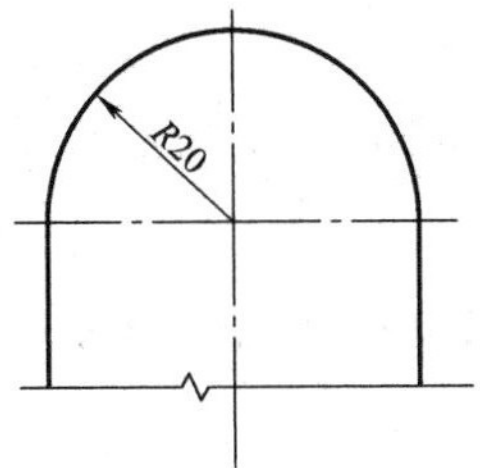

图 1-12 半径的标注

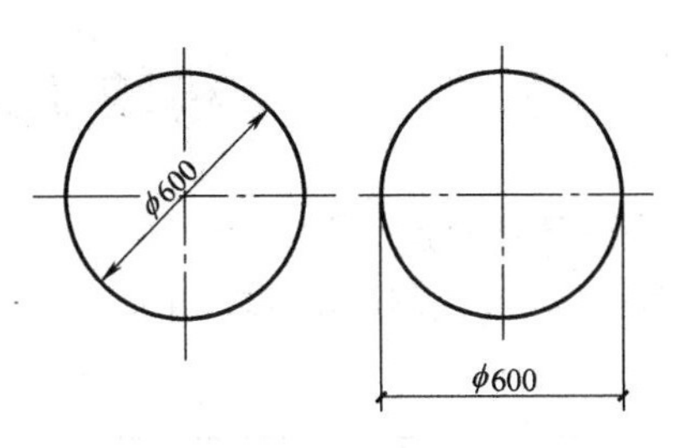

图 1-13 直径的标注

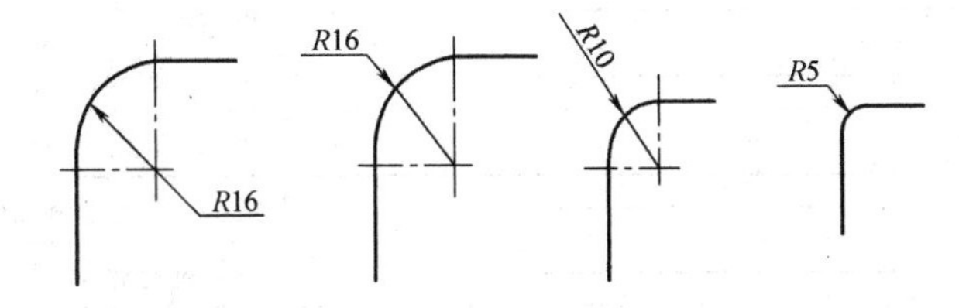

图 1-14 较小圆的半径标注

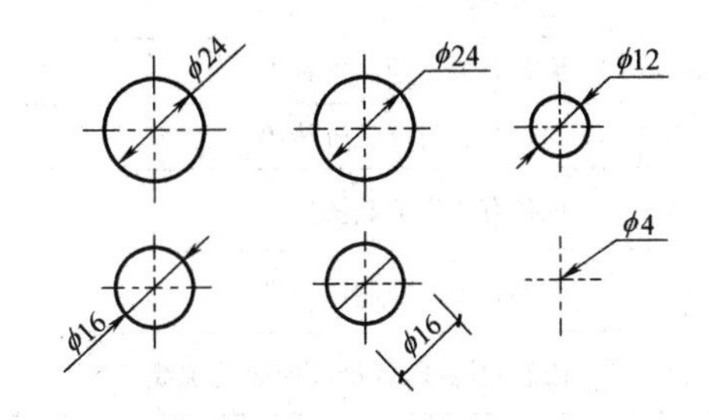

图 1-15 较小圆的直径标注

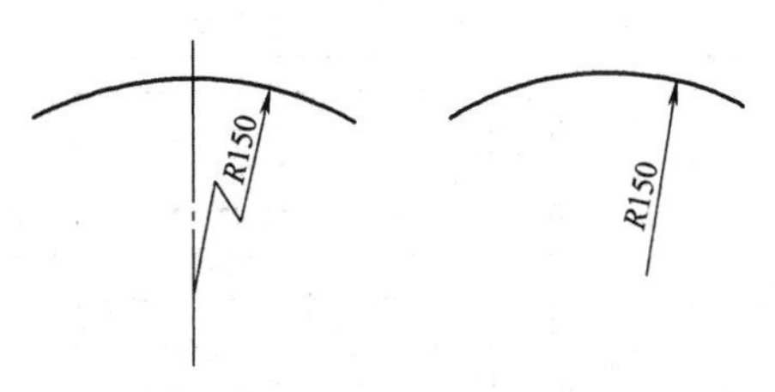

图 1-16 较大圆的半径

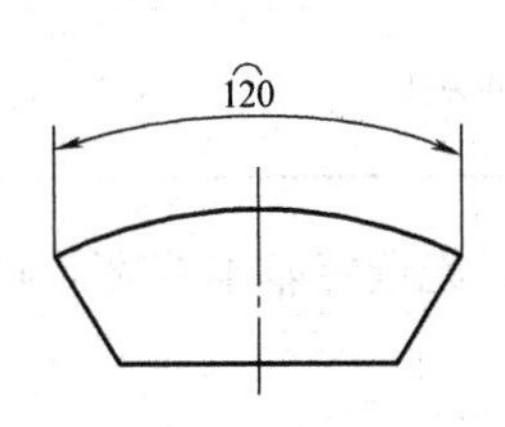

图 1-17 圆弧的标注

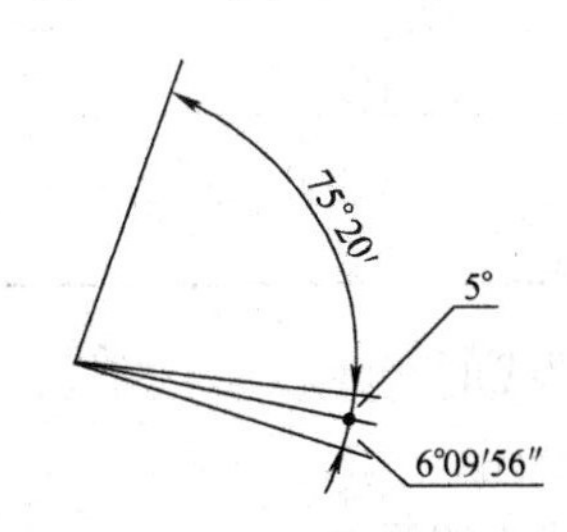

图 1-18 角度的标注

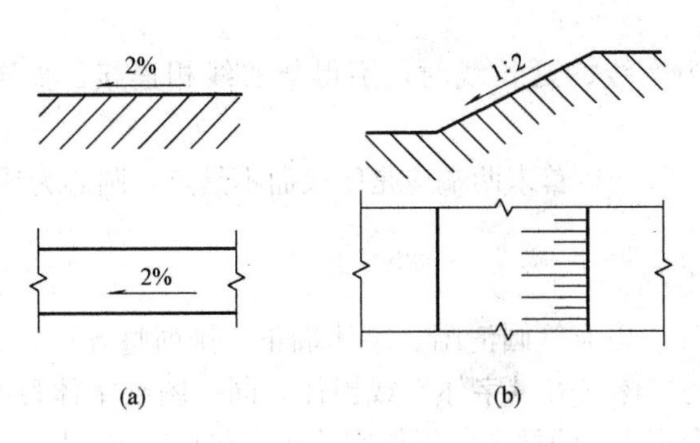

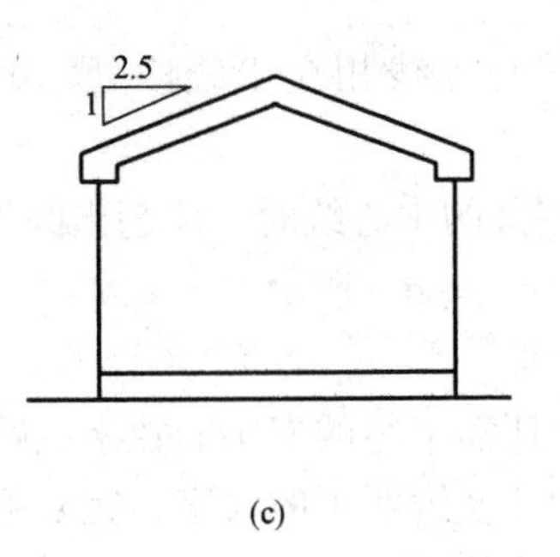

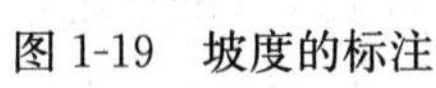

图 1-19 坡度的标注

模块 1.1.4　图线和字体

一、线型及其应用

在图样中为了表示不同内容，并且能够主次分明，绘图时须选用不同线型和线宽的图线，见表 1-4。

线型与线宽　　表 1-4

名称		线型	线宽	用途
实线	粗	————	b	主要可见轮廓线
	中粗	————	$0.7b$	可见轮廓线
	中	————	$0.5b$	可见轮廓线、尺寸线、变更云线
	细	————	$0.25b$	图例填充线、家具线
虚线	粗	— — — —	b	见各有关专业制图标准
	中粗	— — — —	$0.7b$	不可见轮廓线
	中	— — — —	$0.5b$	不可见轮廓线、图例线
	细	— — — —	$0.25b$	图例填充线、家具线
单点长画线	粗	——·——	b	见各有关专业制图标准
	中	——·——	$0.5b$	见各有关专业制图标准
	细	——·——	$0.25b$	中心线、对称线、轴线等
双点长画线	粗	——··——	b	见各有关专业制图标准
	中	——··——	$0.5b$	见各有关专业制图标准
	细	——··——	$0.25b$	假想轮廓线、成型前原始轮廓线
折断线	细	——\/——	$0.25b$	断开界线
波浪线	细	∿∿∿	$0.25b$	断开界线

b 为图线的宽度，每个图样都应该根据复杂程度与比例大小，先选定基本线宽，再选用表 1-4 中相应的线宽组。

二、图线的画法

1. 同一图样中，同类线的宽度应基本一致，虚线、点画线、双点画线各自线段的长短和间隙应大致相符；相互平行的两条线，其间隙不宜小于图内粗线的宽度，且不宜小于 $0.7b$，如图 1-20（a）所示。

2. 虚线与虚线相交于线段处，虚线为实线的延长线时，不得与实线相连接，如图 1-20（b）所示。

3. 绘制圆的中心线时，应超出圆外 2～5mm，首末两端应是线段而不是点，圆心为线段的交点，如图 1-20（c）、(d) 所示。

三、字体

图纸上所需书写的文字、数字或符号等，均应笔画清晰、字体端正、排列整齐；标点符号应清楚正确。图样及说明中的汉字，宜采用长仿宋体（矢量字体）或黑体，同一图纸字体种类不应超过两种。长仿宋体的宽度与高度的关系应符合表 1-5 的规定，黑体字的宽度与高度应相同。

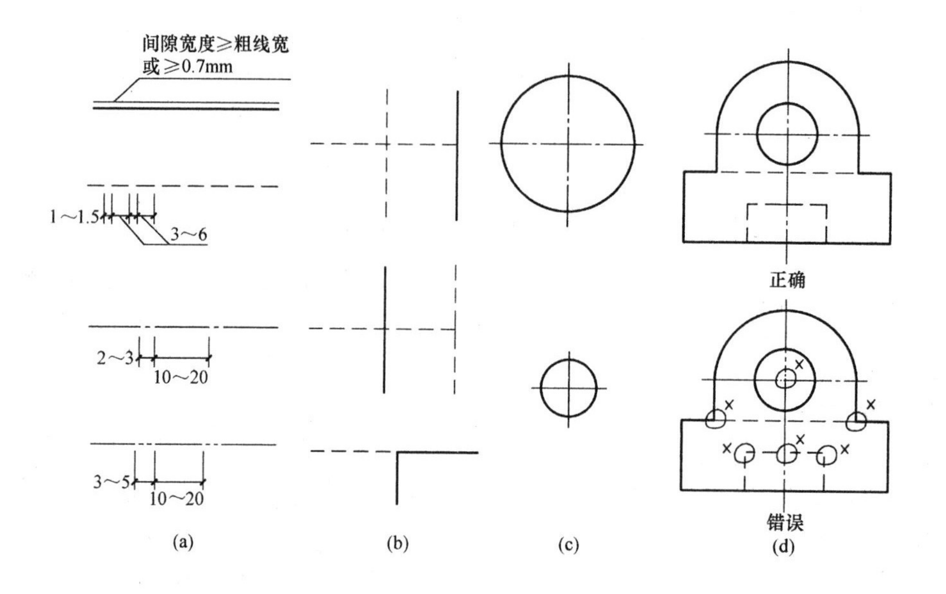

图 1-20　图线的画法

(a) 线的画法；(b) 交接；(c) 圆的中心线画法；(d) 举例

长仿宋字高宽关系（mm）　　表 1-5

字高	20	14	10	7	5	3.5
字宽	14	10	7	5	3.5	2.5

【思考训练】

一、选择题

1. 目前建筑图纸中 A3 图纸的尺寸为（　　）。

A. 420mm×594mm　B. 297mm×420mm　C. 210mm×297mm　D. 594mm×841mm

2. 目前建筑图纸中 A2 图纸的尺寸为（　　）。

A. 420mm×594mm　B. 297mm×420mm　C. 210mm×297mm　D. 594mm×8414mm

3. 比例是指图中图形与其实物相应要素的线性尺寸之比。该说法是（　　）的。

A. 正确　B. 错误

4. 下列给出的比例属于原值比例的是（　　）。

A. 1∶2　B. 1∶1　C. 1∶10　D. 5∶1

5. 某反映实形且比例为 1∶10 的大样图，在图中量得某边的尺寸为 10mm，则物体的实际尺寸应为（　　）mm。

A. 1.0　B. 10　C. 100　D. 1000

6. 尺寸的起止符号一般应用细斜实线绘制。该说法是（　　）的。

A. 正确　B. 错误

7. 尺寸起止符号一般应用（　　）绘制，其倾斜方向应与尺寸界线呈顺时针 45°角。

A. 细实线　B. 细点画线　C. 中粗实线　D. 细虚线

8. 尺寸标注的组成，不包括：（　　）。

A. 尺寸界线　B. 尺寸起止符号　C. 尺寸数字　D. 尺寸线　E. 点画线

9. 定位轴线采用（　　）线型。

A. 细点画线　　　　B. 虚线　　　　　　C. 实线　　　　　　D. 波浪线

10. 细实线的用途是分水线、中心线、对称线、定位轴线。该说法是（　　）的。

A. 正确　　　　　B. 错

二、根据指定比例，在图样上标注尺寸。

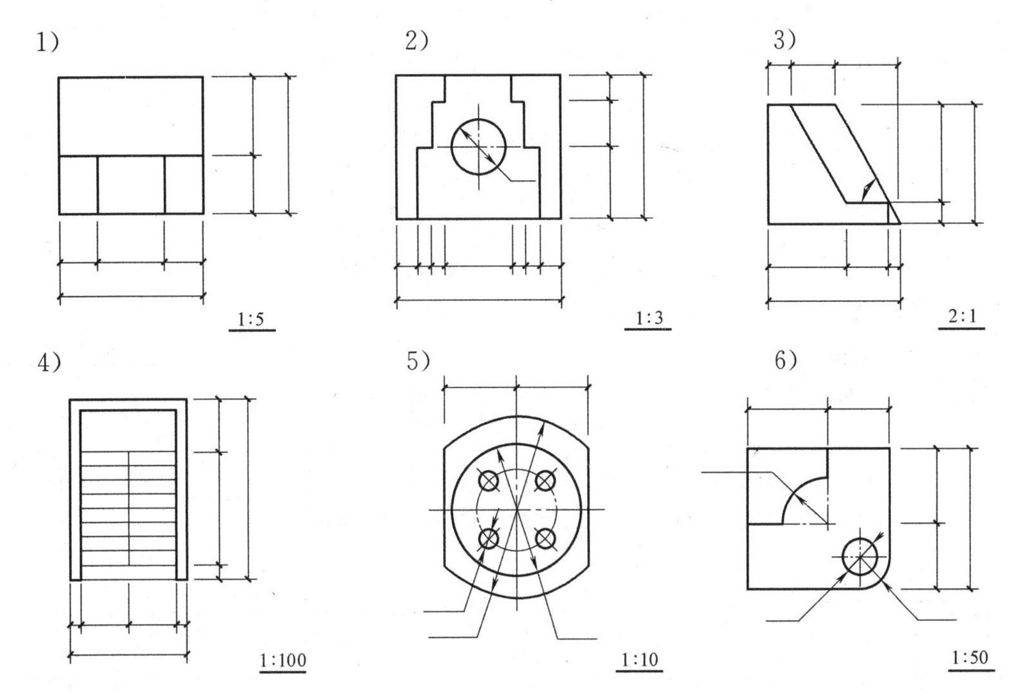

三、绘图题

1. 假设一间卫生间的尺寸为长×宽=2600mm×1800mm，请用 1∶50 的比例画出示意图，并标注尺寸。

2. 假设一间办公室的尺寸为长×宽=6900mm×3300mm，请分别用 1∶100，1∶200 的比例画出示意图，并标注尺寸。

3. 假设一块方形手表的尺寸为长×宽=38mm×16mm，请分别用 1∶5、2∶1 的比例画出示意图，并标注尺寸。

四．线型练习

按 1∶30 比例抄绘图样。要求：线型分明，交接正确，注写认真。

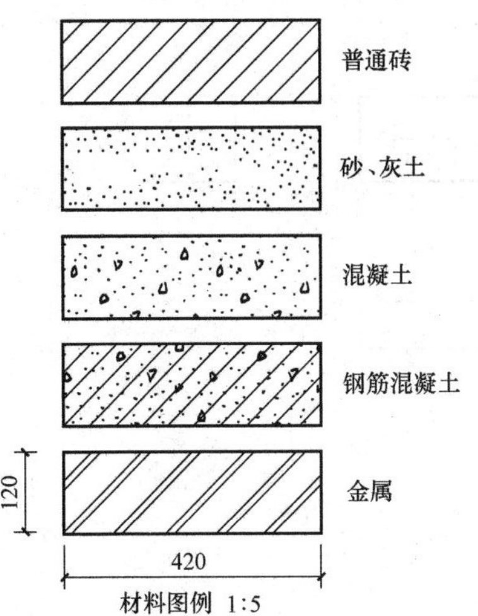

材料图例 1:5

任务 1.2　投影方法分类、三面视图

模块 1.2.1　投影方法和投影分类

一、投影法

当光线（阳光或灯光）照射物体时，就会在墙面或地面（承影面）上产生影子，如图 1-21（a）所示。

人们对影子的产生过程进行科学的抽象，把光源抽象为投影中心，把光线抽象为投射线（投影线），把物体抽象为形体，把成影面抽象为投影面，把影子的轮廓抽象为投影，如图 1-21（b）所示。

由此可见，形成投影应具备投影线、物体、投影面三个基本要素。

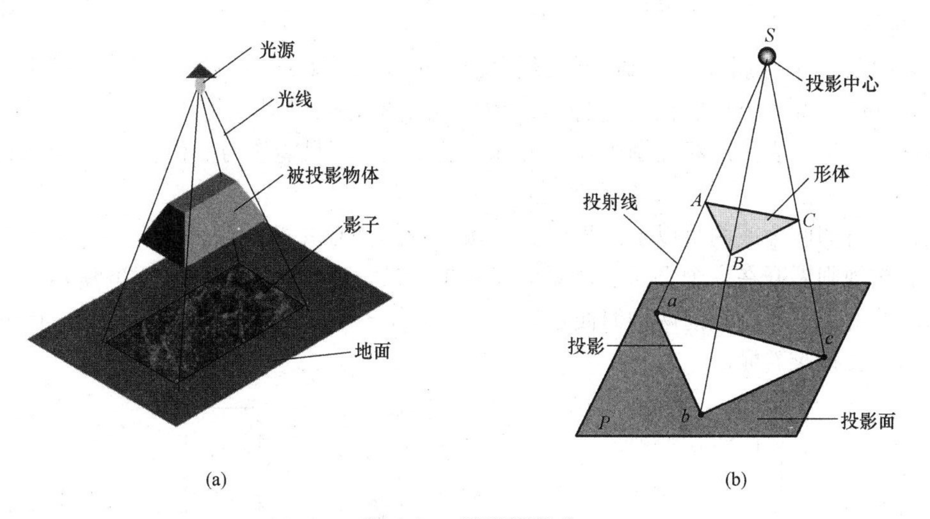

图 1-21　投影的形成

二、投影的分类

投影一般分为中心投影和平行投影两类。

1. 中心投影

由一点发出呈放射状的投影线照射物体所形成的投影为中心投影，如图 1-22 所示。

2. 平行投影

由平行投影线照射物体形成的投影为平行投影。平行投影又可分为斜投影和正投影两种。

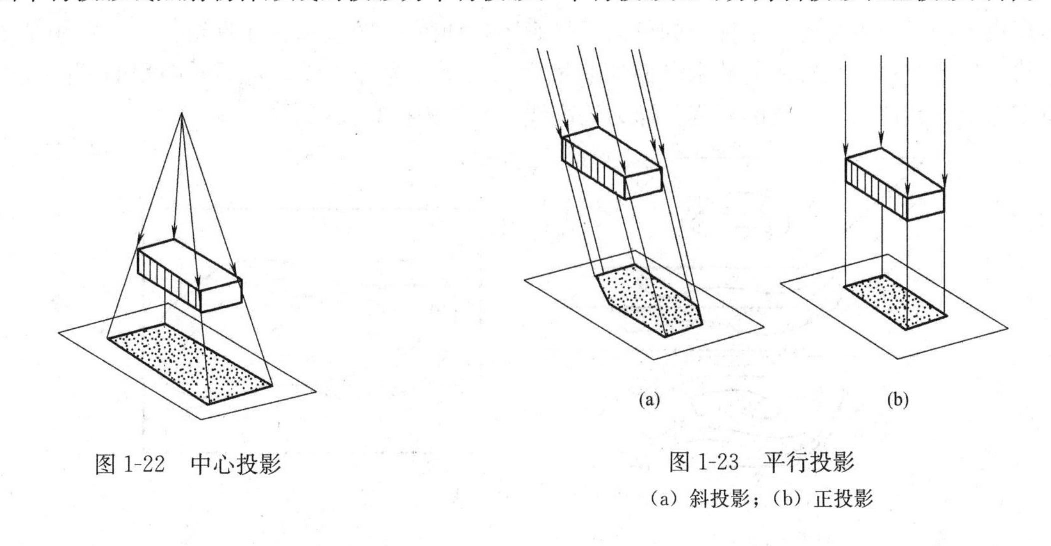

图 1-22　中心投影

图 1-23　平行投影

（a）斜投影；（b）正投影

正投影是由平行投影线在与其垂直的投影面形成上的投影，如图 1-23（a）所示。斜投影是平行投影线在与其倾斜的投影面上形成的投影，如图 1-23（b）所示。

三、工程上常用的投影图

根据不同的需要，可应用中心投影和平行投影（斜投影和正投影）的投影方法得到工程中常见的 4 种投影图。

1. 透视投影图

按中心投影法画出的单面投影图，如图 1-24 所示。这种图形同人的眼睛观察物体或投影所得的结果相似，形象逼真，立体感强，用来绘制建筑物的立体图，用于初步设计绘制方案图和工艺美术、宣传广告画等，但作图复杂，形体的尺寸不能直接在图中度量，所以不能用作施工图。

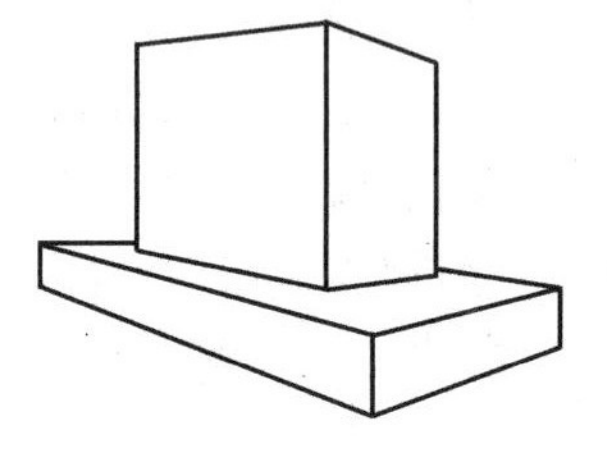

图 1-24　形体的透视图

2. 轴侧投影图

轴侧投影图是用平行斜投影法画出的投影图（也称立体图），如图 1-25所示。画图时只需一个投影面，这种投影图的优点是立体感强，非常直观，但作图繁琐，表面形状在图中往往失真，度量性差，只能作为工程上的辅助图样。

3. 正投影

采用互相垂直的两个或两个以上的投影面，按正投影法在每个投影面上分别获得同一物体的正投影图，然后按规则展开在一个平面上，便得到物体的多面正投影图，如图 1-26 所示。

正投影图的优点是作图较前两种简便，显示性好，便于度量，工程上应用最广，但缺乏立体感，无投影知识的人员很难看懂。

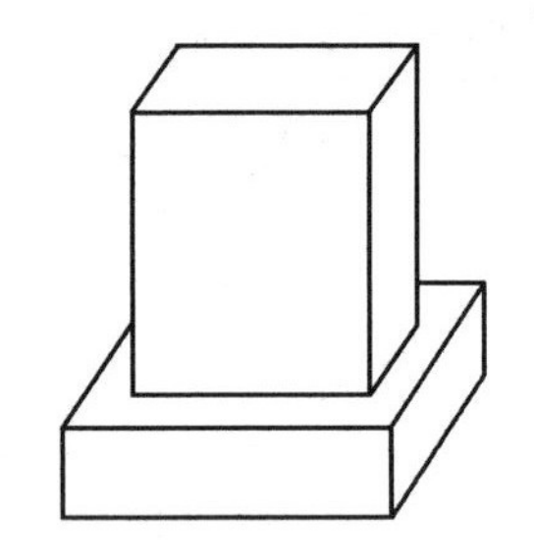

图 1-25　形体的轴侧投影图

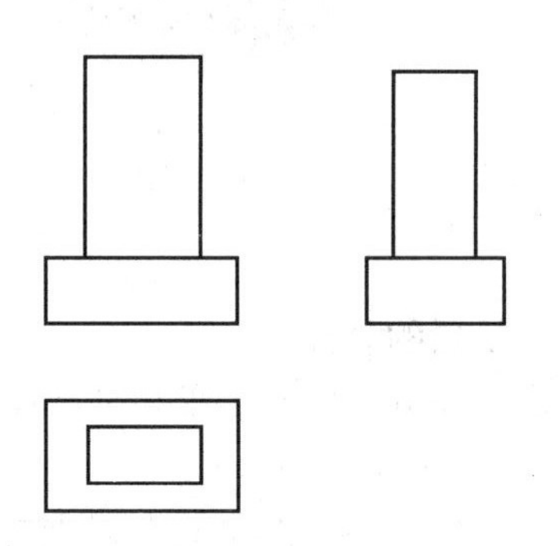

图 1-26　形体的正投影图

4. 标高投影图

标高投影图是一种带有数字标记的单面正投影图，如图 1-27 所示。在建筑工程上常用来表示地面的形状，作图时用一组等距离的水平面切割地面，其交线为等高线。将不同高程的等高线投影在水平投影面上，并注出等高线的高程，即为等高线，也称为标高投影图。

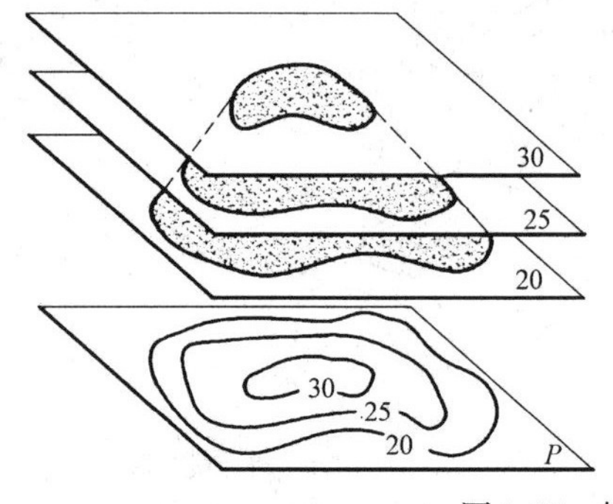

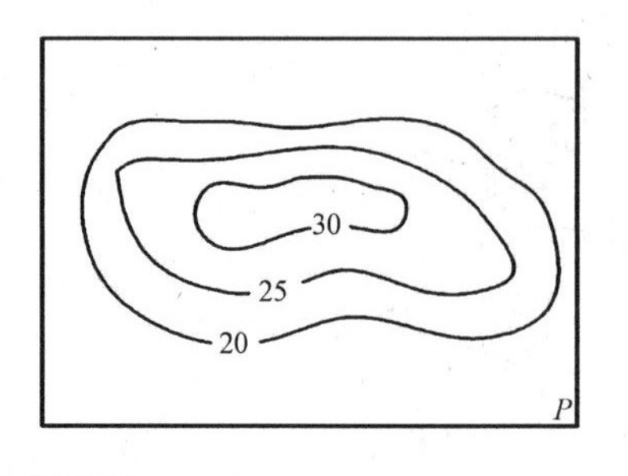

图 1-27　标高投影图

模块 1.2.2　三面视图及对应关系

一、三面视图

1. 三面投影体系

物体在一个投影面上的投影称为单面视图，物体在两个相互垂直的投影面上的投影称为两面视图。一般来说，只用一个或两个投影是不能完全确定空间形体的形状和大小的，为此，需要设立三个相互垂直的投影面，建立三面投影体系。如图 1-28 所示，水平投影面用 H 标记，简称水平面或 H 面；正立投影面用 V 标记，简称正立面或 V 面；侧立投影面用 W 标记，简称侧立面或 W 面。两投影面的交线称为投影轴，H 面与 V 面的交线为 OX 轴，H 面与 W 面的交线为 OY 轴，V 面与 W 面的交线为 OZ 轴，三投影轴的交点为圆点 O。

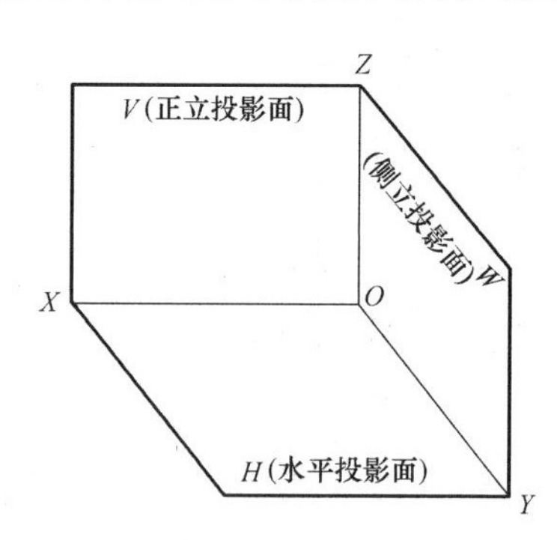

图 1-28　三面投影体系

2. 三面视图的形成

将物体放置于三面投影体系中，分别作其正投影，便形成了物体的三面视图。

通常把物体在 H 面上的投影称为水平投影或 H 面投影；在 V 面上的投影称为正面投影或 V 面投影；在 W 面上的投影称为侧面投影或 W 面投影，如图 1-29 所示。

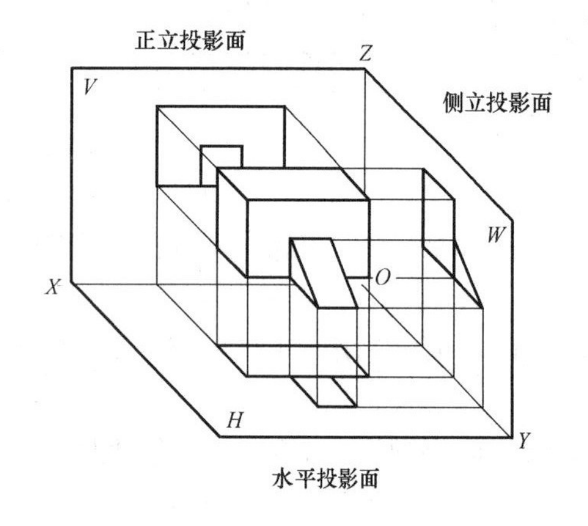

图 1-29　三面投影图的形成

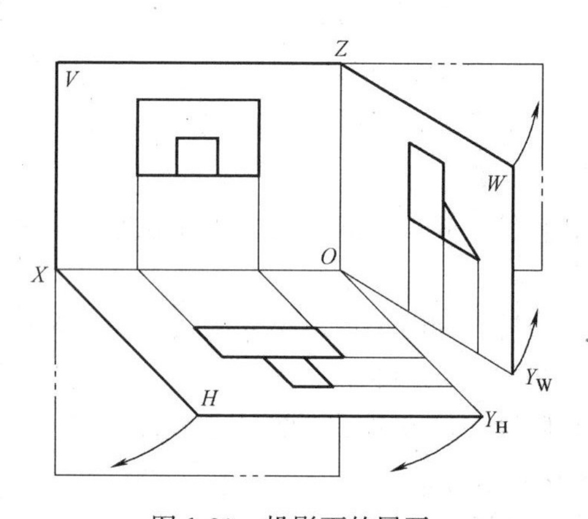

图 1-30　投影面的展开

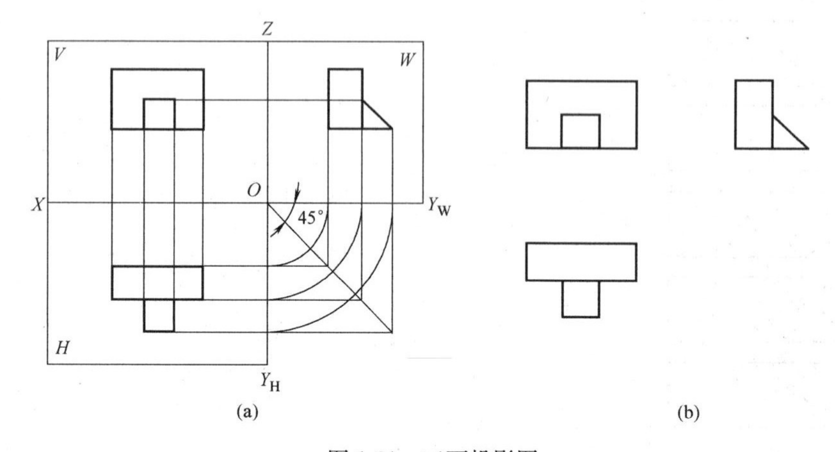

图 1-31　三面投影图

为了在同一平面内将三面视图完整地反映出来，需要将空间的三个投影面展开并使它们位于同一图纸平面内。展开的方法如图1-30所示，V面不动，H面绕OX轴向下旋转90°，W面绕OZ轴向右旋转90°，这样三个投影面就位于同一绘图平面上了，如图1-31（a）所示。这时，OY轴一分为二，位于H面上的记为OY_H，位于W面上的记为OY_W。对投影逐渐熟悉后，投影面的边框、投影轴都可不标注，如图1-31（b）所示，这就是形体的三面投影图，即三面视图。

【实训任务】

1. 以教室的地面作为H面，有黑板的墙面为V面，选择侧面的墙作为W面，教室里的讲台在假设的三个投影面里，V面反映了讲台的______和______；H面反映了讲台的______和______；W面反映了讲台的______和______（本题均选填“长度”、“宽度”、“高度”）。

2. 继续观察讲台，V面反映了讲台的______、______、______、______；H面反映了讲台的______、______、______、______；W面反映了讲台的______、______、______、______（本题均选填“上、下、左、右、前、后”）。

二、三面视图的对应关系

1. 三面视图的三等关系

三面视图共同表达同一物体，因此，它们之间存在密切的关系。V面投影反映物体的长度、高度；H面投影反映物体的长度、宽度；W面投影反映物体的高度、宽度。三个投影图之间存在如下关系：V、H两面投影都反映物体的长度且左右对齐，称“长对正”；V、W两面投影都反映物体的高度且上下对齐，称为“高平齐”，H、W两面投影都反映物体的宽度且前后对齐，称为“宽相等”。“长对正、高平齐、宽相等”简称为三等关系，如图1-32所示。

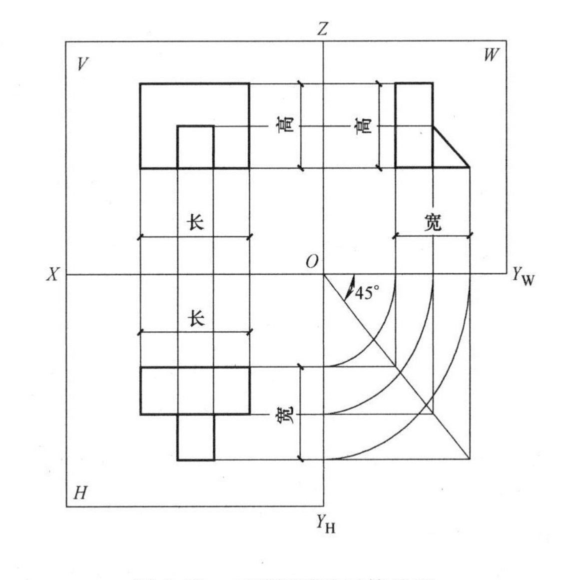

图1-32　三面投影的三等关系

“长对正、高平齐、宽相等”是形体三面投影之间最基本的投影规律，也是画图和读图的基础。

2. 三面视图的方位关系

形体在三面投影体系中的位置确定后，对观察者而言，在空间就有上、下、左、右、前、后六个方位。这六个方位关系也反映在形体的三面投影图中，每个投影只反映其中四个方位。V面投影反映形体上、下、左、右的情况；H面投影反映形体前、后、左、右的情况；W面投影反映形体上、下、前、后的情况，如图1-33所示。

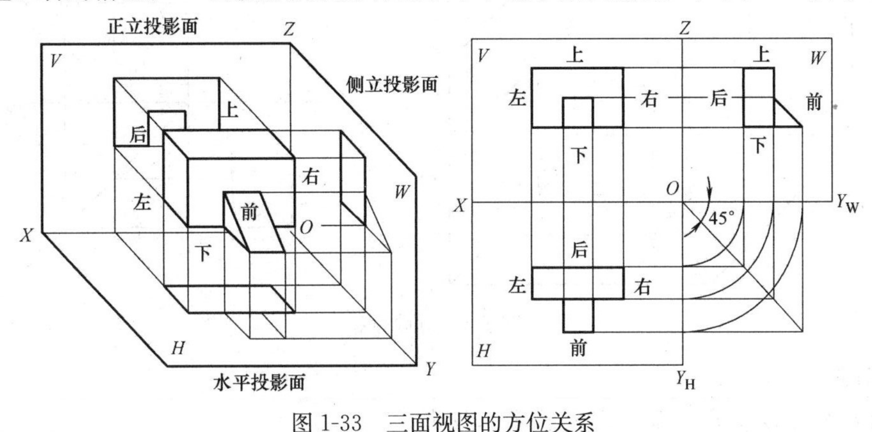

图1-33　三面视图的方位关系

【思考训练】

一、选择题

1. 正投影属于（　　）。

A. 中心投影　　B. 斜投影　　C. 平行投影　　D. 垂直投影

2. 建筑施工的主要图样是（　　）。

A. 轴测投影　　B. 多面正投影　　C. 透视投影　　D. 标高投影

3. 轴侧图的立体感强，是施工图中常用的图样。该说法是（　　）的。

A. 正确　　B. 错误

4. 轴侧图是根据（　　）原理画出来的。

A. 平行正投影　　B. 中心投影　　C. 平行斜投影　　D. 标高投影

5. H面投影反映物体的长度和高度。该说法是（　　）的。

A. 正确　　B. 错误

6. 在三面投影体系中，下列表述正确的是（　　）。

A. H面投影反映物体的长度和高度　　B. V面投影反映物体的宽度和高度

C. W面投影反映物体的长度和宽度　　D. H面投影反映物体的长度和宽度

7. 三视图的对应关系中，正立面投影V与侧立面投影W应满足（　　）。

A. 长对正　　B. 高平齐　　C. 宽相等　　D. 三等关系

8. 三视图的对应关系中，正立投影V与水平投影H应满足（　　）。

A. 长对正　　B. 高平齐　　C. 宽相等　　D. 三等关系

9. 以下叙述正确的是（　　）。

A. V面投影图反映形体的上、下、左、右，不反映前、后的情况

B. H面投影图反映形体的上、下、左、右，不反映前、后的情况

C. H面投影图反映形体的前、后、左、右，不反映上、下的情况

D. W面投影图反映形体的上、下、前、后，不反映左、右的情况

E. W面投影图反映形体的前、后、左、右，不反映上、下的情况

10. 形体的三面投影要保证（　　），即三面投影图的规律是（　　）。

A. 长对正　　B. 高平齐　　C. 宽相等　　D. 三等关系

二、问答题

1. 简述投影方法的分类。

2. 三面视图的三等规律是什么？

3. 说明三面投影的方位关系。

4. 三面投影中，哪个投影面反映了物体的长和宽？哪个投影面反映了物体的长和高？哪个投影面反映了物体的宽和高？

任务1.3　点、直线、平面的投影

建筑物一般是由多个平面构成，而各个平面相交于多条线，各条线又相交于多个点，由此可见，点是构成线、面、体最基本的几何元素。点、线、面的投影是绘制建筑工程图的基础。因此，掌握点的投影是学习制图和识图的基础。

模块 1.3.1　点的投影及点投影规律

一、点的投影

将空间点 A 放在三面投影体系中，自 A 点分别向三个投影面作垂线（投射线），便获得了点的三面投影。空间点用大写字母来表示，而在各投影面 H、V、W 的投影分别用小写字母、小写字母加一撇、小写字母加两撇来标注。A 点的三面投影分别标注为 a，a'，a''，如图 1-34（a）所示。将三面投影体系展开，即得到点 A 的三面投影图，如图 1-34（b）所示。

为便于投影分析，在展开图上将点的相邻投影用细实线连起来，图中 aa'、$a'a''$ 称为投影连线，aa' 与 OX 轴交于 a_x，$a'a''$ 与 OZ 轴交于 a_z。a 与 a'' 相连的方法，作图时常借助 45°斜角线或圆弧线来完成。

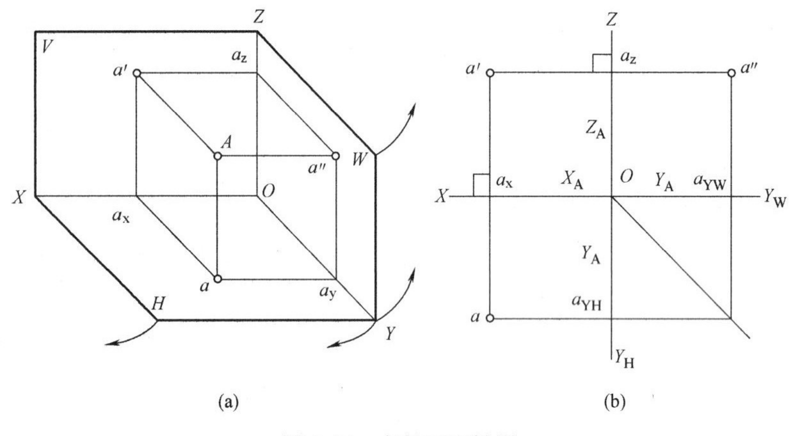

图 1-34　点的三面投影

二、点的投影规律

1. 点的投影连线垂直于两投影面相交的投影轴，如图 1-34 所示，$aa' \perp OX$，$a'a'' \perp OZ$，即长对正，高平齐。

2. 水平投影到 OX 轴的距离等于侧面投影到 OZ 轴的距离，$aa_x = a''a_z$，即宽相等。

3. 点的三个投影到各投影轴的距离，分别代表空间点到相应的投影面的距离。如图 1-34 所示，$Aa = a'a_x = a''a_y$，其中 Aa 是点 A 到 H 面的距离；$Aa' = aa_x = a''a_z$，其中 Aa' 是点 A 到 V 面的距离；$Aa'' = a'a_Z = aa_y$，其中 Aa'' 是点 A 到 W 面的距离。

三、点投影绘制方法

已知点的任意两个投影，可以运用投影规律作图，求出该点的第三面投影。

【例 1-1】 已知点 A 的两面投影 a、a'，求作该点的第三面投影 a''，如图 1-35 所示。

作图步骤：

1）根据“高平齐”，过 a' 作 OZ 的垂直线，a'' 必在此线上；

2）根据“宽相等”，在投影连线上截取 $a''a_z = aa_x$，得出 a''（或过原点 O 作 45°线，以此确定 a''）。

【例 1-2】 已知点 B 的两面投影 b、b''，求作该点的第三面投影 b'，如图 1-36 所示。

作图步骤：

1）根据“长对正”，过 b 作 OX 的垂直线，b' 必在此线上；

2）根据“高平齐”，过 b'' 作 OZ 的垂直线，两垂直线的交点即为 b'。

四、重影点

在空间两点位于一条投影线上时，两点在投影线所垂直的投影面上的投影重合为一点，此两点

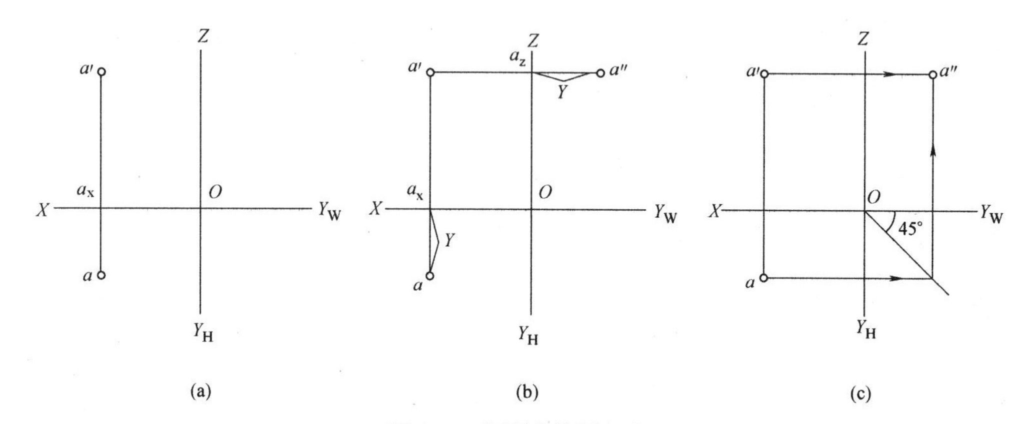

图 1-35　投影点作图方法

（a）已知 A 的两面投影 a、a'；（b）过 a' 作 OZ 的垂直线，截取 $a''a_z = aa_x$，a'' 即为所求；（c）或者过原点作 45°线，以此确定 a''

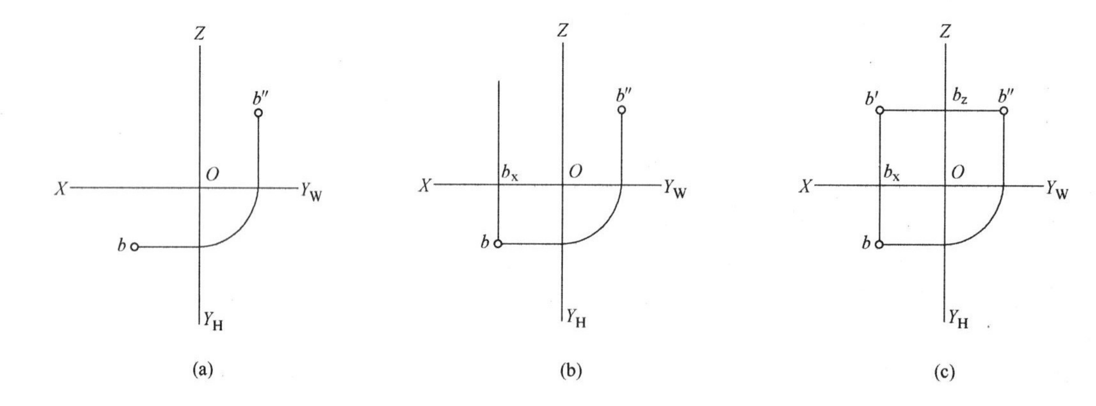

图 1-36　b' 投影点作图方法

（a）已知 B 的两面投影 b、b''；（b）过 b 作 OX 的垂直线；（c）过 b'' 作 OZ 的垂直线，两垂直线的交点即为 b'

为重影点。

重影点分为可见点与不可见点，不可见点用“(　)”表示。如图 1-37 所示，$a'(b')$ 重影点，说明 A 在前 B 在后，A 点为可见点，B 点为不可见点。

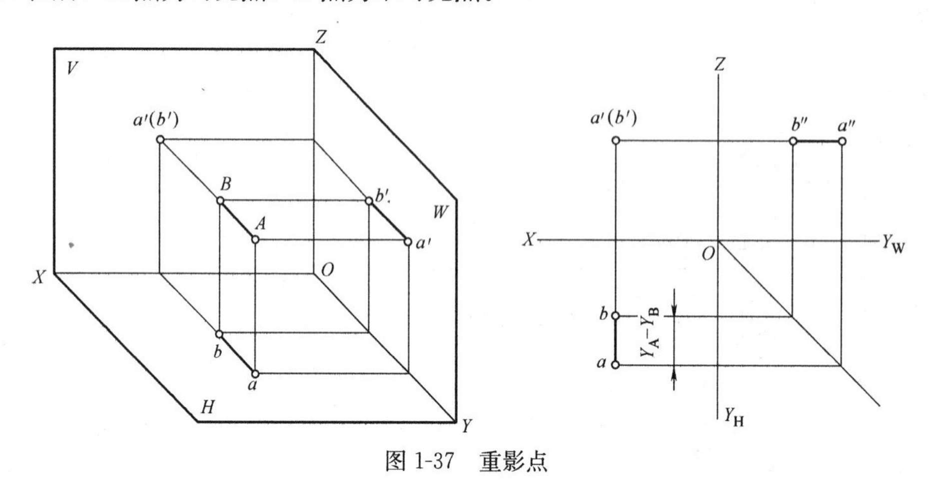

图 1-37　重影点

【实训任务】

已知点的两个投影（图 1-38），请补出第三投影。

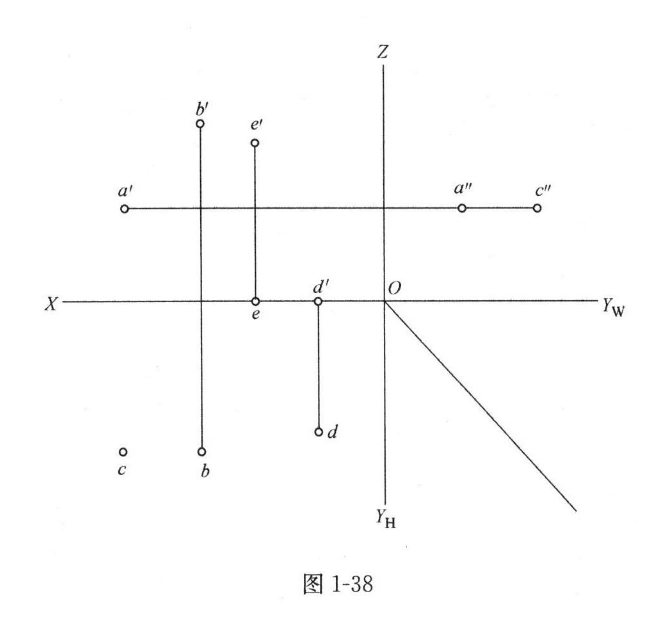

图 1-38

模块 1.3.2　直线的投影及各类直线投影的判断

由直线的基本性质，两点可决定一条直线，直线的三面投影，一般是作出直线两端点的三面投影，再将同面投影相连得到。

在投影中，直线按照它与投影面的不同位置，可分为投影面垂直线、投影面平行线和一般位置直线。

一、投影面垂直线

1. 空间位置

垂直一个投影面，平行另两个投影面的直线，称为投影面垂直线。投影面垂直线分为三种：

(1) 铅垂线：垂直于 H 面，平行于 V、W 面的直线；

(2) 正垂线：垂直于 V 面，平行于 H、W 面的直线；

(3) 侧垂线：垂直于 W 面，平行于 H、W 面的直线。

2. 投影规律

投影面垂直线的投影图见表 1-6。

投影面垂直线的投影规律为：

(1) 直线在所垂直的投影面上的投影积聚为一点；

(2) 直线的另外两个投影平行于相应的投影轴，且反应实长。

判别方法为：一点两直线，定是垂直线；点在哪个面，垂直哪个面（投影面）。

二、投影面平行线

1. 空间位置

平行于一个投影面，且倾斜于另外两个投影面的直线，称为投影面平行线。投影面平行线分为三种：

(1) 水平线：平行于 H 面，倾斜于 V、W 面的直线；

(2) 正平线：平行于 V 面，倾斜于 H、W 面的直线；

(3) 侧平线：平行于 W 面，倾斜于 H、V 面的直线。

2. 投影规律

投影面平行线的投影图见表 1-7。

投影面的垂直线　　表 1-6

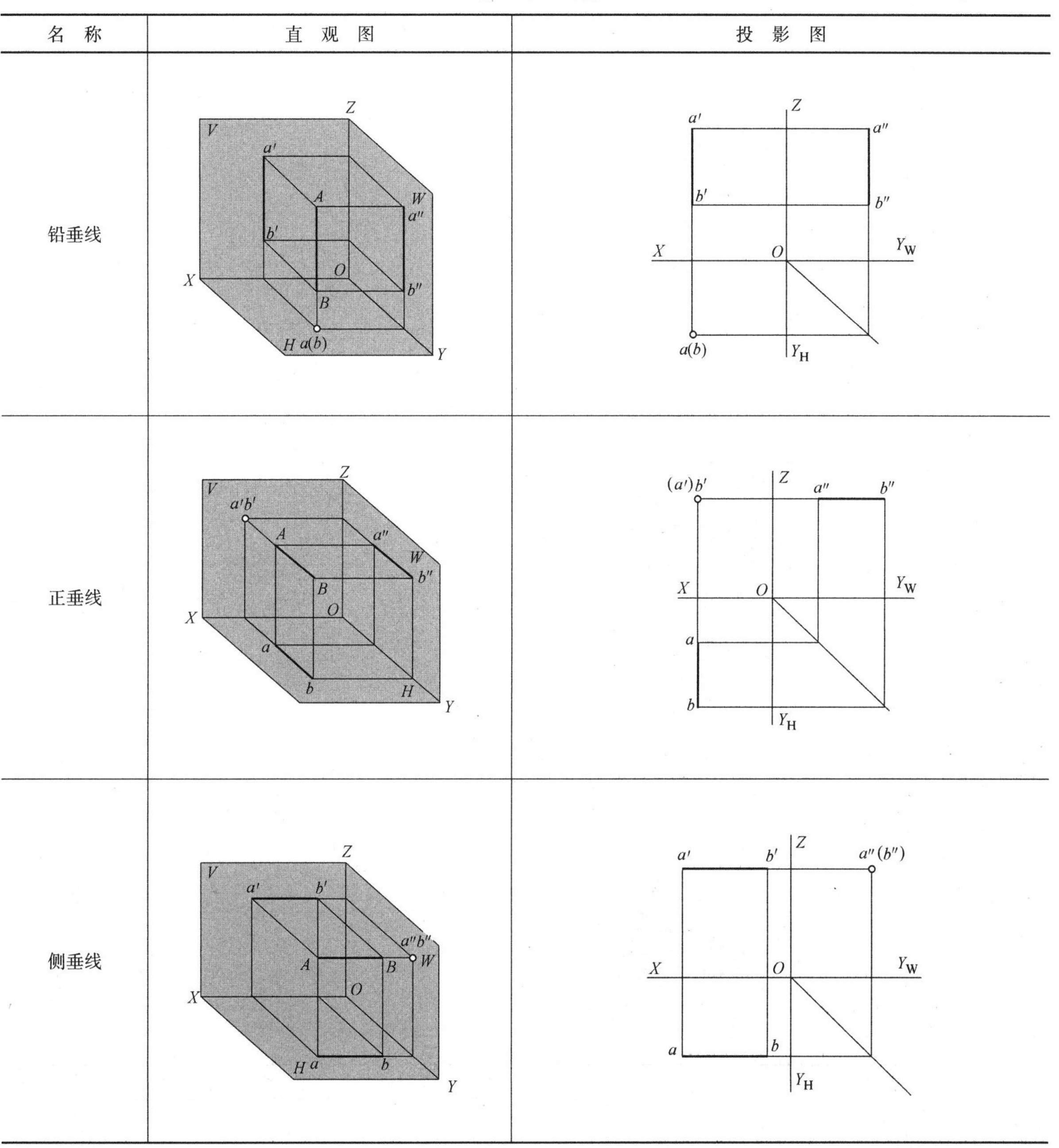

名　称	直　观　图	投　影　图
铅垂线		
正垂线		
侧垂线		

投影面平行线的投影规律为：

(1) 直线在所平行的投影面上的投影反映实长，该投影与相应投影轴的夹角，反映直线与另外两个投影面的倾角；

(2) 直线的另外两个投影分别平行于相应的投影轴，但小于实长。

判别方法为：一斜两直线，定是平行线；斜线在哪面，平行哪个面（投影面）。

三、一般位置直线

1. 空间位置

对三个投影面都倾斜（既不平行也不垂直）的直线称为一般位置直线，简称一般线，如图 1-39 所示。直线对投影面的夹角称为直线的倾角。

投影面的平行线　　　　表 1-7

名　称	直　观　图	投　影　图
水平线		
正平线		
侧平线		

图 1-39　一般位置直线的投影

2. 投影规律

一般线在各投影面上的投影都倾斜于投影轴，三个投影的长度都小于实长，投影线与投影轴的夹角都不能反映空间直线与各投影面的倾角。

判别方法为：空间直线的任意两个投影都呈倾斜状态，则该直线一定为一条一般位置直线。

【实训任务】

已知线段的两投影，请作出第三投影，并注明各直线的名称。

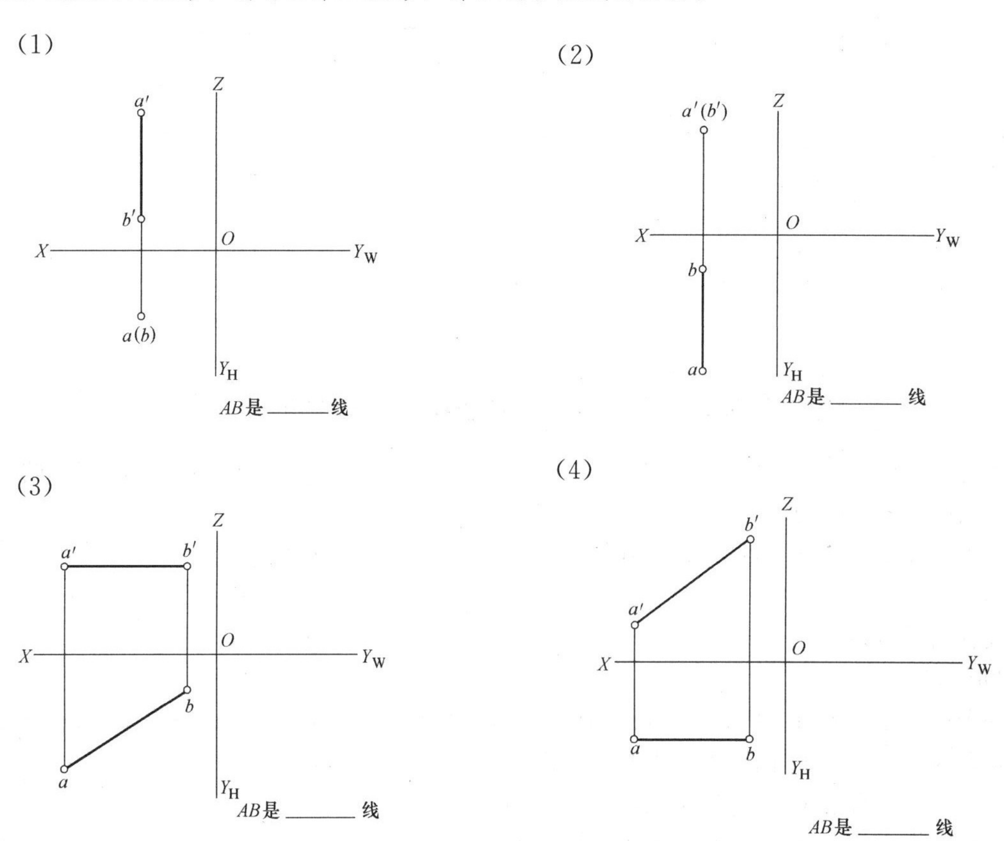

模块 1.3.3　平面的投影及各类平面投影的判断

按平面与投影面的相对位置，平面可分为三类：投影面平行面、投影面垂直面、一般位置平面。

一、投影面平行面

平行于某一投影面，而与另外两个投影面垂直的平面称为投影面的平行面。投影面平行面分为三种：

(1) 水平面：平行于 H 面的平面；

(2) 正平面：平行于 V 面的平面；

(3) 侧平面：平行于 W 面的平面。

投影面平行面的投影图见表 1-8。

投影面平行面的投影规律为：

(1) 投影面平行面，在其所平行的投影面上的投影，反映该平面的实形；

(2) 在另外两个投影面上的投影都积聚为一条直线，且分别平行于相应的投影轴。

判别方法为：一面两直线，定是平行面；面在哪个面，平行哪个面。

投影面的平行面　　表 1-8

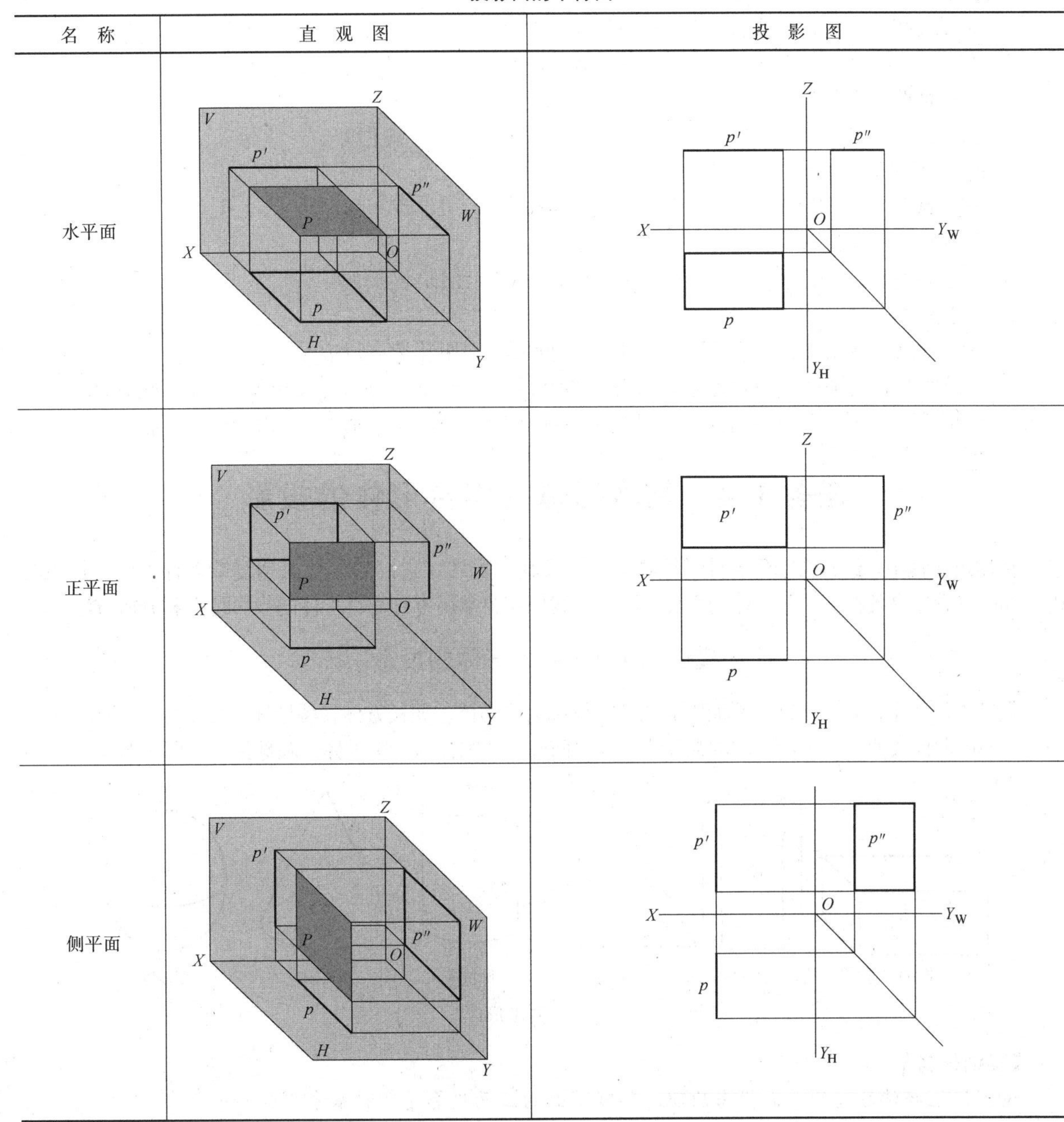

名　称	直　观　图	投　影　图
水平面		
正平面		
侧平面		

二、投影面垂直面

垂直于一个投影面，而与另外两个投影面倾斜的平面称为投影面垂直面。投影面垂直面分为三种：

（1）铅垂面：垂直于 H 面的平面；

（2）正垂面：垂直于 V 面的平面；

（3）侧垂面：垂直于 W 面的平面。

投影面垂直面的投影图见表 1-9。

投影面垂直面的投影规律为：

（1）投影面垂直面在其所垂直的投影面上的投影，积聚为一条与投影轴倾斜的直线，且此直线与投影轴之间的夹角分别反映该平面对另外两个投影面的倾角；

投影面的垂直面　　表 1-9

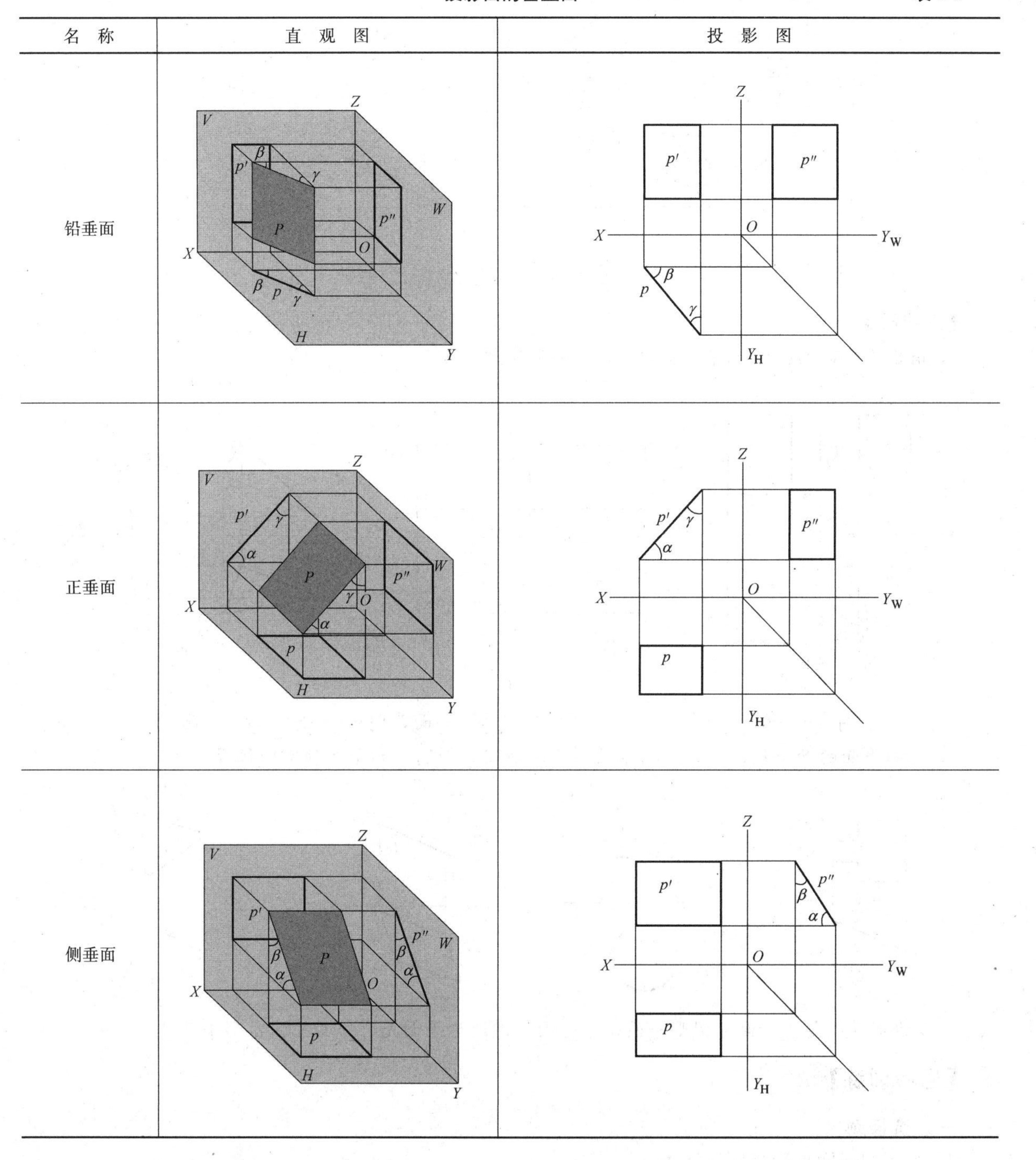

名　称	直　观　图	投　影　图
铅垂面		
正垂面		
侧垂面		

（2）其余两个投影，均小于实形，但反映原平面图形的几何形状。

判别方法为：一斜两平面，定是垂直面；斜线在哪面，垂直哪个面。

三、一般位置平面

对三个投影面都倾斜（既不平行也不垂直）的平面统称为一般位置平面，简称一般面，如图 1-40 所示。平面与投影面的夹角称为平面的倾角。

一般位置平面的投影规律：三个投影都没有积聚性，且都不反映实形，是原图形的类似图形，并均小于实形。

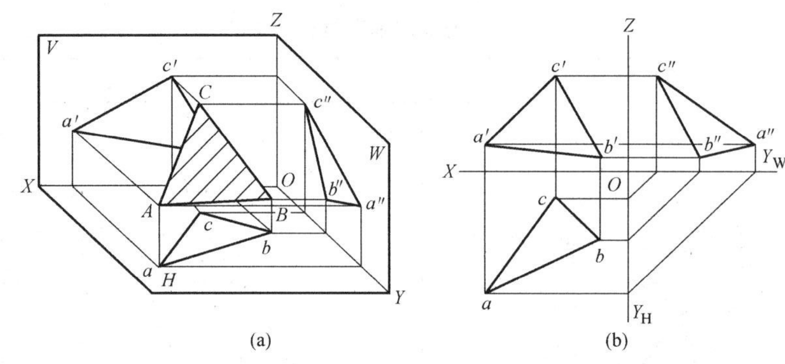

图 1-40　一般位置平面

【实训任务】

1. 请根据平面的投影规律，判别下列平面的空间位置。

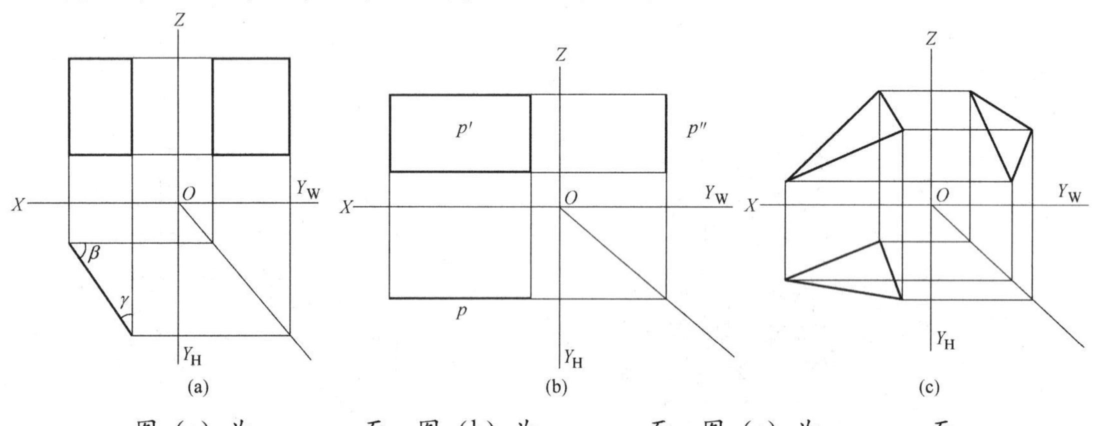

图（a）为________面，图（b）为________面，图（c）为________面。

2. 已知平面的两个投影，请根据平面的投影规律，判别下列平面的空间位置。

(1)

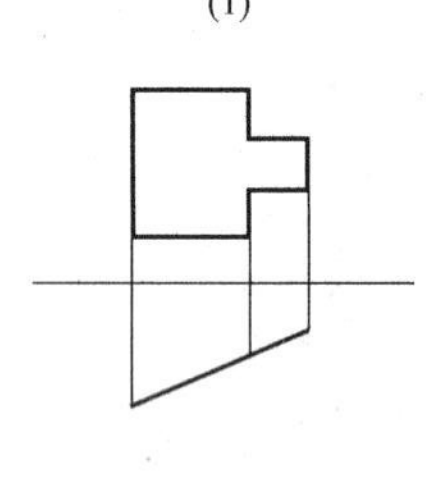

(2)

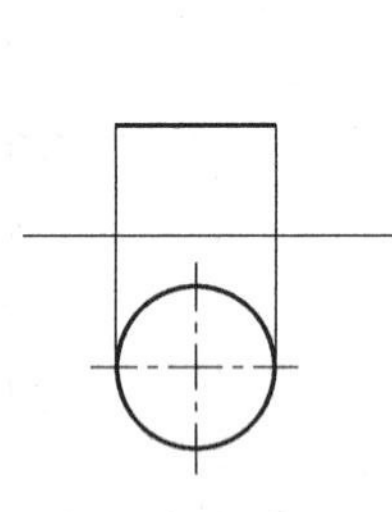

(3)

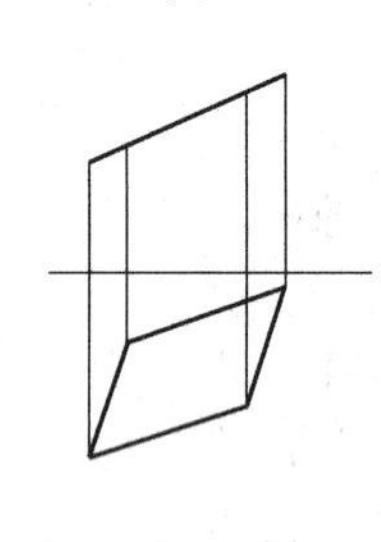

(4)

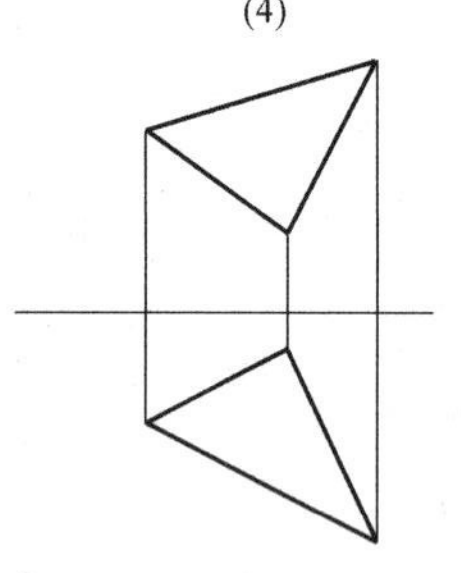

多边形平面是____面　圆形平面是____面　四边形平面是____面　三角形平面是____面

【思考训练】

一、选择题

1. A 点的三面投影分别标注为（　　）。

A. a　　B. a'　　C. a_1　　D. a_2　　E. a''

2. 重影点分为（　　）。

A. 可见点　　B. 不可见点　　C. 起点　　D. 终点

3. 当一平面垂直于某一投影面时，该平面在这投影面上的投影为一条直线。该说法是（　　）的。

A. 正确　　B. 错误

4. 水平线在（　　）投影面上反映实长。

A. H 或水平面　　B. V　　C. W　　D. M

5. 侧平线在（　　）投影面上反映实长。

A. H　　B. V　　C. W　　D. M

6. 投影面垂直线分为（　　）。

A. 铅垂线　　B. 直垂线　　C. 正垂线　　D. 侧垂线

7. 投影面平行线分为（　　）。

A. 水平线　　B. 正平线　　C. 一般位置线　　D. 侧平线

8. 平面的投影分为（　　）

A. 一般位置面　　B. 投影面平行面　　C. 投影面垂直面　　D. 侧平面

二、问答题

1. 空间点以及该点在投影面 H、V、W 中的投影分别用什么字母表示？
2. 直线按照与投影面的不同位置，可分为哪些线？写出投影面垂直线和平行线的判别口诀。
3. 平面按照与投影面的不同位置，可分为哪些面？写出投影面垂直面和平行面的判别口诀。

任务 1.4　基本形体、组合形体的投影

在建筑工程中，经常会遇到各种形状的建筑物及其构配件，它们的形状虽然复杂多样，但是加以分析，都可以看作是各种简单几何体的组合，因此，我们需要掌握各种简单形体的投影特点和分析方法。

模块 1.4.1　基本形体的投影

在基本形体中，表面全部由平面围成的几何体称为平面体，如长方体、棱柱体、棱锥体等（图 1-41）；表面全部由曲面或曲面与平面围成的几何体称为曲面体，如圆柱体、圆锥体、圆球体等（图 1-41）。

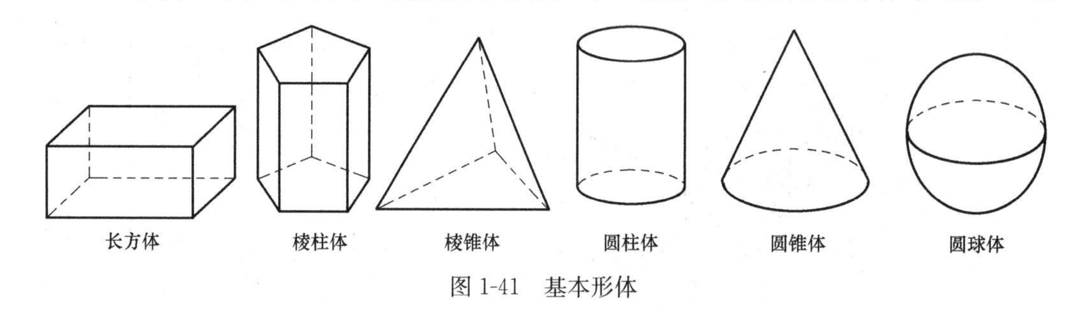

图 1-41　基本形体

【实训任务】

请利用已经学习过的三面投影原理，判断下面的三面投影是哪种基本形体？

(1)

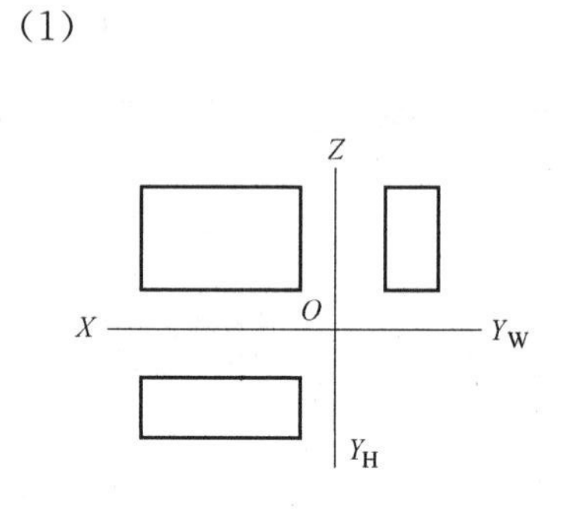

图（1）是________体

(2)

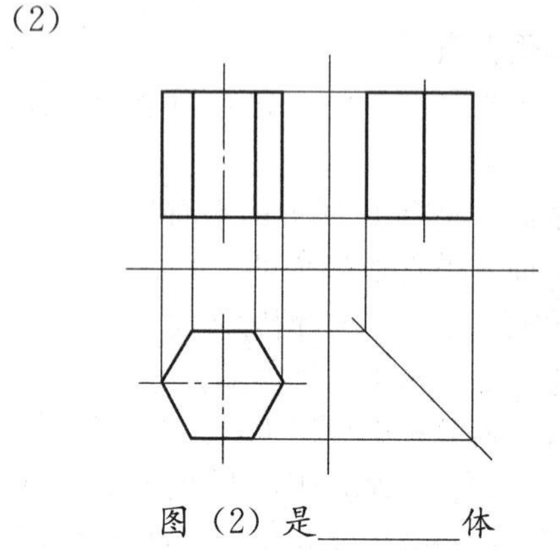

图（2）是________体

（3）

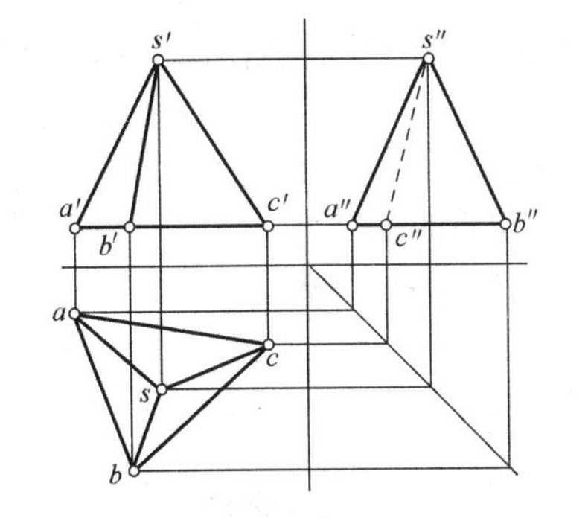

图（3）是__________体

（4）

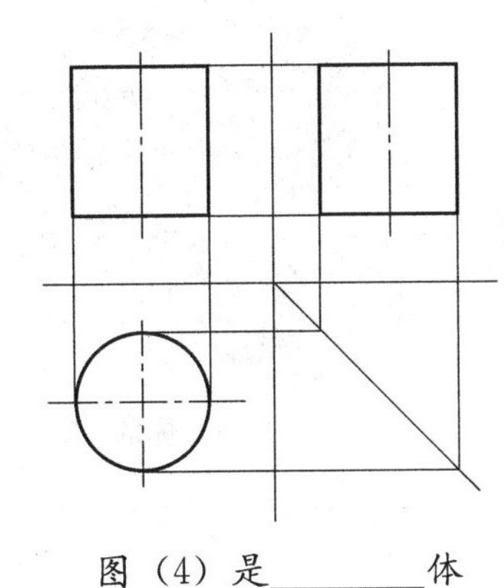

图（4）是________体

（5）

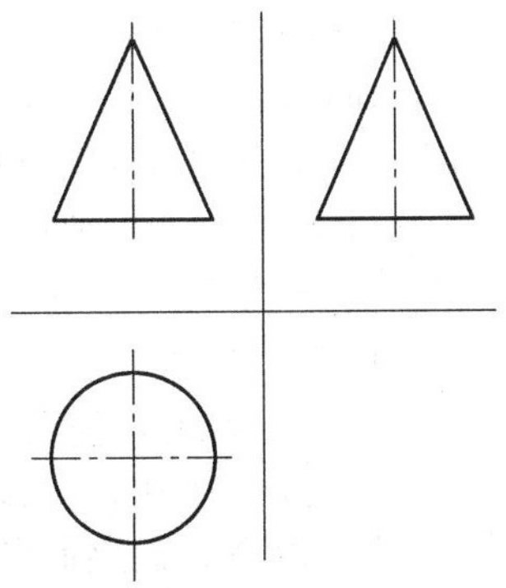

图（5）是________体

（6）

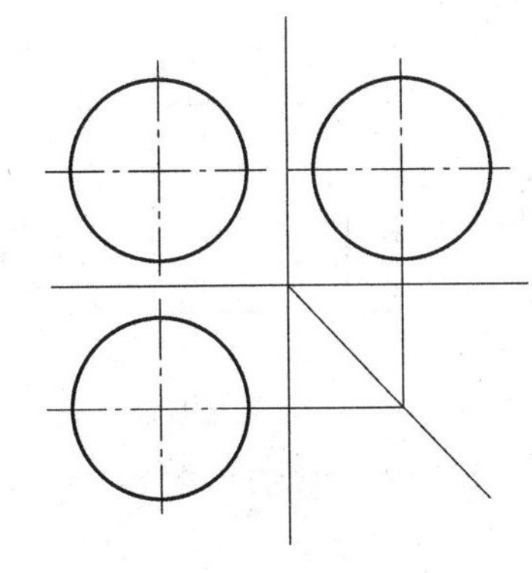

图（6）是__________体

一、平面体的直观图与投影图

1. 长方体

长方体的三面投影均为矩形，它的直观图与投影图如图 1-42 所示。

2. 棱柱体

棱柱体的表面有上、下底面和侧表面。上、下底面是两个全等的平面多边形。棱柱体的侧表面为矩形，侧棱与侧表面垂直于上、下底面。

以六棱柱为例，其上下底面均为正六边形且相互平行，六条侧棱与六个侧表面均垂直于上下底面，六个侧表面均为矩形。

六棱柱的直观图和投影图如图 1-43 所示。

3. 棱锥体

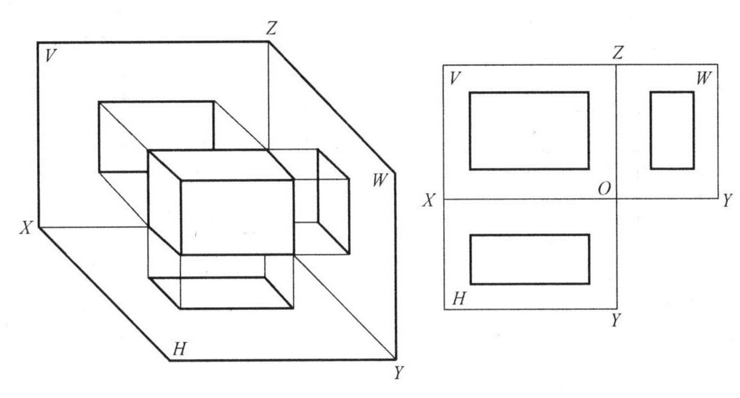

图 1-42　长方体的直观图和投影图

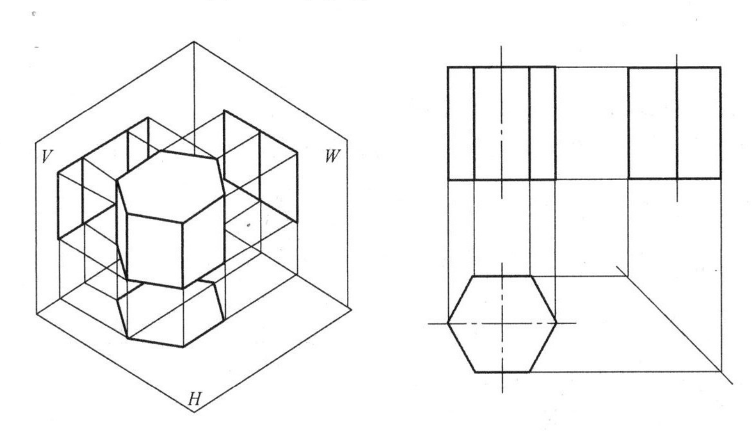

图 1-43　棱柱体的直观图和投影图

棱锥体的表面是底面和侧表面。棱锥体的底面为多边形，侧表面均为三角形，各条侧棱相交于顶点。以三棱锥为例，其底面为三角形，三个侧面为三角形，各侧棱相交于顶点。

三棱锥的直观图和投影图如图 1-44 所示。

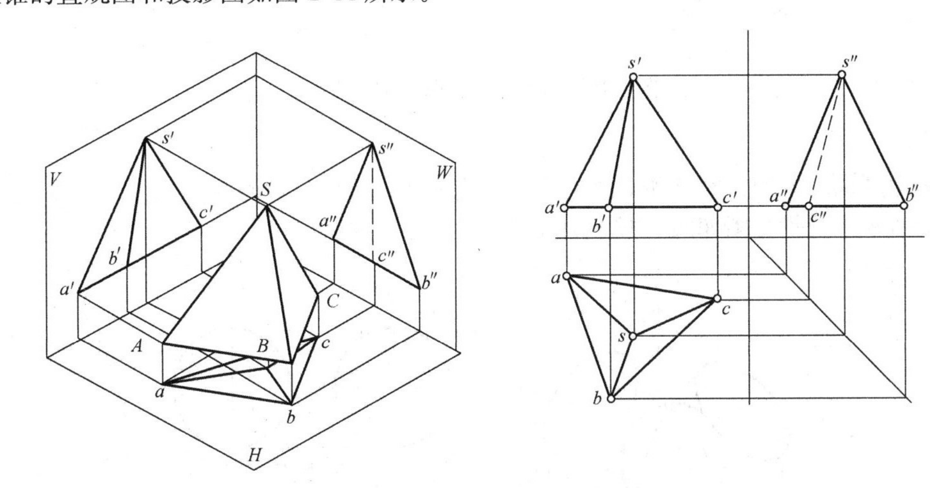

图 1-44　三棱锥的直观图和投影图

二、曲面体的直观图与投影图

1. 圆柱体

圆柱体由上、下底面和圆柱面组成，上、下底面是两个相互平行且大小相等的圆。

圆柱体的直观图与投影图如图 1-45 所示。圆柱体的投影为一个圆和两个矩形。

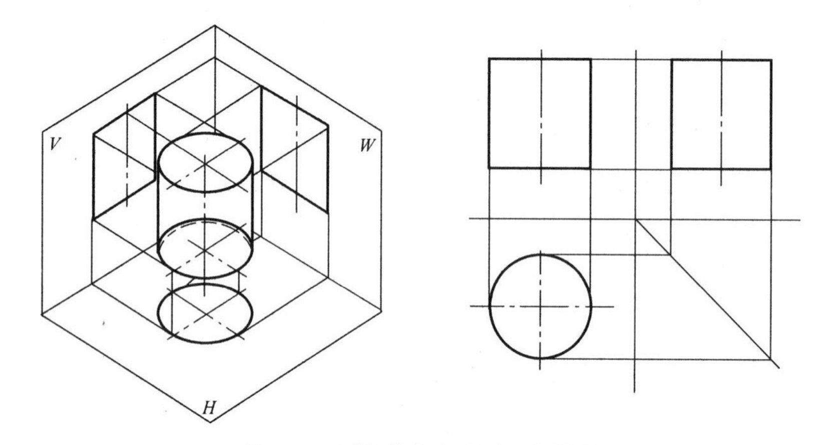

图 1-45　圆柱体的直观图和投影图

2. 圆锥体

圆锥体由底面和圆锥面组成，底面是一个圆。

圆锥体的直观图与投影图如图 1-46 所示。圆锥体的投影为一个圆和两个三角形。

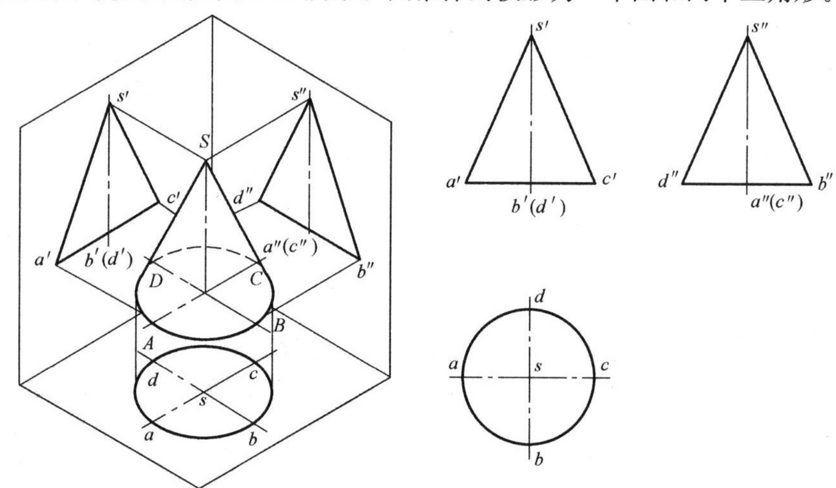

图 1-46　圆锥体的直观图和投影图

3. 圆球体

圆球体是由球面组成的。圆球体的三个投影，均为直径是球直径的圆。

圆球体的直观图与投影图如图 1-47 所示。

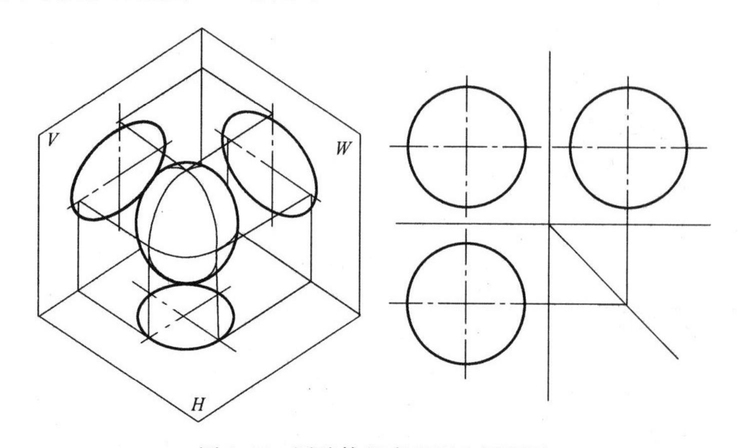

图 1-47　圆球体的直观图和投影图

模块 1.4.2　组合形体的投影

任何复杂的形体都可以看作是由若干个基本形体组合而成的。将由基本形体组合形成的形体称为组合体。组合体的形式一般有：

(1) 叠加式：由若干个基本形体通过一个或几个面连接形成；

(2) 切割式：由某个基本形体被一些平面或回转面切割去除某些部分形成；

(3) 综合式：由基本形体按一定相对位置以叠加与切割两种方式综合形成。

【实训任务】

观察图 1-48 中的组合体，利用三面投影原理，画出它的三面投影。

提示：组合体三视图的画法。

1. 首先进行形体分析，确定基本形体及组合形式。

2. 从方便画图的角度确定三个投影面。

3. 建议先画 V 面投影图，依次画出组合体中各基本形体、切割形体在 V 面的投影，然后根据“长对正、高平齐、宽相等”的投影关系，分别完成 H 面投影和 W 面投影。

4. 最后检查整体图线。可见线画实线，重合线不再画，不可见线画成虚线。

图 1-48　某组合体的直观图

一、叠加式组合体

叠加式组合体叠加的形式有叠合、相交（相贯）、相切等。叠加式组合体，相互以平面相连接，只要明确组合体是由哪些基本形体构成，以及它们之间的相对关系，运用投影做法就能画出组合体的投影图。

1. 叠合

如图 1-49 所示的形体由两个长方体叠加而成。小长方体在大长方体上部，它们的结合处为平面。小长方体的正面与大长方体的正面平齐，也就是共面，小长方体的左、右面与大长方体的左、右面不平齐，也就是不共面。该形体的三面投影如图 1-49 所示。由于小长方体与大长方体的背面不共面，因此，在 V 面视图上，应将两长方体结合处的直线画出，由于该直线为不可见，因此画成虚线。

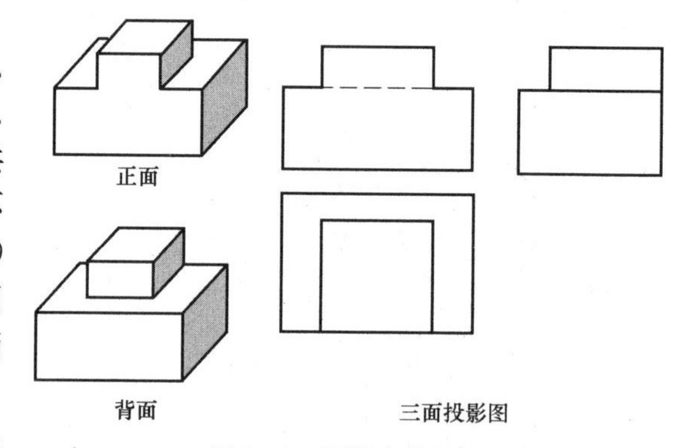

图 1-49　两长方体叠合

如图 1-50 所示，若叠合形体为共面，结合处无交线；叠合处为不共面，结合处有交线。

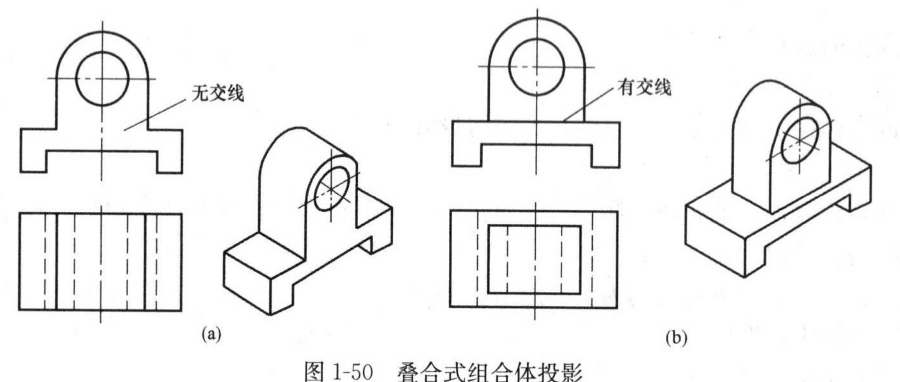

图 1-50　叠合式组合体投影

(a) 叠合形体为共面；(b) 叠合形体为不共面

2. 相交

如图 1-51 所示形体由左右两部分叠加而成，右边为一圆柱体，左边为一半圆柱体与一长方体结合的形体，两形体的左右表面相交，且交线是可见的。因此在 V 面投影图中，相交的交线应画出。

3. 相切

如图 1-52 所示形体，同样也由左右两部分叠加而成，左右部分形体结合处相切，相切处光滑过渡。因此在作 V 面投影图时，相切处不应画线。

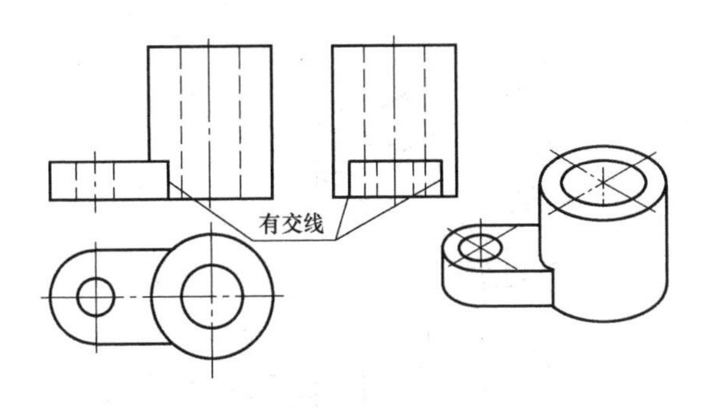

图 1-51　叠加式组合体相交

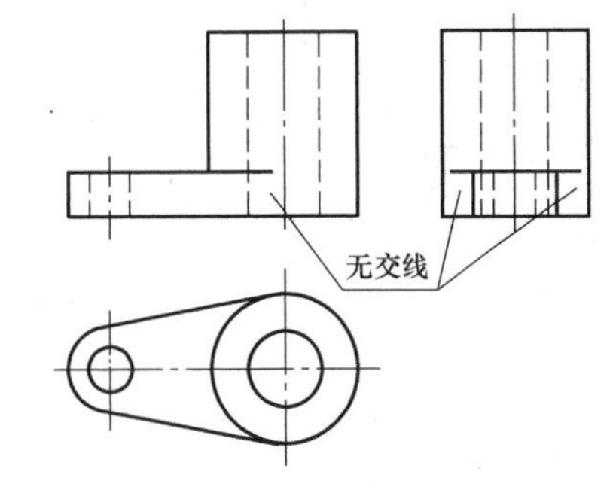

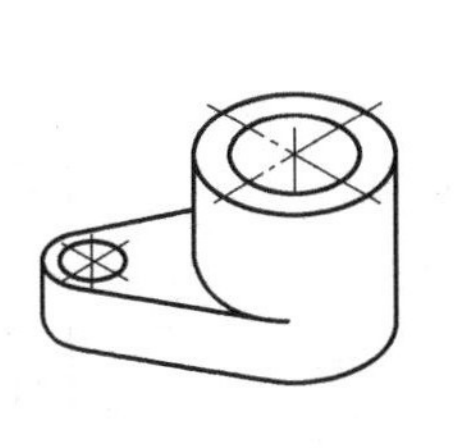

图 1-52　叠加式组合体相切

二、切割式组合体

切割式组合体，是一个基本形体被平面或曲面切除某些部分而形成的，作投影图时应先画出基本几何体的三面视图，然后明确切割面与投影面的关系，即可画出切割组合形体的投影图。其中，切割线若不可见，须以虚线表示。

如图 1-53 所示形体为一个长方体，在其正面切出一个小长方体。其三视图如图 1-53 所示。切割处从正面、上面看，均为可见的，因此三视图中 V 面和 H 面投影的切割线为实线；从侧面看，切割线为不可见的，因此 W 面投影的切割线为虚线。

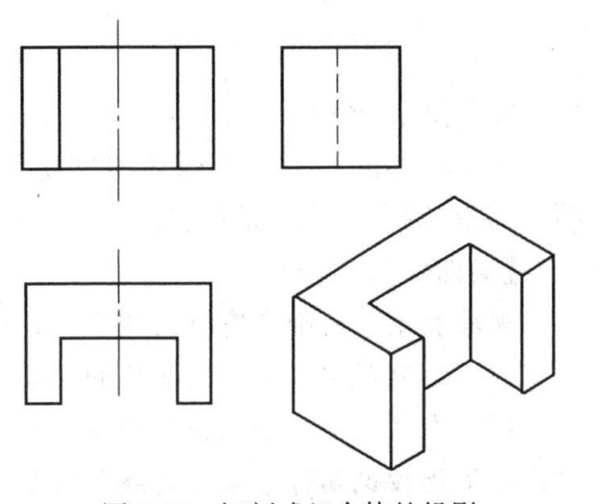

图 1-53　切割式组合体的投影

三、综合式组合体

综合式组合是叠加式组合与切割式组合并存的组合方式。

如图 1-54 所示形体，最下部为一长方体，长方体下部被一小长方体切割，长方体上部中间叠加一较小长方体，较小长方体上部中间被一半圆柱切割，较小长方体两边各有一个三棱柱，较小长方体与三棱柱背面与下部长方体背面平齐共面。从正面看，该形体叠加线及切割线均为可见的，因此 V 面投影上各线均为实线；从上面看，该形体叠加线与较小长方体上部半圆柱切割的切割线为可见的，因此在 H 面投影上为实线，切割下部长方体的切割线不可见，因此在 H 面投影上为虚线；从侧面看，该形体上部长方体与下部长方体的切割线均为不见，因此在 W 面投影上为虚线。

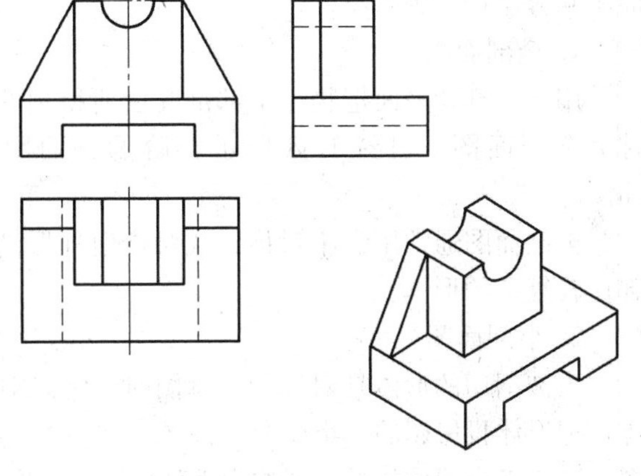

图 1-54　综合式组合体投影

【思考训练】

一、选择题

1. 圆柱体的三面投影分别为（　　）。

A. 1 个圆　　B. 3 个圆　　C. 2 个圆　　D. 2 个矩形　　E. 矩形

2. 圆锥体的三面投影分别为（　　）。

A. 1 个圆　　B. 3 个圆　　C. 2 个圆　　D. 2 个三角形　　E. 2 个矩形

3. 球的三面投影分别为（　　）。

A. 1 个圆　　B. 3 个圆　　C. 2 个圆　　D. 2 个三角形　　E. 2 个矩形

二、组合体的投影练习（在圆圈内标注出组合体的编号）。

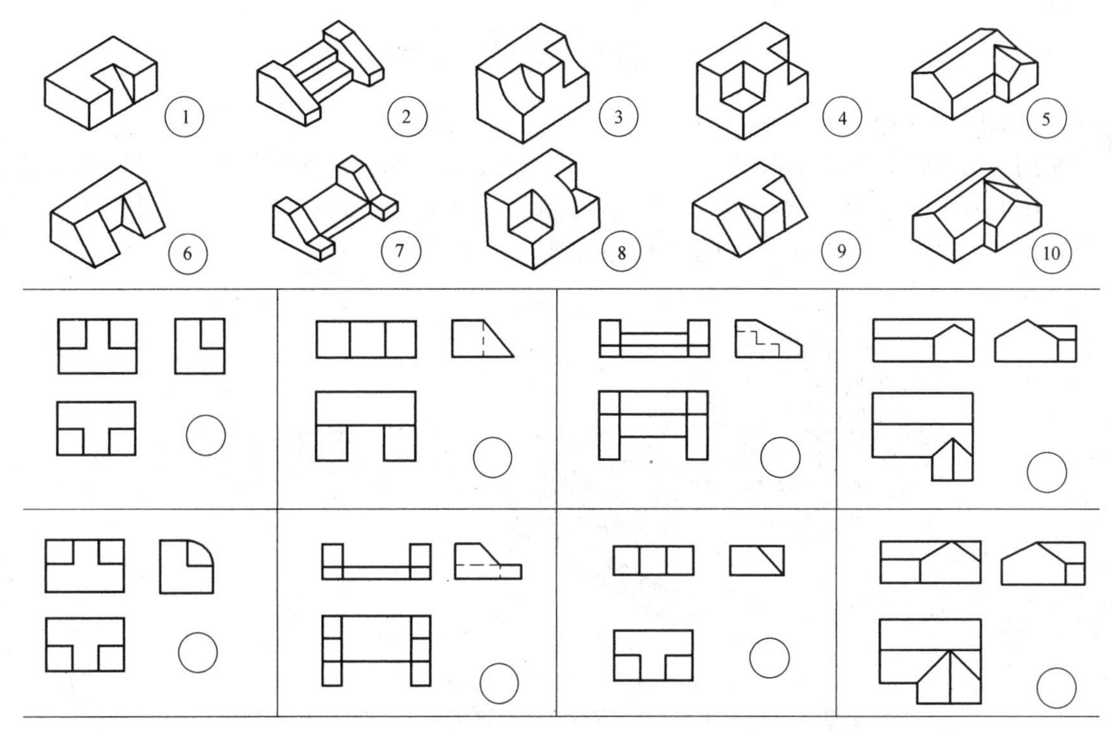

三、问答题

1. 基本形体有哪些？
2. 组合体的形式有哪几种？
3. 说明组合体三视图的画法。

任务 1.5　剖面图、断面图

按规定，画物体的投影图时，可见的轮廓线用实线表示，不可见的轮廓线用虚线表示。通常情况下，投影图可以将物体的外部形状表达清楚，但当物体内部构造比较复杂时，图中将出现很多虚线，图线重叠，很难将物体的内部构造表达清楚，给画图、视图与标注尺寸带来不便，也容易出现误差。

为了能在图中直接表示出形体的内部形状，减少图中的虚线，使不可见轮廓线变成可见轮廓线，虚线变成实线，工程中，通常采用剖切的方法，用剖面图或断面图来表达。

【实训任务一】

观察图 1-55 中的形体，请按以下步骤，完成剖面图绘制。

（1）先绘制该形体的三面投影图（按形体的比例关系绘制示意图即可，不用考虑剖切面）。

（2）观察图 1-55 中假设的剖切面，在绘制完成的三面投影中的水平面上，画出剖切符号 1-1（完成此任务，需要熟悉“剖面图剖切符号、剖切符号编号”的规定）。

（3）画出该形体的剖面图（完成此任务，需要熟悉“剖面图的绘制要点”）。

（4）在完成的剖面图下方注写图名“1-1 剖面图”（完成此任务，需要熟悉标注“剖面图名称”的方法）。

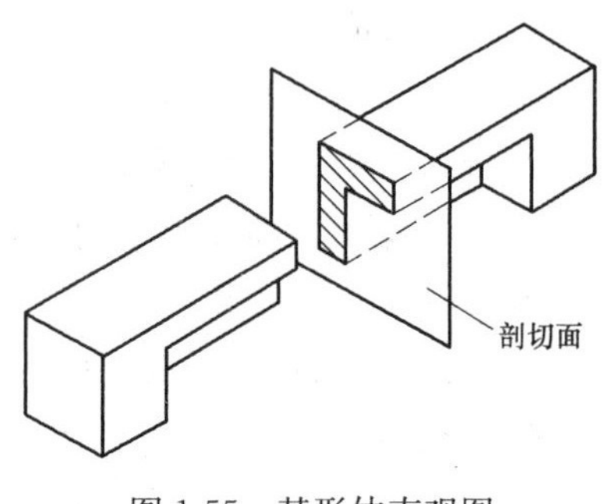

图 1-55　某形体直观图

模块 1.5.1　剖　面　图

一、剖面图的形成

假想用剖切平面将物体剖开，移去观察者与剖切面之间的部分，将剩余部分向投影面作正投影图，并在图形的实体部分画上剖面符号，所得的图形称为剖面图。如图 1-56 所示，用假想平面 P 对基础进行剖切，并作 V 面投影，得到基础的剖面图。

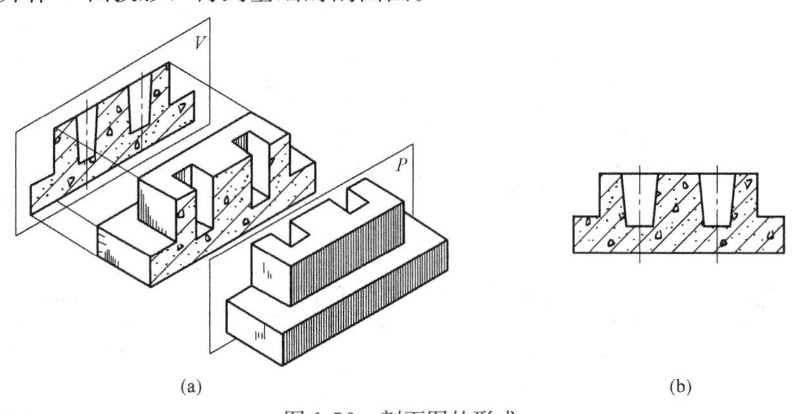

图 1-56　剖面图的形成

（a）假想用剖切平面 P 剖开基础并向 V 面进行投影；（b）基础的 V 向剖面图

二、剖面图的绘制要点

1. 被剖切面切到部分的轮廓线用粗实线绘制，剖切面没有切到，但沿投射方向能看到的部分，用中实线绘制。

2. 剖面图中通常不画虚线，但当由于省略虚线导致表达不清楚时，也可以画出虚线。

3. 被剖切面切到的实体部分上应画出材料图例。

4. 如未注明形体材料，可用等距离 45°平行细线表示。

5. 注意：

（1）剖面图除应画出剖切面切到部分的图形外，还应画出沿投射方向看到的部分；

（2）剖切面一般应平行于基本投影面，并应通过物体内部的主要轴线或对称线，当物体内部结构形状不能在基本投影面上反映实形时，剖切面也可用投影面垂直面；剖切是假想的，物体并没有被真的切开和移去一部分，因此，除了剖面图外，其他视图应按未剖切时完整画出。

三、剖面图的标注方法

1. 剖切符号

剖面图的剖切符号由剖切位置线及投射方向线组成，均应以粗实线绘制。其中：剖切位置线长度宜为 6～10mm，投射方向线应垂直于剖切位置线，长度应短于剖切位置线，宜为 4～6mm，如图 1-57 所示。绘制时，剖切符号不应与其他图线相接触；需要转折的剖切位置线，应在转角的外侧加注与该符号相同的编号。

2. 剖切符号编号

剖切符号的编号宜采用阿拉伯数字，按剖切顺序由左向右，由下向上连续编排，并应标注在剖视方向线的端部。

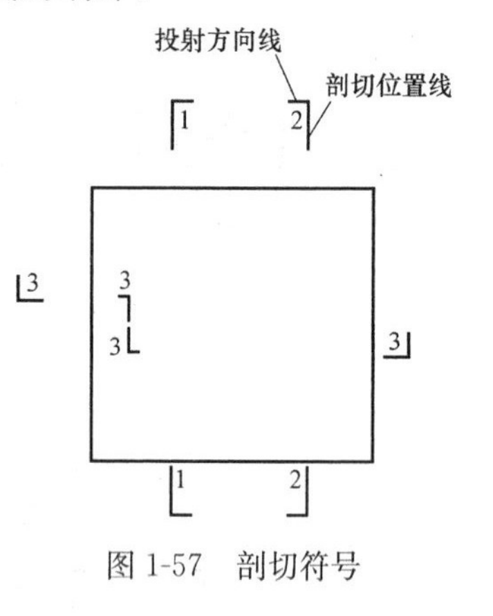

图 1-57　剖切符号

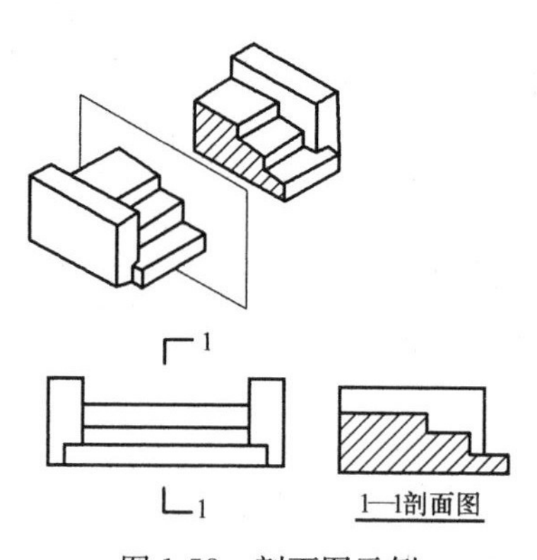

图 1-58　剖面图示例

3. 剖面图名称

在相应的剖面图下方标注与剖切符号编号相同的两个数字，中间加一细横线，如“X-X 剖面图”，并在图名绘制一条粗实横线，其长度应与图名长度等长，如图 1-58 所示。

【实训任务二】

观察教室一面带有窗户的侧面墙，请按下列步骤完成该墙面的剖面图绘制。

（1）绘制教室带窗户侧面墙的立面图示意图（窗户上下左右的墙身可用折断符号来断开）。

（2）在立面图中绘制横断面图 1-1（从上往下看），纵断面图 2-2（从前往后看）的剖切符号（注意：一定要按剖切符号规定的线型绘制，按规定的位置注写编号）。

（3）绘制出 1-1，2-2 剖面图，注写图名。

四、剖面图的种类

根据不同的剖切方式，剖面图可分为全剖面图、半剖面图、局部剖面图、阶梯剖面图、旋转剖面图和分层剖面图六类。

1. 全剖面图

用一个剖切平面把物体全部剖开后所得到的剖面图称为全剖面图。如图 1-58 所示台阶的剖面图为全剖面图。

全剖面图通常用于不对称，或对称但外形简单、内部比较复杂的形体。

2. 半剖面图

当被剖切的形体是对称的，画图时，常以对称轴为界，把形体投影图的一半画成剖面图，另一半画成外形图，这样组合而成的投影图称为半剖面图。如图 1-59 所示为独立基础的剖面图。

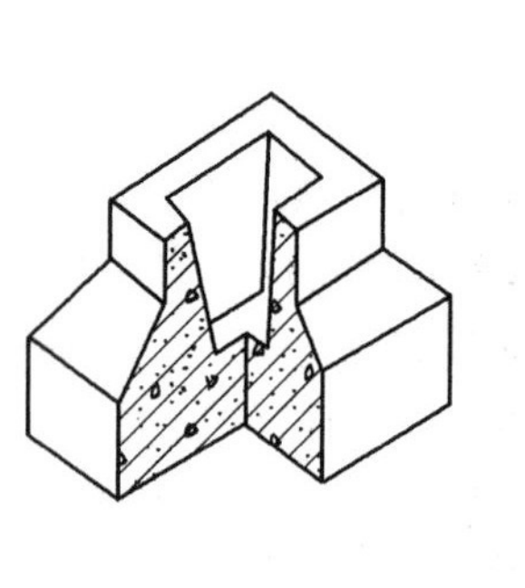
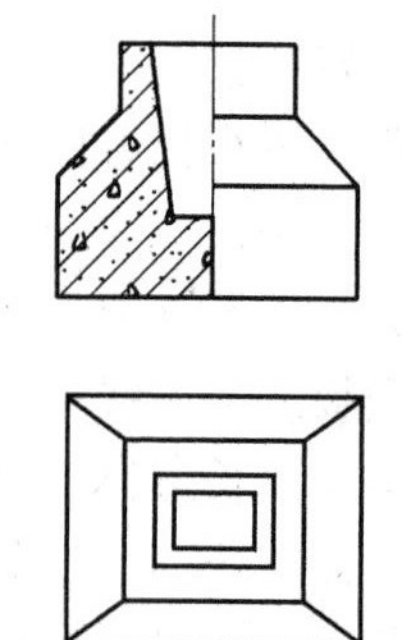
图 1-59　半剖面图

画半剖面图时，应注意：

(1) 半剖面图和半外形图应以对称符号为界，对称面或对称线画成细单点画线；

(2) 形体左右对称时，右侧画半剖面图，左侧画半外形图；形体前后对称时，前侧画半剖面图，后侧画半外形图；

(3) 由于剖切前形体是对称的，剖切后在半个剖面图中已清楚地表达了内部结构形状，因此在另半个视图中，虚线一般不再画出；

(4) 半剖面图与全剖面图的剖切符号、图名表达方式一致，如图 1-60 所示。

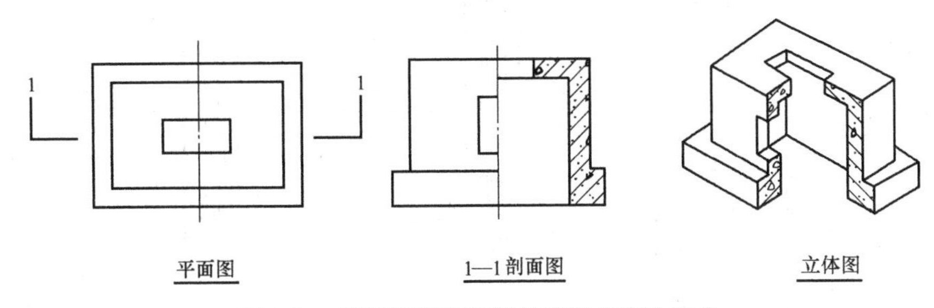

图 1-60　半剖面图剖切符号及图名表达方式

3. 阶梯剖面图

当用一个剖切平面不能将形体上需要表达的内部结构都剖切到时，可用两个或两个以上相互平行的剖切平面剖开物体，所得的剖面图称为阶梯剖面图。如图 1-61 所示形体，不便同时剖切两个孔洞，因此用两个平行的剖切面对形体进行剖切，这样可以在同一剖面图中将两个不同方向的孔洞同时反映出来。

画阶梯剖面图时应注意：

(1) 在剖切平面的起止和转折处，均应进行标注，画出剖切符号，并标注相同的编号数字（或字母）；

(2) 由于剖切平面是假想出来的，因此在阶梯剖面图上，剖切平面的转折处不能画出分界线。

4. 局部剖面图

当形体某一局部内部形状需要表达，但又没必要作全剖面图或半剖面图时，可以保留投影图的大部分，用剖切平面将形体的局部剖切开，得到的剖面图称为局部剖面图，如图 1-62 所示。

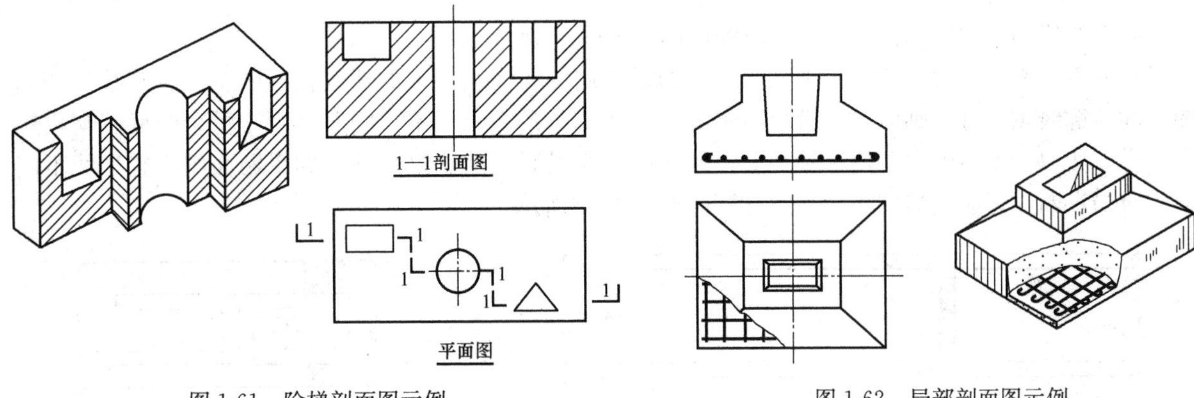

图 1-61　阶梯剖面图示例　　　　图 1-62　局部剖面图示例

画局部剖面图时应注意：

(1) 局部剖面图部分用波浪线分界，不标注剖切符号和编号；

(2) 波浪线不能与投影图中的轮廓线重合，也不能超出图形的轮廓线；

(3) 局部剖面图的范围通常不超过该投影图形的 1/2。

5. 旋转剖面图

用两个相交的剖切平面（其交线垂直于某一基本投影面）剖开物体，把其中一个平面剖切得到的图形，绕两剖切平面的交线旋转到与投影面平行的位置，然后再一起进行投影，这样得到的剖面图称为旋转剖面图，如图 1-63 所示。

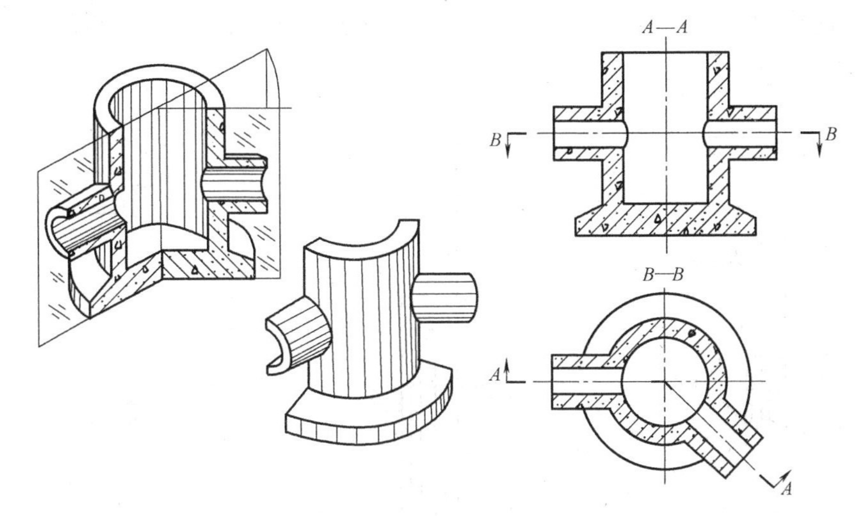

图 1-63　旋转剖面图示例

6. 分层剖面图

分层剖面图可反映具有多层构造的工程形体各层所用材料和构造的做法，多用来表达房屋地面、楼面、墙面和屋面等处的构造，如图 1-64 所示。

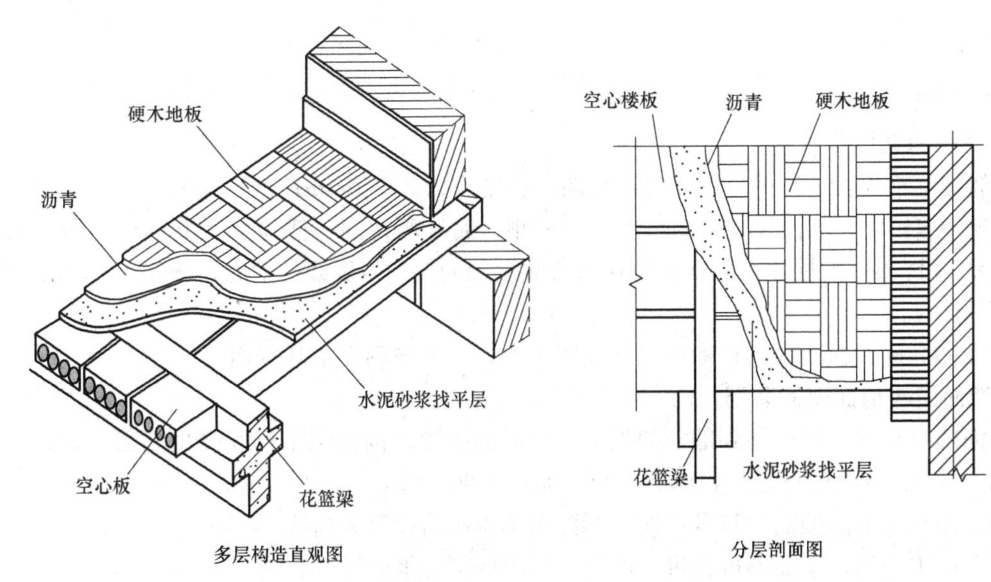

图 1-64　分层剖面图示例

【实训任务三】

观察图 1-55 中的形体，按以下步骤完成断面图绘制。

(1) 观察图 1-55 中假设的剖切面，在实训任务一已画好的三面投影中的水平面上，画出断面图的剖切符号 2-2（完成此任务，需要熟悉“断面图的标注”）。

(3) 画出该形体的断面图（完成此任务，需要熟悉“断面图的形成”）。

(4) 在绘制完成的断面图下方注写图名“2-2 断面图”。

模块 1.5.2 断 面 图

一、断面图的形成

假想用剖切面剖开物体后，仅画出该剖切面与物体接触部分的正投影，所得的图形称为断面图，如图 1-65 所示。

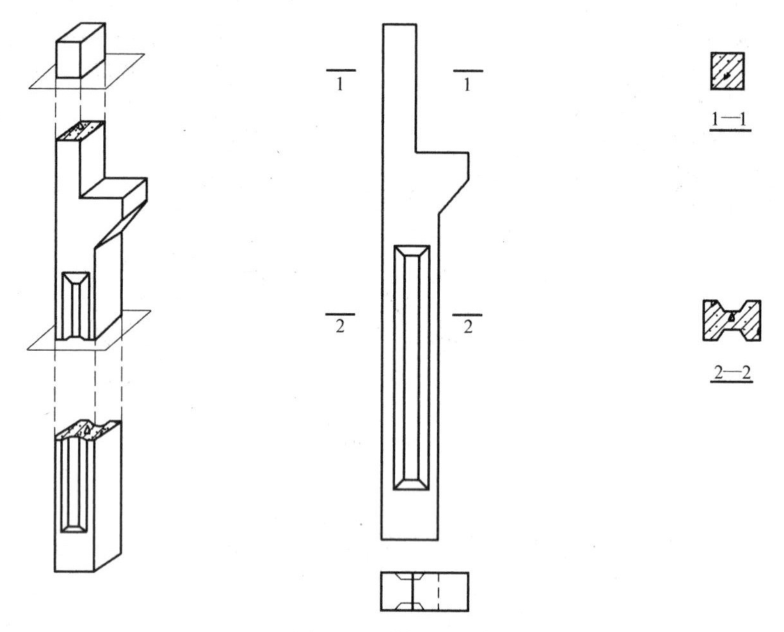

图 1-65 断面图示例

二、断面图的标注

1. 断面图的剖切符号

只用剖切位置线表示，并应以粗实线绘制，长度宜为 6～10mm；剖切符号的编号宜采用阿拉伯数字，按顺序编排，并应注写在剖切位置线的一侧，编号所在的一侧应为该断面图的投影方向。如图 1-65 中的 1-1，2-2 的标注，数字标注在粗实线绘制的剖切位置线的下方，表示断面图的投影方向是从上往下看的。

2. 断面图名称：断面图名称标注在断面图下方，要求与剖面图基本相同。

三、断面图与剖面图的区别

1. 断面图只画出剖切面切到部分的投影，是面的投影；剖面图不仅要画出断面图形，还应画出沿投影方向能看到部分的投影，是体的投影，如图 1-66 所示。

2. 断面图与剖面图的剖切符号不同，断面图不用画出投射方向线。

3. 断面图中的剖切平面不可转折，而剖面图中的剖切平面可以转折。

四、断面图的种类

断面图主要用来表示物体某一局部截断面的形状。根据断面图所在的位置不同分为移出断面图、重合断面图和中断断面图。

1. 移出断面图

画在视图轮廓线外的断面图称为移出断面图，如图 1-65 所示。绘制移出断面图时应注意：移出断面图一般应标注剖切位置、编号和断面名称，编号应注写在移出断面图下方并与剖切面编号相对应，如 1-1、2-2；移出断面图的轮廓线一般用粗实线画出，可以画在剖切平面的延长线上、视图的

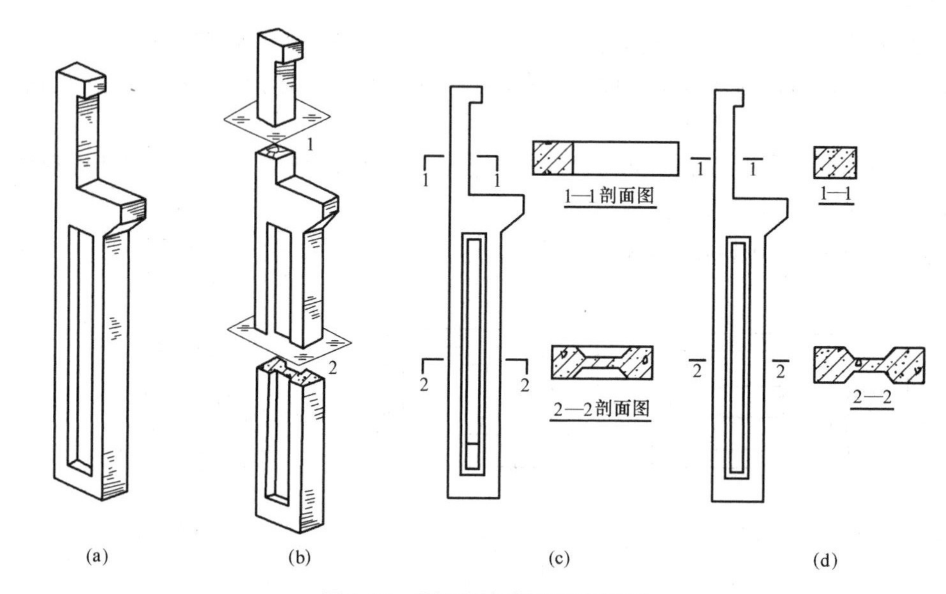

图 1-66 断面图与剖面图的区别

(a) 牛腿柱；(b) 剖开后的牛腿柱；(c) 剖面图；(d) 断面图

中断处或其他适当位置；内部用相应材料图例填充。

2. 中断断面图

断面图画在构件投影图的中断处，称为中断断面图，如图 1-67 所示。它主要用于一些较长且均匀变化的单一构件。画中断断面图时，原投影长度可缩短，但尺寸应完整地标注。画图的比例、线型与重合断面图相同，也无需标注剖切位置线和编号。

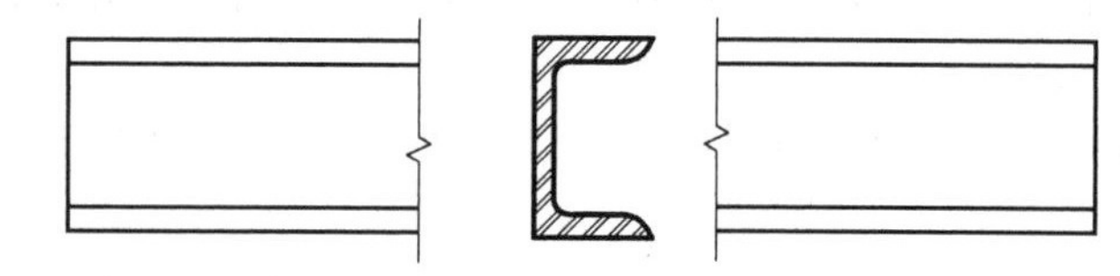
图 1-67 中断断面图示例

3. 重合断面图

画在投影图内的断面图，称为重合断面图，如图 1-68 所示。

绘制重合断面图时应注意：重合断面图的投影用细实线绘制，如遇到投影图中的轮廓线与断面图中的轮廓线重叠时，则应按照投影图中的轮廓线完整的画出，不可间断。由于重合断面图与投影图重合，所以一般不画出剖切符号；重合断面图与原投影图的比例一致，如果断面图中轮廓线不闭合，应当在断面轮廓线内侧加画图例符号，如图 1-69 所示。

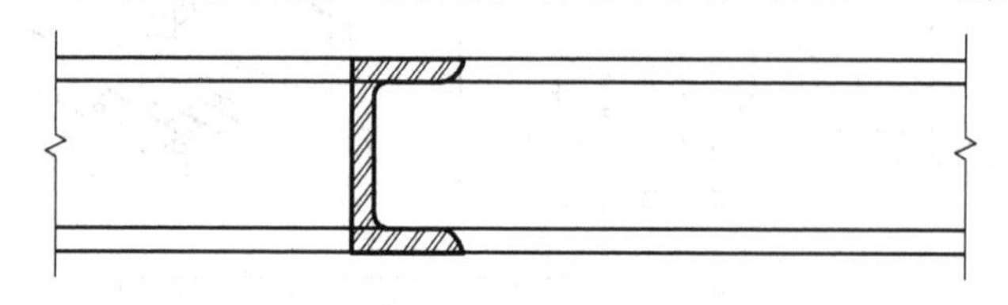
图 1-68 重合断面图示例

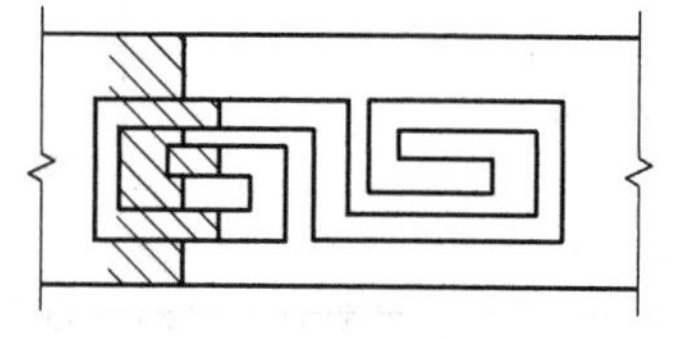
图 1-69 外墙面装饰图上的重合断面图

【思考训练】

一、选择题

1. 剖面图的剖切符号包括（ ）。

A. 剖切位置线　　　　B. 投射方向线　　　　C. 数字

2. 断面图的剖切符号包括（　　）。

A. 剖切位置线　　　　B. 投射方向线　　　　C. 数字

二、绘图题

1. 画出形体的 1-1 剖面图。

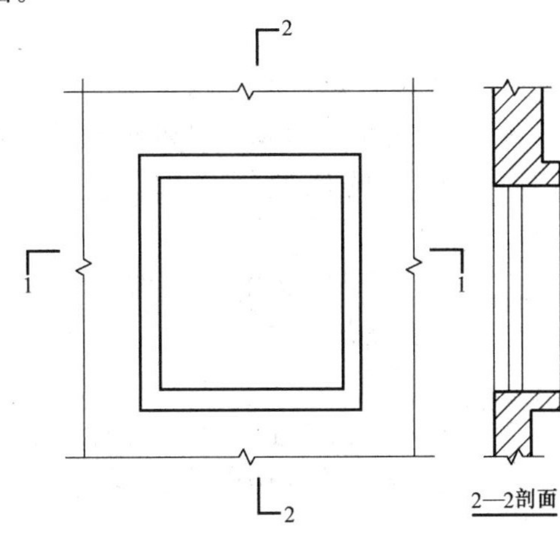

2. 画出钢筋混凝土 1-1，2-2，3-3，4-4，5-5 断面图。

（1）

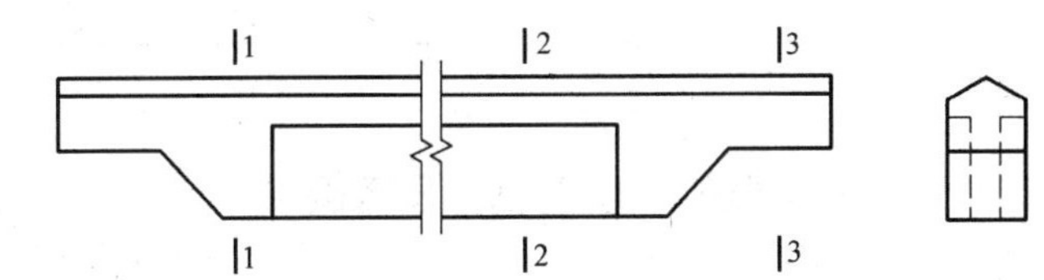

（2）

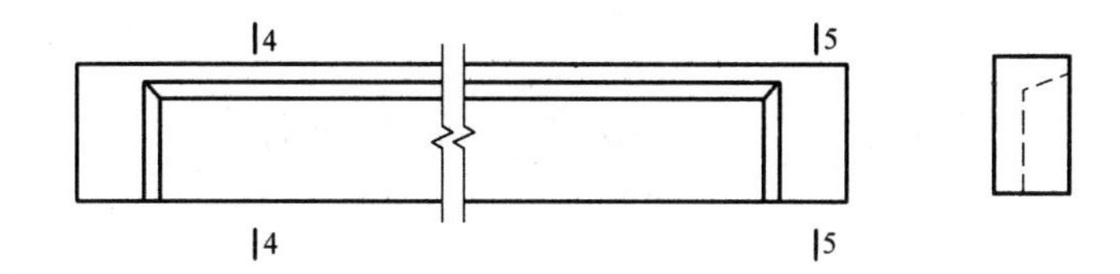

3. 绘制水平面投影图和剖面图。

（1）绘制下图的水平面投影图（按形体的比例关系，绘制示意图即可）。

（2）根据阶梯剖面图的符号规定，在绘制好的水平面投影图中，绘制出 1-1 的符号及图例。

（3）绘制 1-1 剖面图（与绘制好的水平面投影图应满足长对正、高平齐、宽相等的关系）。

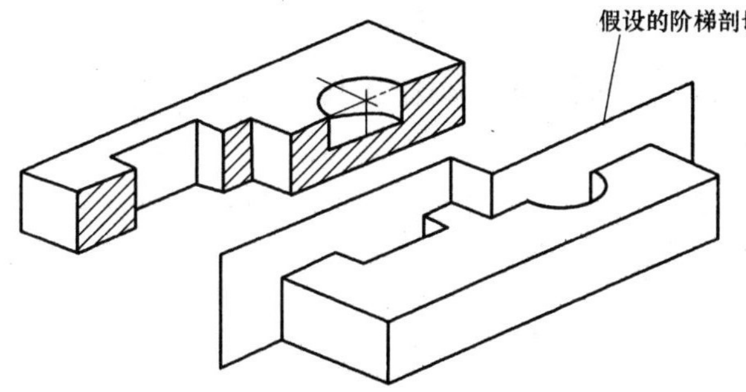

项目 2　识图节点训练

【教学目标】

能力目标：能够采用相互联系的方法从建筑、结构施工图中获取项目的信息，能用综合识读方法完成任务。提高学生独立思考和分析问题、解决问题的能力，进一步培养学生的识图能力。

知识目标：施工图识读基本知识（施工图作用、分类、图纸编排、常用制图标准、施工图识读方法和技巧），建筑施工图识读技能（建筑设计总说明、建筑总平面图、建筑各层平面图、建筑立面图、建筑剖面图、建筑详图）；结构施工图识读技能（结构设计总说明、基础结构图、结构平面图、构件节点详图）。

实训任务单：某小学教学楼建筑与结构施工图识读

1. 目的

学生在教师指导下，从相关工程项目的施工图中获取信息，完成学习情境引导文的节点训练任务，训练学生建筑工程施工图识读的实操能力。

2. 工作任务

（1）图纸详见附录1。

（2）工作任务：识读图纸，根据建筑识图与构造的基本知识，完成学习情境引导文的解答。

任务 2.1　建筑施工图基本知识及建筑总平面图识读

模块 2.1.1　学习情境引导文

一、简述建筑总平面图的形成和作用。

二、识读附录1的施工图，说明该套图纸中包括哪些专业？每个专业的施工图包括哪些图纸？其图名及图纸编号是什么？

三、识读附录1的建施-01，回答以下问题：

1. 在图中，除了总平面布置图外，还绘制了____等内容。

2. 总平面布置图的绘制比例是__________，总平面图中的尺寸均以__________为单位。总平面图左上角有 1 个符号，该符号表示__________。根据该符号，说明本项目的朝向是________________________。

3. 从总平面布置图，可知拟建教学楼的层数为__________，距离其东侧的原住宅楼（6F）的距离为__________m，距离其南侧的原有建筑物距离为__________m，距离其西南侧的原有建筑物的距离为__________m。

4. 该拟建教学楼的形状是__________，长度为__________m，宽度（最宽处）为__________m。

5. 从总平面布置图，可以看出该拟建教学楼四周布置了课外活动场地（兼______________地）。

6. 该拟建教学楼的室内首层地面的相对标高为__________，相当于绝对高程为__________，标高的单位均为__________。该拟建教学楼南侧的原有建筑物的室内地面的绝对标高是__________m。该场地的地势为：北侧__________，南侧__________（选填“高”或“低”）。（提示：标高的概念见模块2.1.2知识链接的“标高、层高、净高的规定”。）

7. 在建筑设计总说明右边有①号详图，请问①号详图的索引位置是：____。（提示：此处关于索引符号、详图符号的规定详见模块2.1.2知识链接的表2-1。）

8. 在建筑设计总说明上方有一～四层卫生间的大样图和五层卫生间大样图，从图中可以看出卫生间平面布置情况，卫生间门外走廊处的地面标高为______________，卫生间地面标高为______________。

9. 本项目地面的做法有__________种，其中卫生间地面做法为____，其他地面做法为____。

10. 本项目楼面的做法有__________种，其中卫生间楼面做法为____，其他楼面和楼梯做法为____。

11. 本项目屋面的做法为____。

12. 本项目内墙面做法有__________种，其中卫生间内墙面做法为________________________，外走廊、楼梯间走廊栏杆内侧及压顶面的内墙面做法为__________，其他内墙面做法为__________。

13. 本项目外墙做法为____。

14. 本项目踢脚线做法为____。

模块 2.1.2　知识链接

一、建筑工程施工图的分类

建筑工程施工图是按照不同的专业分别绘制的，一套完整的建筑工程施工图应包括以下几部分内容：

（一）总图

总图包括建筑总平面布置图、运输与道路布置图、竖向设计图、室外管线综合布置图（含给水、排水、电力、弱电、暖气、热水、煤气等管网）、庭园和绿化布置图，以及各个部分的细部做法详图。此外，还应包括设计说明。

（二）建筑专业图

建筑专业图包括建筑的总平面位置图，各层平面图，各向立面图，屋面平面图，剖面图，外墙详图，楼梯详图，电梯地坑、井道、机房详图，门廊门头详图，厕所盥洗卫生间详图，阳台详图，烟道、通风道详图，垃圾道详图及局部房间的平面详图，地面分格详图，吊顶详图等。此外，还有门窗表、工程材料做法表和设计说明。

（三）结构专业图

结构专业图包括基础平面图，桩位平面图，基础剖面详图，各层顶板结构平面图与剖面节点图，各型号柱、梁、板的模板图，各型号柱、梁、板的配筋图，框架结构柱、梁、板结构详图，屋架檩条结构平面图，屋架详图，檩条详图，各种支撑详图，平屋顶挑檐平面图，楼梯结构图，阳台结构图，雨篷结构图，圈梁平面布置图与剖面节点图，构造柱配筋图，墙拉筋详图，各种预埋件详图，各种设备基础详图，以及预制构件数量表和设计说明等。有些工程在配筋图中还附有钢筋表。

（四）设备专业图

设备专业图包括各层给水、消防、排水、热水、空调等平面图，给水、消防、排水、热水、空调各系统的透视图或各种管道的立管详图，厕所、盥洗室、卫生间等局部房间平面详图或局部做法详图，主要设备或管件统计表和设计说明等。

（五）电气专业图

电气专业图包括各层动力、照明、弱电平面图，动力、照明系统图，弱电系统图，防雷平面图，非标准的配电盘、配电箱、配电柜详图和设计说明等。

上述各专业施工图的内容，仅为常出现的图纸内容，并非各单项工程都必须有这些内容，具体图纸内容与建筑工程的性质和结构类型有关。例如，平屋顶建筑没有屋架檩条结构平面图。又如，除成片建设的多项工程外，单项工程可不单独绘制总图。

二、建筑总平面图的形成、作用及识读步骤

（一）总平面图的形成

建筑总平面图是假设在建设区的上空向下投影所得的水平投影图。

（二）总平面图的作用

总平面图主要表达拟建房屋的位置和朝向与原有建筑物的关系，周围道路、绿化布置及地形地貌等内容。它可作为拟建房屋定位、施工放线、土方施工以及施工总平面布置的依据。

（三）总平面图的识读步骤

现以图 2-1 为例，说明总平面图的识读步骤。

1. 先看图名、比例、图例及有关的文字说明。从图 2-1 中的标题栏可知这是学校拟建的两幢学生宿舍楼的总平面图，比例为 1∶500。因总平面图包括的范围较大，所以绘制时采用较小的比例，如 1∶2000、1∶1000、1∶500 等。总平面图中标注的尺寸，一般以“m”为单位。由于总平面图的绘制比例较小，许多物体不能按原状画出，故使用较多的图例符号来表示。总平面图中常用的图例见表 2-2。

2. 了解工程性质、用地范围、地形地貌和周围环境情况。图中粗实线表示拟建工程是某校内两幢相同的学生宿舍。它的东边有一池塘，池塘西边有一挡土墙，南边有一护坡，护坡下有一排水沟，护坡中间有一台阶，学生宿舍的东南角有一待拆的房屋，西北角有两个篮球场，东北角有一围墙。除此之外，周围还有写上名称的原有建筑和拟建房屋、道路等。

3. 了解地形情况和地势高低。从图中等高线所注写的数值，可知该地势西北高，东南低，从而可知雨水的排流方向，并可计算填挖土方的数量。拟建房屋底层室内地面的绝对标高为 46.20m，室外道路中心标高为 45.90m。图中圆点数表示拟建房屋的层数。

4. 了解拟建房屋的平面位置和定位依据。将房屋从图纸上搬到地面上，称为房屋定位。其定位方法一般有以下两种方法：

（1）依据已建房屋或道路定位。如图 2-1 所示，拟建房屋的西墙离原有道路中心线 5m，北墙离北面已建房屋 8m，两幢宿舍间距为 10m。

（2）用坐标网定位。常用坐标网有测量坐标网和建筑坐标网之分。建筑物一般按上述坐标方格网来确定其位置。对于一般的单体建筑物，常取其两个对角点作为定位点；对于体形庞大及复杂的建筑物则至少要取四个定位点。

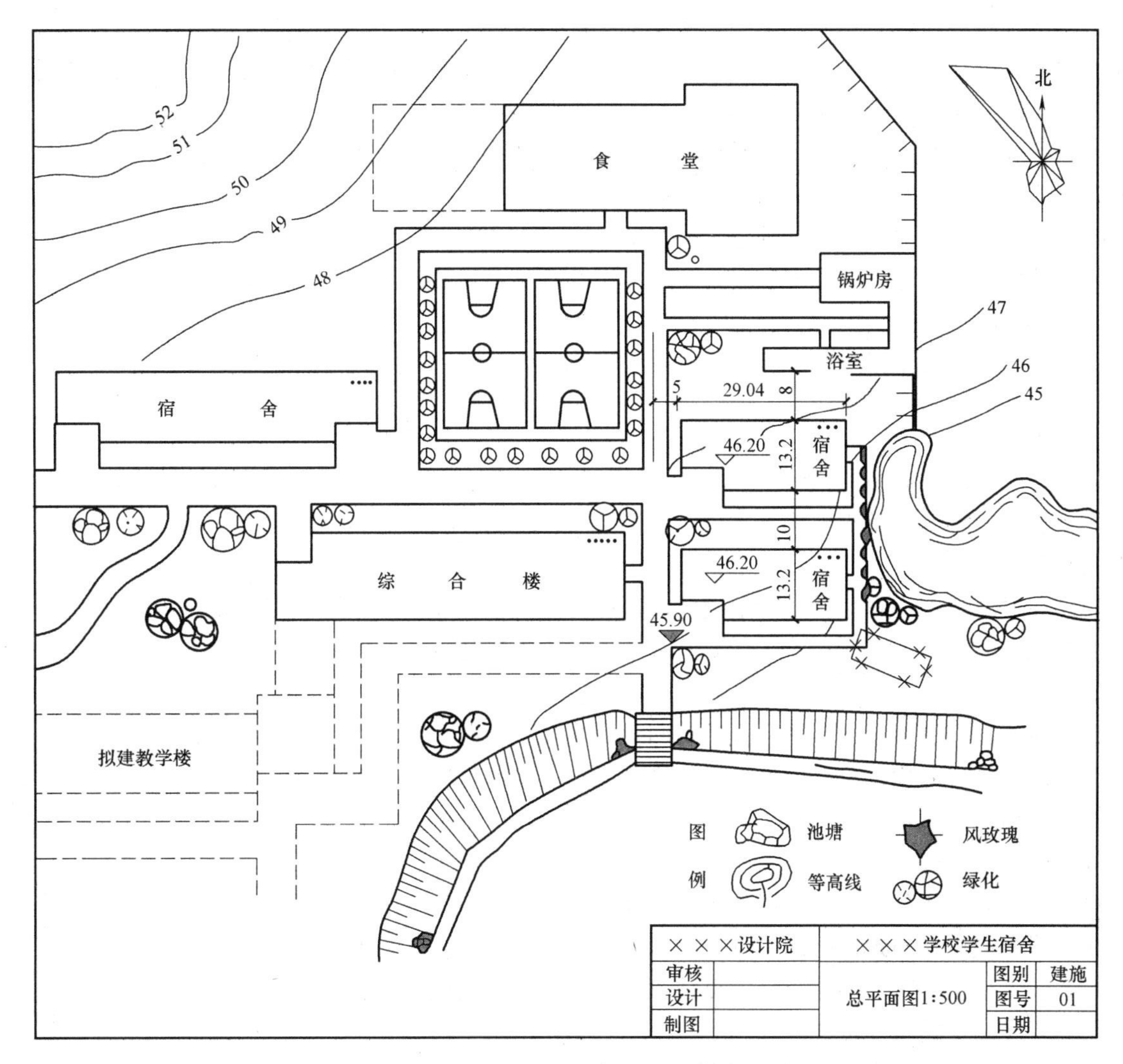

图 2-1　建筑总平面图

5. 了解拟建房屋的朝向和主要风向。总平面图上一般画有指北针或风向频率玫瑰图，以指明该地区的常年风向频率和建筑物的朝向。风向频率玫瑰图是根据当地的风向资料将全年中各个不同风向的天数同一比例画在 16 方位线上，然后用实线连接成多边形，其形似花故由此得名。在风玫瑰图中该实折线离中间交点最远的风向表示常年中该风向的天数最多，因此其又称为当地的常年主导风向。图 2-1 的右上角风向频率玫瑰图中，有箭头的方向为北向，图中所示该地区全年最大的主导风向为西北风。

6. 了解道路交通及管线布置情况。

7. 了解绿化、美化的要求和布置情况。

三、标高、层高、净高的规定

（一）标高的定义和分类

标高表示建筑物某一部位相对于基准面（标高的零点）的竖向高度，是竖向定位的依据。标高数字应以“m”为单位，注写到小数点后第三位，在总平面图中，可注写到小数点后第二位。

标高按基准面选取的不同分为绝对标高和相对标高。在建筑工程图纸中，一般建筑总平面图会说明绝对标高的情况，其他图纸所标注的标高均为相对标高。

绝对标高：是以一个国家或地区统一规定的基准面作为零点的标高，我国规定以青岛附近黄海的平均海平面作为标高的零点，所计算的标高称为绝对标高。

相对标高：在实际设计和施工中，用绝对标高不方便，因此习惯上常以建筑物室内首层主要地面高度为零点（±0.000），以此为基准点的标高称为相对标高，比零点高的为“＋”，比零点低的为“－”。相对标高又分为建筑标高和结构标高两种，其中：

建筑标高：在相对标高中，凡是包括装饰层厚度的标高，称为建筑标高，注写在构件的装饰层面上，一般建筑施工图中的标高为建筑标高。

结构标高：在相对标高中，凡是不包括装饰层厚度的标高，称为结构标高，一般结构施工图中的标高为结构标高，是构件的安装或施工高度。结构标高＋装饰层的厚度＝建筑标高。

（二）标高符号

标高符号为用细实线绘制、高为 3mm 的等腰直角三角形，如下图所示。

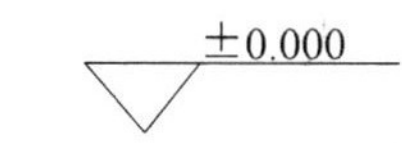

（三）标高标注的注意事项

（1）总平面图室外整平地面标高符号为涂黑的等腰直角三角形，标高数字注写在符号的右侧、上方或右上方。

（2）底层平面图中，室内主要地面的零点标高注写为±0.000。低于零点标高的为负标高，标高数字前加“－”号，如－0.450。高于零点标高的为正标高，标高数字前可省略“＋”号，如 3.000。

（3）在标准层平面图中，同一位置可同时标注几个标高。

（4）标高符号的尖端应指至被标注的高度位置，尖端可向上，也可向下。

（5）标高的单位：m。

（四）层高和净高

层高：层高是指住宅高度，以“层”为单位计量，每一层的高度在设计上有要求。它通常包括上下两层楼面或楼面与地面之间的垂直距离。

净高：工程上的净高通常指楼面或地面至上部楼板底面或吊顶底面之间的垂直距离

层高＝净高＋楼板厚度。

以附录 1《小学教学楼》1-1 剖面图为例，如图 2-2 所示。

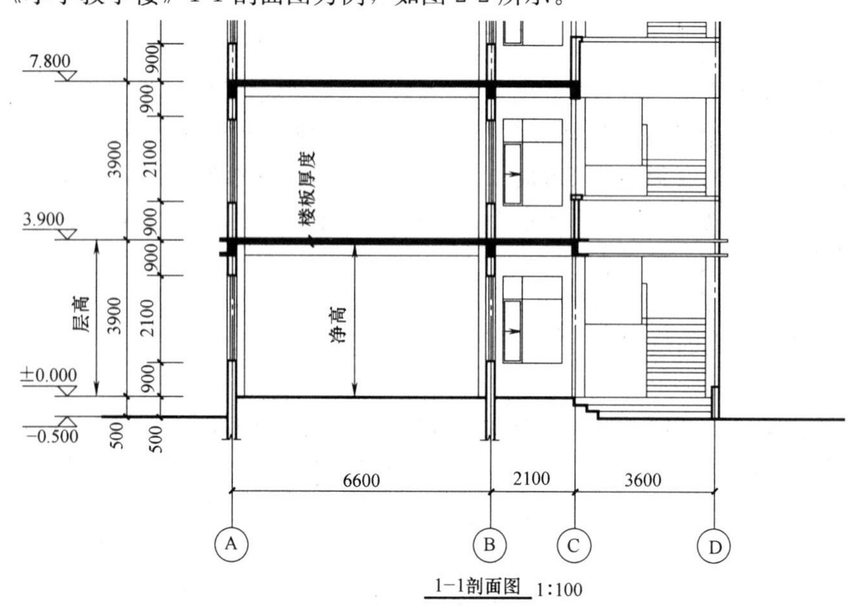

图 2-2　1-1 剖面图局部示意图

一层的层高＝3.900－0.000＝3.9m

由结施-07“楼面板板厚图”，可知楼面板厚度 h＝120mm，因此：

一层的净高为：3.9－0.12＝3.78m。

四、符号和图例附表

（一）建筑施工图常用的符号

建筑施工图常用的符号　　**表 2-1**

名称	画法		说明
定位轴线	标注	1；1/3；2/C 一般标注　附加定位轴线	定位轴线用细点长画线绘制，编号圆用细实线绘制，直径为 8mm，详图可增至 10mm
	编号排序	B、A；1、2、3、4、5	
标高符号	立面图、剖面图	约3mm　45°　(数字) ±0.000　5.250 －3.600　－0.450 标高符号的尖端应指向被标注的高度	标高符号用细实线绘制，标高符号的尖端应指向被标注的高度，引线表示被标注的高度，标高数字以“m”为单位。 平面图、总平面图不加引线。 建筑标高是构件装修完成后的标高，结构标高则是构件的毛面标高
	平面图、总平面图	3.600　11.80 平面图、总平面图室内　总平面图室外	
引出线		(文字说明) (文字说明) (文字说明) (文字说明) (文字说明) (文字说明) (文字说明) (文字说明) (文字说明)	多层构造共用引出线，应通过被引出的各层。说明的顺序由上至下，如层次为横向排序，则由上至下的说明由左至右的层次
索引符号		5/2　详图编号　详图所在图纸号 2/—　详图编号　详图在本张图纸上 4/3　用于索引剖面	索引符号表示详图的位置与编号，应以细实线绘制，圆的直径为 10mm

续表

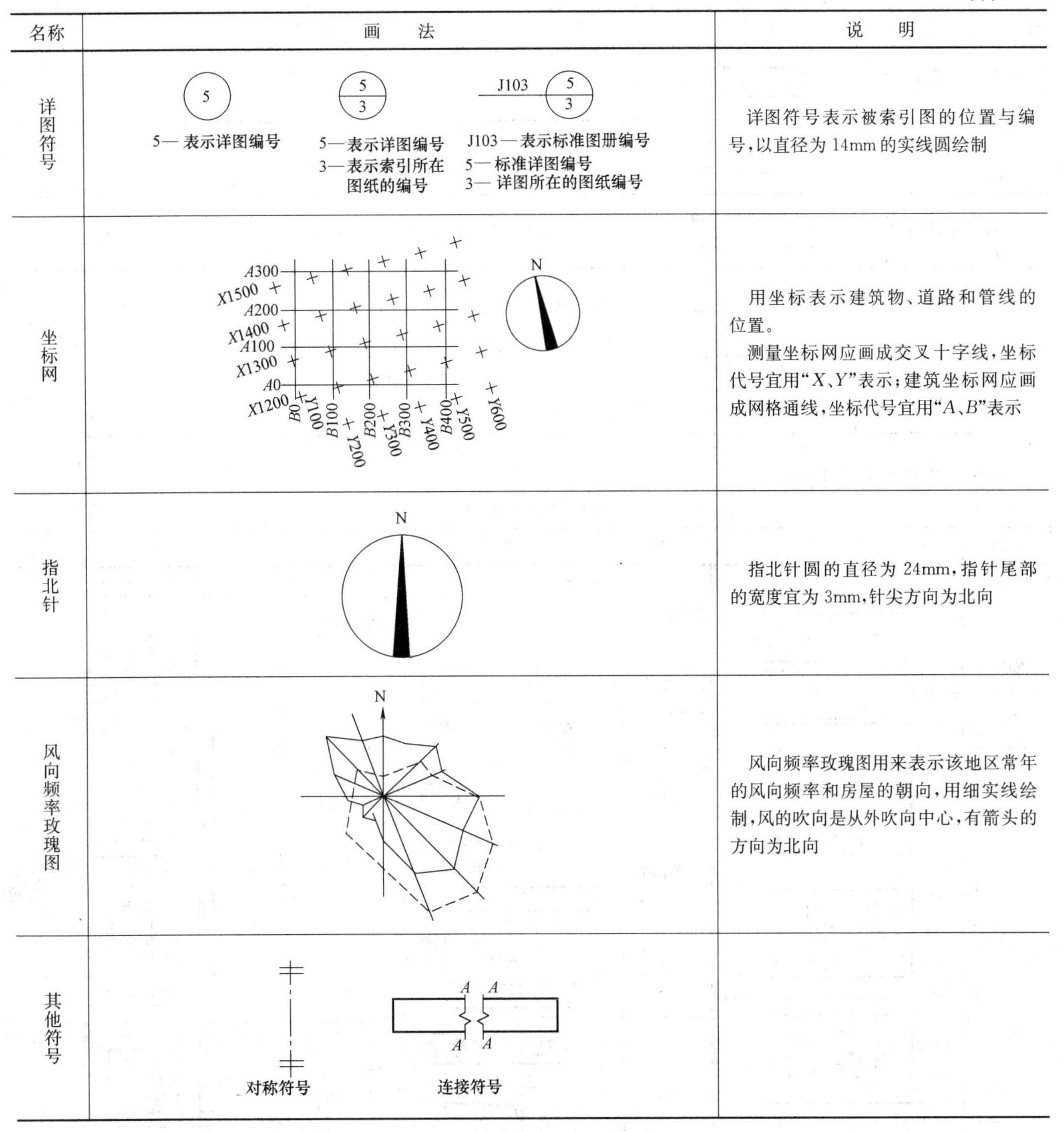

名称	画法	说明
详图符号	5— 表示详图编号 5—表示详图编号 3—表示索引所在图纸的编号 J103—表示标准图册编号 5—标准详图编号 3— 详图所在的图纸编号	详图符号表示被索引图的位置与编号，以直径为14mm的实线圆绘制
坐标网	A300 X1500 A200 X1400 A100 X1300 A0 X1200 B0 Y100 B100 Y200 B200 Y300 B300 Y400 B400 Y500 Y600 N	用坐标表示建筑物、道路和管线的位置。 测量坐标网应画成交叉十字线，坐标代号宜用“*X*、*Y*”表示；建筑坐标网应画成网格通线，坐标代号宜用“*A*、*B*”表示
指北针	N	指北针圆的直径为24mm，指针尾部的宽度宜为3mm，针尖方向为北向
风向频率玫瑰图	N	风向频率玫瑰图用来表示该地区常年的风向频率和房屋的朝向，用细实线绘制，风的吹向是从外吹向中心，有箭头的方向为北向
其他符号	对称符号 *A* *A* *A* *A* 连接符号	

（二）总平面图图例

总平面图图例 **表 2-2**

序号	名称	图例	备注
1	新建建筑物		1. 需要时，可用▲表示出入口，可在图形内右上角用点数或数字表示层数。 2. 建筑物外形（一般以±0.000高度处的外墙定位轴线或外墙线为准）用粗实线表示。需要时，地面以上建筑用中粗实线表示，地面以下建筑用细虚线表示

续表

序号	名称	图例	备注
2	原有建筑物		用细实线表示
3	计划扩建的预留地或建筑物		用中粗虚线表示
4	拆除的建筑物		用细实线表示
5	围墙及大门		上图为实体性质的围墙，下图为通透性质的围墙，若仅表示围墙时，不画大门
6	挡土墙		被挡土在“凸出”的一侧
7	填挖边坡		边坡较长时，可在一端或两端局部表示
8	室内标高	151.00	
9	室外标高	143.00	室外标高也可以采用等高线表示
10	计划扩建的道路		
11	拆除的道路		
12	人行道		
13	桥 梁		左图为公路桥，右图为铁路桥

（三）常用建筑材料图例

常用建筑材料图例 **表 2-3**

序号	名称	图例	备注
1	自然土壤		包括各种自然土壤
2	夯实土壤		
3	砂、灰土		靠近轮廓线绘较密的点
4	砂砾石、碎砖三合土		

续表

序号	名称	图例	备注
5	石材		
6	毛石		
7	普通砖		包括实心砖、多孔砖、砌块等砌体。断面较窄不易绘出图例线时，可涂红
8	耐火砖		包括耐酸砖等砌体
9	空心砖		指非承重砖砌体
10	饰面砖		包括铺地砖、玻璃锦砖、陶瓷锦砖、人造大理石等
11	焦渣、矿渣		包括与水泥、石灰等混合而成的材料
12	混凝土		(1)本图例指能承重的混凝土及钢筋混凝土 (2)包括各种强度等级、骨料、添加剂的混凝土 (3)在剖面图上画出钢筋时，不画图例线 (4)断面图形小，不易画出图例线时，可涂黑
13	钢筋混凝土		
14	多孔材料		包括水泥珍珠岩、沥青珍珠岩、泡沫混凝土、非承重加气混凝土、软木、蛭石制品等
15	纤维材料		包括矿棉、岩棉、玻璃棉、麻丝、木丝板、纤维板等
16	泡沫塑料材料		包括聚苯乙烯、聚乙烯、聚氨酯等多孔聚合物类材料
17	木材		(1)上图为横断面，分别为垫木、木砖、木龙骨； (2)下图为纵断面
18	胶合板		应注明为：×层胶合板
19	石膏板		包括圆孔、方孔石膏板、防水石膏板等
20	金属		(1)包括各种金属 (2)图形小时，可涂黑
21	网状材料		(1)包括金属、塑料网状材料 (2)应注明具体材料名称
22	液体		应注明具体液体名称
23	玻璃		包括平板玻璃、磨砂玻璃、夹丝玻璃、钢化玻璃、中空玻璃、加层玻璃、镀膜玻璃等

续表

序号	名称	图例	备注
24	橡胶		
25	塑料		包括各种软、硬塑料及有机玻璃等
26	防水材料		构造层次多或比例大时，采用上面图例
27	粉刷		本图例采用较稀的点
28	毛石混凝土		

（四）构件及配件图例

构件及配件图例 **表 2-4**

名称	图例	名称	图例	名称	图例
墙体		平面高差	××↓	改建时保留的原有墙和窗	
隔断		检查孔		应拆除的墙	
栏杆		孔洞		在原有墙或楼板上新开的洞	
楼梯	上 下 上 下	坑槽		在原有洞旁扩大的洞	
坡道	下 下 下	墙顶留洞	宽×高或ϕ 底(顶或中心)标高	在原有墙或楼板上全部填塞的洞	
		墙顶留槽	宽×高×深或ϕ 底(顶或中心)标高	在原有墙或楼板上局部填塞的洞	
		烟道			
		通风道			
		新建的墙和窗			

续表

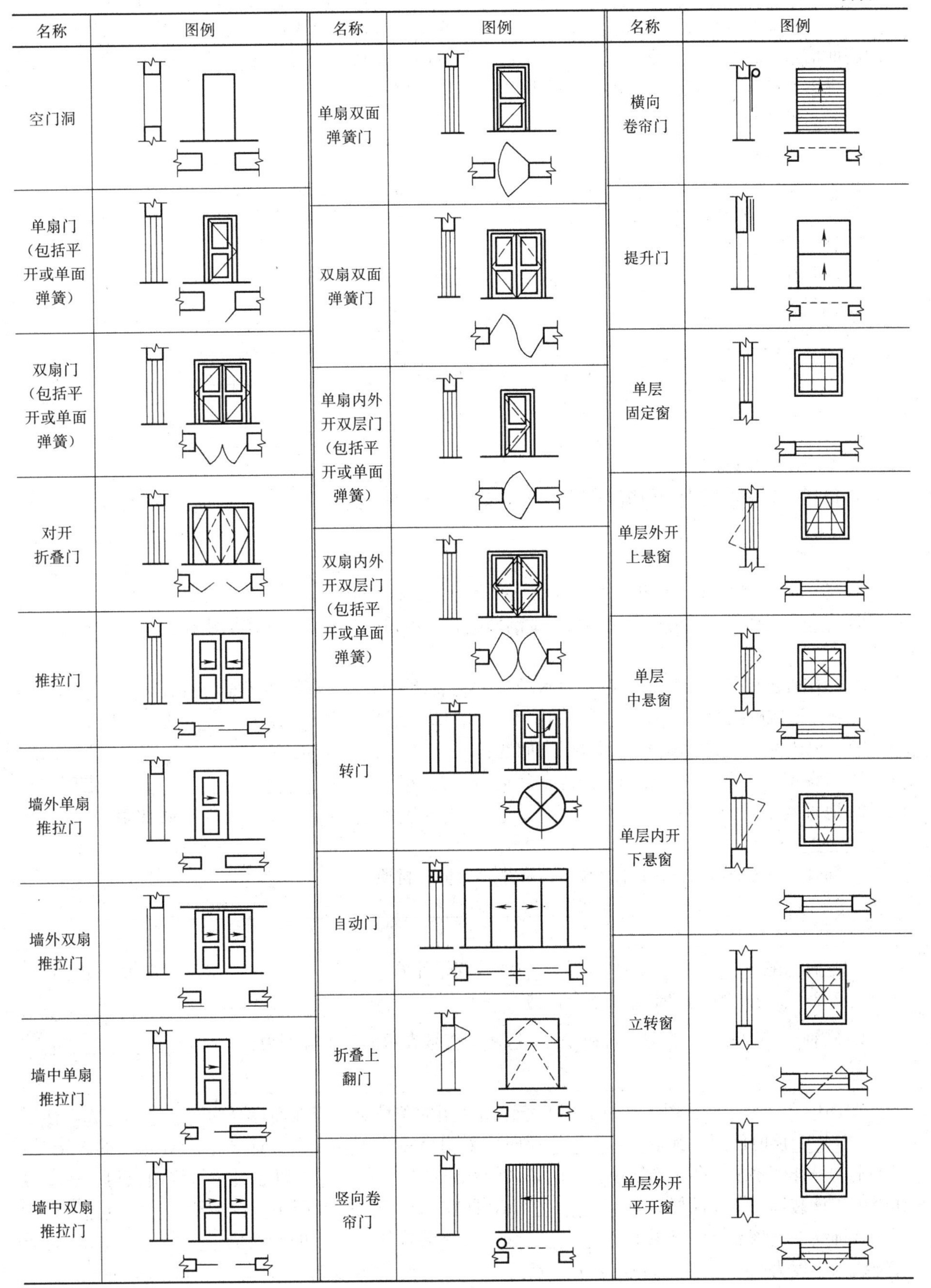

名称	图例	名称	图例	名称	图例
空门洞		单扇双面弹簧门		横向卷帘门	
单扇门（包括平开或单面弹簧）		双扇双面弹簧门		提升门	
双扇门（包括平开或单面弹簧）		单扇内外开双层门（包括平开或单面弹簧）		单层固定窗	
对开折叠门		双扇内外开双层门（包括平开或单面弹簧）		单层外开上悬窗	
推拉门		转门		单层中悬窗	
墙外单扇推拉门		自动门		单层内开下悬窗	
墙外双扇推拉门		折叠上翻门		立转窗	
墙中单扇推拉门		竖向卷帘门		单层外开平开窗	
墙中双扇推拉门					

续表

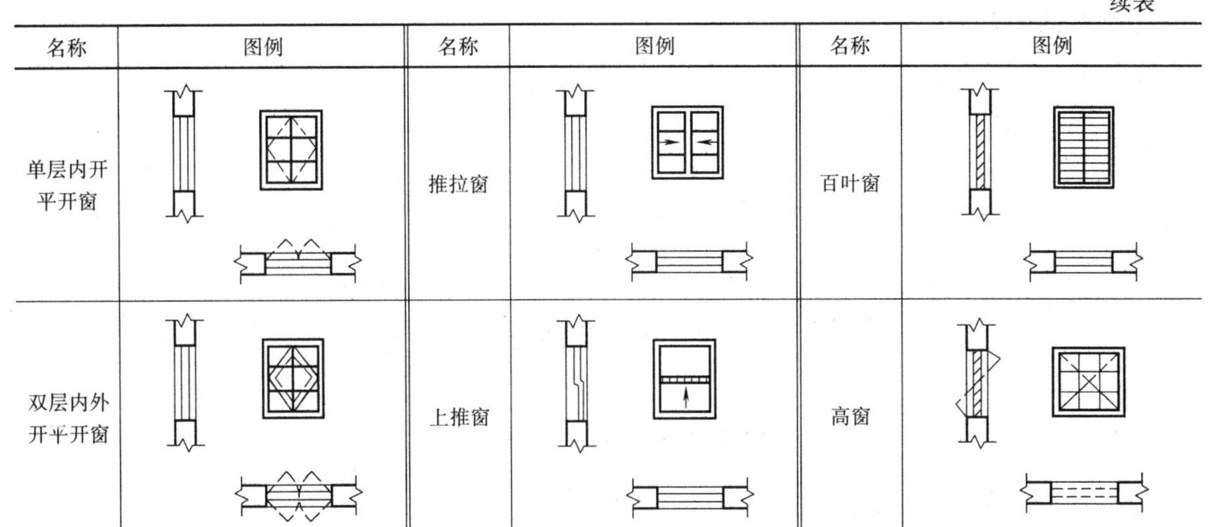

名称	图例	名称	图例	名称	图例
单层内开平开窗		推拉窗		百叶窗	
双层内外开平开窗		上推窗		高窗	

（五）绿化图例

绿化图例 表 2-5

名称	图例	名称	图例	名称	图例
常绿针叶树		落叶针叶树		常绿阔叶乔木	
落叶阔叶乔木		常绿阔叶灌木		落叶阔叶灌木	
竹类		花卉		草坪	
花坛		绿篱		植草砖铺地	

（六）卫生设备及水池图例

卫生设备及水池图例 表 2-6

名称	图例	名称	图例	名称	图例
立式洗脸盆		带沥水板洗涤盆		蹲式大便器	
台式洗脸盆		盥洗槽		坐式大便器	
挂式洗脸盆		污水池		妇女卫生盆	
浴盆		立式小便器		小便槽	
化验盆、洗涤盆		壁挂式小便器		淋浴喷头	

【思考训练】

问答题

1. 一套完整的建筑施工图包括的内容有哪些？
2. 简述建筑总平面图的形成规定和作用。
3. 标高、绝对标高、相对标高、建筑标高、结构标高的定义是什么？
4. 施工图的单位一般是什么？总平面图的单位是什么？

任务 2.2　建筑平面图识读

模块 2.2.1　学习情境引导文

一、简述建筑平面图的形成与作用。

二、识读附录 1 的建施-02～建施-05，该项目建筑平面图包括：____________，____________，____________，____________。它们的绘图比例均为________。指北针绘制在________图上。图中的尺寸单位为________，标高的单位为________。

三、识读附录 1 的建施-02，回答以下问题：

1. 描述定位轴线的情况，从左至右定位轴线为________轴到________轴。从下至上定位轴线为________轴到________轴。（提示：定位轴线及编号的规定详见模块 2.2.2 知识链接的“建筑平面图的内容及表示方法”。）

2. 首层各房间的功能分别为____________，____________，____________，____________。它们各自的开间×进深（mm×mm）分别为____________，____________，____________，____________。（提示：开间、进深的知识点详见模块 2.2.2 知识链接的“建筑平面图的内容及表示方法”。）

3. 外墙的厚度为________mm，内墙的厚度为________mm，墙体与轴线的关系是________（选填“居中”或“偏心”）。墙体的材料为________________________。（提示：①墙体厚度一般在底层平面图中标注，如果没有标注，需结合建筑设计总说明进行识读。本项目墙体厚度请结合建施-01 的建筑设计总说明和①号详图进行综合识读。②墙体的材料需在设计总说明中识读，如果建筑设计说明与结构设计说明不一致，一般是以结构设计总说明中关于材料的做法为准。③墙体的作用和分类、墙体材料的知识点详见模块 2.2.2 知识链接的“墙体构造”。）

4. 识读③×⑤～Ⓐ×Ⓑ教室，玻璃黑板的标注 98ZJ501$\frac{1}{34}$表示：____________。识读建施-01 的建筑设计总说明，可知黑板木边框油漆为________________________。

5. 小学教学楼外围四周布置了散水，散水的宽度为________mm。散水的做法为________________。散水的作用是________________________。（提示：散水的知识点详见模块 2.2.2 知识链接的“墙体构造”，在“墙体构造”里有“勒脚”的定义、构造做法和作用，勒脚为散水上部的一部分外墙，在立面图中能识读到勒脚的信息。）

6. 在教学楼入口处设置了台阶，台阶共______级，踏面数为______个，每级踏步的宽度为______mm，每级踏步的高度为________mm。（提示：可以综合识读建施-09 中的 2-2 剖面图中台阶的剖面信息。踏步面数与级数的关系为：由于台阶的踏步最后一级踏面与平台面重合，因此，台阶踏面投影数总是比它的步级数少 1 格。因此，踏步面数＝级数－1）

台阶的做法为：________________________。

台阶的作用是：________________________。

（提示：台阶的知识点详见模块 2.2.2 知识链接的“台阶与坡道构造”。）

7. 教室里的门窗

（1）窗有____________等类型，数量分别为____________，尺寸（宽×高）分别为____________，材质为____________。

（2）门有____________等类型，数量分别为____________，尺寸（宽×高）分别为____________，材质为____________。

（提示：需识读“门窗表”。）

8. 简述①轴和⑩轴上的门窗编号、尺寸、数量、材质：________________________。

9. ④～⑤轴之间有一剖切符号 1-1，表示在④～⑤轴之间做一垂直的剖切面，然后从________侧看向________侧，形成的投影图即为 1-1 剖面图，本项目的 1-1 剖面图详见建施________（此处填写图号）。

Ⓒ～Ⓓ轴之间有一剖切符号 2-2，表示在Ⓒ～Ⓓ轴之间作一垂直的剖切面，然后从______侧看向______侧，形成的投影图即为 2-2 剖面图，本项目的 2-2 剖面图详见建施______（此处填写图号）。

四、识读附录 1 的建施-03，回答以下问题：

1. 备课室、教室二～四层的室内地面标高分别为：____________，走廊二～四层的地面标高分别为：____________，因此，走廊地面比教室地面低________mm。

2. 简述①轴和⑩轴上的门窗的编号、尺寸、数量、材质：________________________。

3. 走廊每隔________m 设________泄水管，外伸________mm。（提示：走廊的知识点详见模块 2.2.2 知识链接的“走廊与阳台构造”。）

4. Ⓒ轴、Ⓐ轴各有一符号$\frac{1}{-}$和$\frac{2}{-}$，这两个符号表示的意思分别为：________________________。

5. 图中有 2 个①号详图，其中 1 个①号详图使用的条件是：当地面标高为________m，楼层为________层时使用。其余________层时，采用另一个①号详图。这 2 个①号详图的区别是：第 1 个①号详图多了两条装饰线条。这两条装饰线条的尺寸信息，可以通过②号详图获得。在②号详图中，该装饰线条顶面标高为________m，即在二～四层平面图中，仅在第________层设置了该装饰线条。该装饰线条共有________条，每条装饰线条之间的间距为________mm，每条装饰线条厚度为________mm，突出外墙________mm，长度为________mm。

6. 识读①号详图可知，走廊栏板墙的高度为______mm，厚度为______mm。其上方的压顶混凝土强度等级为______，厚度为______mm，宽度为______mm，通长纵筋为______，箍筋为______。

7. 压顶上方的不锈钢护栏高度为______mm，护栏顶部采用______制作，竖向支撑采用______制作，竖向间距为______。

8. 墙体砌筑长度超过3～5m一般需要布置构造柱，来增加墙体的整体性，走廊栏板墙也需要布置构造柱。但是，从图中没有找到相关设计信息，因此按构造知识进行布置，同时参考屋顶面女儿墙构造柱的布置距离（详见建施-01中的①号详图）、综合识读结施-08中的1-1断面图，走廊栏板墙的构造柱设置间距为______mm，构造柱的截面尺寸为______，构造柱的高度为______mm，纵向钢筋为______，箍筋为______。（提示：砖混（砌体）结构中常用的混凝土连系构件有"构造柱"、"圈梁"、"过梁"、"压顶"，相关知识点详见模块2.2.2知识链接的"墙体构造"。）

延伸练习：图2-3为构造柱立面图示意，由图可见：构造柱两侧的墙体应砌成马牙槎，即每300mm高伸出60mm，每300mm高收回60mm。

如图2-4所示，L形构造柱马牙槎的边数为______边；T形构造柱马牙槎的边数为______边；十字形构造柱马牙槎的边数为______边；一字形构造柱马牙槎的边数为______边。

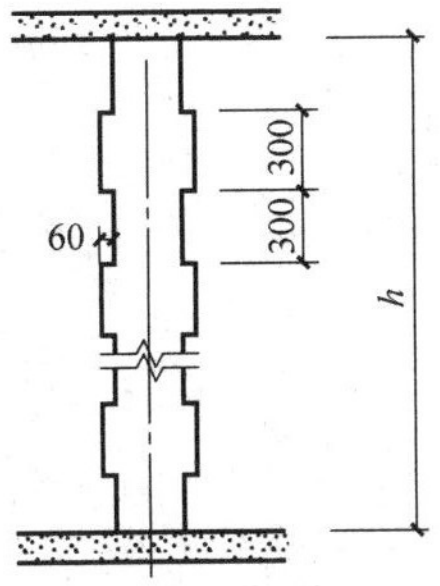

图2-3　构造柱立面示意图

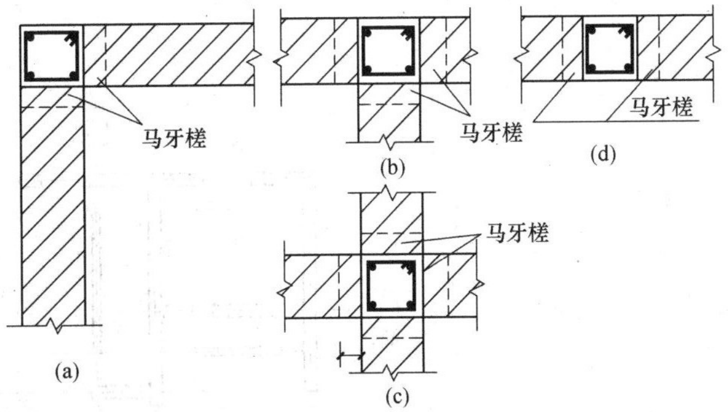

图2-4　不同平面形状构造柱示意图

(a) L形；(b) T形；(c) 十字形；(d) 一字形

五、识读附录1的建施-04，回答以下问题：

1. 会议室的标高是______m，走廊标高为______m，卫生间地面标高为______m。（提示：卫生间地面标高需识读建施-01的"卫生间大样图"。）

2. 简述①轴和⑩轴上的门窗的编号、尺寸、数量、材质：______。

六、识读附录1的建施-05，回答以下问题（提示：应先了解"屋顶构造"的相关知识点，详见模块2.2.2知识链接的"屋顶构造"）：

1. 屋顶面标高是______m，屋顶面排水是______（选填"单坡排水"或"双坡排水"），排水坡度为______。

楼梯间顶面板悬挑宽度：水平方向为______mm，竖向方向为______mm。楼梯间顶面标高是______m，层高是______m。（提示：需识读附录1的建施-06。）

2. 简述屋面平面图中门窗的编号、尺寸、数量、材质：______。

3. 女儿墙出水口的数量有______个，做法为______，其中PVC-U雨水管规格为______。山墙泛水的做法为______。

4. Ⓐ轴上的索引符号$\frac{1}{1}$表示：______。

从①号详图中可以看出，屋顶面防水涂膜上弯高度为______mm，架空隔热板距离女儿墙的距离为______mm。

女儿墙的高度为______mm，厚度为______mm。

女儿墙中的构造柱GZ设置间距为______mm，截面尺寸为______，纵向钢筋为______，箍筋为______。

女儿墙上方的压顶厚度为______mm，宽度为______mm，配纵筋______，箍筋为______。

屋顶面处设两条装饰线条，其顶面标高为______mm，每条装饰线条的厚度为______mm，宽度为______mm，两条装饰线条间的距离为______mm。

模块2.2.2　知识链接

一、建筑平面图的形成、作用、内容及表示方法

（一）建筑平面图的形成、作用

平面图是建筑物的水平剖视图。即假想用一水平面把一栋房屋的窗台以上部分切掉，切面以下部分的水平投影图称为平面图。图2-5是一栋单层房屋的平面图。一栋多层的楼房，若每层布置各不相同，则每层都应画平面图。如果其中有几个楼层的平面布置相同，可以只画一个标准层的平面图。

平面图主要表示房屋占地的大小，内部的分隔，房间的大小，台阶、楼梯、门窗等局部位置和大小，以及墙的厚度等。一般施工放线、砌墙、安装门窗等都要用平面图。

1. 底层平面图

识读附录1的建施-02，从图中可以看出该建筑物底层的平面形状，各房间的平面布置情况，出入口、走廊、楼梯的位置和各种门、窗的布置等。

底层平面图上还须反映室外可见的台阶、散水（或明沟）、花台、花池及雨水管等。

对于房屋的楼梯，由于底层平面图是底层窗台上方的一个水平剖面图，故只画出第1个梯段的下半部分楼梯，并按规定用倾斜折断线断开。

2. 楼层平面图

楼层平面图的图示方法与底层平面图相同。因为室

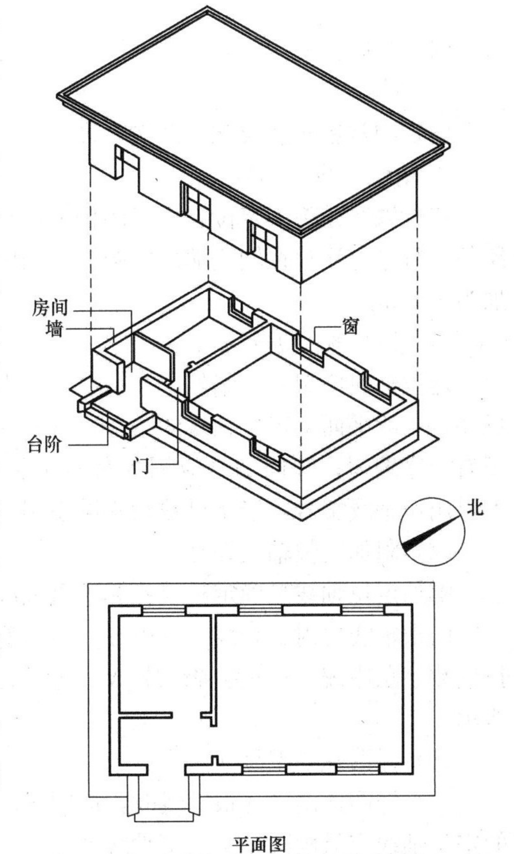

图2-5　平面图的形成

外的台阶、散水的形状及位置已在底层平面图中表达清楚了，所以中间各层平面图只需表达本层室内情况，如果有阳台和雨篷及遮阳板，需画出本层的阳台和下一层室外的雨篷、遮阳板等。此外，因剖切情况不同，标准层和顶层平面图中表达梯段的情况与底层平面图也不同。

3. 屋顶平面图

屋顶平面图主要表明屋顶的形状，屋面排水方向及坡度、檐沟、女儿墙、屋脊线、落水口、上人楼梯间及其他构筑物的位置和索引符号等。

4. 局部平面图

当某些楼层平面布置大部分相同，仅有局部差异时，可用局部平面图表示差异。局部平面图的图示方法与底层平面图相同。为了清楚表明局部平面图所处的位置，必须标注与平面图一致的轴线及编号。常见的局部平面图有厕所间、盥洗室、楼梯间等。

（二）建筑平面图的内容及表示方法

1. 图名、图线、比例、朝向

（1）图名是标注于图的下方表示该层平面的名称，如底层（或一层）平面图、二层平面图等。底层平面图表示该层的内部平面布置、房间大小，以及室外台阶、阳台、散水、雨水管的形状和位置等，标准层平面图表示该层内部的平面布置、房间大小、阳台及本层外设雨篷等。

（2）图线。凡是被剖切到的墙、柱断面轮廓线用粗实线绘制，没有剖到的可见轮廓线，如墙身、窗台、台阶、梯段等用中实线绘制。尺寸线、尺寸界线、引出线用细实线绘制，轴线用细点画线绘制。

（3）常用比例有 1∶50、1∶100、1∶200，依房屋大小和复杂程度来选定比例，通常采用 1∶100。

（4）朝向：一般在底层平面图上用指北针表示。

2. 图例

建筑物常用构造及配件图例，详见表 2-4。

3. 定位轴线及编号

定位轴线是施工定位、放线的依据，是确定主要构件位置的基线，按照规定轴线应用细点画线绘制，编号应注写在轴线端部的圆内，圆应用直径 8mm 的细实线绘制。对于详图，轴线圆直径可增加为 10mm。

（1）定位轴线编号

定位轴线应编号，编号应注写在轴线端部的圆内。除较复杂图形需采用分区编号或圆形、折线形外，一般平面上定位轴线的编号，宜标注在图样的下方或左侧。横向编号应用阿拉伯数字，从左至右顺序编写；竖向编号应用大写拉丁字母，从下至上顺序编写，其中，拉丁字母的“I、O、Z”不得用作轴线编号，当字母数量不够使用，可增用双字母或单字母加数字注脚，如图 2-6（a）所示。

（2）附加定位轴线编号

附加定位轴线是确定建筑物非承重或次要构件位置的轴线，其编号应以分数形式表示。

两根轴线的附加轴线，应以分母表示前一轴线的编号，分子表示附加轴线的编号，编号宜用阿拉伯数字顺序编写；1 号轴线或 A 号轴线之前的附加轴线的分母应以 01 或 0A 表示，如图 2-6（b）所示。

（3）详图轴线编号

一个详图适用于几根轴线时，应同时注明各有关轴线的编号，如图 2-6（c）所示。通用详图中的定位轴线应只画圆，不注写轴线编号。

（4）组合复杂平面定位轴线编号

组合较复杂的平面图中定位轴线也可采用分区编号，如图 2-6（d）所示。编号的注写形式应为“分区号—该分区编号”。“分区号—该分区编号”采用阿拉伯数字或大写拉丁字母表示。

（5）圆形与弧形平面定位轴线编号

圆形与弧形平面图中的定位轴线，其径向轴线应以角度进行定位，其编号宜用阿拉伯数字表示，从左下角或−90°（若径向轴线很密，角度间隔很小）开始，按逆时针顺序编写；其环向轴线宜用大写拉丁字母表示，从外向内顺序编写，如图 2-6（e）、（f）所示。

（6）折线形平面定位轴线编号

折线形平面图中定位轴线的编号可按图 2-6（g）的形式编写。

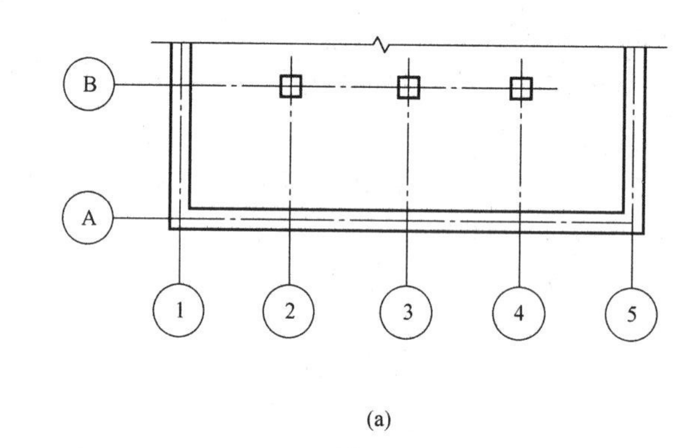

(a)

(b)

用于2根轴线时

用于3根或3根以上轴线时

用于3根以上连续编号轴线时

(c)

图 2-6　定位轴线编号（一）

（a）定位轴线的编号顺序；（b）附加定位轴线的编号；（c）详图的轴线编号

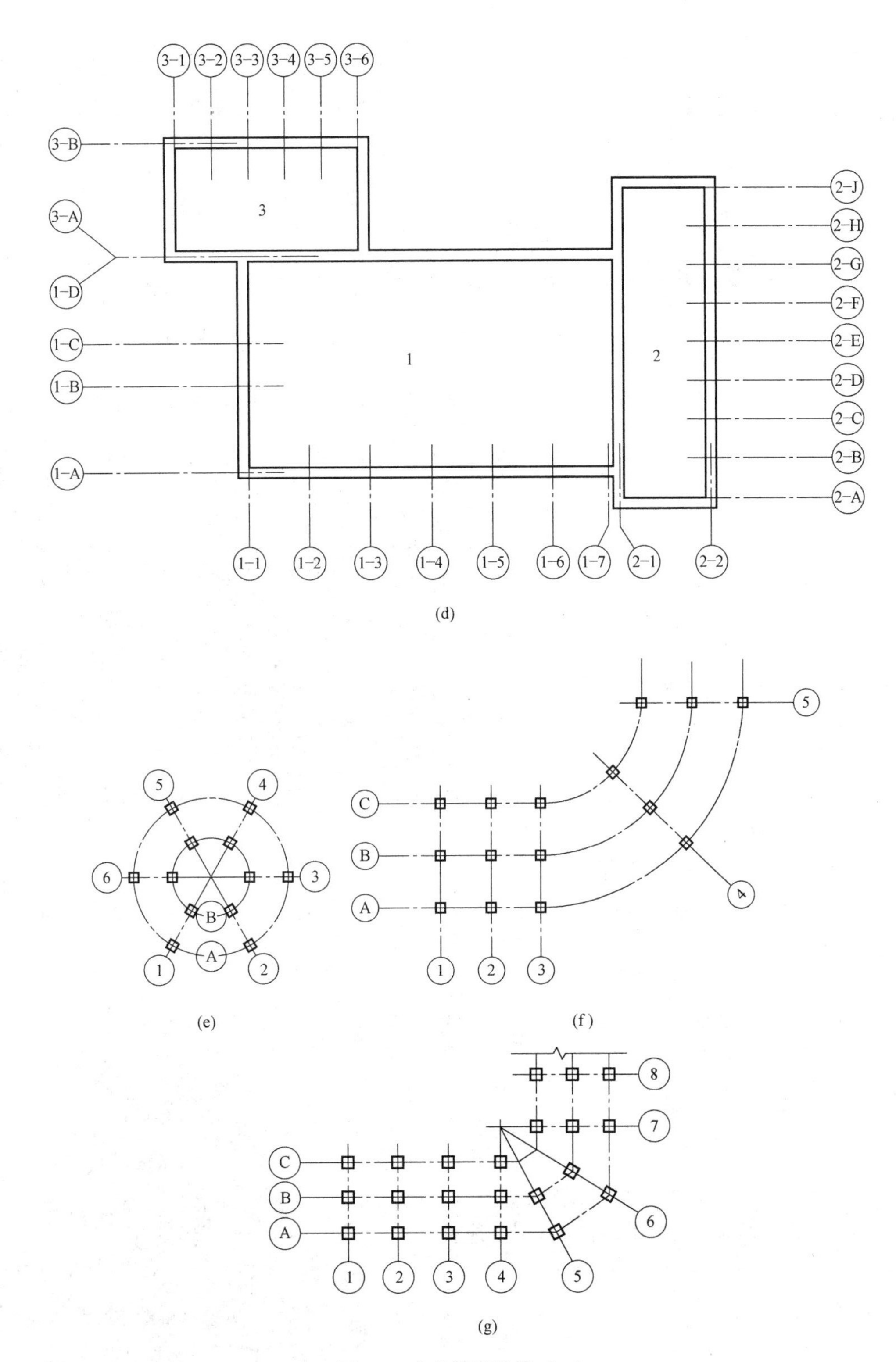

图 2-6　定位轴线编号（二）

(d) 定位轴线的分区编号；(e) 圆形平面定位轴线的编号；(f) 弧形平面定位轴线的编号；(g) 折线形平面定位轴线的编号

4. 平面图的各部分尺寸

平面图的尺寸主要反映房间的开间、进深、门窗及设备的大小与位置等。

(1) 外部尺寸：一般注写在图形的下方及左侧，若平面图前后或左右不对称，则应四周标注尺寸。外部尺寸可分三道标注，即第一道细部尺寸（建筑物构配件的详细尺寸，如窗宽和位置），中间一道为定位尺寸（轴线间尺寸，如开间为两条横向定位轴线间的距离，进深为两条纵向定位轴线间的距离），第三道尺寸为总尺寸（建筑物外轮廓尺寸，如总长、总宽）。

(2) 内部尺寸：一般表示房间的净长、净宽、墙厚及内墙上门窗的位置及大小。

此外，平面图上还应标出各处必要的标高，如地面、楼面、楼梯平台面、室外台阶顶面、阳台的标高等。

二、建筑平面图的识读要点

(1) 图名、比例及文字说明。

(2) 纵横定位轴线及编号。

(3) 房屋的平面形状和总尺寸。

(4) 房间的布置、用途及交通联系。

(5) 门窗的布置、数量及型号。

(6) 房屋的开间、进深、细部尺寸和室内外标高。

(7) 房屋细部构造和设备配备等情况。

(8) 房屋的朝向及剖面图的剖切位置、索引符号等。

三、建筑构造概述

(一) 概述

建筑是建筑物和构筑物的总称。凡是供人们在其内部进行生产、生活或从事其他活动的房屋(或场所)统称为建筑物，如住宅、学校、厂房等。只为满足某一特定的功能建造的，人们一般不直接在其内部进行活动的场所称为构筑物，如水塔、电视塔、蓄水池、烟囱等。

尽管各类建筑物和构筑物有着许多的差别，但其共同点都是为满足人类社会活动的需要，利用物质技术条件，按照科学法则和审美要求建造的相对稳定的人为空间。由此，我们可以看出，无论建筑物还是构筑物，都是由 3 个基本的要素构成，即建筑功能、物质技术条件和建筑形象。

上述 3 个要素中，建筑功能是主导因素，它对物质技术条件和建筑形象起决定作用；物质技术条件是实现建筑功能的手段，它对建筑功能起制约或促进作用；建筑形象则是建筑功能、技术和艺术内容的综合表现。在优秀的建筑作品中，这三者是辩证统一的。

(二) 建筑物的分类

1. 按建筑物的使用性质分

(1) 民用建筑

民用建筑是指供人们居住、生活、工作和学习的房屋和场所。一般分为以下两种：

① 居住建筑是指供人们生活起居的建筑物，如住宅、公寓、宿舍等。

② 公共建筑是指供人们进行各项社会活动的建筑物，如办公、科教、文体、商业、医疗、邮电、广播、交通和其他建筑等。

(2) 工业建筑

工业建筑是指供人们从事各类生产活动的用房，一般称为厂房，如图 2-7 所示。

(3) 农业建筑

农业建筑是指供农业、牧业生产和加工用的建筑，如温室（图 2-8）、畜牧饲养场、种子库等。

2. 按主要承重结构的材料和结构形式分

(1) 木结构

木结构是用木材作为主要承重构件的建筑，是我国古建筑中广泛采用的结构形式。木结构一般用于低层、规模较小的建筑物，如别墅、旅游性建筑，木结构房屋如图 2-9 所示。

图 2-7 厂房

图 2-8 温室

图 2-9 木结构房屋

（2）砖混结构

砖混结构是用砖墙（或砖柱）、钢筋混凝土楼板和屋顶承重构件作为主要承重结构的建筑。这种结构整体性、耐久性、耐火性均较好，取材方便，但自重较大，广泛用于 6 层及 6 层以下的民用建筑和小型工业厂房，图 2-10 为砖混结构房屋。

图 2-10 砖混结构房屋

（3）钢筋混凝土结构

钢筋混凝土结构是主要承重构件全部采用钢筋混凝土的建筑。这类自结构广泛用于大型公共建筑、高层建筑和工业建筑。

① 全框架结构是指由钢筋混凝土柱、梁和板形成空间承重骨架，墙体只起围护和分隔作用的建筑。这种结构整体性好，承载能力强，空间布局灵活，抗震性好，可用于多层和高层建筑以及要求大空间或多功能的建筑等，图 2-11为全框架结构房屋。

② 底层框架结构是指仅仅底层为框架结构，而上部均为砖混结构的结构形式。这种结构形式可利用底层大空间作商店、食堂、车间、俱乐部等使用，上部小空间可用作住宅、宿舍、办公室等，既具有框架结构的能形成大空间的优点，又具有砖混结构价格低的优点。但这种结构形式由于刚度分布不均，且头重脚轻，重心偏高，对抗震不利，故在地震区应慎用。图 2-12 为底层框架结构房屋。

图 2-11 全框架结构房屋

图 2-12 底层框架结构房屋

③ 框架-剪力墙结构：建筑以框架结构为主，只是在适当的位置设置必要长度的剪力墙来抵抗水平力作用，这种结构形式称为框架-剪力墙结构，简称“框-剪”结构，多用于柱距较大和层高较高的高层公共建筑。1999 年竣工的上海金茂大厦采用了“框-剪”结构，如图 2-13 所示。

图 2-13 上海金茂大厦

④ 剪力墙结构：在高层和超高层建筑中，为了进一步提高建筑物的抗水平力的能力，建筑的全部墙体为钢筋混凝土制成的无孔洞或少孔洞实墙，以承受建筑的全部荷载（竖向荷载、水平荷载），这种结构形式称为剪力墙结构。这种结构多用于高层住宅、旅馆。

⑤ 核心筒结构：在建筑的核心部位设置封闭式剪力墙，周边为框架结构，这种结构形式称为核心筒结构。核心筒内常作为电梯、楼梯和垂直管线的通道，多用于超高层塔式建筑，如图 2-14 所示。

⑥ 筒中筒结构是指建筑的核心部位和周边均设置筒形剪力墙，内外筒之间用连系梁连接，形成一种刚度极好的结构体系，适用于超高层且体形较大的建筑，如图 2-15 所示。

（4）钢结构

钢结构是指主要承重构件全部采用钢材制作，外围护墙和分隔内墙采用轻质块材、板材的建筑。这种结构整体性好、自重、抗震性能好，但耗钢量大，耐火性差，主要用于超高层建筑、大跨度公共建筑和工业建筑。2008 年北京奥运会主会场——鸟巢，就是典型的钢结构建筑，如图 2-16 所示。

（5）钢-钢筋混凝土混合结构

钢-钢筋混凝土混合结构是用钢筋混凝土结构组成竖向承重体系，用钢结构组成水平承重体系的大空间结构建筑，其横向可跨越 30m 以上的空间。在这类结构中，

图 2-14 核心筒结构建筑

水平承重体系可采用桁架、悬索、网架、拱、薄壳等结构形式，多用于体育馆、大型火车站、航空港等公共建筑。

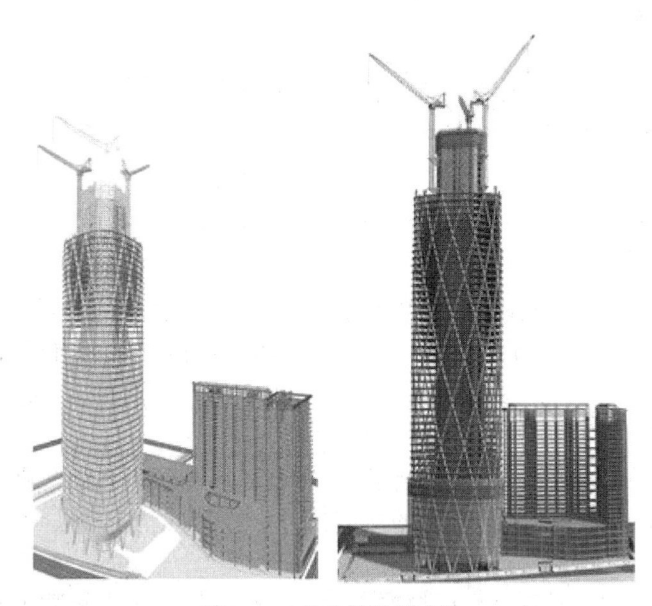

图 2-15　筒中筒结构建筑

图 2-16　鸟巢

3. 按建筑的层数或总高度分

(1) 住宅建筑

1～3 层为低层建筑；4～6 层为多层建筑；7～9 层为中高层建筑；10 层以上为高层建筑。

(2) 公共建筑

建筑物高度超过 24m 者为高层建筑（不包括超过 24m 的单层建筑），建筑物高度不超过 24m 者为非高层建筑。

1972 年国际高层建筑会议规定：建筑物层数在 9～16 层，建筑总高度在 50m 以下的为低高层建筑；建筑物层数在 17～25 层，建筑总高度在 50～75m 的为中高层建筑；建筑物层数在 26～40 层，建筑总高度达 100m 的为高层建筑；建筑物层数超过 40 层，建筑总高度超过 100m 时，为超高层建筑。

4. 按建筑的规模和数量分

(1) 大量性建筑

大量性建筑主要指建筑规模不大，但建造数量多，与人们生活密切相关的建筑，如住宅、中小学教学楼、医院等。

(2) 大型性建筑

大型性建筑主要指建造于大中城市的体量大而数量少的公共建筑，如大型体育馆、火车站等。

(三) 建筑的等级

建筑的等级包括重要等级、耐久等级和耐火等级三个方面。

1. 重要性等级

各类房屋划分为特等、甲等、乙等、丙等、丁等五个等级，见表 2-7。

房屋建筑等级　　表 2-7

等级	适用范围	建筑类别举例
特等	具有重大纪念性、历史性、国际性和国家级的各类建筑	国家级建筑：如国宾馆、国家大剧院、大会堂、国家美术馆、博物馆、图书馆、国家级科研中心、体育、医疗建筑等。 国际性建筑：如重点联合国教科文建筑、重点国际性旅游贸易建筑、重点国际福利卫生建筑、大型国际航空港等
甲等	高级居住建筑和公共建筑	高等住宅：高级科研人员单身宿舍；高级旅馆；部委、省、军级办公楼；国家重点科教建筑、省、市、自治区级重点文娱集会建筑、博览建筑、体育建筑、外事托幼建筑、医疗建筑、交通邮电类建筑、商业类建筑等
乙等	中级居住建筑和公共建筑	中级住宅：中级单身宿舍；高等院校与科研单位和科教建筑；省、市、自治区级旅馆；地、市办公楼；省、市、自治区级一般文娱集会建筑、博览建筑、体育建筑、福利卫生类建筑、交通邮电类建筑、商业类建筑及其他公共类建筑等
丙等	一般居住建筑和公共建筑	一般住宅：单身宿舍、学生宿舍、一般旅馆、行政企业事业单位办公楼、中小学教学建筑、文娱集会建筑、一般博览、体育建筑、县级福利卫生建筑、交通邮电建筑、一般商业及其他公共建筑等
丁等	低标准的居住建筑和公共建筑	防火等级为四级的各类建筑，包括：住宅建筑、宿舍建筑、旅馆建筑、办公楼建筑、科教建筑、福利卫生建筑、商业建筑及其他公类建筑等

2. 耐久等级

建筑物耐久等级的指标是指主体结构的使用年限。使用年限的长短主要根据建筑物的重要性和质量标准确定。它是建筑投资、建筑设计和结构构件选材的重要依据。《民用建筑设计通则》GB 50352—2005 对建筑的耐久等级作了如下规定：

一级：使用年限为 100 年以上，适用于重要的建筑和高层建筑。

二级：使用年限为 50～100 年，适用于一般性建筑。

三级：使用年限为 25～50 年，适用于次要建筑。

四级：使用年限为 15 年以下，适用于临时性或简易建筑。

3. 耐火等级

建筑物的耐火等级是衡量建筑物耐火程度的标准，是根据组成建筑物构件的燃烧性能和耐火极限确定的。我国现行《建筑设计防火规范》GB 50016—2013 规定，高层建筑的耐火等级分为一、二两级，见表 2-8；其他建筑物的耐火等级分为一、二、三、四级，见表 2-9。

高层民用建筑构件的燃烧性能和耐火极限　　表 2-8

		一级	二级
墙	防火墙	非燃烧体 1.00	非燃烧体 3.00
	承重墙、楼梯间、电梯井和住宅单元之间的墙	非燃烧体 2.00	非燃烧体 2.00
	非承重外墙、疏散过道两侧的隔墙	非燃烧体 1.00	非燃烧体 1.00
	房间隔墙	非燃烧体 0.75	非燃烧体 0.50

续表

	一级	二级
柱	非燃烧体 3.00	非燃烧体 2.50
梁	非燃烧体 2.00	非燃烧体 1.50
楼板、疏散楼梯、屋顶的承重构件	非燃烧体 1.50	非燃烧体 1.00
吊顶(包括吊顶搁栅)	非燃烧体 0.25	非燃烧体 0.25

多层建筑构件的燃烧性能和耐火极限 **表 2-9**

		一级	二级	三级	四级
墙	防火墙	非燃烧体 4.00	非燃烧体 4.00	非燃烧体 4.00	非燃烧体 4.00
	承重墙和楼梯间的墙	非燃烧体 3.00	非燃烧体 2.50	非燃烧体 2.50	非燃烧体 0.50
	非承重墙、外墙、疏散过道两侧的隔墙	非燃烧体 1.00	非燃烧体 1.00	非燃烧体 0.50	非燃烧体 0.25
	房间隔墙	非燃烧体 0.75	非燃烧体 0.50	非燃烧体 0.50	非燃烧体 0.25
柱	支承多层的柱	非燃烧体 3.00	非燃烧体 2.50	非燃烧体 2.50	难燃烧体 0.50
	支承单层的柱	非燃烧体 2.50	非燃烧体 2.00	非燃烧体 2.00	燃烧体
梁		非燃烧体 2.00	非燃烧体 1.50	非燃烧体 1.00	难燃烧体 0.50
楼板		非燃烧体 1.50	非燃烧体 1.00	非燃烧体 0.50	难燃烧体 0.25
屋顶的承重构件		非燃烧体 1.50	非燃烧体 0.50	燃烧体	燃烧体
疏散楼梯		非燃烧体 1.50	非燃烧体 1.00	非燃烧体 1.00	燃烧体
吊顶(包括吊顶搁栅)		非燃烧体 0.25	难燃烧体 0.25	难燃烧体 0.15	燃烧体

耐火极限是指对任一建筑构件按时间-温度标准曲线进行耐火试验，从受到火的作用时起，到失去支持能力（木结构），或完整性被破坏（砖混结构），或失去隔火作用（钢结构）时为止的这段时间，以小时表示。

燃烧性能是指组成建筑物的主要构件在明火或高温作用下燃烧与否及燃烧的难易程度，分为非燃烧体、难燃烧体和燃烧体。

非燃烧体是指用非燃烧材料做成的建筑构件，如砖、石、混凝土、金属材料等。

难燃烧体是指用难燃烧材料做成的建筑构件，或用燃烧材料制作，而用非燃烧材料做保护层的建筑构件，如沥青混凝土、石膏板、水泥刨花板、抹灰木板条等。

燃烧体是指用容易燃烧的材料做成的建筑构件，如木材、纸板、纤维板、胶合板等。

（四）建筑模数协调统一标准

为使不同材料、不同形式和不同制造方法的建筑制品、建筑构配件和组合体实现工业化大规模生产，并具有一定的通用性和互换性，在建筑业中必须共同遵守《建筑模数协调标准》GB/T 50002—2013 中的有关规定。

1. 建筑模数

建筑模数是建筑设计中选定的标准尺寸单位。它是建筑物、建筑构配件、建筑制品以及有关设备尺寸相互间协调的基础。

（1）基本模数

基本模数是建筑模数协调统一的基本尺度的单位，用符号 M 表示，1M=100mm。

（2）导出模数

导出模数分为扩大模数和分模数。扩大模数为基本模数的整倍数值，以 3M（300mm）、6M（600mm）、12M（1200mm）、15M（1500mm）、30M（3000mm）和 60M（6000mm）表示。分模数为整数除基本模数，以 M/10（10mm）、M/5（20mm）和 M/2（50mm）表示。

（3）模数数列及其应用

模数数列是以基本模数、扩大模数、分模数为基础扩展的数值系统。模数数列根据建筑空间的具体情况拥有各自的适用范围，建筑物中的所有尺寸，除特殊情况下，一般都应符合模数数列的规定。

基本模数主要用于建筑物的层高、门窗洞口和构配件截面；扩大模数主要用于建筑物的开间或柱距、进深或跨度、层高、构配件截面尺寸和门窗洞口尺寸等；分模数主要用于建筑构配件截面、构造节点及缝隙尺寸等处。

2. 几种尺寸及其相互关系

为保证设计、生产、施工各阶段建筑制品、构配件等有关尺寸间的统一与协调，必须明确标志尺寸、构造尺寸、实际尺寸及其相互关系，如图 2-17 所示。

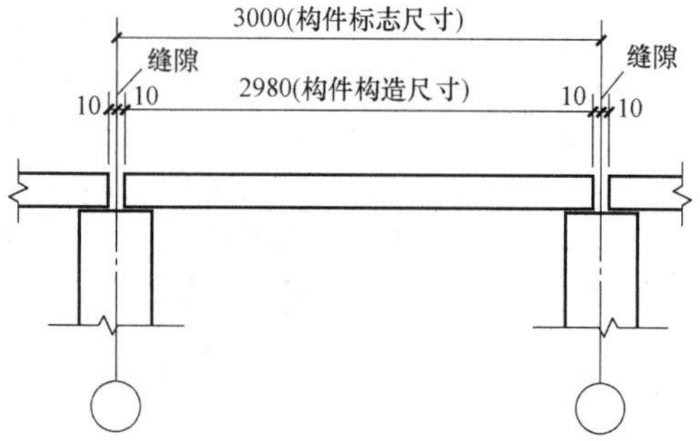

3000(构件标志尺寸)
缝隙
2980(构件构造尺寸)
10 10 10 10

图 2-17　几种尺寸之间的关系

（1）标志尺寸

标志尺寸是用于标注建筑物定位轴线之间的距离（跨度、柱距、层高等）以及建筑制品、建筑构配件、组合件、有关设备界限之间的尺寸。标志尺寸必须符合模数数列的规定。

（2）构造尺寸

构造尺寸是生产、制造建筑构配件、建筑组合件、建筑制品等的设计尺寸，一般情况下，构造尺寸为标志尺寸减去缝隙尺寸。

（3）实际尺寸

实际尺寸是建筑构配件、建筑组合件、建筑制品等生产制作后的实有尺寸，实际尺寸与构造尺寸之间的差数应符合建筑公差的规定。

（五）建筑的构造组成

一幢民用建筑，一般是由基础、墙（或柱）、楼板层及地坪层（楼地层）、楼梯、屋盖和门窗六部分组成。它们在不同部位发挥着各自的作用，如图 2-18 所示。

1. 基础

基础是建筑物最下部的承重构件，其作用是承受建筑物的全部荷载，并将这些荷载传递给地基。所以基础必须有足够的强度，并能抵御地下各种有害因素的侵蚀。

2. 墙（或柱）

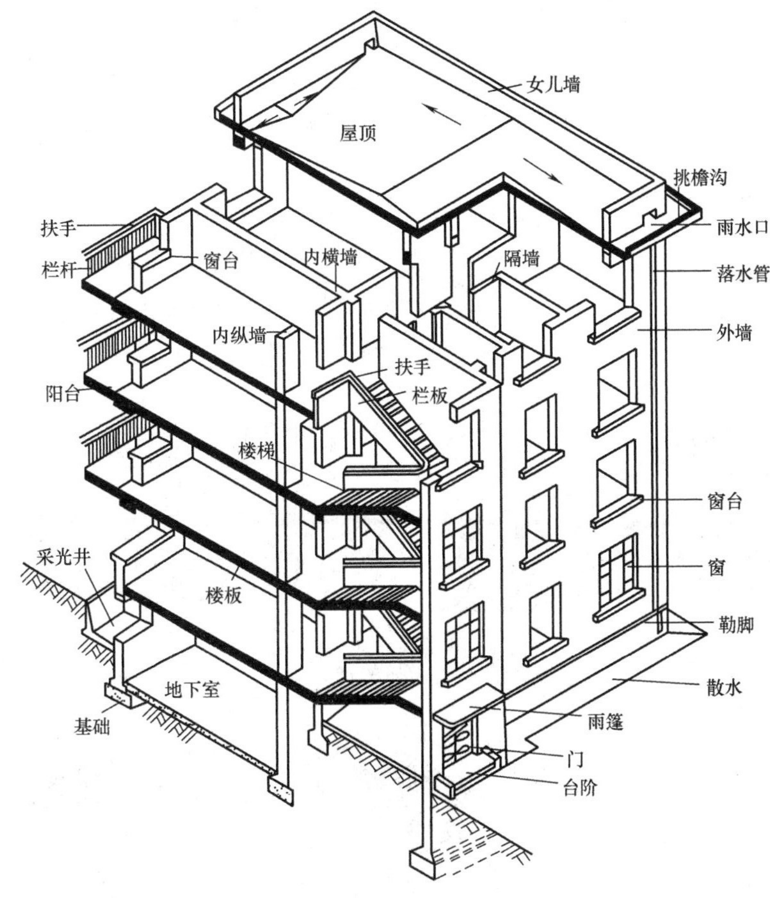

图 2-18　房屋的构造组成

在墙承重的房屋中，墙既是承重结构，又是围护构件。在框架承重的房屋中，柱是承重结构，而墙仅为分隔房间的隔墙或遮蔽风雨和阳光辐射的围护构件。

3. 楼板和地坪层

楼板是水平方向的承重结构，还可用来分隔楼层之间的空间。它支承着人和家具设备的荷载，并将这些荷载传递给墙或柱，它应有足够的强度和刚度。地坪层是指房屋底层下面的地坪，地坪层有均匀传力及防潮等要求，应具有坚固、耐磨、易清洁等性能。

4. 楼梯

楼梯是房屋的垂直交通设施，作为人们上下楼层和发生紧急事故时疏散之用。楼梯应具有足够的通行能力，并做到坚固和安全。

5. 屋顶

屋顶主要是房屋的围护构件，用来抵抗风、雨、雪的侵袭和太阳辐射的影响。屋顶又是房屋的承重结构，承受风雪荷载和施工期间的各种荷载。屋顶应具有坚固耐久、防水和保温隔热的性能。

6. 门窗

门的主要功能是交通出入、分隔和联系内部与外部空间，有的兼起通风和采光作用，窗的主要功能是用来采光和通风，并兼有空间之间的视觉联系作用。处于外墙上的门窗又是围护构件的一部分，应考虑防水和热工要求。

建筑除包括上述6部分以外，还有一些附属部分，如阳台、雨篷、台阶、烟囱等。组成房屋的各部分起着不同的作用，但归纳起来为两大类，即承重结构和围护构件。墙、柱、基础、楼板、屋顶等属于承重结构。围护构件是指房屋的外壳部分，如墙、屋顶、门窗等，它们的任务是抵抗自然界的风、雨、雪、太阳辐射和各种噪声的干扰，所以围护构件应具有防风雨、保温隔热、隔绝噪声的功能。有些部分既是承重结构也是围护构件，如墙和屋顶。

四、墙体构造

（一）墙体的作用

墙体在建筑中的作用有：

（1）承受荷载。承受房屋的屋顶、楼层、墙体自身重力荷载作用，使用过程中人和设备等荷载作用，以及风荷载、地震等水平荷载作用。

（2）围护作用。抵御自然界风、雪、雨等的侵袭，防止太阳辐射和噪声的干扰等。

（3）分隔作用。墙体可以把建筑分隔成若干个小空间或小房间。

（4）装修作用。墙体还是建筑装修的重要部分，墙面装修对整个建筑物的装修效果起很大作用。

（二）墙体的分类

墙体的分类方法很多，大致包括按材料、墙体位置、受力特点等分类。

（1）墙体按材料分类：土墙、石墙、砖墙、钢筋混凝土墙，以及利用工业废料制成的砌块墙、板材墙。

（2）墙体按所在位置分类：外墙、内墙、纵墙、横墙。建筑物四周的墙称为外墙；位于建筑物内部的墙称为内墙；沿建筑物长轴方向布置的墙称为纵墙，沿建筑物短轴方向布置的墙称为横墙，如图2-19所示。另外，还有窗间墙、窗下墙、女儿墙等。

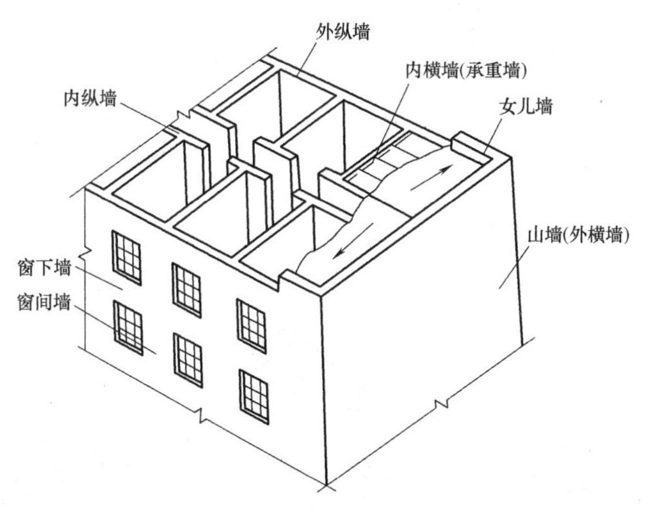

图 2-19　墙体的示意图

（3）墙体按受力特点分类：承重墙、非承重墙。承重墙是指直接承受上部梁、楼板层和屋顶传来荷载的墙体；非承重墙分为自承重墙和隔墙。自承重墙是指不承受外来荷载仅承受自身重量的墙；隔墙是指不但不承受外来荷载，而且自身重量也由梁或楼板承受，仅起分隔房间作用的墙。

（4）墙体按构造做法分类：实体墙（图2-20）、空斗墙（图2-21）、组合墙（图2-22）。

（三）砖墙的构造

1. 砖墙材料

砖墙是用砂浆将砖按一定技术要求砌筑而成的，其主要材料是砖和砂浆。

（1）砖

砖有烧结普通砖（标准砖）、多孔砖、空心砖、粉煤灰砖和灰砂砖等，如图2-23所示。烧结普通砖是我国传统的墙体材料。

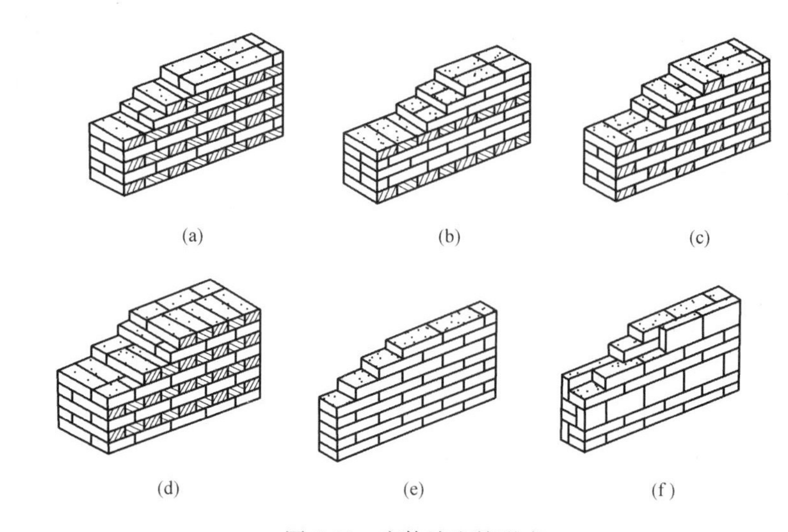

图 2-20 实体墙砌筑形式

（a）一顺一丁；（b）三顺一丁；（c）丁顺相间；（d）370mm 墙；（e）120mm 墙；（f）180mm 墙

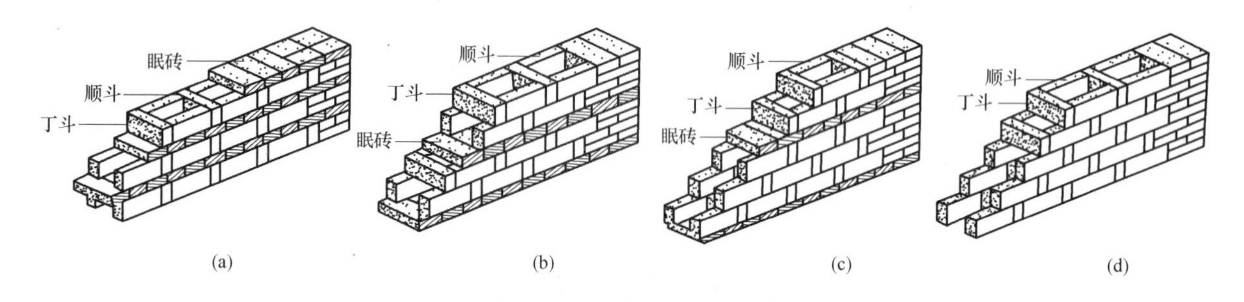

图 2-21 空斗墙砌筑形式

（a）一斗一眠；（b）二斗一眠；（c）三斗一眠；（d）无眠空斗

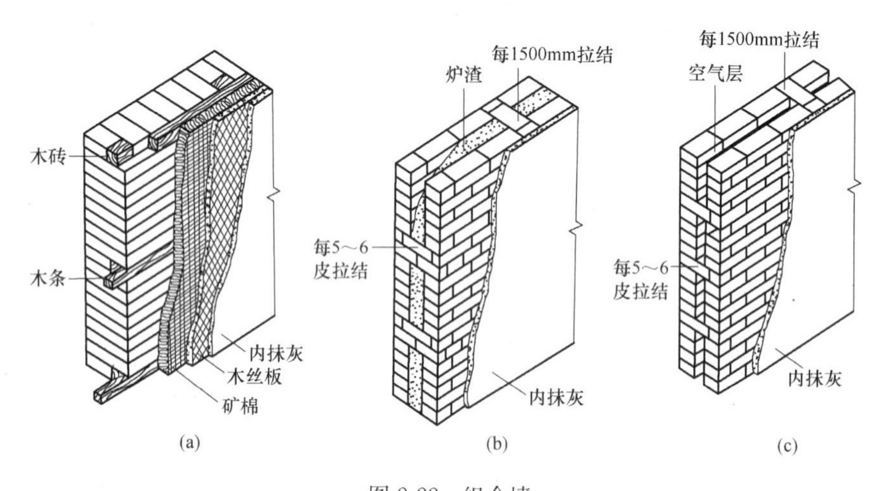

图 2-22 组合墙

（a）外实内贴组合墙；（b）夹心组合墙；（c）空气层组合墙

普通实心砖（标准砖）的规格是 240mm×115mm×53mm。

多孔砖的规格如图 2-24 所示。

（2）砂浆

砂浆是砌体的胶结材料。它将砌体内的砖块连成一整体，用砂浆抹平砖表面，使砌体在压力下

应力分布较均匀。此外，砂浆填满砌体缝隙，减少了砌体的空气渗透，提高了砌体的保温、隔热和抗冻能力。

砌筑砂浆有水泥砂浆、石灰砂浆、混合砂浆。

砂浆有 M2.5、M5、M7.5、M10、M15 五个强度等级。图 2-25 为砌筑水泥。

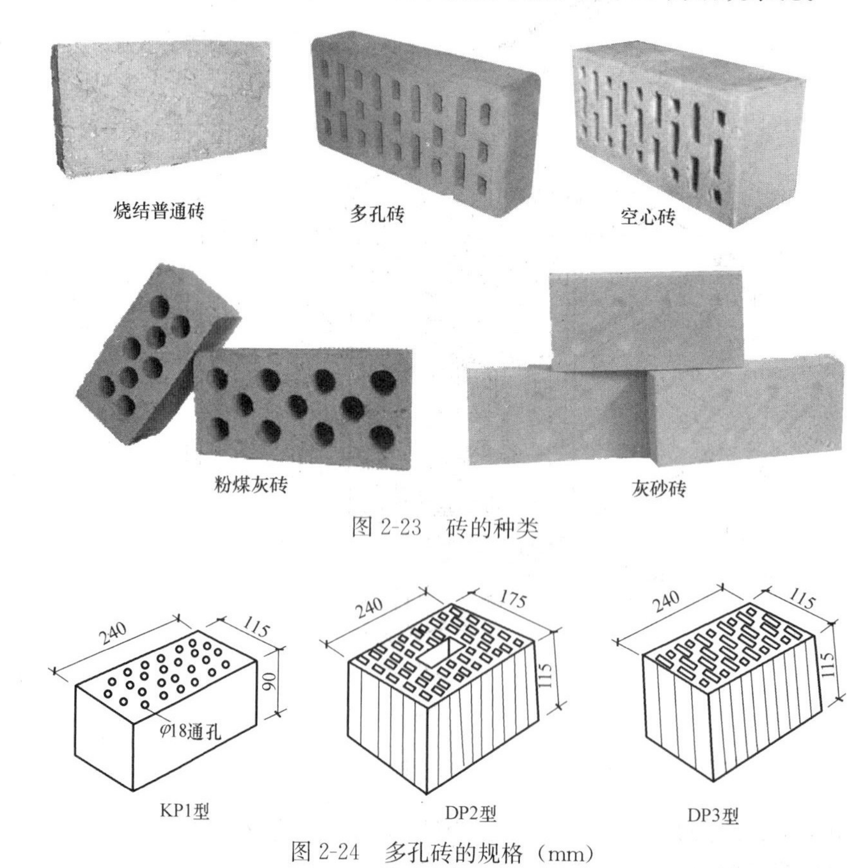

图 2-23 砖的种类

图 2-24 多孔砖的规格（mm）

图 2-25 砌筑水泥

2. 砖墙的细部构造

墙身的细部构造一般指在墙身上的细部做法，其中包括防潮层、勒脚、散水、窗台、过梁、圈梁等内容。

（1）防潮层

在墙身中设置防潮层的目的是防止土壤中的水分由于毛细作用上升使建筑物墙身受潮。它的作用是提高建筑物的耐久性，保持室内干燥、卫生，如图 2-26 所示。墙身防潮做法有水平防潮层和垂直防潮层两种。

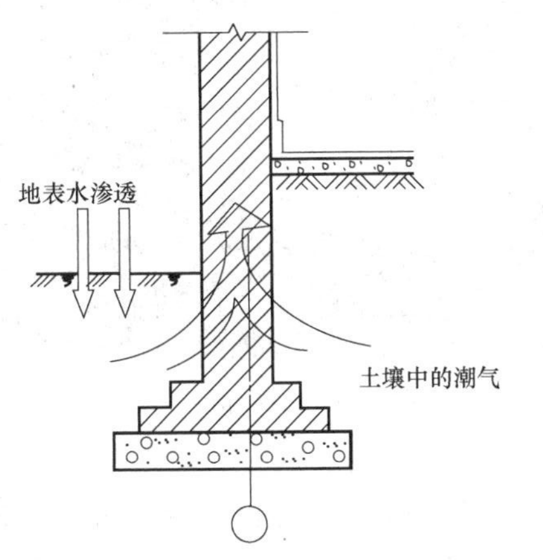

图 2-26 地下潮气对墙身的影响示意图

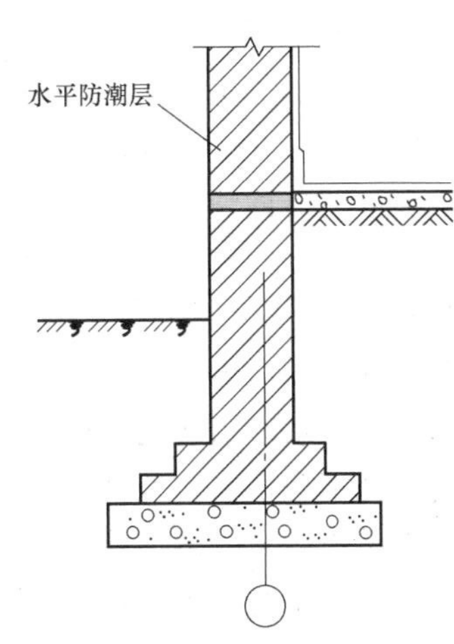

图 2-27 水平防潮层的位置

① 水平防潮

当地面垫层为混凝土时，防潮层应设置于与混凝土垫层同一标高处，这一标高一般均在室内地面标高以下 60mm 左右，如图 2-27 所示。水平防潮层材料，通常有三种，即防水砂浆防潮层、油毡防潮层、细石混凝土防潮层，如图 2-28 所示。

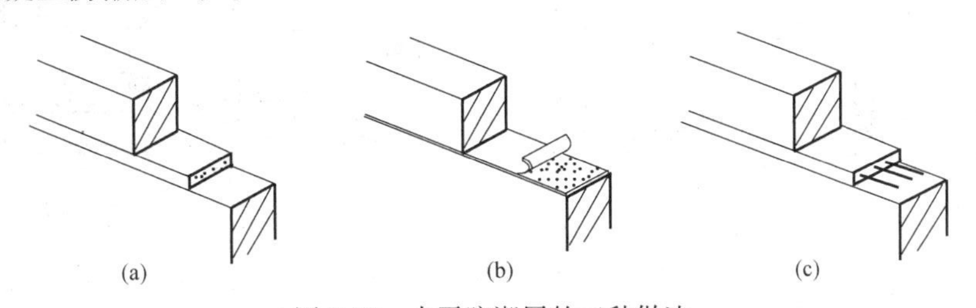

图 2-28 水平防潮层的三种做法

(a) 防水砂浆防潮层；(b) 油毡防潮层；(c) 细石混凝土防潮层

② 垂直防潮层

当相邻室内地面存在高差或室内地面低于室外地面时，为避免地表水和土壤潮气的侵袭，不仅要设置水平防潮层，而且还要对高差部分的垂直墙面做防潮处理。其构造做法为：在两道水平防潮层之间，迎水和潮气的垂直墙面上先用水泥砂浆将墙面抹平，再涂冷底子油一道，热沥青两道或作其他的处理，如图 2-29 所示。

(2) 勒脚

勒脚是外墙墙身下部接近室外地坪的表面部分。其作用是：防止雨、雪、土壤潮气对墙面的侵蚀和受到人、物、车辆的碰撞，保护墙面，保证室内干燥，提高建筑物的耐久性；同时，还有美化建筑外观的作用，如图 2-30 所示。

勒脚部位外抹水泥砂浆或外贴石材等防水耐久的材料，应与散水、墙身水平防潮层形成闭合的防潮系统。勒脚的高度一般距室外地坪 500mm 以上或考虑造型的要求与窗台平齐。常见勒脚的构造做法如下（图 2-31）：

① 水泥砂浆表面抹灰；

② 在勒脚部位增加墙厚，再做饰面；

③ 贴面类：在勒脚部位用天然石材、人造块料贴面；

④ 采用石材砌筑该部分墙体成为石砌勒脚，如毛石等。

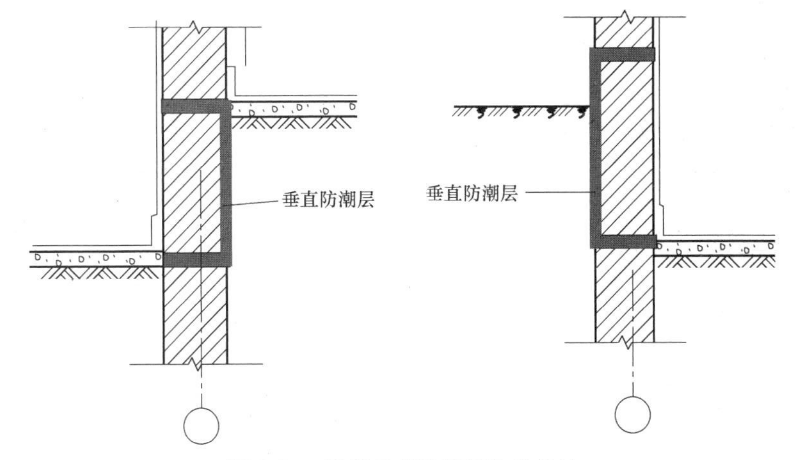

图 2-29 墙身垂直防潮层构造做法

(a)

(b)

图 2-30 勒脚

(a) 抹灰勒脚；(b) 石勒脚

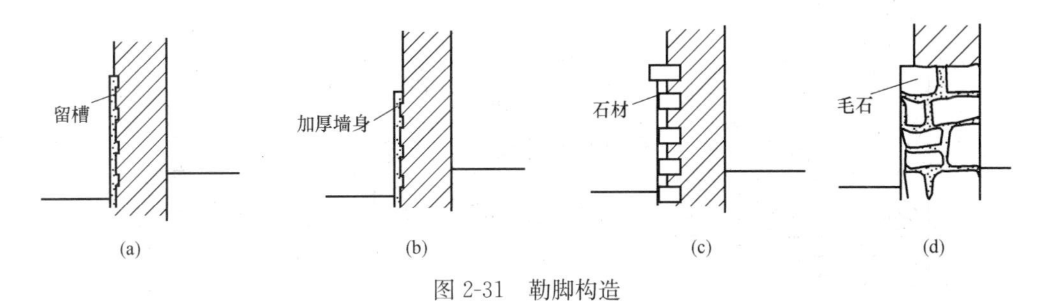

图 2-31 勒脚构造

(a) 抹水泥砂浆或水刷石；(b) 加厚墙身并抹灰；(c) 镶贴石材；(d) 用石材砌筑

(3) 散水

散水的作用是迅速排除建筑物四周的地表积水，避免勒脚和下部砌体受到侵蚀，如图2-32所示。散水构造要求是其宽度应大于屋檐的挑出尺寸 200mm 且不应小于 600mm。散水坡度一般为 3%～5%，外缘高出室外地坪 20～50mm。散水的常用做法如图 2-33 所示，包括砖铺散水、块石散水、三合土散水、混凝土散水。

图 2-32　散水

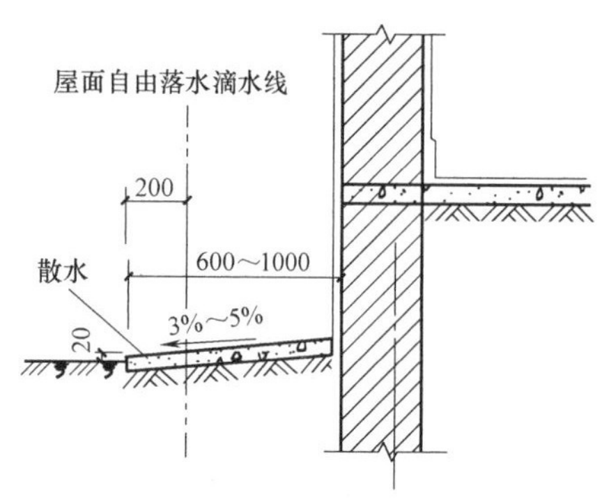

图 2-33　散水构造要求（mm）

（4）明沟

明沟又称阳沟、排水沟，位于建筑物的四周，如图 2-34 所示。它的作用是把屋面下落的雨水有组织地导向地面排水集井而流入下水道。明沟按照材料不同可分为混凝土明沟、砖砌明沟，如图 2-35所示。

图 2-34　明沟

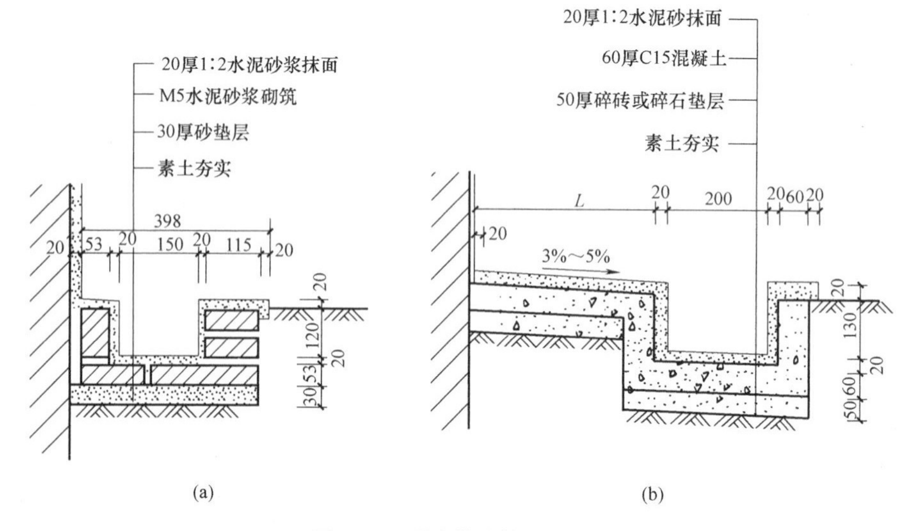

图 2-35　明沟构造做法（mm）

（a）砖砌明沟；（b）混凝土明沟

（5）窗台

窗台即窗洞口与窗下框接触部分的水平部分。为防止雨水渗入窗下框与窗洞下边交界处的缝隙内，窗台应做出向外倾斜的坡度，使雨水往窗外流淌。为了避免窗台上流下的雨水污染墙面，常将窗台挑出墙面，使带灰尘的雨水不沿墙面流淌而保持墙面的整洁。

以窗框为界，位于室外一侧的称为外窗台，位于室内一侧的称为内窗台。外窗台面层应用不透水的材料，并应自窗向外倾斜。内窗台可采用水泥砂浆抹面或预制水磨石及木窗台板等做法。内窗台台面应高于外窗台台面。图 2-36 为内外窗台图。

图 2-36　内外窗台

外窗台底面外缘应做滴水，即做成锐角或半圆凹槽，以免排水时沿底面流至墙身。外窗台有悬挑窗台和不悬挑窗台两种。悬挑窗台常采用丁砌一皮砖出挑 60mm 或将一砖侧砌并出挑 60mm，也可以采用钢筋混凝土窗台。悬挑窗台底部边缘处抹灰时应做宽度和深度均不小于 10mm 的滴水线、滴水槽或滴水斜面（俗称鹰嘴）。窗台构造如图 2-37 所示。

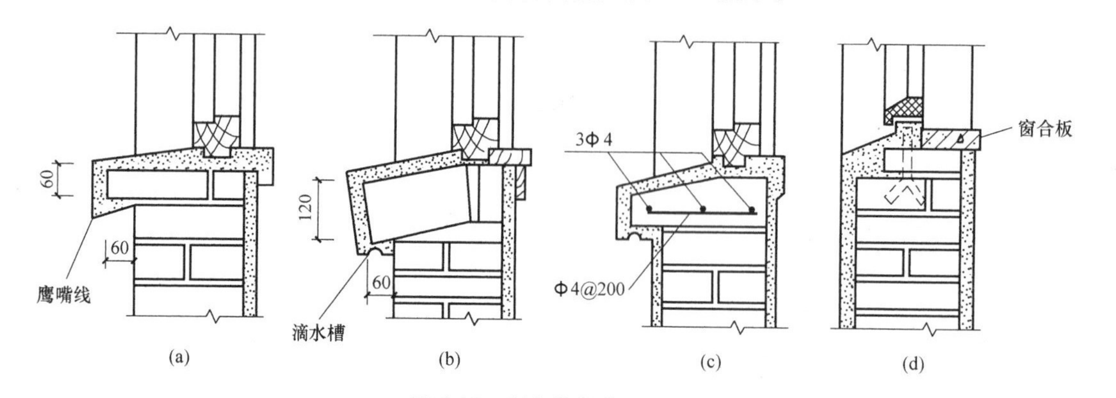

图 2-37　窗台的构造（mm）

（a）平砌砖窗台；（b）侧砌砖窗台；（c）混凝土窗台；（d）不悬挑窗台

（6）门窗过梁

当砖墙中开设门窗洞口时，为了支撑门窗洞口上方局部范围的砖墙重力，在门窗洞上沿设置横梁，称为门窗过梁，如图 2-38 所示。常见的过梁有钢筋混凝土过梁、钢筋砖过梁、砖拱过梁三种。

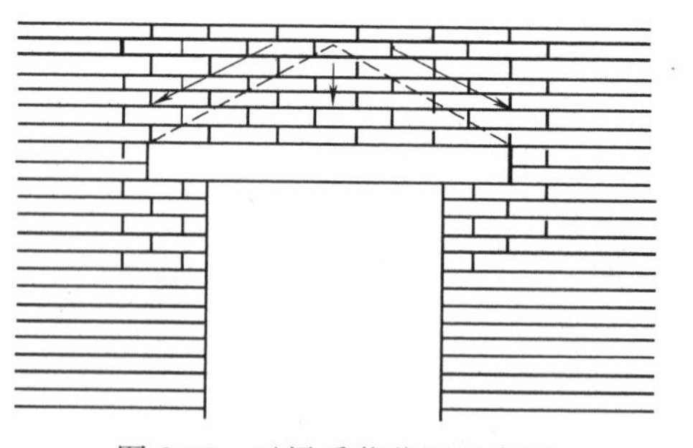

图 2-38　过梁受荷范围示意图

① 钢筋混凝土过梁：钢筋混凝土过梁承载能力强，适应性强，适用于宽度较大或上方承受较大荷载的门窗洞口，是应用比较普遍的一种过梁。按照施工方法不同，钢筋混凝土过梁有现浇和预制两种。其中预制钢筋混凝土过梁便于施工，是最常用的一种。其断面形式有矩形和 L 形两种，断面高度要考虑砖的规格，常见高度有 60、120、180、240mm 等。过梁两端伸入墙体内的支承长度不小于 240 mm，一般无设计要求时，一端支撑长度为 250mm。

过梁的截面尺寸有矩形和 L 形。矩形多用于内墙和混水墙。L 形多用于外墙和清水墙，在寒冷地区，为了防止过梁内壁产生冷凝水，可采用矩形和 L 形的组合形式。预制钢筋混凝土过梁的构造如图 2-39 所示，钢筋混凝过梁实例如 2-40 所示。

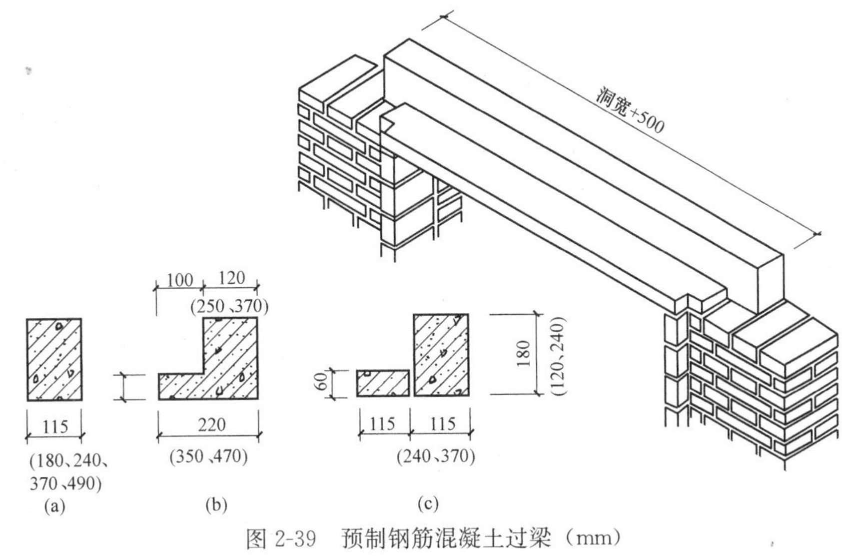

图 2-39　预制钢筋混凝土过梁（mm）

（a）矩形截面；（b）L 形截面；（c）组合式截面

图 2-40　钢筋混凝土过梁实例

② 钢筋砖过梁：钢筋砖过梁是在砖缝里配置钢筋，形成可以承受荷载的加筋砖砌体。钢筋砖过梁的跨度不应超过 2m，砖的强度等级应不低于 MU7.5，砂浆强度等级不宜低于 M2.5。其做法是在第一皮砖下的砂浆层内放置钢筋。过梁的高度应经计算确定，一般不少于 4～6 皮砖，同时不小于洞口跨度的 1/5。洞口上部应先支木模，上放直径 ϕ6mm 的钢筋，间距小于等于 120mm，伸入两边墙内应不小于 240mm，钢筋上下应抹砂浆层，如图 2-41 所示。

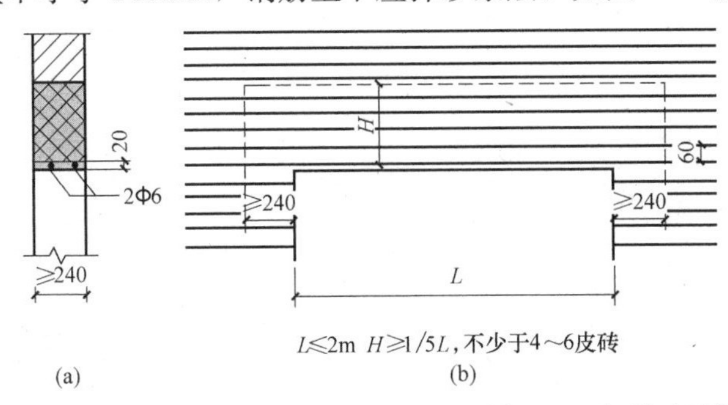

图 2-41　钢筋砖过梁（mm）

③ 砖拱过梁：砖拱过梁是我国的一种传统做法，分为平拱和弧拱。其中平拱砖过梁是由砖侧砌而成，灰缝上宽下窄使砖向两边倾斜，两端下部伸入墙内 20～30mm，中部起拱高度约为跨度的 1/50。采用平拱砖过梁时洞口宽度不大于 1.2m。通常可用作墙厚在 240mm 及其以上的非承重墙门窗洞口过梁。弧形拱砖过梁立面呈弧形或半圆形，起拱高度一般为跨度的 1/15～1/10，过梁跨度为 2～3m，如图 2-42 所示。

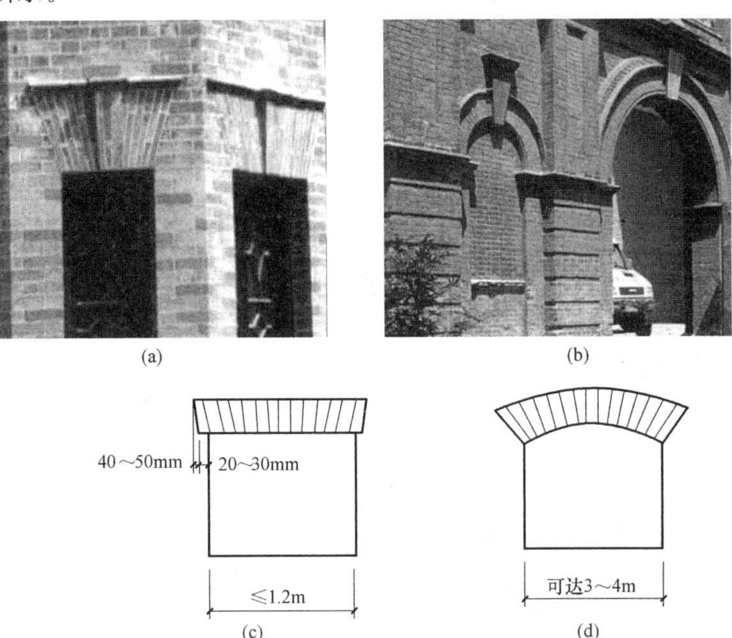

图 2-42　砖拱过梁

（a）平拱砖过梁；（b）半圆砖拱；（c）平拱砖过梁构造；（d）半圆砖拱过梁构造

（7）圈梁

圈梁是在房屋的外墙、内纵墙和主要横墙设置的处于同一水平面内的连续封闭梁。

其作用是：增强房屋的整体刚度，减少地基不均匀沉降引起的墙体开裂，提高房屋的抗震刚度。

圈梁设置的数量和位置与建筑物的高度、层数、地基状况和地震设防烈度有关。一般屋顶处必须设置，楼层处隔层设置或每层设置。圈梁一般设于板下（预制板），有时与门窗洞口过梁结合设置；圈梁宜连续地设在同水平面上，沿纵横墙方向应形成封闭，如图 2-43 所示。

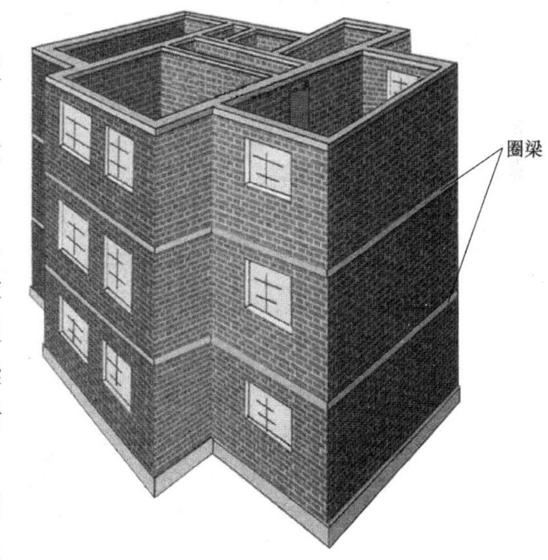

图 2-43　圈梁的设置

圈梁有钢筋砖圈梁和现浇钢筋混凝土圈梁两种，通常采用现浇钢筋混凝土圈梁。钢筋混凝土圈梁的截面形式一般为矩形。圈梁宽度通常与墙厚相同，不小于 180mm；当墙厚大于 240mm，其宽度不小于墙厚的 2/3。圈梁高度一般不小于 120mm，且与砖的皮数相适应，如 120mm（2 匹砖）、180mm（3 匹砖）等。圈梁一般只需按构造配筋，当圈梁兼过梁时，或圈梁局部下面有走道时，才需进行结构方面的计算和补强。当圈梁被门窗洞口截断时，应在洞口上部增设相同截面的附加圈梁。附加圈梁与圈梁的搭接长度不应小于其垂直间距的 2 倍，且不得小于 1m，如图 2-44 所示。

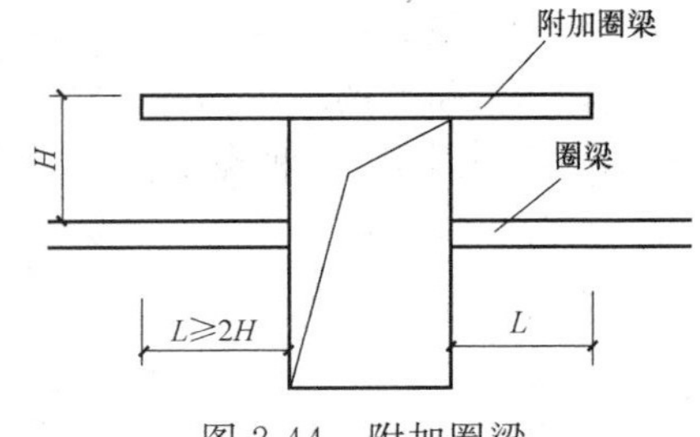

图 2-44　附加圈梁

钢筋砖圈梁采用在砖墙灰缝设置连续钢筋的方法形成圈梁，现已较少采用。

（8）构造柱

构造柱是为了加强墙体及提高房屋整体性而设置的钢筋混凝土柱，与圈梁一起构成空间骨架（图2-45），提高了建筑物的整体刚度和墙体的延性，约束墙体裂缝的开展，从而增加建筑物承受地震作用的能力。因此，有抗震设防要求的建筑中须按照规范要求设置钢筋混凝土构造柱。

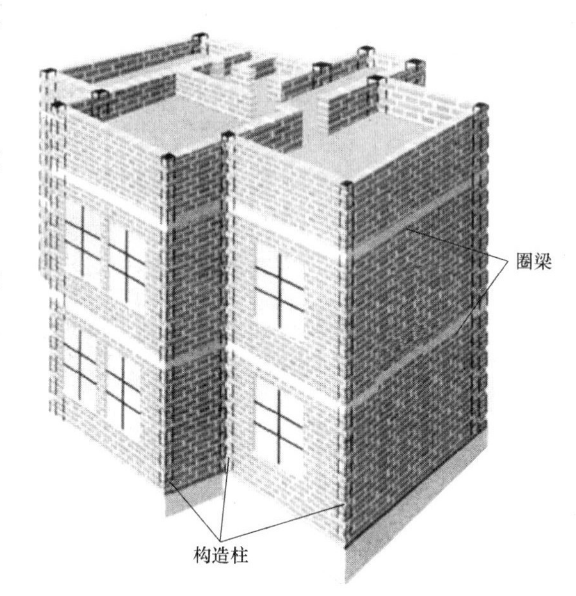

图 2-45　圈梁及构造柱

构造柱的构造特点为（图 2-46）：

① 施工时，应先放构造柱的钢筋骨架，再砌砖墙，最后浇筑混凝土。

② 构造柱两侧的墙体应砌成马牙槎，即每300mm 高伸出 60mm，每 300mm 高再收回 60mm。

③ 构造柱钢筋应生根于地梁或基础，无地梁时应伸入室外地坪下 500mm 处，构造柱钢筋的上部应锚入顶层圈梁，以形成封闭的骨架。

④ 为加强构造柱与墙体的连接，应沿柱高每 500mm 放 2ϕ6 钢筋，且每边伸入墙内不少于 1m。

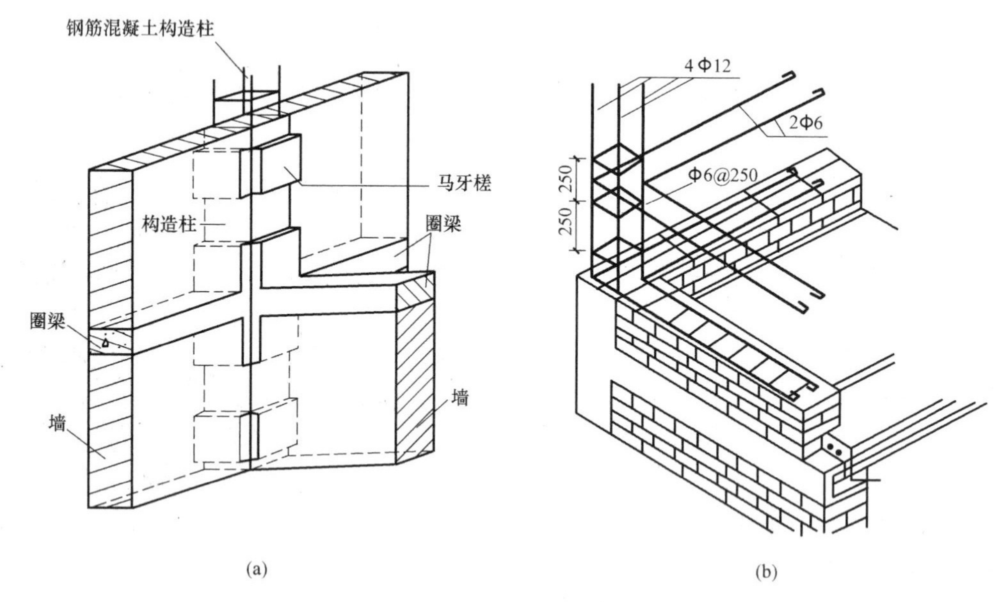

图 2-46　构造柱的构造特点（mm）

（a）构造柱的马牙槎；（b）构造柱钢筋和墙体拉结钢筋

构造柱一般设置在建筑物四角、内外墙交接处、楼梯间与电梯间四角以及某些较长墙体的中部。根据构造柱布置位置的不同，构造柱有一字形、L 形、T 字形、十字形 4 种类型，如图 2-47 所示。

从图中可以看出，4 种类型的构造柱，它们的马牙槎的边数分别为：一字形构造柱马牙槎的边数为 2 个、L 形构造柱马牙槎的边数为 2 个、T 字形构造柱马牙槎的边数为 3 个、十字形构造柱马牙槎的边数为 4 个。

（9）压顶

压顶是指在女儿墙或者栏板最顶部用来压住女儿墙、栏板的构件，使墙体的连续性、整体性更

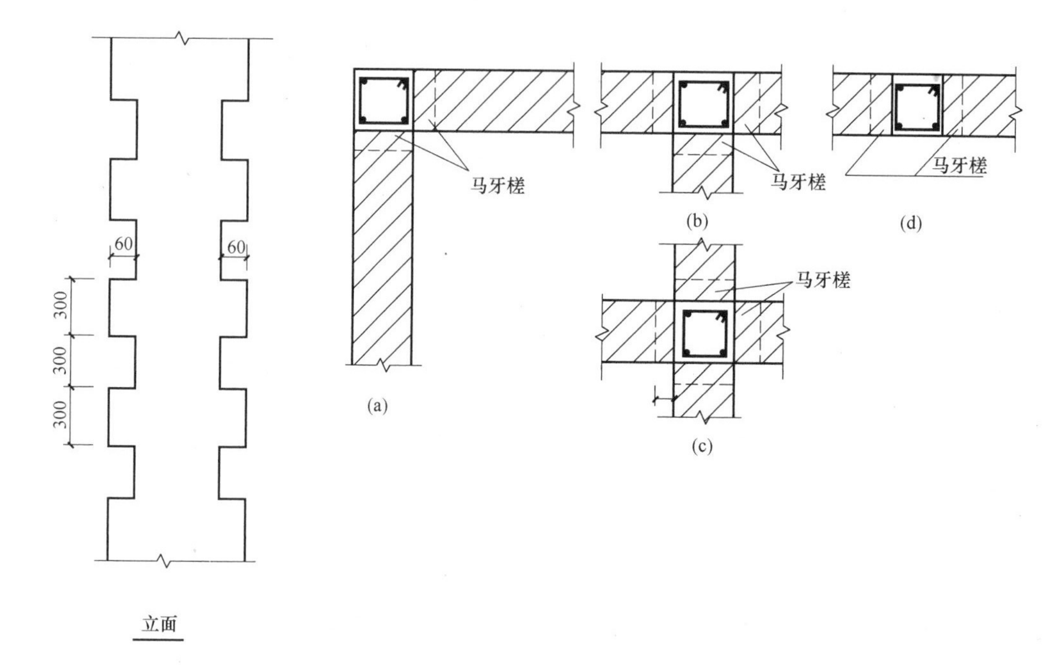

图 2-47　构造柱的立面及类型（mm）

（a）L 形接头；（b）T 形接头；（c）十字形接头；（d）一字形

好。压顶分为钢筋混凝土压顶、砖压顶、预制压顶，如图 2-48 所示。

图 2-48　压顶

（四）砌块墙简述

砌块墙是以普通混凝土、各种轻骨料混凝土或采用工业废料、粉煤灰、石渣等制成实心或空心的块材，用胶结材料砌筑而成的砌体。

1. 砌块类型

① 按单块重量和幅面大小分为：小型、中型、大型。

② 按材料的不同分为：混凝土、加气混凝土、浮石混凝土等。

③ 按砌块形式分为：实心、空心砌块。

④ 按砌块的功能分为：承重、保温砌块。

2. 砌块的规格

小型砌块规格：主块外形尺寸 390mm×190mm×190mm；

辅助砌块尺寸：190mm×190mm×190mm，190mm×90mm×190mm。

如图 2-49 所示为小型砌块。

(a)

(b)

图 2-49　小型砌块

(a) 粉煤灰硅酸盐砌块；(b) 混凝土空心砌块

3. 砌块墙的砌筑构造（图 2-50）

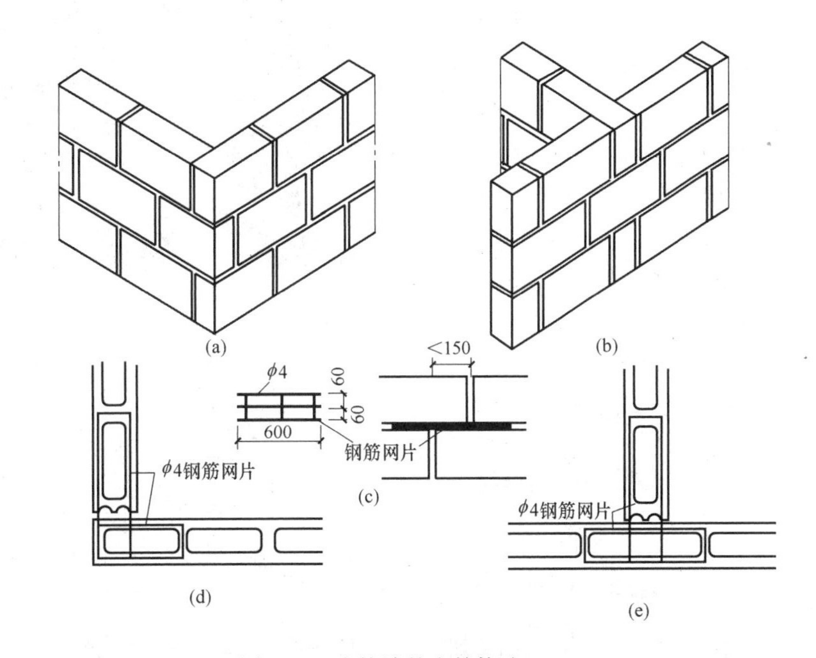

图 2-50　砌块墙的砌筑构造（mm）

(a) 砌块墙转角轴测；(b) 砌块墙内外墙相交处轴测；(c) 从立面看网片放置位置；

(d) 转角处网片放置位置；(e) 墙体交叉处网片放置位置

4. 构造柱

墙体的竖向加强措施是在外墙转角以及某些内外墙相接的“T”字接头处增设构造柱，也称为“芯柱”，将砌块在垂直方向连成一体。多利用空心砌块上下孔洞对齐，在孔中配置 $\phi10$～$\phi12$ 的钢筋，然后用细石混凝土分层灌实，如图 2-51 所示。

五、台阶与坡道构造

室外台阶与坡道都是在建筑物入口处连接室内外不同标高地面的构件。其中更多采用台阶，当有车辆通行或室内外高差较小时采用坡道。

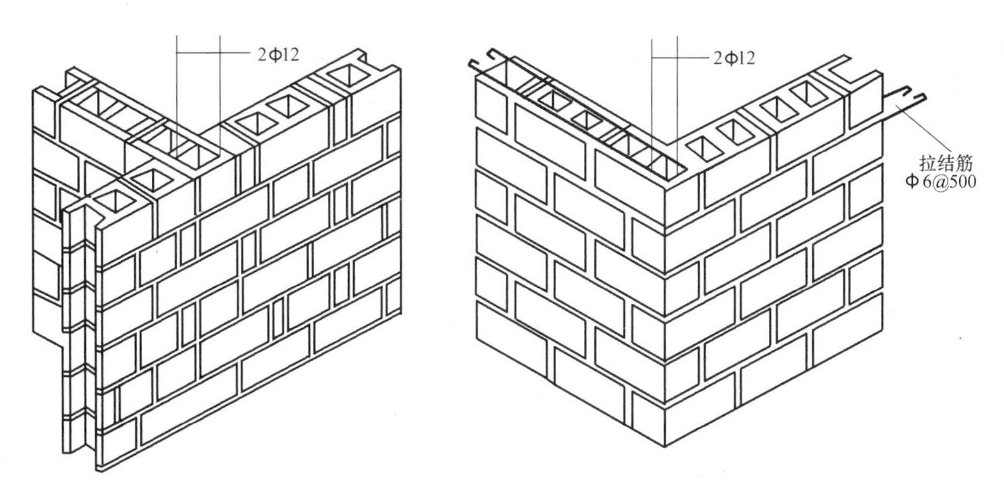

图 2-51　砌块墙的构造柱构造

（一）室外台阶

室外台阶（图 2-52）一般包括踏步和平台两部分。台阶的坡度应比楼梯小，通常踏步高度为 100～150mm，踏步宽度为 300～400mm。平台设置在出入口与踏步之间，起缓冲过渡作用。平台深度一般不小于 1000mm，为防止雨水积聚或溢入室内，平台面宜比室内地面低 20～60mm，并向外找坡 1%～4%，以利排水。当室内外高差超过 1000mm 时，应在台阶临空一侧设置围护栏杆或栏板。在某些大型公共建筑中，为了使汽车能在大门入口处通行，可采用单面台阶与两侧坡道相结合的形式，如图 2-53 所示。

图 2-52　台阶

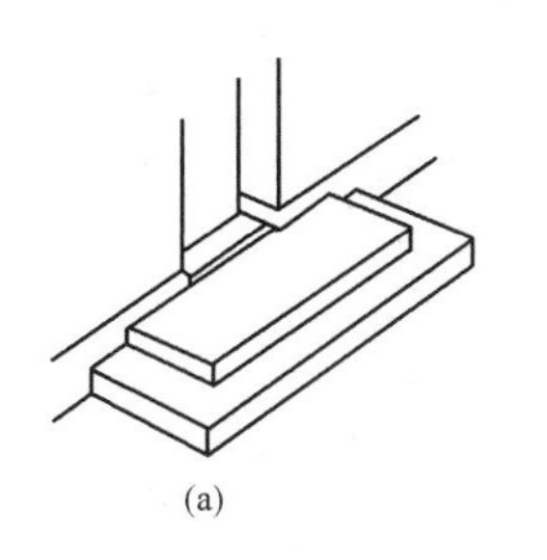
(a)

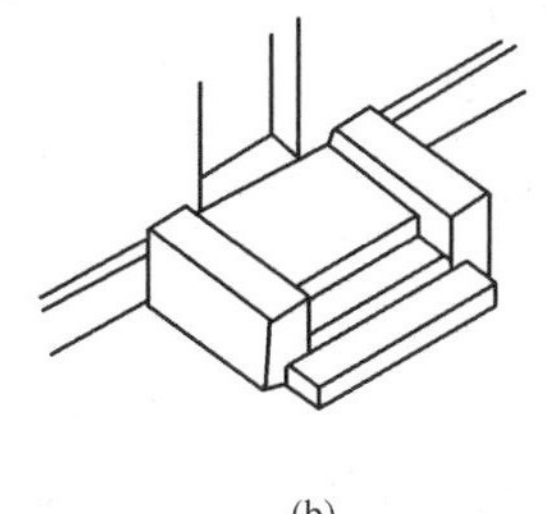
(b)

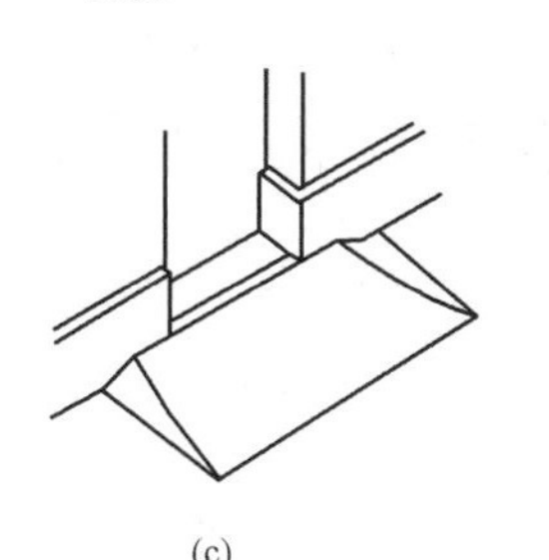
(c)

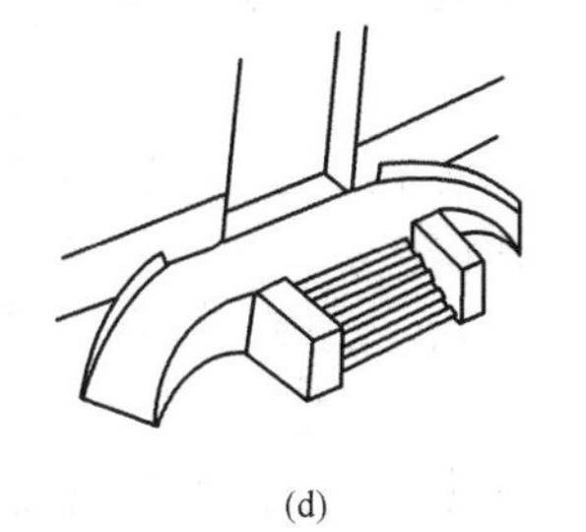
(d)

图 2-53　台阶形式

(a) 三面踏步式；(b) 单面踏步式；(c) 坡道式；(d) 单面踏步两侧坡道

室外台阶应坚固耐磨，具有较好的耐久性、抗冻性和抗水性。台阶按材料不同分为混凝土台阶、石台阶、钢筋混凝土台阶等。混凝土台阶应用最普遍，它由面层、混凝土结构层和垫层组成。面层可用水泥砂浆或水磨石，也可采用锦砖、天然石材或人造石材等块料面层，垫层可采用灰土（北方干燥地区）、碎石等，如图 2-54（a）所示。台阶也可用毛石或条石，其中条石台阶不需另做面层，如图 2-54（b）所示。当地基较差或踏步数较多时可采用钢筋混凝土台阶，钢筋混凝土台阶构造同楼梯，如图 2-54（c）所示。

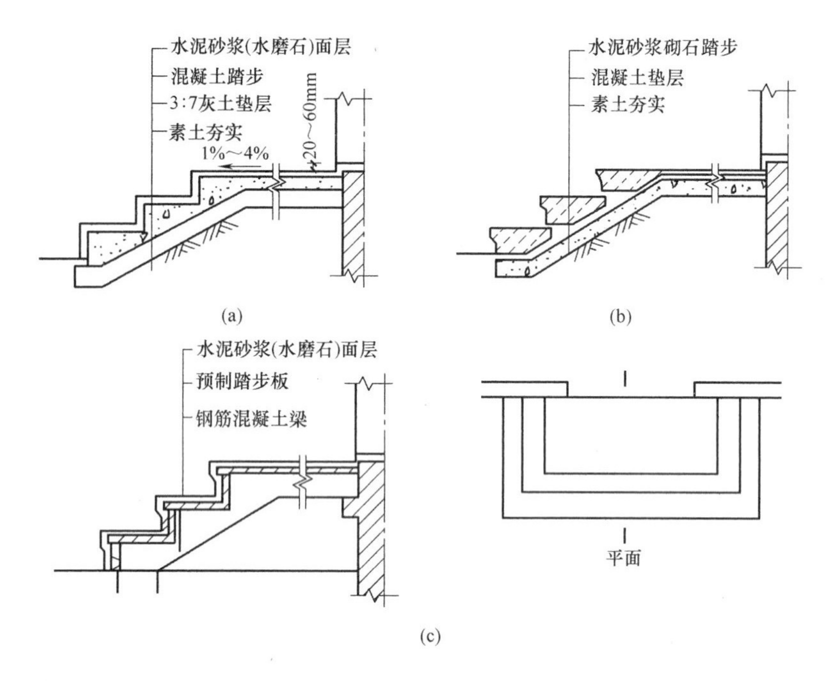

图 2-54　台阶类型及构造

（a）混凝土台阶；（b）石台阶；（c）钢筋混凝土架空台阶

（二）坡道

坡道的坡度与使用要求、面层材料及构造做法有关。坡道的坡度一般为 1∶6～1∶12。面层光滑的坡道坡度不宜大于 1∶10，粗糙或设有防滑条的坡道，坡度稍大，但也不应大于 1∶6，锯齿形坡道的坡度可加大到 1∶4。残疾人通行坡道的坡度不大于 1∶12，与之匹配的每段坡道的最大高度为 750mm，最大水平长度为 9000mm，如图 2-55 所示。

图 2-55　残疾人坡道

与台阶一样，坡道也应采用耐久、耐磨和抗冻性好的材料，其构造与台阶类似，多采用混凝土材料，如图 2-56（a）所示。坡道对防滑要求较高或坡度较大时可设置防滑条或做成锯齿形，如图 2-56（b）所示。

六、走廊与阳台构造

（一）走廊

走廊是指有顶的过道，建筑物的水平交通空间，如图 2-57 所示。为避免走廊的雨水流入室内，一般走廊地面应低于室内地面 30～60mm，且应沿排水方向做排水坡，二层以上的走廊需要在走廊的外侧间隔一定的距离设置泄水管。二层以上的外走廊需要设置栏杆，砖墙无柱的栏杆在一定的距

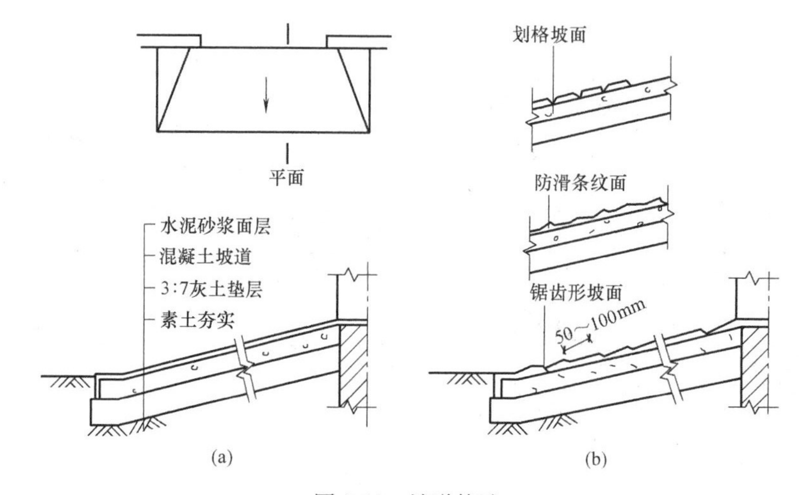

图 2-56　坡道构造

（a）混凝土坡道；（b）混凝土防滑坡道

离上还需要设置构造柱，保证栏杆的稳固性。

（二）阳台

1. 阳台的类型

阳台是与室内空间相连并设有栏杆的室外小平台，是联系室内外空间和改善室内空间条件的重要组成部分。阳台主要由阳台板和栏杆扶手组成。阳台板是承重结构，栏杆扶手是安全围护构件。阳台按其与外墙的相对位置可分为在主体结构内的内阳台，在主体结构外的外阳台，如图 2-58、图 2-59 所示。

图 2-57　走廊

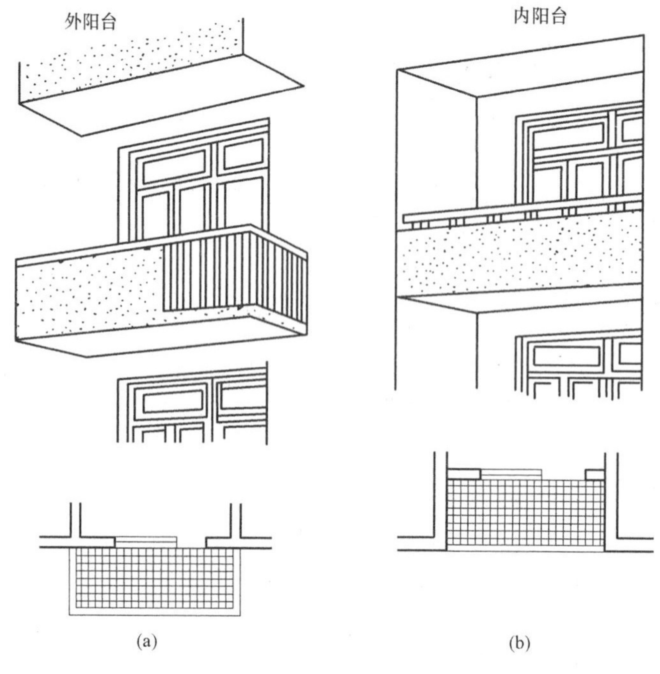

图 2-58　阳台的类型

（a）外阳台；（b）内阳台

2. 阳台的细部构造

（1）阳台栏杆与扶手

栏杆与扶手是阳台的围护构件，应具有足够的强度和适当的高度，做到坚固安全。按相关规范要求，栏杆扶手的高度不应低于1.05m，高层建筑不应低于1.1m。另外，栏杆扶手还兼起装饰作用，应考虑外形美观。

（2）阳台排水处理

为避免阳台的雨水流入室内，一般阳台地面应低于室内地面30～60mm且应沿排水方向设排水坡，阳台板的外缘设挡水边槛，在阳台的一端或两端埋设泄水管直接将雨水排出。泄水管可采用镀锌钢管或塑料管，管口外伸至少80 mm。对高层以上建筑或降雨量较大地区的建筑应将雨水导入雨水管排出。

图2-59　阳台实例

七、屋顶构造

（一）屋顶的类型

屋顶按屋面坡度及结构选型的不同，可分为平屋顶、坡屋顶及其他形式的屋顶。

1. 平屋顶

平屋顶通常是指屋面坡度小于5%的屋顶，常用坡度范围为2%～3%。其一般构造是用现浇或预制的钢筋混凝土屋面板作基层，上面铺设卷材防水层或其他类型防水层。这种屋顶是目前应用最为广泛的一种屋顶形式，其主要优点是可以节约建筑空间，提高预制安装程度，加快施工速度。另外，平屋顶还可用作上人屋面，给人们提供一个休闲活动场所。平屋顶常见的形式如图2-60所示。

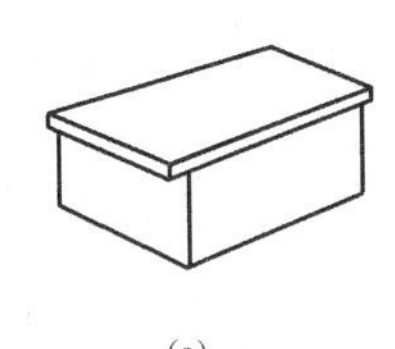

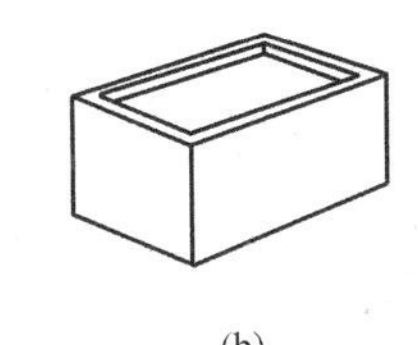

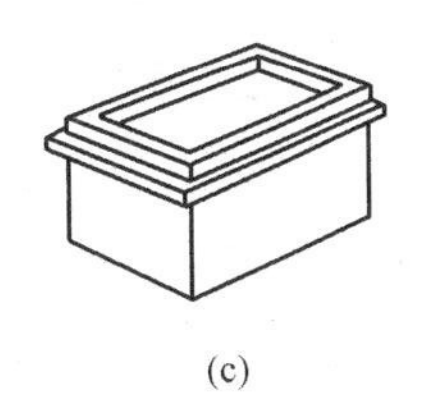

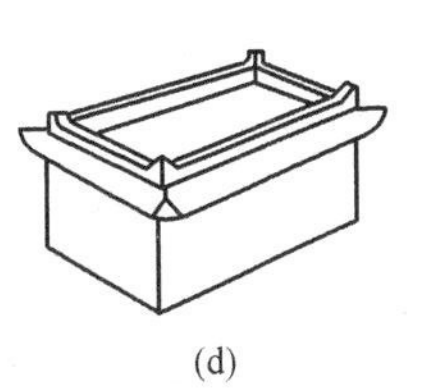

图2-60　平屋顶常见的形式

（a）挑檐；（b）女儿墙；（c）挑檐女儿墙；（d）盝顶

2. 坡屋顶

坡屋顶通常是指屋面坡度大于10%的屋顶，常用坡度范围为10%～60%。传统建筑中的小青瓦屋顶和平瓦屋顶均属坡屋顶。坡屋顶在我国有着悠久的历史，因为它容易就地取材，并且符合传统的审美要求，故在现代建筑中也常采用。坡屋顶常见的形式如图2-61所示。

3. 其他形式的屋顶

随着建筑科学技术的发展，出现了许多新型的空间结构形式，也相应出现了许多新型的屋顶形式，如拱结构、薄壳结构、悬索结构和网架结构等。这类屋顶一般用于较大体量的公共建筑，如图2-62所示。

（二）屋顶的排水坡度

1. 影响屋顶坡度的因素

屋顶坡度太小容易积水，坡度太大则多用材料、浪费空间。要使屋顶坡度恰当，必须考虑所采用的屋面防水材料和当地降雨量两个方面的因素。

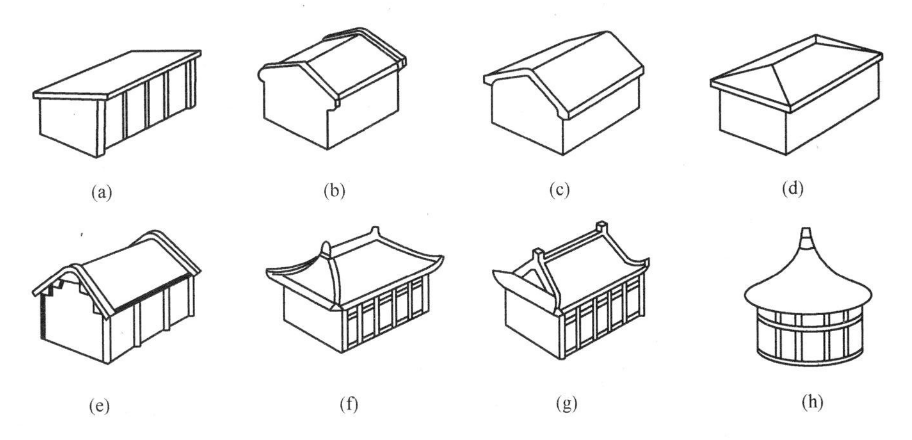

图2-61　坡屋顶常见的形式

（a）单坡顶；（b）硬山两坡顶；（c）悬山两坡顶；（d）四坡顶；（e）卷棚顶；（f）庑殿顶；（g）歇山顶；（h）圆攒尖顶

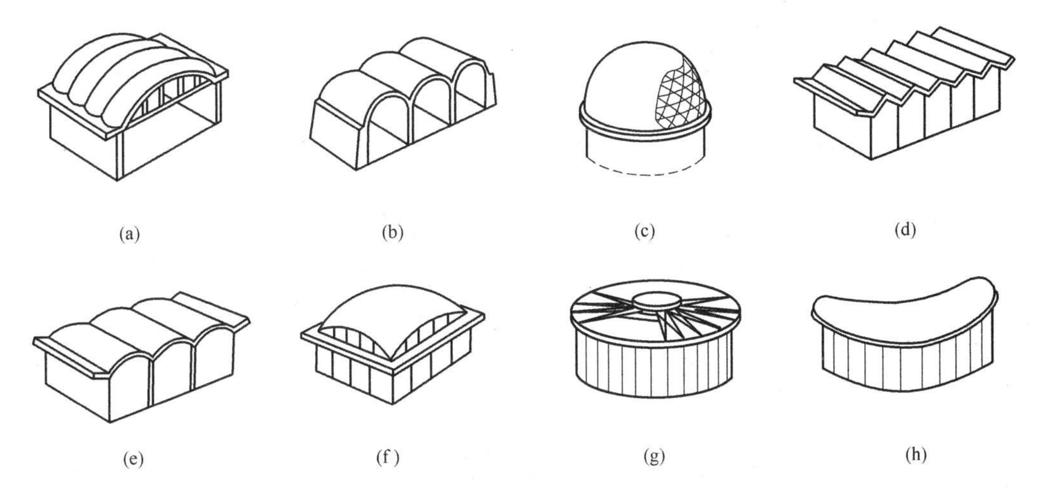

图2-62　其他形式屋面

（a）双曲拱屋顶；（b）砖石拱屋顶；（c）球形网壳屋顶；（d）V形网壳屋顶；（e）筒壳屋顶；（f）扁壳屋顶；（g）车轮形悬索屋顶；（h）鞍形悬索屋顶

（1）屋面防水材料与坡度的关系。防水材料如尺寸较小，接缝必然就较多，容易产生缝隙而渗漏，因而屋面应有较大的排水坡度，以便将屋面积水迅速排除。坡屋顶的防水材料多为瓦材（如小青瓦、机制平瓦、琉璃筒瓦等），其覆盖面积较小，故屋面坡度较陡。如果屋面的防水材料覆盖面积大，接缝少而且严密，屋面的排水坡度就可以小一些。平屋顶的防水材料多为卷材、涂膜或现浇混凝土等，故其排水坡度通常较小。

（2）降雨量大小与坡度的关系。降雨量大的地区，屋面渗漏的可能性较大，屋顶的排水坡度应适当加大；反之，屋顶排水坡度则宜小一些。

综上所述可以得出如下规律：屋面防水材料尺寸越小，屋面排水坡度越大，反之则越小；降雨量大的地区屋面排水坡度较大，反之则较小。

2. 屋顶坡度的形成方法

屋顶坡度的形成有材料找坡（也叫建筑找坡）和结构找坡两种做法，如图2-63所示。

（1）材料找坡。材料找坡是指屋顶坡度由垫坡材料形成，一般用于坡向长度较小的屋面。为了减轻屋面荷载，应选用轻质材料找坡，如水泥炉渣、石灰炉渣等。找坡层的厚度最薄处不小于

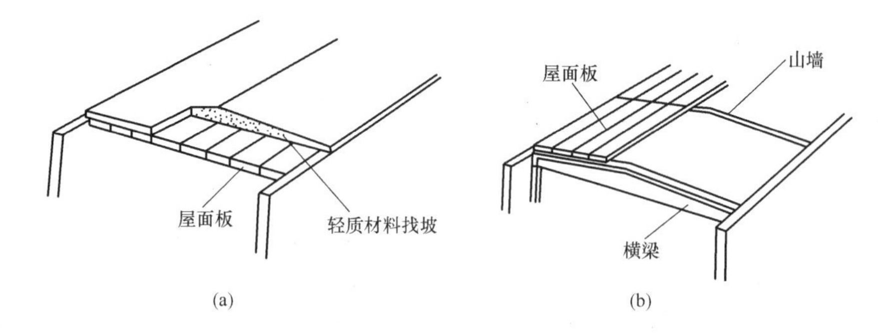

图 2-63 屋顶坡度的形成
（a）材料找坡；（b）结构找坡

20mm。平屋顶材料找坡的坡度宜为 2%。

（2）结构找坡。结构找坡是指屋顶结构自身带有坡度。例如，在上表面倾斜的屋架或屋面梁上安放屋面板，屋顶表面即呈倾斜坡面。又如，在顶面倾斜的山墙上搁置屋面板时，也形成结构找坡。平屋顶结构找坡的坡度宜为 3%。

材料找坡的屋面板可以水平放置，顶棚面平整，但材料找坡增加屋面荷载，材料和人工消耗较多；结构找坡无须在屋面上另加找坡材料，构造简单，不增加荷载，但顶棚顶倾斜，室内空间不够规整。这两种方法在工程实践中均有广泛运用。

3. 屋顶排水坡度的表示方法

常用的屋顶排水坡度表示方法有斜率法、百分比法和角度法。斜率法以屋顶倾斜面的垂直投影长度与水平投影长度之比表示，如图 2-64（a）所示。百分比法以屋顶倾斜面的垂直投影长度与水平投影长度之比的百分比值表示，如图 2-64（b）所示。角度法以倾斜面与水平面间夹角的大小表示，如图 2-64（c）所示。坡屋顶多采用斜率法，平屋顶多采用百分比法，角度法应用较少。

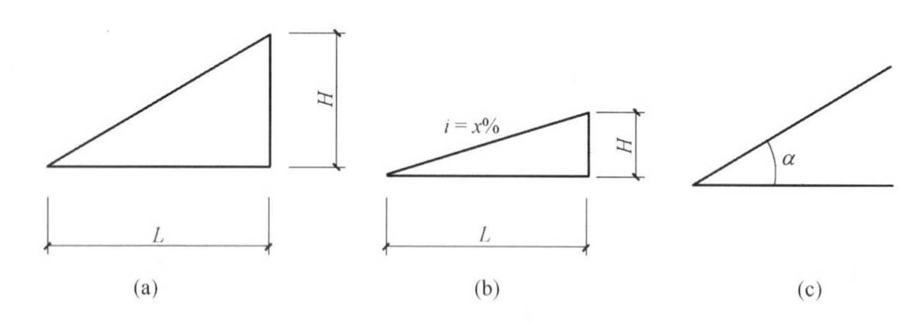

图 2-64 屋顶排水坡度的表示法
（a）斜率法；（b）百分比法；（c）角度法

（三）屋顶的排水方式

屋顶的排水方式分为无组织排水和有组织排水两大类，如图 2-65 所示。

（1）无组织排水又称自由落水，是屋面雨水直接从挑出外墙的檐口自由落至地面的一种排水方式。这种排水方式构造简单、经济，但屋面雨水自由落下时会溅湿勒脚及墙面，影响外墙的耐久性，有时还会影响地面上行人的活动，故无组织排水一般适用于低层建筑、少雨地区建筑及积灰较多的工业厂房。

（2）有组织排水是屋面雨水通过排水系统，有组织地排至室外地面或地下管沟的一种排水方式。这种排水方式具有不易溅湿墙面、不妨碍行人交通的优点，适用范围很广，但与无组织排水相比，需要设计一系列相应的排水系统构件，故构造处理较复杂，造价较高。有组织排水又可以分为外排水和内排水两种。外排水是建筑中优先考虑选用的一种排水方式，一般有檐沟外排水、女儿墙外排水、女儿墙檐沟外排水等多种形式，檐沟的纵向排水坡度一般为 1%。内排水是在大面积多跨屋面、高层建筑以及有特殊需要时常采用的一种排水方式，这种方式使雨水经雨水口流入室内雨水管，再由地下管道排至室外排水系统。

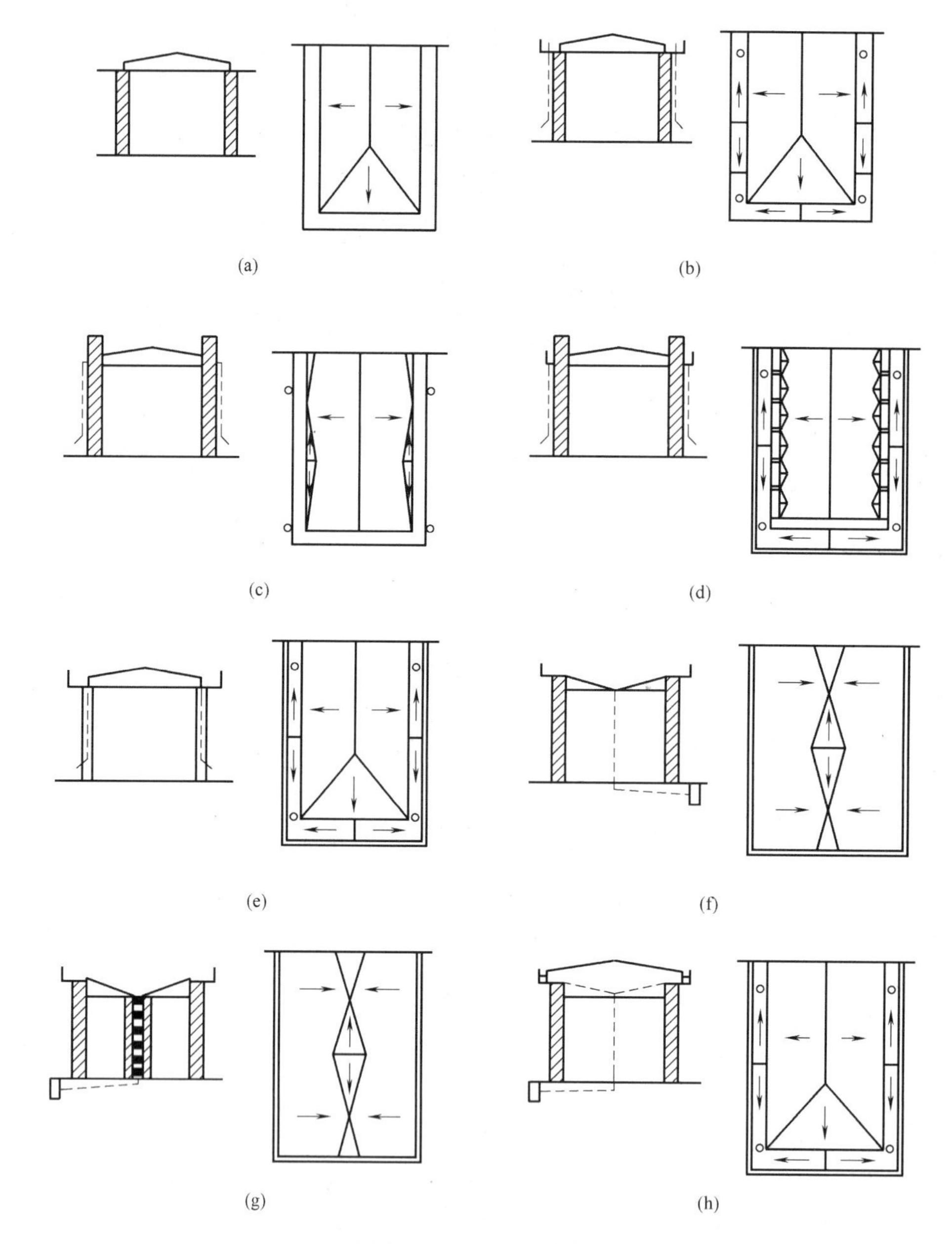

图 2-65 屋顶的排水方式
（a）无组织排水；（b）檐沟外排水；（c）女儿墙外排水；（d）女儿墙檐沟外排水；
（e）外墙暗管排水；（f）明管内排水；（g）管道井暗管内排水；（h）吊顶水平暗管内排水

（四）平屋顶的构造

1. 平屋顶的类型与组成

平屋顶按用途可分为上人屋面和不上人屋面。城市建筑的屋顶做成上人屋面，成为屋顶花园、屋顶游泳池、休息平台等，可以充分利用建筑空间，收到特殊的效果。

平屋顶的结构层一般为钢筋混凝土楼板结构，根据施工方法可以分为现浇钢筋混凝土楼板和预制钢筋混凝土楼板，预制板布置方式又可以分为三种：横向布置、纵向布置、混合布置。

平屋顶的基本组成除结构层之外，还有防水层、保护层等。在结构层上常设找平层，便于上面各层施工，结构层下面可设顶棚。

寒冷地区，为了防止热量的损耗，屋顶增设保温层。炎热地区，为了防止太阳辐射，屋顶增设隔热层和通风设施，一般设置架空隔热板或通风层。

根据防水层做法不同平屋顶的屋面可分为柔性防水屋面（包括卷材防水屋面、涂膜防水屋面）和刚性防水屋面，如图 2-66 所示。

2. 柔性防水屋面

柔性防水屋面是指以防水卷材和胶结材料分层粘贴形成防水层的屋面，也称为卷材防水屋面。柔性防水屋面具有优良的防水性，适应性较强，防渗漏效果较好，是目前广泛采用的一种屋面。

(1) 柔性防水屋面的基本构造

按功能要求不同，柔性防水屋面分为保温屋面与非保温屋面，上人屋面与不上人屋面，有架空通风层屋面和无架空通风层屋面。带保温层的柔性防水屋面，其主要构造层有：承重结构层、找平（坡）层、隔气层、保温层、结合层、防水层和保护层，如图 2-67 所示。

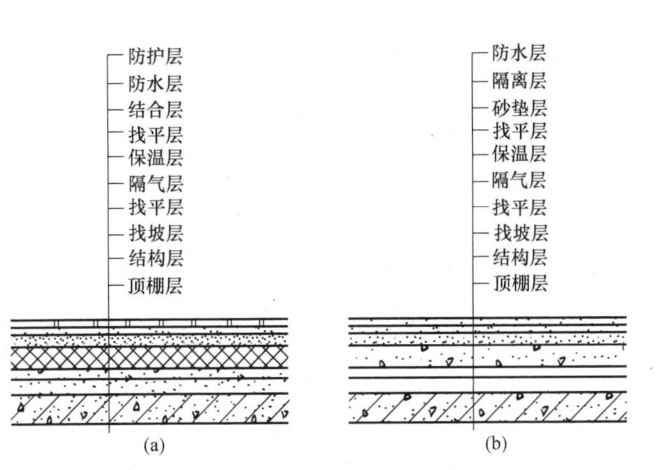

图 2-66　平屋顶的构造层次

(a) 柔性防水屋面；(b) 刚性防水屋面

图 2-67　柔性防水屋面的基本构造

1) 承重结构层。各种类型的钢筋混凝土楼板均可作为柔性防水屋面的承重结构层。目前一般采用现浇钢筋混凝土板，要求其具有足够的强度和刚度。

2) 找平（坡）层。当屋顶采用材料找坡时，找坡层一般位于结构层之上，采用轻质、廉价的材料，如采用 1∶6～1∶8 的水泥炉渣或水泥膨胀蛭石做找坡层，形成屋面坡度。找坡层最薄处的厚度不宜小于 30mm。当屋顶采用结构找坡时，则不需要设置找坡层，直接做找平层。

3) 找平层。为了使柔性防水层或隔气层有一个平整坚实的基层，避免防水卷材凹陷或被穿刺，必须在结构层、找坡层或保温层上设置找平层。找平层要求平整、密实、干净、干燥（含水率≤9%），不允许起砂、掉灰。找平层构造做法及要求见表 2-10。

找平层构造做法及要求　　表 2-10

找平层采用材料	基层种类	厚度(mm)	技术要求
水泥砂浆	整体混凝土	15～20	质量比为 1∶2.5～1∶3(水泥∶砂子)，水泥强度等级不低于 32.5
	整体或板状材料保温层	20～25	
	装配式混凝土板、松散材料保温层	20～30	
细石混凝土	松散材料保温层	30～35	混凝土强度等级≥C20
沥青砂浆	整体混凝土	15～20	质量比为 1∶8
	装配式混凝土板、整体或板状材料保温层	20～25	

4) 隔气层。为防止室内水蒸气透过结构层进入保温层，降低保温效果，应在屋面保温层下面、结构层上面设置隔气层。隔气层的一般做法有：乳化沥青两道、冷底子油一道、热沥青两道、氯丁胶乳沥青两道、一毡二油或水乳型橡胶沥青一布二涂。

5) 保温层。保温层材料多为轻质材料，可分为散料类，如炉渣、矿渣、膨胀珍珠岩等；整体类，如水泥膨胀蛭石、沥青膨胀珍珠岩等；板块类，如加气混凝土、泡沫塑料等。屋顶保温层通常设置在结构层以上，其厚度应通过热工计算确定。

6) 结合层。结合层的作用是使防水层与基层粘结牢固。结合层所使用的材料应根据防水卷材材质的不同来选择，如沥青类卷材和高聚物改性沥青防水卷材，一般采用冷底子油做结合层；三元乙丙橡胶卷材则采用聚氨酯底胶；氯化聚乙烯橡胶卷材需采用抓丁胶乳等做结合层。

7) 防水层。防水层由防水卷材和胶结材料分层粘贴形成。目前使用的防水卷材有沥青类卷材、高聚物改性沥青卷材、合成高分子防水卷材三类。

8) 保护层。为保护卷材防水层，延长其使用寿命，需要在卷材防水层上设置保护层。保护层分为不上人屋面和上人屋面两种做法。

① 不上人屋面保护层。对沥青类防水层宜采用绿豆砂或铝银粉涂料，对高聚物改性沥青防水卷材及合成高分子防水卷材，由于在出厂时一般已经在其表面好了铝箔面层、彩砂或涂料等保护层，则不需再做保护层。

② 上人屋面保护层。由于屋面上要承受人的活动荷载，因此保护层应具有一定的强度。一般做法是：在防水层上浇筑 30～40mm 厚、强度等级为 C20 的细石混凝土（内设 ϕ4@200 双向钢筋网片），表面抹平压光，并分成面积小于等于 36m^2 的方格，缝内灌沥青砂浆；也可采用水泥砂浆或沥青砂浆粘贴缸砖、预制混凝土板等。

(2) 柔性防水屋面的细部构造

防水层的转折和结束部位是防水层被切断的地方或边缘部位，是防水的薄弱环节。这些部位的构造处理称为细部构造。

1) 泛水。泛水是指屋面与垂直面交接处的防水构造处理，是水平防水层在垂直面上的延伸。泛水的构造处理要点有：

① 泛水高度不小于 250mm，一般为 300mm。

② 屋面与垂直面交接处的基层应抹成整齐平顺的圆弧或钝角，其圆弧半径为：沥青防水卷材，R=100～150mm；高聚物改性沥青防水卷材，R=50mm；合成高分子防水卷材，R=20mm。

③ 将屋面的卷材防水层继续铺设到垂直面上，并在其下加铺附加卷材一层。

④ 做好泛水上口的卷材收头固定处理，防止卷材在垂直墙面上滑落。一般做法是：在垂直墙面中留出通长凹槽，将卷材的收头压入槽内，用防水压条钉压后，再用防水密封材料密封。卷材防水屋面泛水构造如图 2-68 所示。

2) 挑檐口构造

挑檐口分为无组织排水和有组织排水两种做法。

① 无组织排水挑檐口

无组织排水挑檐口不宜直接采用屋面板外挑，因其温度变形大，易使檐口抹灰砂浆开裂，引起

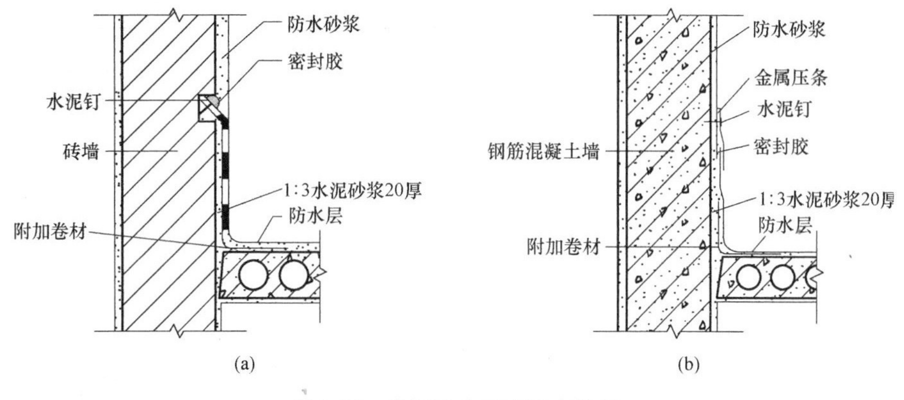

图 2-68 卷材防水屋面泛水构造

（a）砖墙泛水构造；（b）钢筋混凝土墙泛水构造

爬水和尿墙现象。比较理想的是采用与圈梁整浇的混凝土挑板。挑檐口构造的要点是檐口 800mm 范围内卷材采取满贴法，防止卷材收头处粘贴不牢，出现“张口”漏水。

在混凝土挑口上用细石混凝土或水泥砂浆先做一凹槽，然后将卷材贴在槽内，将卷材收头用水泥钉钉牢，上面用防水油膏嵌填，如图 2-69 所示。

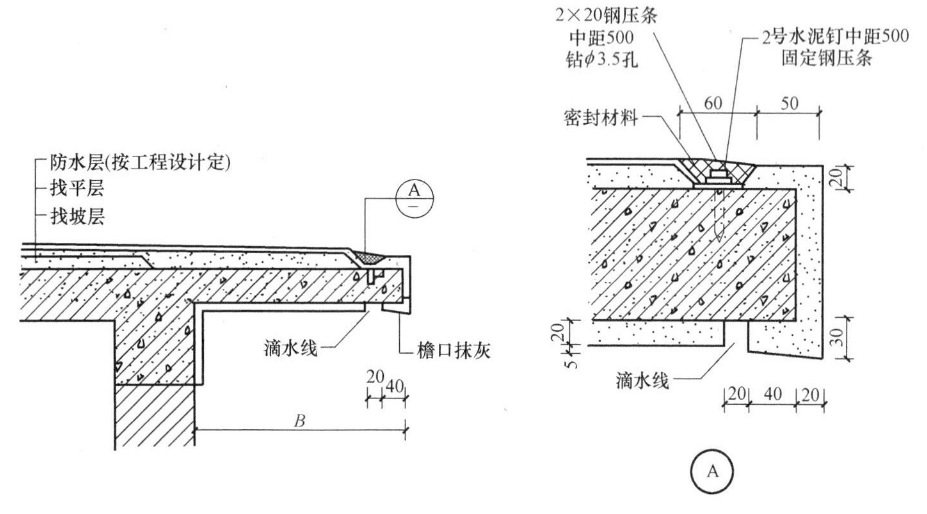

图 2-69 无组织排水挑檐口构造（mm）

② 有组织排水挑檐口

有组织排水挑檐口常将檐沟布置在出挑部位，现浇钢筋混凝土檐沟板可与圈梁连成整体，如图 2-70、图 2-71 所示。

3）水落口

水落口是屋面雨水排至落水管的连通构件。水落口要排水通畅，防止渗漏和堵塞。水落口通常是定型产品，分为直管式和弯管式两类。直管式适用于中间天沟、挑檐沟和女儿墙内排水天沟。弯管式只适用于女儿墙外排水天沟。水落口构造如图 2-72 所示。

① 直管式水落口

直管式水落口一般用铸铁或钢板制造，有各种型号，根据降雨量和汇水面积进行选择。单层厂房和大跨度的民用建筑常用直管式水落口。

直管式水落口由套管、环形筒、顶盖底座和顶盖组成。安装时，将套管安装在挑檐板上，各层卷材同时贴在套筒内壁。为防止漏水，此处多贴一层卷材，表面涂上沥青胶，再将环形筒嵌入套管

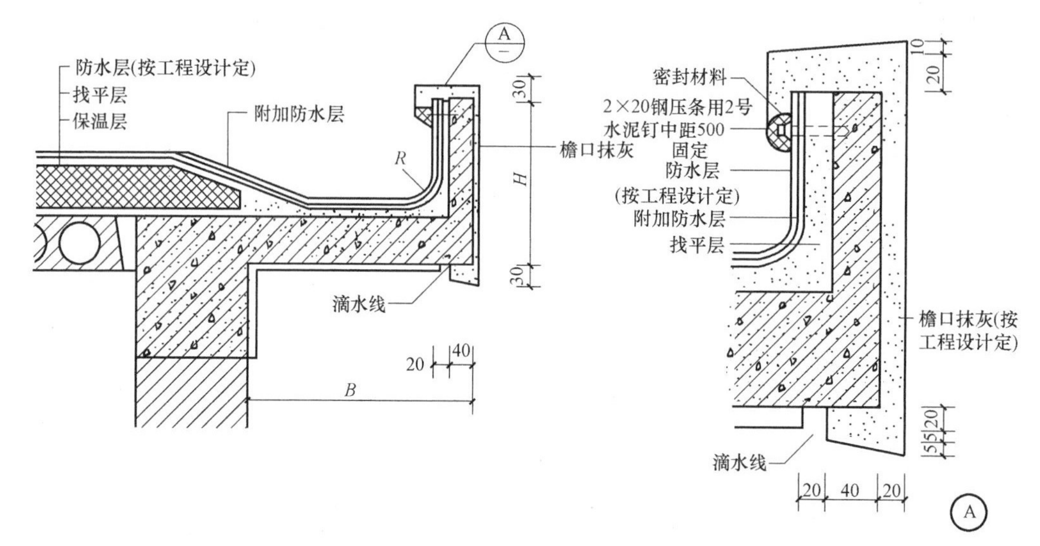

图 2-70 挑檐沟檐口构造（mm）

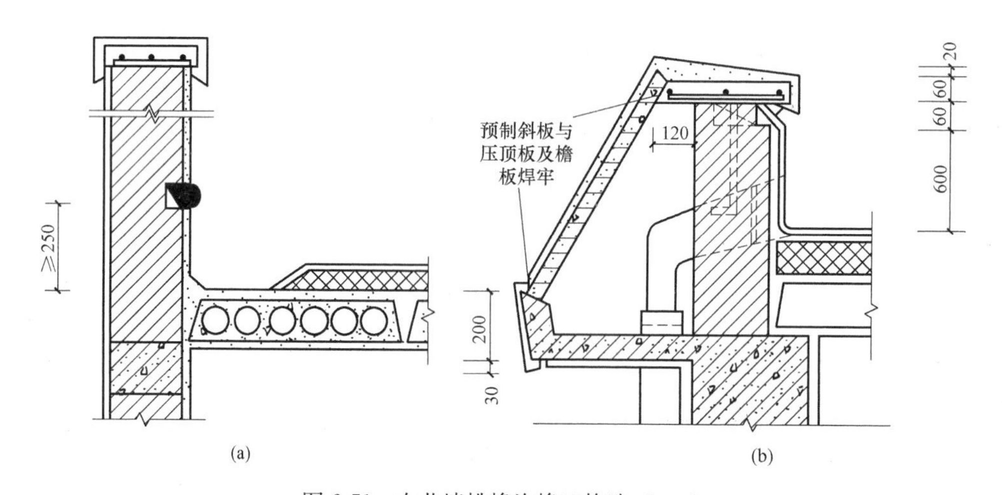

图 2-71 女儿墙挑檐沟檐口构造（mm）

（a）女儿墙内檐沟檐口构造；（b）女儿墙外檐沟檐口构造

将卷材压紧，嵌入深度至少 100mm，环形筒与底座的缝隙用密封膏嵌缝。顶盖底座有放射状格片，用来增加水流速度和阻挡杂物落入管孔中。

② 弯管式水落口

弯管式水落口呈 90°弯曲状。弯管式水落口多用铸铁或钢板制成，由弯曲套管和铁篦子两部分组成。弯曲套管镶入女儿墙预留孔洞内，屋面防水层卷材和泛水卷材铺贴到套筒内壁四周，铺入深度不小于 100mm。套管口用铸铁篦子遮盖，以防杂物堵塞水口。

4）屋面变形缝构造

屋面变形缝分为横向变形缝和高低跨变形缝。横向变形缝（又称平面变形缝）是两边屋面在同一标高的变形缝。先用伸缩片（如卷材片）盖住屋面板缝处，然后在变形缝两侧砌筑附加墙，其高度不得低于泛水的高度（250mm）。附加墙缝内填沥青麻丝。附加墙上预埋木条用来固定卷材顶端。附加墙顶部应作好盖缝处理，先盖一层附加卷材，然后用镀锌薄钢板或预制混凝土盖板盖住。使用混凝土盖板比较简单，耐久性好，较适合潮湿地区使用。

高低跨处变形缝构造与横向变形缝做法大同小异，不过只需在低跨屋面上砌附加墙，镀锌薄钢板盖缝片的上端固定在高跨墙上，该处构造做法与泛水相同。屋面变形缝如图 2-73 所示。

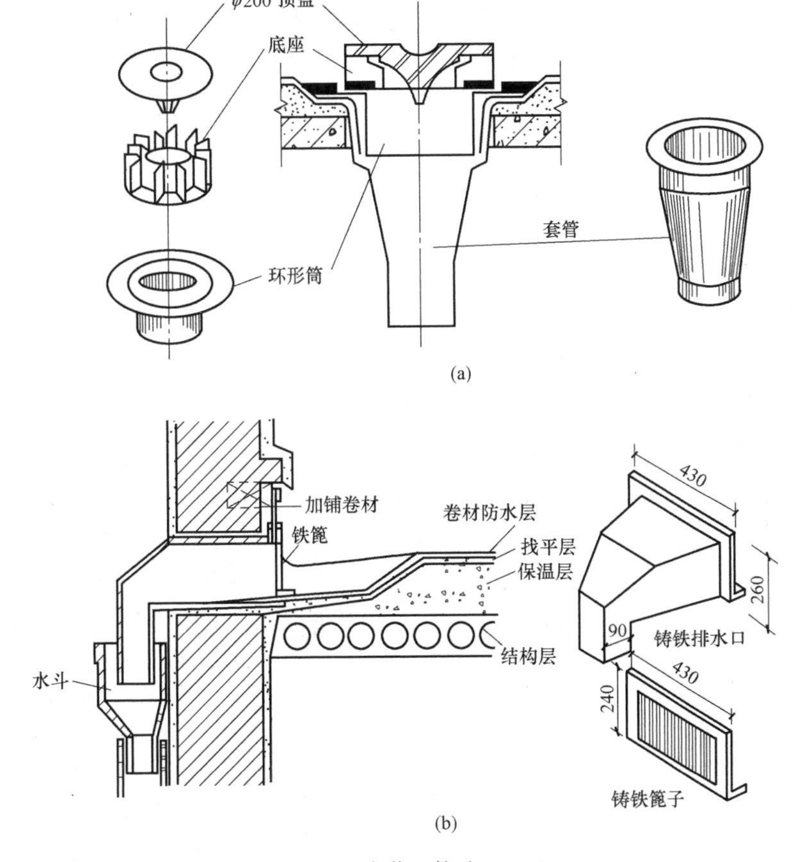

图 2-72　水落口构造（mm）

（a）直管式水落口；（b）弯管式水落口

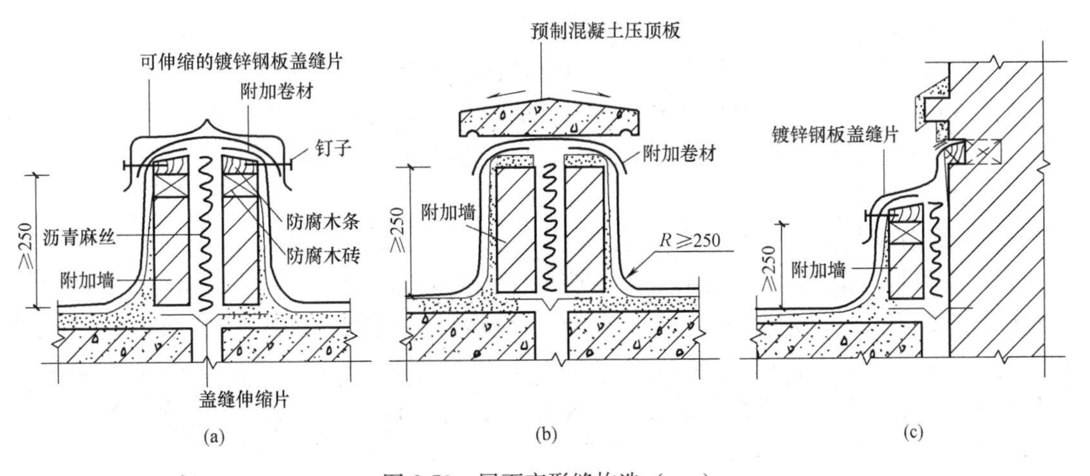

图 2-73　屋面变形缝构造（mm）

（a）横向变形缝一；（b）横向变形缝二；（c）高低跨变形缝

5）上人孔。不上人屋面需设屋面上人孔，以便于对屋面进行检修和设备安装。上人孔的平面尺寸不小于 600mm×700mm，且应位于靠墙处，以方便设置爬梯。上人孔孔壁一般应高出屋面至少 250mm，孔壁与屋面之间做成泛水，孔口用木板上加钉 0.6mm 厚的镀锌钢板进行盖孔。屋面上人孔如图 2-74 所示。

3. 刚性防水屋面

刚性防水屋面是指用细石混凝土做防水层的屋面，因混凝土用于脆性材料，抗拉强度较低，故称为刚性防水屋面。刚性防水屋面的主要优点是构造简单，施工方便，造价较低；缺点是易开裂，对气温变化和屋面基层变形的适应性较差，所以刚性防水一般用于无保温层的屋面。

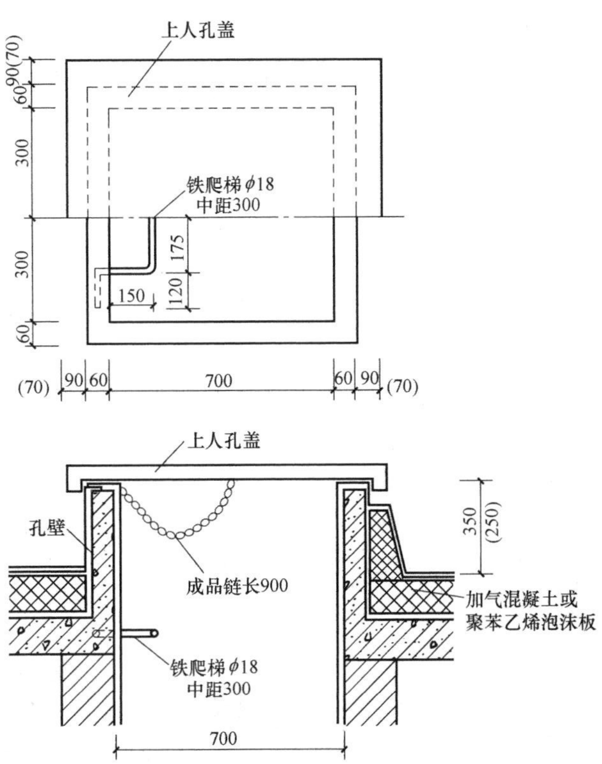

（1）刚性防水屋面构造组成

刚性防水屋面的构造一般有：防水层、隔离层、找平层、结构层等，如图 2-75 所示。刚性防水屋面应尽量采用结构找坡。

图 2-74　屋面上人孔（mm）

1）防水层

防水层采用不低于 C20 的细石混凝土整体现浇而成。其厚度不小于 40mm，并配置直径 4～6.5mm，间距 100～200mm 的双向钢筋网片。为提高防水层的抗裂和抗渗性能，可在细石混凝土中掺入适量的外加剂，如膨胀剂、减水剂、防水剂等。

2）隔离层

隔离层位于防水层与结构层之间，其作用是减少结构变形对防水层的不利影响。结构层在荷载作用下产生挠曲变形，在温度变化作用下产生胀缩变形。由于结构层较防水层厚，刚度相应也较大，当结构产生上述变形时容易将刚度较小的防水层拉裂。因此，宜在结构层与防水层间设一隔离层使二者脱开。隔离层可采用铺纸筋灰、低强度等级砂浆，或薄砂层上于铺一层油毡等做法。

3）找平层

当屋面板为整体现浇的钢筋混凝土结构时则可不设找平层。

4）结构层

屋面结构层一般采用预制或现浇的钢筋混凝土屋面板，结构层应有足够的刚度，以免结构变形过大而引起防水层开裂。

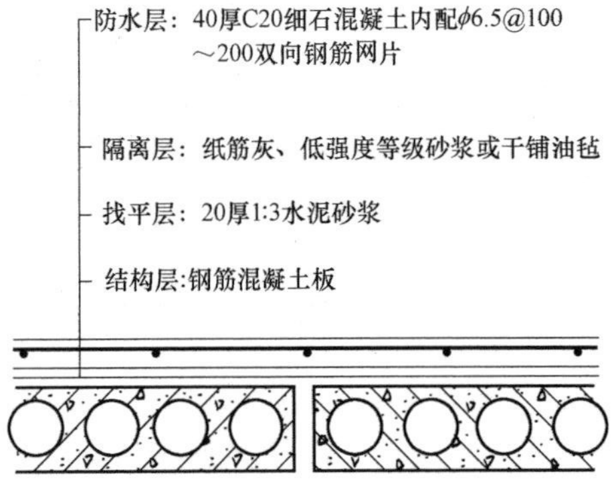

图 2-75　刚性防水屋面构造

（2）刚性防水屋面的细部构造

与卷材防水屋面一样，刚性防水屋面也需处理好泛水、天沟、檐口、水落口等细部构造，另外还要做好防水层的分仓缝处理。

1）分仓缝构造

所谓分仓缝，实质上就是刚性防水屋面的变形缝。设置分仓缝有两个作用：

① 当外界温度发生变化时，大面积的整体现浇混凝土防水层会产生热胀冷缩，从而出现裂缝。如设置一定数量的分仓缝，会有效地防止裂缝的产生。

② 在荷载作用下，屋面板有可能产生挠曲变形，引起混凝土防水层破裂，如果在这些部位预留好分仓缝，便可避免防水层的开裂。

分仓缝位置如图 2-76 所示。分仓缝做法如图 2-77 所示。

设置分仓缝时，应注意以下几点：

① 防水层内的钢筋网片在分仓缝处应断开。

② 屋面板缝由浸过沥青的木丝板填塞，缝口用油膏嵌填。

③ 缝口外表用二毡三油沥青防水卷材盖缝条盖住，盖缝条宽 200～300mm，屋脊和流水方向的分隔缝可将防水层做成翻边泛水，用盖瓦覆盖。

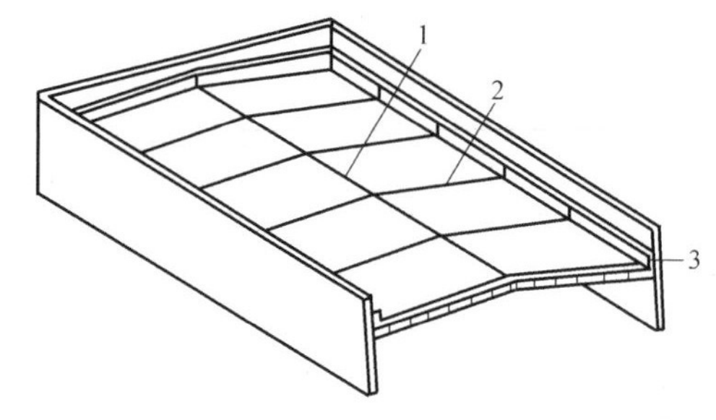

图 2-76　分仓缝位置示意

1—纵向分格缝；2—横向分格缝；3—泛水分格缝

2）泛水构造

刚性防水屋面的泛水构造与卷材防水屋面基本相同。泛水应具有足够的高度，一般不小于 250mm。泛水与屋面防水层应一次浇筑，不留施工缝，转角处做成圆弧形，泛水上应有挡雨措施。刚性屋面泛水与凸出屋面的结构物（女儿墙、烟囱等）之间必须设分格缝，以免因两者变形不一致而使泛水开裂，分格缝内填塞沥青麻丝，如图 2-78 所示。

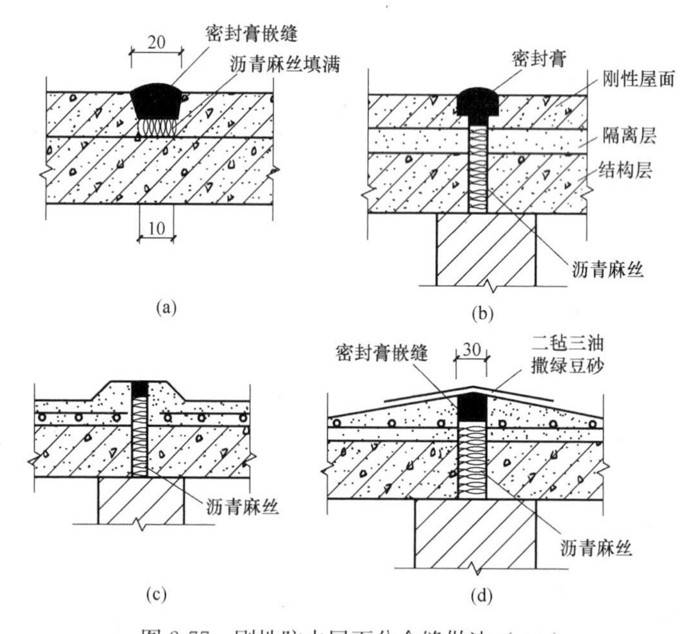

图 2-77　刚性防水屋面分仓缝做法（mm）

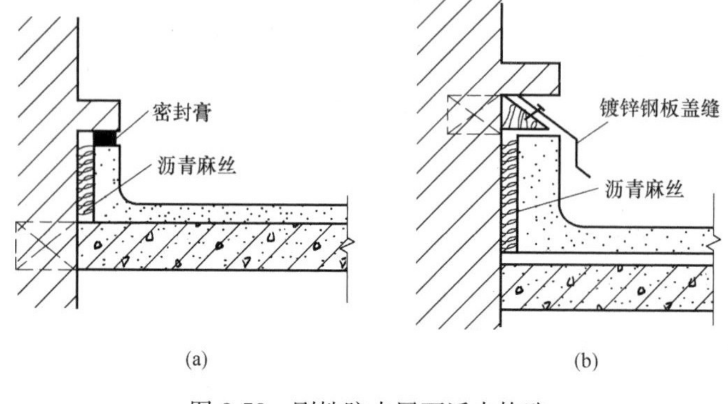

图 2-78　刚性防水屋面泛水构造

（a）密封材料嵌缝；（b）镀锌钢板盖缝

3）檐口构造

刚性防水屋面常用的檐口形式有自由落水檐口、挑檐沟外排水檐口、女儿墙外排水檐。当挑檐较短时，可将混凝土防水层直接向外悬挑形成自由落水挑檐口。当挑檐口采用有组织排水方式时，常采用现浇或预制的钢筋混凝土槽形檐板排水，檐沟板与圈梁连接构成整体，形成挑檐沟外排水檐口。在跨度不大的平屋顶中，当采用女儿墙外排水方案时，檐口处常做成三角形断面天沟，天沟内需设纵向排水坡。

4）水落口构造

一般刚性防水屋面水落口的规格和类型与前述卷材防水屋面所用水落口相同。一种是用于檐沟排水的直管式水落口；另一种是用于女儿墙外排水的弯管式水落口，如图 2-79 所示。

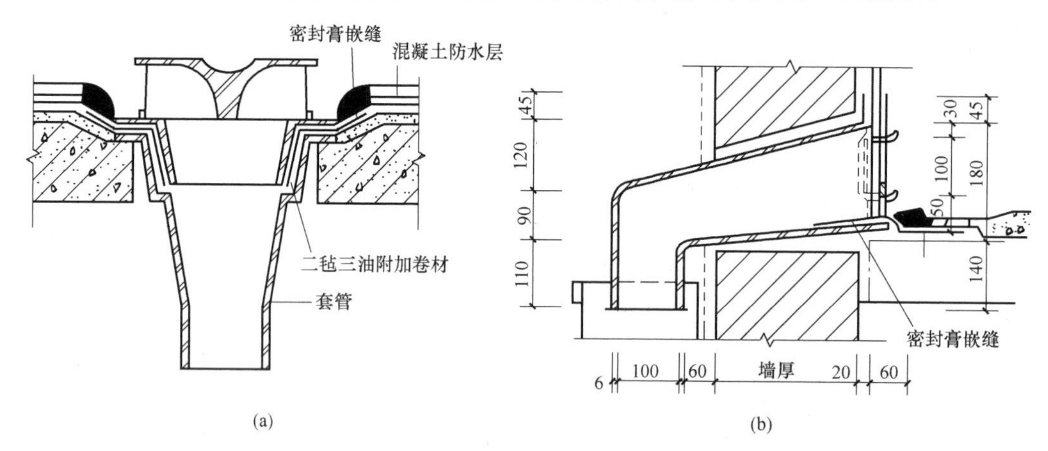

图 2-79　刚性防水屋面水落口构造做法（mm）

（a）直管式水落口构造；（b）弯管式水口构造

4. 平屋顶的保温与隔热

屋顶像外墙一样属于房屋的外围护结构，不但要有遮风避雨的功能，还应有保温与隔热的功能。

（1）平屋顶的保温构造

在寒冷地区或装有空调设备的建筑中，屋顶应设计成保温屋顶。保温屋顶按稳定传热原理来考虑热工问题，在墙体中，防止室内热量损失的主要措施是提高墙体的热阻。这一原则同样适用于屋顶的保温，为了提高屋顶的热阻，需要在屋顶中增加保温层。

1）保温材料的类型

平屋顶常用的保温材料有以下三种类型：

① 松散保温材料。常用的有膨胀蛭石、膨胀珍珠岩、膨胀矿渣、矿棉、粉煤灰、玻璃棉等。

② 整体保温层材料。用水泥或沥青等与松散保温材料拌合而成，如膨胀珍珠岩、水泥膨胀珍珠岩、水泥蛭石、水泥炉渣等。

③ 板状保温材料，如加气混凝土板、泡沫混凝土板、矿棉板、岩棉板、泡沫塑料板等。

2）保温构造

在平屋顶的构造层中，保温材料的位置有正置式和倒置式两种，如图 2-80 所示。

① 正置式保温是传统屋面构造做法，其构造一般在保温层结构层的上面、在防水层的下面。传统屋面隔热保温层的选材一般为珍珠岩、加气混凝土、聚苯乙烯板（EPS）等材料。这些材料普遍存在吸水率大的通病，如果吸水，保温隔热性能大大降低，无法满足隔热的要求，防水层可防止水分的渗入，保证隔热层的干燥，方能隔热保温。

② 倒置式保温是将憎水性保温材料设置在防水层上的屋面。这种屋面对采用的保温材料有特殊

要求，应当使用具有吸湿性低，而气候性强的憎水材料作为保温层，并在保温层上加设钢筋混凝土、卵石、砖等较重的覆盖层。

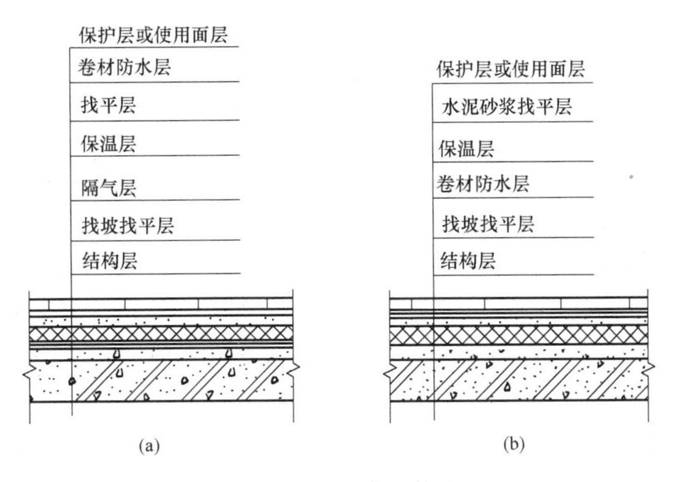

图 2-80　屋面保温构造
（a）正置式保温；（b）倒置式保温

（2）平屋顶的隔热构造

在夏季太阳辐射和室外气温的综合作用下，从屋顶传入室内的热量要比从墙体传入室内的热量多得多。我国南方地区的建筑屋面隔热尤为重要，应采取适当的构造措施解决屋顶的降温和隔热问题。

屋顶隔热降温的基本原理是：减少直接作用于屋顶表面的太阳辐射热量。屋面通常有以下几种隔热方式：通风隔热、蓄水隔热、植被隔热、反射降温隔热等。

① 通风隔热

通风隔热就是在屋顶设置架空通风层，使其上层表面遮挡阳光辐射，同时利用风压和热压作用把间层中的热空气不断带走，使通过屋面板传入室内的热量大大减少，从而达到隔热降温的目的。通风间层的设置通常有两种方式，第一种是在屋面上做架空通风隔热间层，如图 2-81 所示；另一种是利用吊顶棚内的空间做通风间层。

② 蓄水隔热

蓄水隔热屋面利用平屋顶所蓄积的水层来达到屋顶隔热的目的，其原理为：在太阳辐射和室外气温的综合作用下，水能吸收大量的热而由液体蒸发为气体，从而将热量散发到空气中，减少了屋顶吸收的热能，起到隔热的作用。水面还能反射阳光，减少阳光辐射对屋面的热作用。水层在冬季还有一定的保温作用。此外，水层长期将防水层淹没，使混凝土防水层处于水的养护下，减少由于变化引起的开裂和防止混凝土的碳化，使诸如沥青和嵌缝胶泥之类的防水材料在水层的保护下推迟老化过程，延长使用年限。

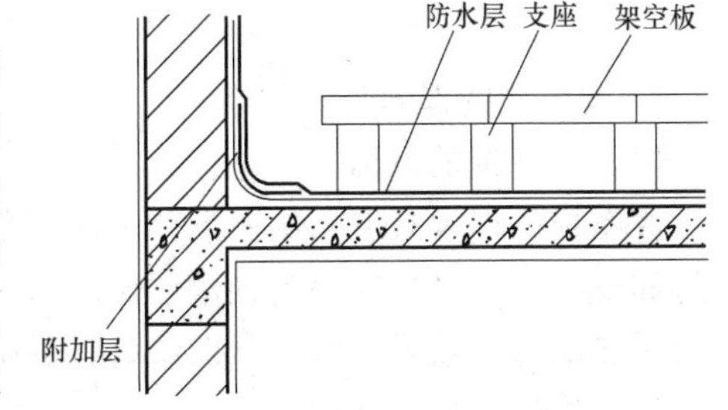

图 2-81　架空通风隔热屋面

③ 种植隔热

种植隔热的原理是：在屋顶上种植植物，借助栽培介质隔热及植物吸收阳光进行光合作用和遮挡阳光来达到降温隔热的目的，如图 2-82 所示。

④ 反射降温隔热

反射降温隔热是利用表面材料的颜色和光滑度对热辐射的反射作用，将一部分热量反射回去，从而达到降温的目的。如屋面采用浅色的砾石、混凝土或涂刷白色涂料等，对隔热降温有显著效果。

图 2-82　种植隔热屋面

（五）坡屋顶的构造

坡屋顶具有坡度大、排水快、防水性能好的特点，是我国传统建筑中广泛采用的屋面形式。坡屋顶的组成与平屋顶基本相同，一般由承重结构、屋面和顶棚等基本部分组成，必要时可设保温隔热层等，但坡屋顶的构造与平屋顶相比有明显的不同。

1. 坡屋顶的组成及排水

坡屋顶是由带有坡度的倾斜面相互交接而成。斜面相交的阳角称为脊，相交的阴角称为天沟，如图 2-83、图 2-84 所示。

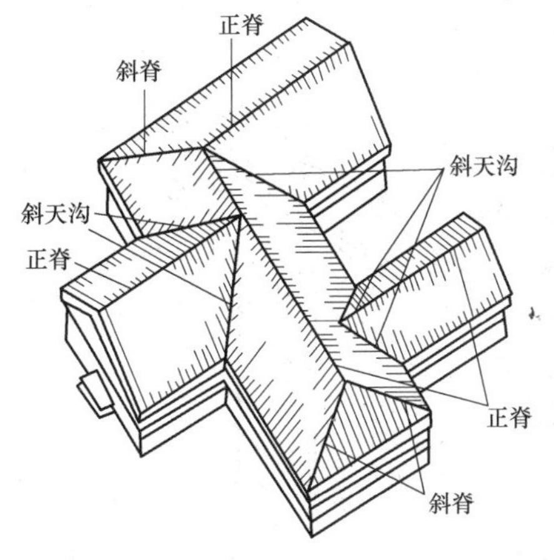

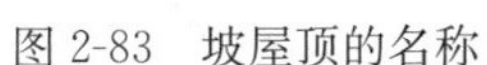

图 2-83　坡屋顶的名称

图 2-84　坡屋顶实例图

（1）坡屋顶的组成

坡屋顶由承重结构和屋面两个基本部分组成，根据使用要求，有些还需要设保温层、隔热层、顶棚等。屋顶的承重结构主要是承受屋面荷载，并把荷载传递到墙或柱上。它一般包括屋架、檩条等。屋面是屋顶上的覆盖层，它直接承受雨雪、风沙等自然气候因素的作用。屋面一般常用高质瓦材，瓦材下面是椽子、屋面板等，要保证瓦材铺设在可靠而平整的基面上。

（2）坡屋顶的排水

坡屋顶排水与平屋顶排水基本相同，排水方式也分为无组织排水和有组织排水两类。

① 无组织外排水：一般在雨量比较小的地区或房屋比较低时采用无组织排水。这种排水方式构造简单、造价低廉，只要可能，应尽量使用。

② 有组织排水：通常采用檐沟外排水，檐沟和雨水管应采用轻质耐锈蚀的材料制作，通常用镀锌铁皮或石棉水泥。

2. 平瓦屋面的做法

坡屋顶屋面一般利用各种瓦材，如平瓦、波形瓦、小青瓦等，作为屋面材料。近些年来还有不少金属屋面、彩色压型钢板屋面等。

（1）冷摊瓦屋面

冷摊瓦屋面是在檩条上钉固定椽条，然后在椽条上钉挂瓦条并直接挂瓦。

（2）木望板瓦屋面

木望板瓦屋面是在檩条上铺钉 15～20mm 厚的木望板（也称屋面板），望板可采用密铺法（不留缝）或稀铺法（望板间留 20mm 左右宽的缝），在望板上平行于屋脊方向干铺一层油毡，在油毡上顺着屋面水流方向钉 10mm×30mm、中距 500mm 的顺水条，然后在顺水条上面平行于屋脊方向钉挂瓦条，挂瓦条的断面和间距与冷摊瓦屋面相同。

（3）钢筋混凝土挂瓦板平瓦屋面

钢筋混凝土挂瓦板平瓦屋面是将预应力或非预应力钢筋混凝土挂瓦板直接搁置在横墙或屋架上，代替木望板瓦屋面的檩条、屋面板和挂瓦条，成为三合一构件。

3. 坡屋顶的细部构造

坡屋顶中最常见的是平瓦屋面，下面以平瓦屋面为例介绍其细部构造。

（1）檐口构造

平瓦屋面檐口根据建筑的造型要求可分为挑檐和封檐两种。挑檐是指屋面挑出外墙的构造做法，其具体形式有砖挑檐、屋面板挑檐、挑檐木挑檐等。平瓦屋面的瓦头挑出封檐的长度宜为 50～70mm，如图 2-85 所示。

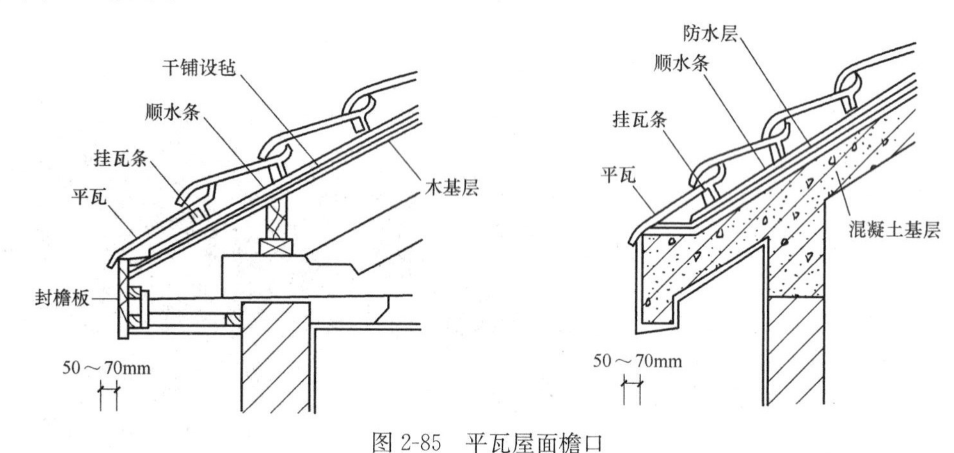

图 2-85　平瓦屋面檐口

（2）檐沟构造

平瓦伸出天沟、檐沟的长度宜为 50～70mm，檐口油毡瓦与卷材之间，应采用满粘法铺贴，如图 2-86、图 2-87 所示。

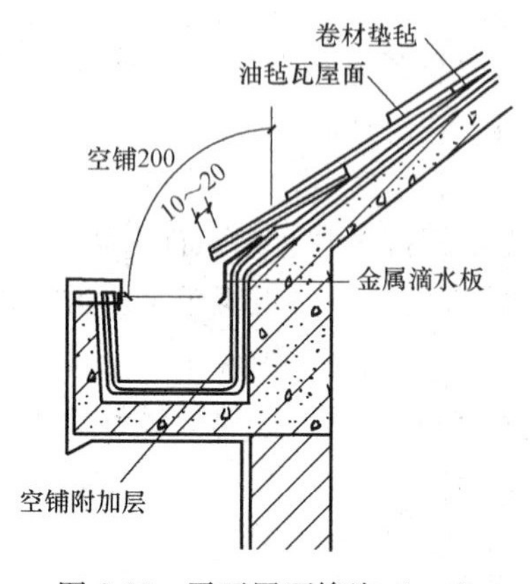

图 2-86　平瓦屋面檐沟（mm）

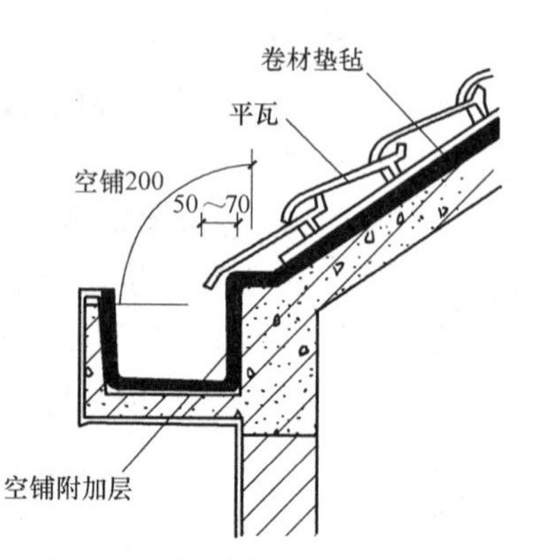

图 2-87　油毡瓦屋面檐口（mm）

（3）泛水构造

平瓦屋面的泛水，宜采用聚合物水泥砂浆或掺有纤维的混合砂浆分次抹成；烟囱与屋面的交接处，在迎水面中部应抹出分水线，并高出两侧各 30mm，如图 2-88 所示。油毡瓦屋面和金属板材屋面的泛水，与突出屋面的墙体高度不应小于 250mm，如图 2-89 所示。

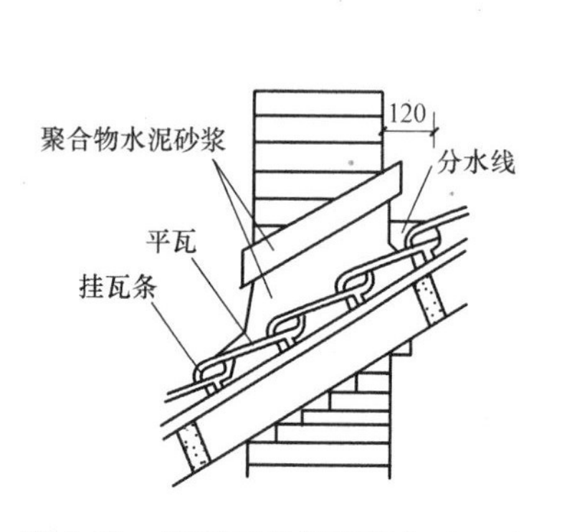

图 2-88　平瓦屋面烟囱泛水（mm）

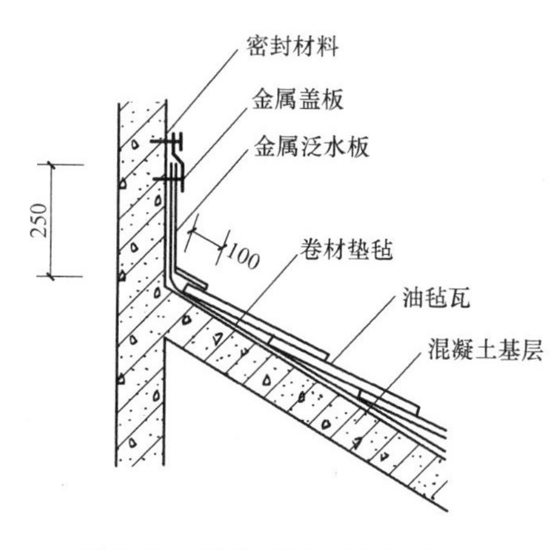

图 2-89　油毡瓦屋面泛水（mm）

（4）天沟构造

多跨坡屋面两斜面相交形成斜天沟，斜天沟一般用镀锌铁皮制成，镀锌铁皮两边包钉在木条上，木条高度要使瓦片搁上后能与其他瓦片平行，同时还要防止溢水。斜沟两侧的瓦片锯成一条与斜沟平行的直线，挑出木条 40mm 以上，或用弧形瓦、缸瓦等作斜天沟，搭接处用麻刀灰填实，如图 2-90所示。

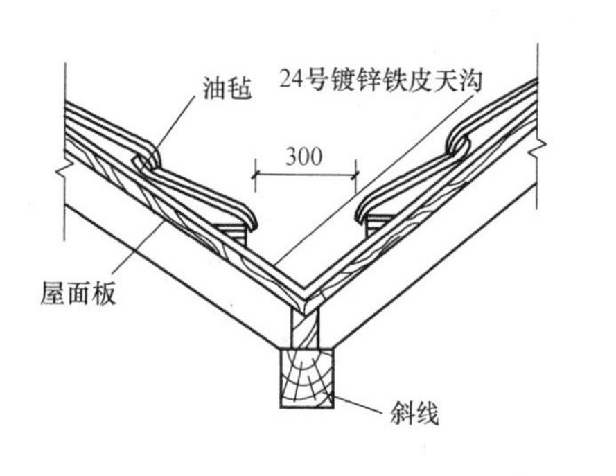

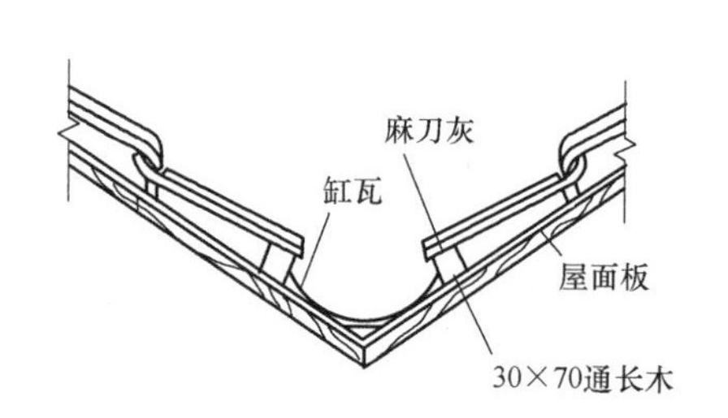

图 2-90　斜天沟构造（mm）

4. 坡屋顶的保温与隔热

（1）坡屋顶的保温

坡屋顶的保温有屋面层保温和顶棚层保温两种做法。当采用屋面层保温时，其保温层可设置在瓦材和檩条之间；当屋顶为顶棚层保温时，通常要在吊顶龙骨上铺板，板上设保温层，可以收到保温和隔热的双重效果。坡屋顶保温材料可根据工程的具体要求，选用散料类、整体类或板块类材料。坡屋顶保温构造如图 2-91 所示。

（2）坡屋顶的隔热

炎热地区的坡屋面应采取一定的构造处理满足隔热的要求。一般在坡屋顶中设进风口和出气口，利用屋顶内外的热压差和迎风面的风压差，组织空气对流，形成屋顶内自然通风，进而减少由屋顶传入室内的辐射热，从而达到隔热降温的目的。进风口一般设在檐墙、屋檐或室内顶棚上，出气口设在屋脊处，通过增大高差，加速空气流通。图 2-92 为坡屋顶通风的示意图。

八、隔墙构造

通过对隔墙的认识，了解更多类型的墙体，有助于“建筑工程计量与计价”课程的学习。

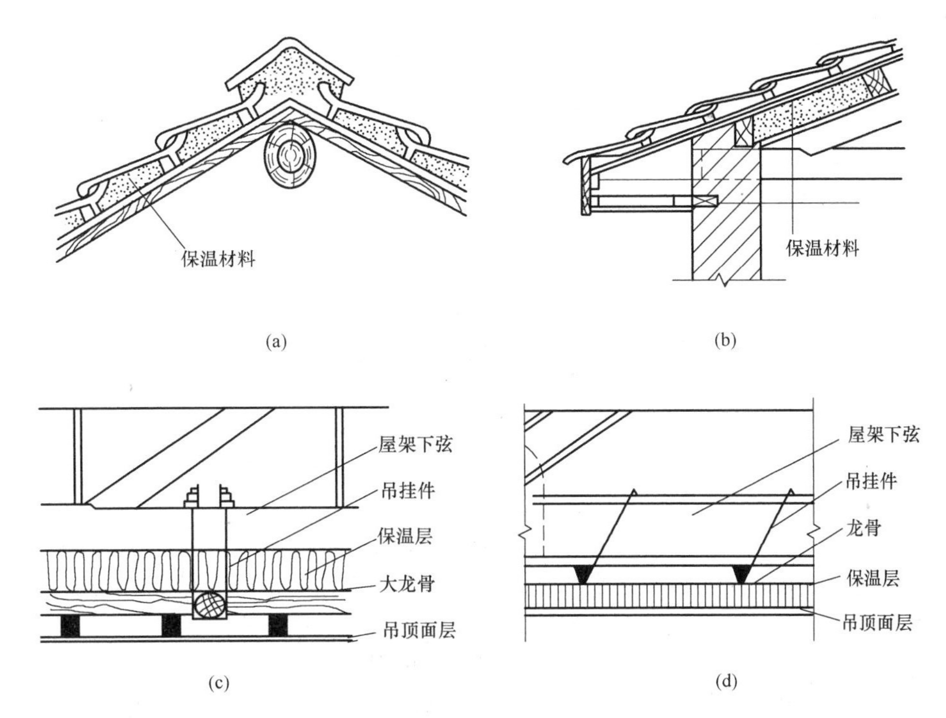

图 2-91　坡屋顶保温构造

（a）瓦材下设保温层；（b）檩条之间设保温层；（c）吊顶上设保温层；（d）吊顶面料为保温材料

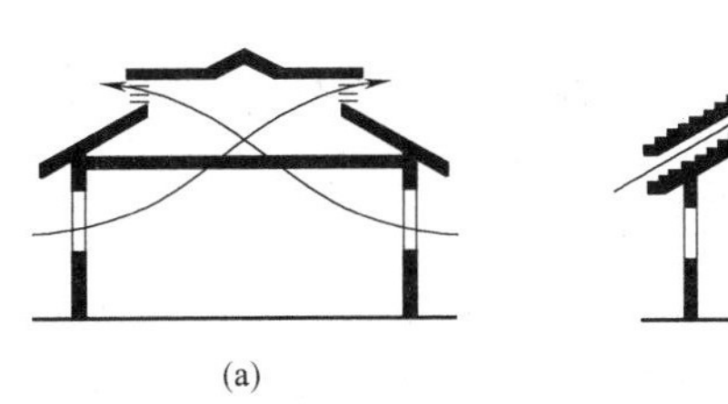

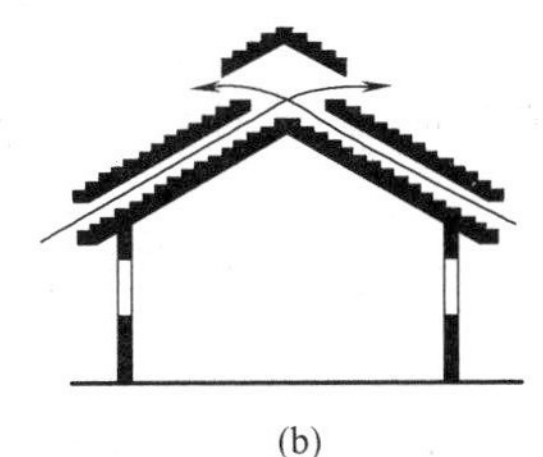

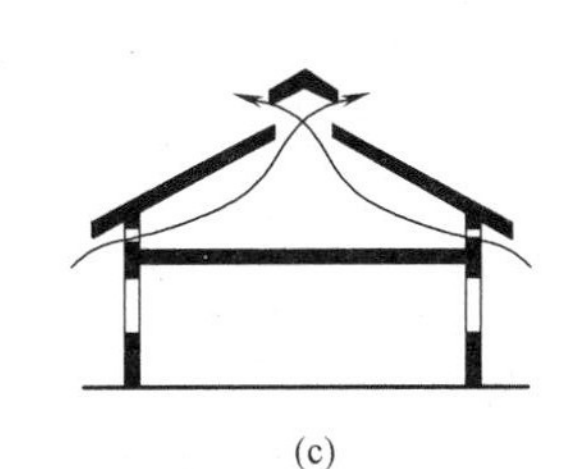

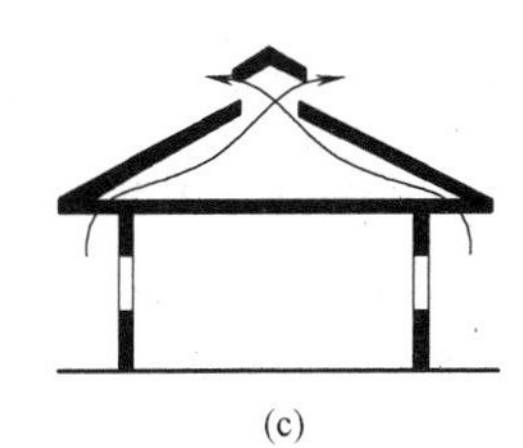

图 2-92　坡屋顶通风示意图

（a）在天棚和天窗设通风孔；（b）双层瓦通风；（c）在外墙和天窗设通风孔；（d）在山墙及檐口设孔

（一）隔墙的类型和要求

在建筑中用于分隔室内空间的非承重内墙统称为隔墙。由于隔墙布置灵活，可以适应建筑使用功能的变化，在现代建筑中应用广泛。

隔墙为非承重墙，其自身重量由楼板或墙下小梁承受，因此设计时要求隔墙符合下列要求，以满足建筑的使用功能。

1. 自重轻，有利于减轻楼板的荷载；
2. 厚度薄，增加建筑的有效空间；
3. 便于安装和拆卸，能随使用要求的改变而变化；
4. 有一定的隔声能力，使各房间互不干扰；
5. 满足不同使用部位的要求，如卫生间的隔墙要求防水、防潮，厨房的隔墙要求防潮、防火等。

常见的隔墙可分为块材隔墙、骨架隔墙和板材隔墙。

（二）隔墙的构造

1. 块材隔墙

块材隔墙是指用普通砖、空心砖、加气混凝土砌块等块材砌筑的墙。常用的有普通砖隔墙和砌块隔墙。砖墙已在前面讲述过，这里仅介绍砌块隔墙。

砌块隔墙厚由砌块尺寸决定，一般为 90～120mm。由于砌块的密度和强度较低，如需在砌块隔墙上安装暖气散热片或电源开关、插座，应预先在墙体内部设置埋件。砌块墙吸水性强，故在砌筑时应先在墙下部实砌 3～5 皮黏土砖再砌砌块。砌块不够整块时宜用普通黏土砖填补。砌块隔墙的其他加固构造方法同普通砖隔墙，如图 2-93 所示。

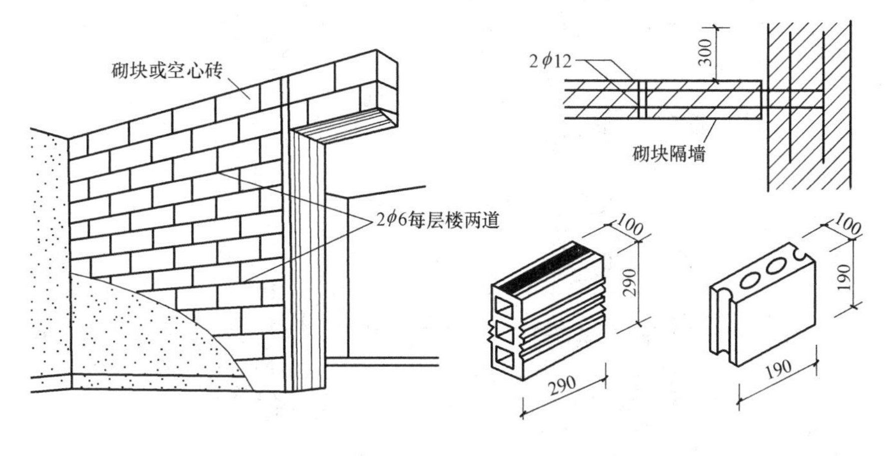

图 2-93　砌块隔墙（mm）

2. 骨架隔墙

骨架隔墙又称为立筋隔墙，它是以木材、钢材或其他材料构成骨架，把面层钉结、涂抹或粘贴在骨架上形成的隔墙，所以隔墙由骨架和面层两部分组成。

（1）骨架

骨架有木骨架、轻钢骨架、石膏骨架、石棉水泥骨架和铝合金骨架等。木骨架自重轻、构造简单、便于拆装，但防水、防潮、防火、隔声性能较差。木骨架隔墙构造如图 2-94 所示。轻钢骨架常采用 0.8～1.0mm 厚的槽钢或工字钢，它具有强度高、刚度大、重量轻、整体性好、易于加工和大批量生产，且防火、防潮性能好等优点。轻钢骨架隔墙构造如图 2-95 所示。石膏骨架、石棉水泥骨架和铝合金骨架，是利用工业废料和地方材料及轻金属制成的，具有良好的使用性能，同时可以节约木材和钢材，应推广采用。

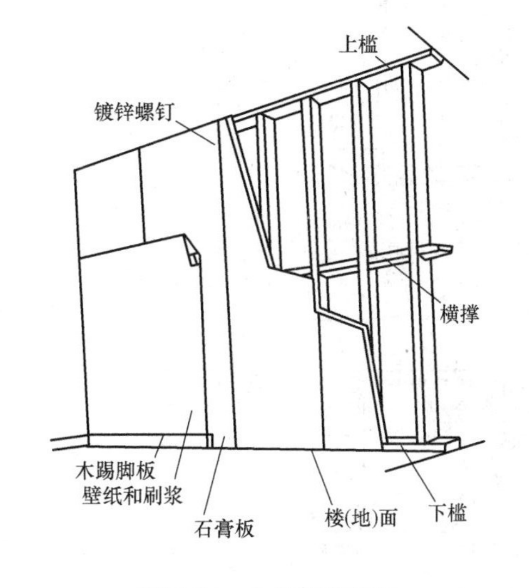

图 2-94　木骨架隔墙图

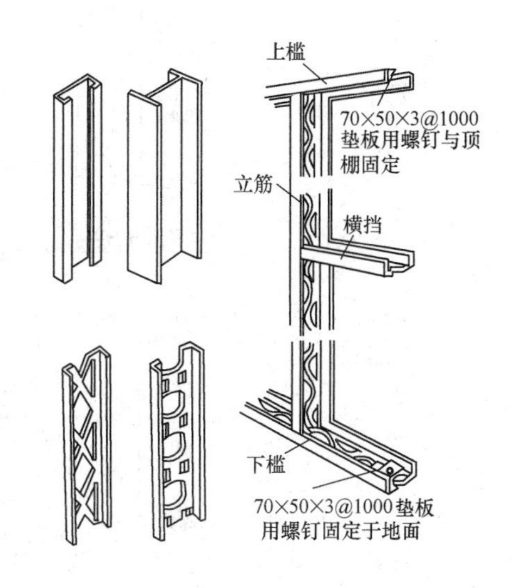

图 2-95　金属骨架隔墙（mm）

（2）面层

骨架隔墙的面层有人造板面层和抹灰面层。根据不同的面板和骨架材料可采用钉子、自攻螺钉、膨胀铆钉或金属夹子等，将面板固定于立筋骨架上。隔墙的名称是依据不同的面层材料而定的，如板条抹灰隔墙和人造板面层骨架隔墙等，如图 2-96 所示。

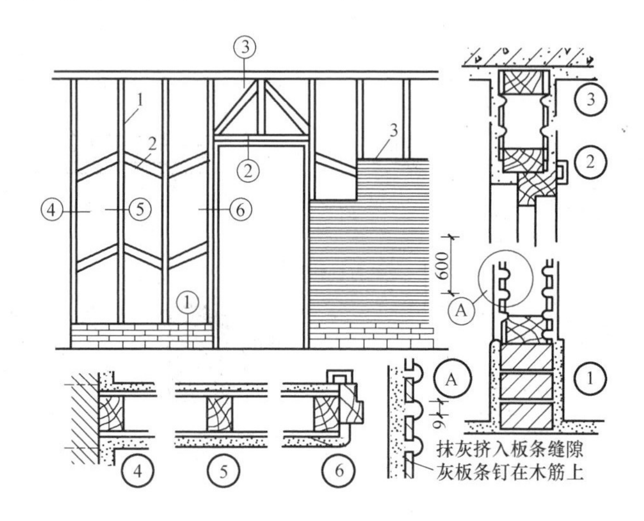

图 2-96　板条抹灰隔墙（mm）

1—横筋；2—斜撑；3—板条

3. 板材隔墙

板材隔墙是指单块轻质板材的高度相当于房间净高的隔墙，它不依赖骨架，可直接装配面层，如图 2-97 所示。

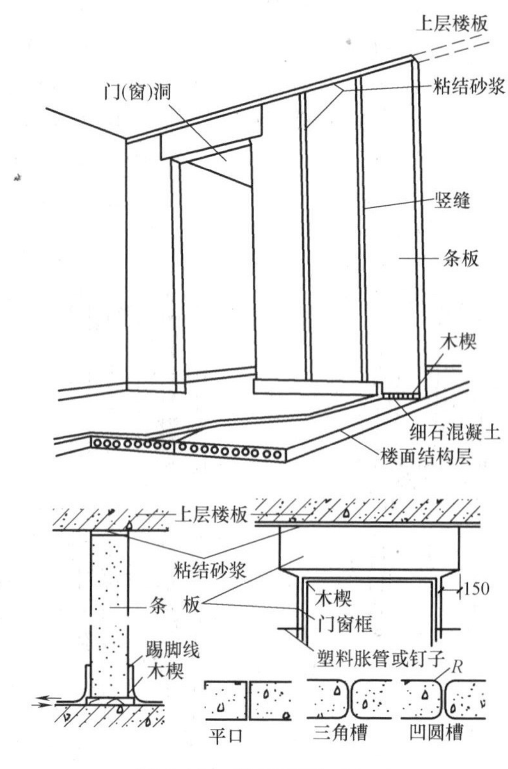

图 2-97　板材隔墙（mm）

【思考训练】

一、问答题

1. 简述平面图的识图要点。
2. 简述平面图外部尺寸的三道标注分别表示的信息。
3. 按主要承重结构的材料和结构形式分，建筑物可分为哪几类？
4. 建筑的构造组成包括哪些部分？
5. 简述墙体的分类。
6. 砖墙的材料主要包括哪些？简述砖的种类和强度等级。说明标准红砖和多孔砖的尺寸情况。简述砌筑砂浆的种类和强度等级。
7. 砖墙的细部构造有哪些？简述防潮层、散水、勒脚的概念及作用。
8. 简述台阶的种类及构造做法。
9. 简述明沟的作用和种类。
10. 简述窗台的定义。说明窗台滴水线、滴水槽或滴水斜面（俗称鹰嘴）的做法。
11. 简述过梁的定义、种类。过梁两端伸入墙体内的支承长度是多少？
12. 简述圈梁的定义、作用。说明圈梁设置的一般规定。
13. 简述构造柱的作用，布置的一般规定，构造柱的构造特点。
14. 简述砌块墙中常用砌块的规格尺寸。
15. 简述台阶、坡道的构造规定。
16. 简述阳台的分类及阳台细部构造的相关规定。
17. 简述屋顶的类型。屋面坡度的两种做法分别是什么？屋顶排水坡度常用的表示方法有哪些？屋顶的排水方式分哪几类？
18. 根据防水层做法不同，平屋顶的屋面分为哪些类别？
19. 简述泛水的定义和构造要点。
20. 简述檐口的种类，水落口的种类，柔性防水屋面的屋面变形缝种类及不同屋面变形缝的构造特点。
21. 简述分仓缝的定义和作用。
22. 平屋顶的保温材料有哪些？保温构造有哪两种方式？
23. 屋面通常有哪几种隔热方式？

二、绘图题

识读附录 1 的建施-01、建施-02、建施-06～建施-08，绘制散水、勒脚的构造做法详图。要求标注墙体、散水、勒脚的尺寸，并注写散水、勒脚的做法，绘图比例可选择 1∶10、1∶20、1∶30 的其中之一。

任务 2.3　建筑立面图识读

模块 2.3.1　学习情境引导文

一、简述建筑立面图的形成与作用。

二、识读附录 1 建施-06，回答以下问题：

1. 室外地坪的标高是______________，室内外高差是____________ mm。

图中标高 0.900 表示的位置是________________，标高 3.000 表示的位置是________________。标高 3.900、7.800、11.700、15.600 表示的位置分别是________________，标高 6.900、10.800、14.700、18.600 表示的位置分别是________________。标高 19.500 表示的位置是________________，标高 21.100 表示的位置是________________，标高 23.400 表示的位置是________________。

2. 勒脚做法为________________。（提示：勒脚的定义及构造要求和作用等知识点详见模块 2.2.2 知识链接的"墙体构造"。）勒脚的高度是________mm。（提示：需识读建施-03 中的②号详图，了解装饰线条的底标高。）

3. ⑩～①轴立面图中各种窗、门的编号、数量、尺寸、材质及窗台高度分别为：____。

⑩～①轴立面外墙面的材质及颜色分别为：________________________________。（提示：窗台的类型及作用等知识点详见模块 2.2.2 知识链接的"墙体构造"。）

三、识读附录 1 的建施-07，回答以下问题：

1. ①～⑩轴立面图中各种窗的编号、数量、尺寸、窗台高度及材质分别为：____。

2. ①～⑩轴立面外墙面的材质及颜色分别为：________________________________。

3. 屋顶面处布置了 2 扇出屋面的门，其编号为________，门的上方设置了雨篷，雨篷板的长为________，宽为________，厚度为________。（提示：雨篷的尺寸信息需识读结施-15 的"雨篷详图"。雨篷的类型及作用等知识点详见模块 2.3.2 知识链接的"雨篷构造"。）

四、识读附录 1 的建施-08：Ⓐ～Ⓓ轴立面图中各种窗的编号、数量、尺寸、窗台高度及材质为：________________________________。

模块 2.3.2 知识链接

一、建筑立面图的表示方法

立面图是建筑物的正立投影图与侧投影图，通常按建筑各个立面的朝向，将几个投影图分别称为东立面图、西立面图、南立面图、北立面图等。图 2-98 为一栋建筑物的两个立面图。

立面图主要表明建筑物外部形状，房屋的长、宽、高，屋顶的形式，门窗洞口的位置，外墙饰面、材料及做法等。

1. 定位轴线。在立面图中一般只画出两端的轴线及其编号，以便与平面图对照识读，如附录 1 的建施-06 的⑩～①轴立面图所示。

2. 图线。为使图面清晰，层次感强，便于识读，立面图应采用多种线型画出。一般立面图的屋脊线和外墙最外轮廓线用粗实线表示；墙面上较小的凹凸，如门窗洞口、窗台、檐口、雨篷、阳台、勒脚、台阶、花池等用中实线表示；室外地坪线用特粗实线表示；门窗扇及其分格线、雨水管、墙面引条线、有关说明的引出线、尺寸线、尺寸界线和标高等均用细实线表示。

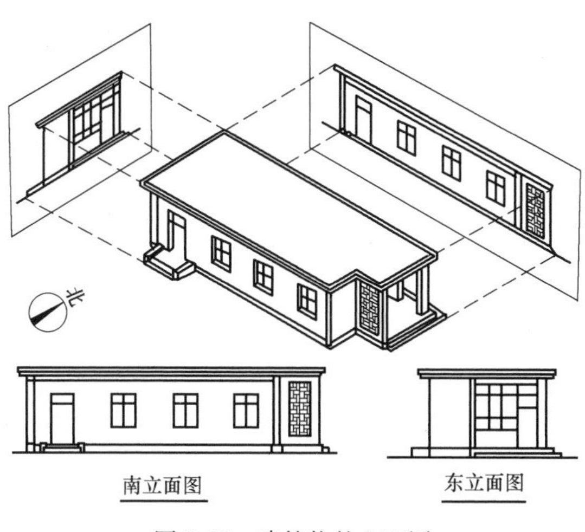

图 2-98 建筑物的立面图

3. 比例与图例。立面图的绘制比例同平面图一样，常用 1∶50、1∶100、1∶200 的较小比例绘制，因此对门窗、阳台、栏杆及墙面复杂的做法可按规定图例绘制（表 2-4）。为简化作图，对立面图上同一类型的门窗，可详细绘制一个作为代表，其余均用简单的图例表示。

4. 立面图上外墙面的装修作法一般用文字说明。

5. 详图索引符号的要求同平面图。

6. 尺寸标注。立面图上一般应在室外地坪、室内地面、各层楼面、屋顶、檐口、窗台、窗顶、雨篷顶、阳台面等处标注标高，并宜沿高度方向标注出各部分的高度尺寸。

二、建筑立面图的识读要点

（1）图名及比例。

（2）立面图与平面图的对应关系。

（3）房屋的外貌特征。

（4）房屋的竖向标高。

（5）房屋外墙面的装修做法。

三、雨篷构造

雨篷是设置在建筑物外墙出入口的上方用于挡雨并有一定装饰作用的水平构件，分为有柱雨篷和无柱雨篷，如图 2-99 所示。

(a)

(b)

图 2-99 雨篷
（a）有柱雨篷；（b）无柱雨篷

雨篷应做好防水和排水处理，雨篷一般做外排水。雨篷构造如图 2-100 所示。

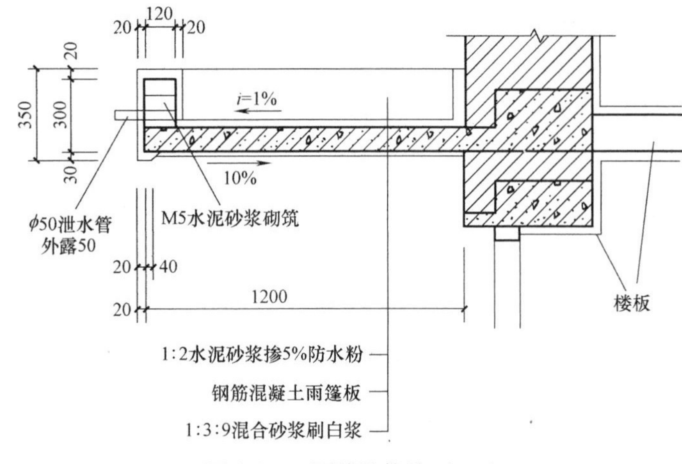

图 2-100　雨篷的构造（mm）

四、墙面装修构造

墙面装饰分为外墙和内墙装饰两种。外墙面装饰的基本功能主要有保护墙体不受外界的侵蚀和影响，提高墙体防潮、抗腐蚀、抗老化的能力，提高墙体的耐久性和坚固性，装饰外观及改善外墙体的物理性能等。内墙面装饰的基本功能有保护墙体，保证室内使用条件及美化装饰等作用。墙面装饰按照装饰材料和施工方式分为抹灰类、贴面类、涂料类、裱糊类及铺钉类等。

（一）抹灰类墙面装饰

抹灰类饰面装饰又称水泥灰浆类饰面、砂浆类饰面，通常选用各种加色的或不加色的水泥砂浆、石灰砂浆、混合砂浆、石膏砂浆、石灰膏以及水泥石渣浆等，做成各种装饰抹灰层。它的优点是装饰抹灰取材广泛，施工方便，与墙体附着力强，缺点是手工操作居多，湿作业量大，劳动强度高，易开裂、易变色，且耐久性较差。

1. 墙面抹灰的组成

抹灰类饰面的基本构造，一般分为底层抹灰、中层抹灰和面层抹灰三层。底层抹灰主要是对墙体基层的表面处理，起到与基层粘结和初步找平的作用。抹灰施工时应先清理基层，除去浮尘，保证底层与基层粘结牢固。墙体基层材料的不同，处理的方法也不相同，底层抹灰厚度一般 5～10mm。中层抹灰主要起结合和进一步找平的作用，还可以弥补底层抹灰的干缩裂缝。一般来说，中层抹灰所用材料与底层抹灰基本相同，厚度 5～8mm，根据墙体平整度与饰面质量要求，可一次抹成，也可分多次抹成。面层抹灰又称罩面，主要是满足装饰和其他使用功能要求，要求表面平整、均匀、无裂缝，如图 2-101 所示。

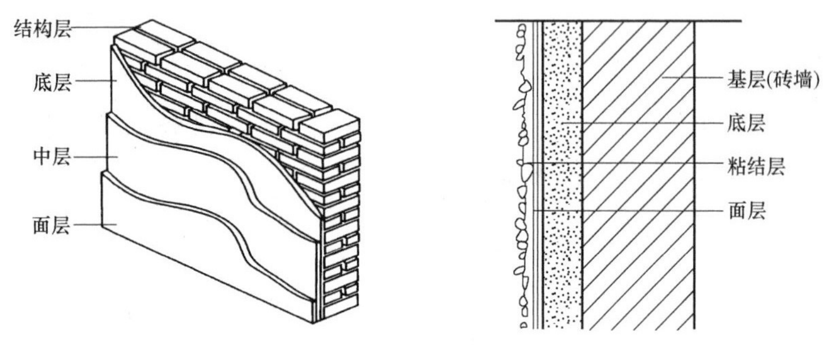

图 2-101　抹灰层的组成

2. 一般抹灰的等级划分

根据房屋使用标准和设计要求，一般抹灰可分为普通、中级和高级三个等级。普通抹灰由底层和面层构成，一般内墙厚度 18mm，外墙厚度 20mm，适用于简易住宅、大型临时设施、仓库及高标准建筑物的附属工程等。中级抹灰由底层、中间层和面层构成，一般内墙厚度 20mm，外墙厚度 20mm，适用于一般住宅和公共建筑、工业建筑以及高标准建筑物的附属工程等。高级抹灰由底层、多层中间层和面层构成，一般内墙厚度 25mm，外墙厚度 20mm，适用于大型公共建筑、纪念性建筑以及有特殊功能要求的高级建筑物。

3. 墙面抹灰的种类及构造做法

墙面抹灰的种类很多，根据面层材料的不同，常见的抹灰装饰构造见表 2-11。

一般抹灰饰面做法　　**表 2-11**

抹灰名称	底层		面层		应用范围
	材料	厚度(mm)	材料	厚度(mm)	
混合砂浆抹灰	1∶1∶6 混合砂浆	12	1∶1∶6 混合砂浆	8	一般砖、石墙面均可选用
水泥砂浆抹灰	1∶3 水泥砂浆	14	1∶2.5 水泥砂浆	6	室外饰面、室内需防潮的房间及浴厕墙裙、建筑阳角
纸筋麻刀灰	1∶3 石灰砂浆	13	纸筋灰或麻刀灰	2	一般民用建筑砖、内墙面均可用
石膏灰罩面	1∶2～1∶3 麻刀灰砂浆	13	石膏灰罩面	2～3	高级装饰的室内顶棚和墙面
膨胀珍珠岩	1∶3 水泥砂浆	12	1∶16 膨胀珍珠岩灰浆	9	多用于室内有保温、吸声要求的房间

（二）贴面类墙面装饰

贴面类装饰可用于室内和室外。贴面类墙面装饰是将贴面材料直接粘贴于基层或通过构造连接固定于基层上的装修做法。它的优点是耐久性强、施工方便、装饰效果好，缺点是造价高，一般用在高级装修中。常用的贴面材料可分为三类：一是陶瓷制品，如瓷砖、面砖、陶瓷棉砖、玻璃锦砖等；二是天然石材，如大理石、花岗岩等；三是预制块材，如水磨石饰面板、人造石材等。

1. 面砖、瓷砖饰面装修

面砖类型很多，按其特征有上釉的和不上釉的，釉面砖又分为有光釉和无光釉的两种表面。砖的表面有平滑的和带一定纹理质感的，面砖背部质地粗糙且带有凹槽，以增强面砖和砂浆之间的粘结力。

面砖饰面的构造做法如图 2-102、图 2-103 所示，具体如下：

（1）先在基层上抹 15mm 厚 1∶3 的水泥砂浆作底灰，分两层抹平即可；

（2）粘贴砂浆用 1∶2.5 水泥砂浆或 1∶0.2∶2.5 水泥石灰混合砂浆，其厚度不小于 10mm；

（3）然后在其上贴面砖，并用 1∶1 白色水泥砂浆填缝，并清理面砖表面。

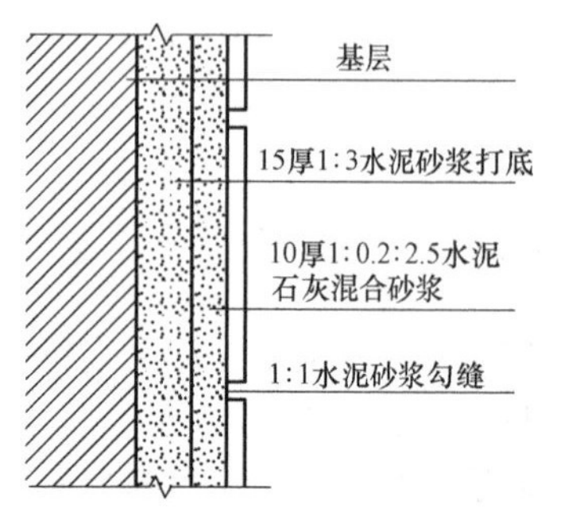

图 2-102　面砖的饰面构造示意图

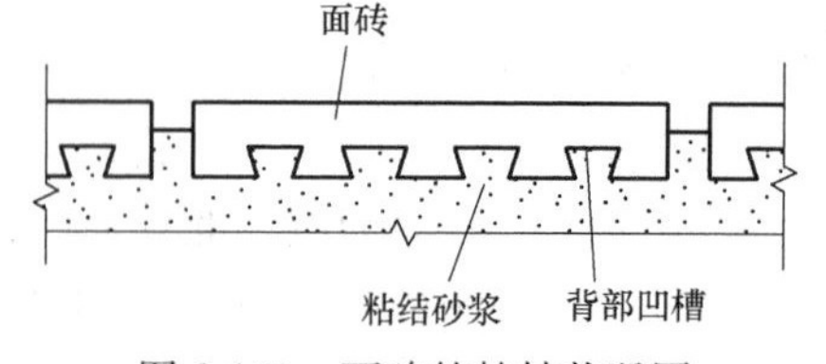

图 2-103　面砖的粘结状况图

2. 锦砖饰面装修

锦砖有陶瓷锦砖和玻璃锦砖之分。陶瓷锦砖（图 2-104）是以优质瓷土烧制而成的小块瓷砖。陶瓷锦砖分挂釉和不挂釉两种。陶瓷锦砖规格较小，常用的有 18.5mm×18.5mm、39mm×39mm、39mm×18.5mm、25mm 六角形等，厚度为 5mm。陶瓷锦砖是不透明的饰面材料，具有质地坚实，经久耐用，花色繁多，耐酸、耐碱、耐火、耐磨，不渗水，易清洁等优点；主要用于地面和墙面的装饰。

玻璃锦砖（图 2-105）是由各种颜色玻璃掺入其他原料经高温熔融后压延制成的小块，并按不同图案贴于皮纸上。它主要用于外墙面，色泽较为丰富，排列的图案可以多种多样。

图 2-104　陶瓷锦砖

图 2-105　玻璃锦砖

陶瓷锦砖和玻璃锦砖的粘贴方法基本相同。用 15mm 厚的 1∶3 水泥砂浆打底，抹 3～4mm 水泥砂浆粘结层，待水泥砂浆凝固前，适时粘贴锦砖，如图 2-106 所示。不同的是玻璃锦砖在粘贴前需在其麻面上抹上一层 2mm 厚的白水泥浆，把玻璃锦砖镶贴在粘结层上，最后用同种水泥浆擦缝，为避免脱落，一般不宜在冬期施工。

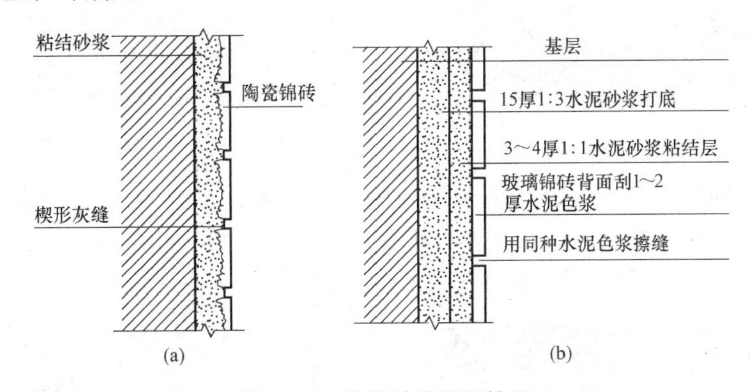

图 2-106　陶瓷锦砖饰面构造

(a) 粘结状况；(b) 构造示意

3. 天然石材、人造石板贴面

(1) 常见的天然石板有花岗岩板、大理石板两类。天然石材饰面板不仅具有各种颜色、花纹、斑点等天然材料的自然美感，装饰效果强，而且质地密实坚硬，故耐久性，耐磨性等均较好。但由于加工复杂、价格昂贵，故多用于高级墙面装修中。花岗岩一般用于外墙面，大理石一般用于内墙面，如图 2-107、图 2-108 所示。

常见的天然石板有正方形和长方形两种。常见的尺寸有 600mm×600mm、600mm×800mm、800mm×1000mm，厚度 20～25mm。大理石和花岗岩饰面板材的构造方法一般有：钢筋网固定挂贴法、干挂法、聚酯砂浆固定法、树脂胶粘结法等。钢筋网固定挂贴法的基本构造层次分为：基层、浇筑层、饰面层，在饰面层和基层之间用挂件连接固定。这种“双保险”构造法，能够保证当饰面板（块）材尺寸大、质量大、铺贴高度高时饰面材料与基层连接牢固。

图 2-107　花岗岩外墙

图 2-108　大理石电视墙

钢筋网固定挂贴法：预先在墙面或柱面上固定钢筋网；把石板用钢丝、不锈钢钢丝或镀锌铅丝穿在石板的孔眼上并绑扎在钢筋网上；绑扎牢固后再在石板与墙或柱之间浇筑 30mm 的 1∶3 水泥砂浆；最后将表面挤出的水泥砂浆擦净，并用与石材同颜色的水泥浆勾缝，然后清洗表面，如图 2-109 所示。

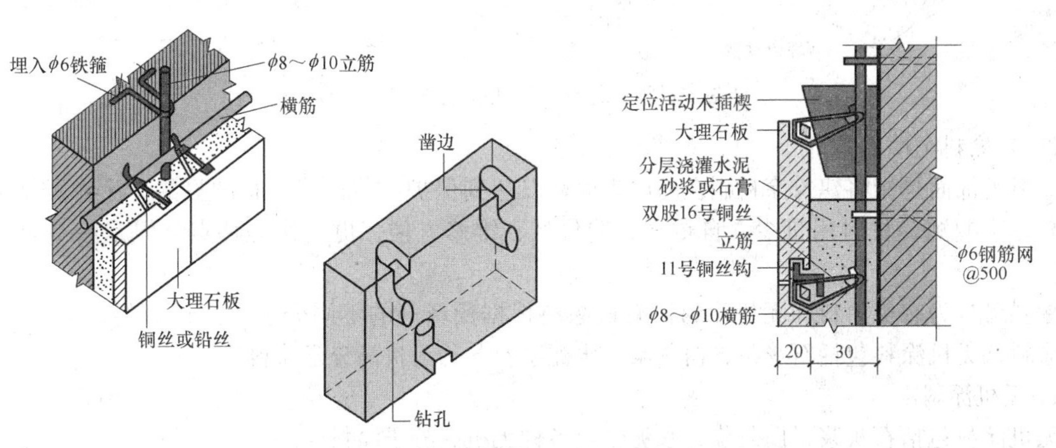

图 2-109　钢筋网固定挂贴法施工示意图（mm）

干挂法：直接用不锈钢型材或金属连接件将石板材支托并锚固在墙体基面上，而不采用灌浆湿作业的方法为干挂法。其原理是在主体结构上设主要受力点，通过金属挂件将石材固定在建筑物上，形成石材装饰幕墙，如图 2-110、图 2-111 所示。

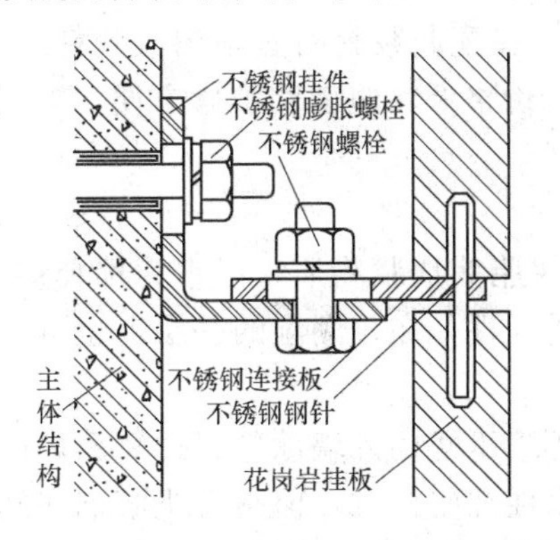

图 2-110　干挂法施工示意图

图 2-111　干挂法施工效果图

粘贴法：当板材较薄、尺寸不大时可以采用粘贴法，该方法分为聚酯砂浆固定法和树脂胶粘结法。其施工工艺是：在基层上用 10mm 厚 1∶3 水泥砂浆打底；然后用 6mm 厚 1∶2.5 水泥砂浆找平；再用 2～3mm 厚的粘结剂粘贴饰面材料。

(2) 常见的人造石板有预制水磨石板、人造大理石板、预制水刷石板等。根据材料的厚度不同，又分为厚型和薄型两种，厚度 40mm 以下的称为板材，厚度在 40～130mm 的称为块材。一般由白水泥、彩色石子、颜料等配合而成，具有天然石材的花纹和质感、重量轻、价格较低等优点。

人造石板的构造与天然石材相同，但不必在预制板上钻孔，而用预制板背面在生产时露出的钢筋，将板用铅丝绑牢在墙面所设的钢筋网上即可，如图 2-112 所示。当预制板为 8～12mm 厚的薄型板材，且尺寸在 300mm×300mm 以内时，可采用粘贴法。

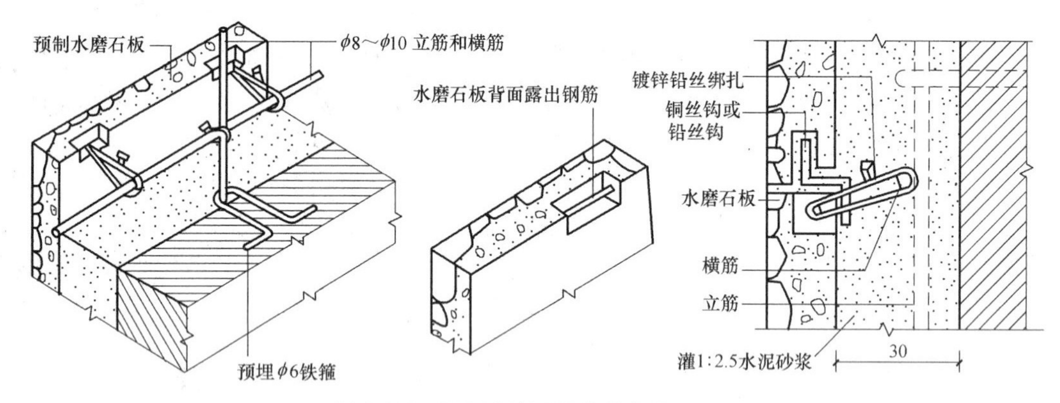

图 2-112 预制水磨石板装修构造（mm）

(三) 涂料类墙面装饰

涂料类饰面是指将建筑涂料刷在基层表面，以达到保护、装饰建筑物的目的。涂料类饰面具有功效高、工期短、材料用量少、自重轻、造价低、维修方便、更新快等特点，但是涂料类耐久性略差。

涂料可分为有机涂料和无机涂料。有机涂料根据稀释剂的不同分为水溶性涂料、溶剂型涂料、乳胶涂料；无机涂料包括石灰浆、白灰浆、水泥浆及各种无机高分子涂料等。

1. 无机涂料

无机涂料包括石灰浆、白灰浆、水泥浆及各种无机高分子涂料等。

石灰浆采用石灰膏加水拌合而成。根据需要掺入颜料，为了增强灰浆与基层的粘结力和耐久性，还可以在石灰浆中加入食盐、107 胶或聚醋酸乙烯乳液等。石灰浆的耐久性、耐候性、耐水性以及耐污染性均较差，主要用于室内墙面。一般喷或刷两遍。

大白浆由大白粉加胶粘剂组成，大白粉又名白垩土、白土粉、老粉，是由滑石、青石等精研成粉状，其主要成分为碳酸钙粉末，碳酸钙本身没有强度和粘结性，在配制浆料时必须掺入胶粘剂。大白浆也可掺入颜料而成色浆，大白浆覆盖力强，涂层细腻洁白、价格低、施工和维修方便，多用于室内墙面。一般喷或刷两遍，如图 2-113、图 2-114 所示。

2. 有机涂料

水溶性涂料：常见的水溶性涂料有聚乙烯醇类涂料，以合成树脂为成膜物质，以水为稀释剂。一般用在内墙与室内地面。这种涂料价格低，无毒无怪味，具有透气性，在较潮湿的基层上也可操作，施工较方便，如图 2-115 所示。

溶剂型涂料：常见的溶剂型涂料有苯乙烯内墙涂料、聚乙烯醇缩丁醛内外墙涂料、过氧乙烯内墙涂料、812 建筑涂料等。这种涂料用作墙面装饰具有较好的耐水性和耐候性，但是有机溶剂在施工时挥发出有害气体，污染环境，同时在潮湿的基层上施工会引起脱皮现象，一般适用于外墙装饰，如图 2-116 所示。

图 2-113 室内喷刷大白浆

图 2-114 广州番禺莲花塔

图 2-115 某建筑室内

图 2-116 某展览馆外墙

乳胶涂料：常见的乳胶涂料有乙-丙乳胶涂料、苯-丙乳胶涂料、氯-偏乳胶涂料等。这类涂料无毒、无味、不易燃烧、耐水性及耐候性较好，具有一定的透气性，可在潮湿的基层上施工；适用于室内外墙面，可以洗刷，如图 2-117、图 2-118 所示。

图 2-117 广州歌剧院内部

图 2-118 某小区外墙

（四）裱糊类墙面装饰

裱糊类墙面装修用于建筑内墙，是将卷材类软质饰面装饰材料用胶粘贴到平整基层上的装修做法。裱糊类墙体饰面装饰性强，造价较经济，施工方法简便，效率高，饰面材料更换方便，在曲面和墙面转折处粘贴可以获得连续的饰面效果。裱糊类主要有墙纸和墙布两种。

墙纸又称壁纸。墙纸的种类很多，根据其构成材料和生产方式不同分为 PVC 塑料墙纸、纺织物面墙纸、金属面墙纸、天然木纹面墙纸等，如图 2-119 所示。

墙布是以纤维织物直接制成的墙面装饰材料，有玻璃纤维墙布及织棉等，如图 2-120 所示。

图 2-119　墙纸

图 2-120　墙布

裱糊类墙面装饰常用的施工工艺分为打底、下料及裱糊 3 个步骤。

（1）打底：施工方法及要求和粉刷类面层中的打底和找平工序类似，基底平整后用腻子嵌平，按要求弹线；

（2）下料：壁纸或墙布按要求下料，并注意对花的需要；

（3）裱糊：自上而下令其自然悬垂并用干净湿毛巾或刮板推赶气泡，如图 2-121 所示。

（五）铺钉类墙面装饰

铺钉类墙面装饰是利用天然木板或各种人造板材，用镶、钉、粘等固定方式对墙面进行装饰。该工艺不需要对墙面抹灰，属于干作业，可节省人工，提高功效。一般适用于装饰要求高的或有特殊要求的建筑。铺钉类墙面装饰一般由骨架和面板两部分组成。

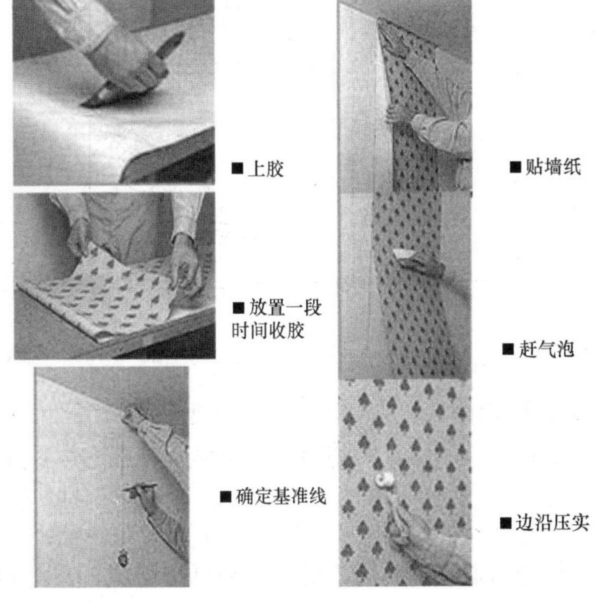

图 2-121　裱糊基本工艺

1. 骨架

骨架有木骨架和金属骨架之分。木骨架可借埋在墙上的木砖固定在墙身上，金属骨架可借埋入墙内的膨胀螺栓固定。目前多用更为简单的射钉枪固定方法，用钢钉直接将木或金属龙骨钉在砖或混凝土墙上。木骨架由墙筋和横档组成，断面为 50mm × 50mm、40mm × 40mm，间距一般为 450～600mm。金属骨架多采用槽形断面的冷轧钢板制成。为了防止骨架与面板受潮损坏，可先在墙体上刷热沥青一道再干铺油毡一层，也可在墙面上抹 10mm 厚混合砂浆并刷热沥青两道。

2. 面板

装饰面板多为人造板，如纸面石膏板、硬木条、胶合板、纤维板、铝合金板等。

石膏板与木骨架的连接一般用圆钉或木螺丝，与金属骨架的连接可先钻孔后用自攻螺丝或镀锌螺丝固定，也可采用粘结剂粘结，如图 2-122 所示。金属板材与金属骨架的连接主要靠螺栓和铆钉固接，如图 2-123 所示。硬木条或硬木板装饰是将装饰性木条或凹凸型板竖立直铺钉于墙筋或横档上，如图 2-124 所示，背面可衬胶合板，使墙面产生凹凸感。胶合板、纤维板多用圆钉与墙筋或横档固定。为了保证面板有微量伸缩的可能，在钉面板时，板与板之间可留出 5～8mm 的缝隙。缝隙可以是方形、三角形，装修要求较高时可用木压条或金属压条嵌固，如图 2-125 所示。

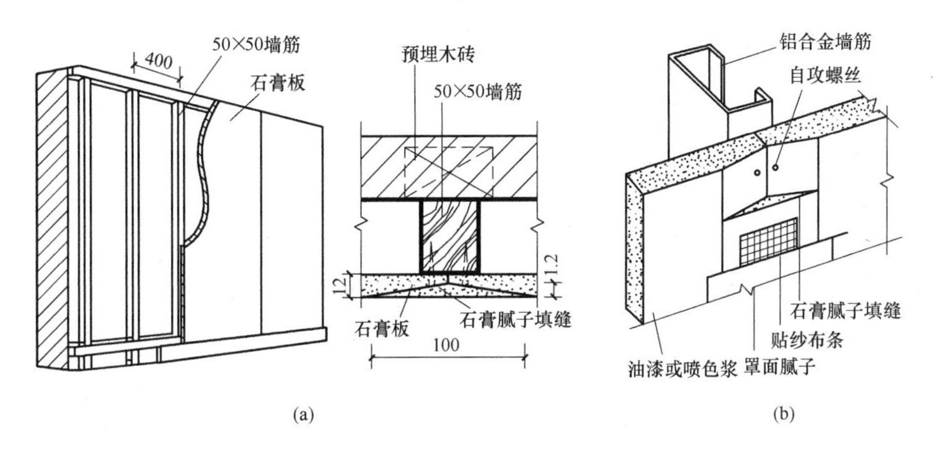

图 2-122　石膏板的饰面结构（mm）

（a）木骨架；（b）金属骨架

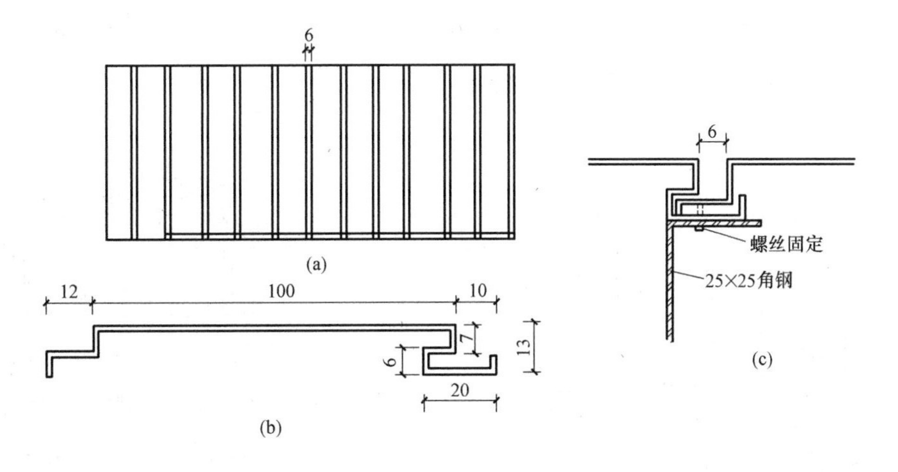

图 2-123　铝合金扣板条构造（mm）

（a）外墙立面；（b）条板断面；（c）条板固定构造

五、门窗构造

（一）门的作用和分类

1. 门的作用

门是房屋建筑的围护构件，对保证建筑物安全、坚固、舒适起重要作用，门的作用是供交通出

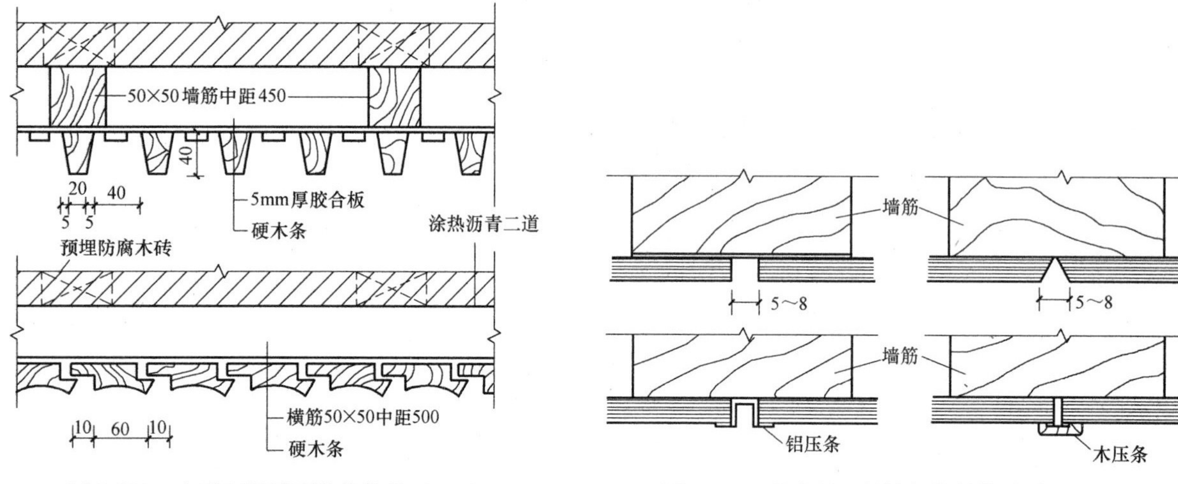

图 2-124 木质面板墙面装饰构造（mm）

图 2-125 胶合板、纤维板等的接缝处理（mm）

入、分隔联系建筑空间，有时也起通风和采光作用。

2. 门的分类

门的种类繁多，按门的使用材料可分为：木门、铝合金门、塑钢门、彩板门、玻璃钢门、钢门等。按门在建筑物中所处的位置可分为：内门和外门。按门的构造可分为：镶板门、拼板门、夹板门、百叶门等。按门扇的开启方式可分为：平开门、推拉门、弹簧门、折叠门、旋转门、卷帘门等，如图 2-126 所示。

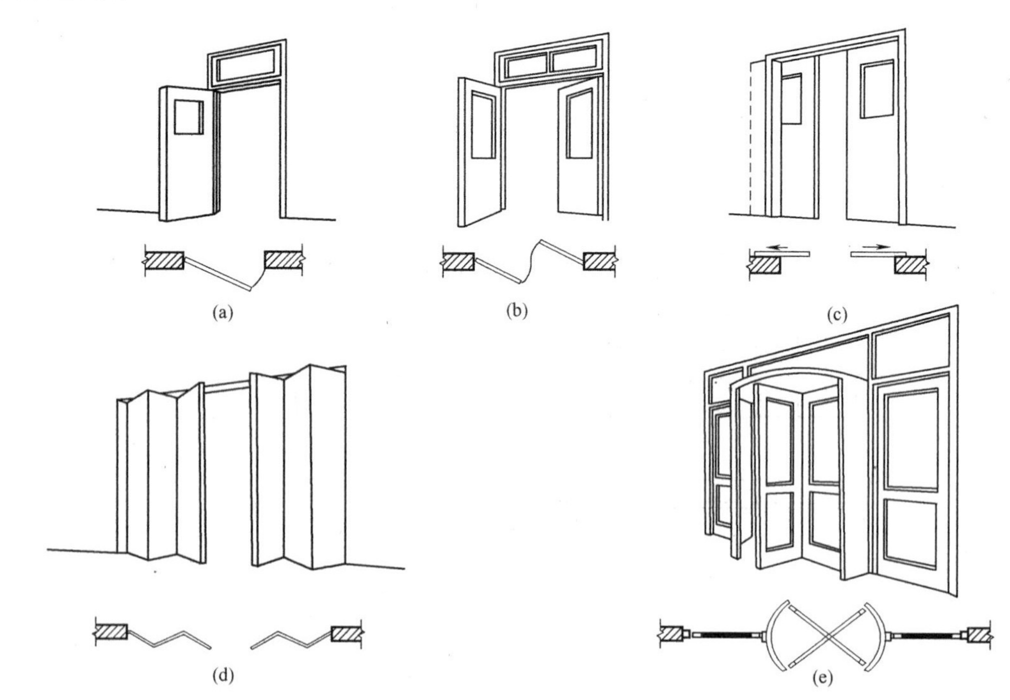

图 2-126 门的分类

(a) 平开门；(b) 弹簧门；(c) 推拉门；(d) 折叠门；(e) 旋转门

3. 门的构造

(1) 门的尺度

门的尺度是指门洞净空尺寸大小，包括门洞宽度、门洞高度，单位一般用 mm 表示。门的尺度与交通、运输、疏散要求有关，并应符合《建筑模数协调统一标准》的规定。一般情况下，门的宽度为 800～1000mm（单扇），1200～1800mm（双扇）。门的高度一般不宜小于 2100mm，有亮子时可适当增高 300～600mm。对于大型公共建筑，门的尺度可根据需要另行确定。

(2) 门的组成

门主要由门框、门扇、五金零件和附件组成，如图 2-127 所示。

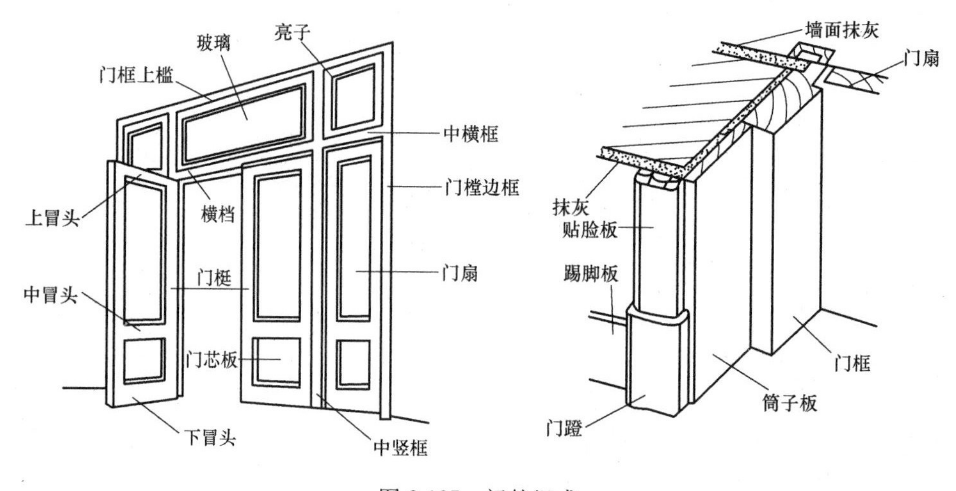

图 2-127 门的组成

(3) 平开木门的构造

木门主要由门框、门扇、腰头窗、贴脸板（门头线）、筒子板（垛头板）和配套五金件等部分组成。木门门扇的种类很多，常见的有镶板门、夹板门、拼板门、玻璃门和弹簧门等。

① 夹板门

夹板门门扇由骨架和面板组成，骨架通常采用（32～35）mm×(34～36)mm 的木料制作，如图 2-128 所示。

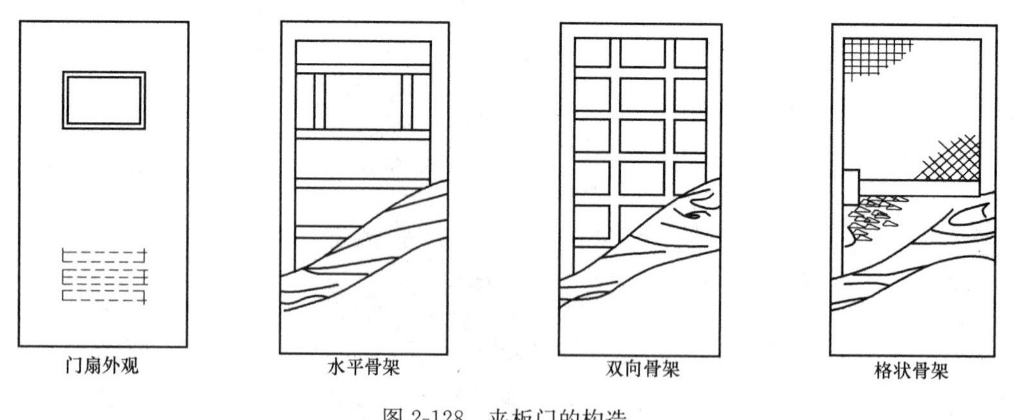

图 2-128 夹板门的构造

② 镶板门

镶板门门扇由骨架和门芯板组成。骨架一般由上冒头、下冒头及边梃组成，有时中间还有中冒头或竖向中梃。门芯板可采用木板、胶合板、硬质纤维板及塑料板、玻璃等，如图 2-129 所示。

③ 拼板门

构造与镶板门相同，由骨架和拼板组成，只是拼板门的拼板用 35～45mm 厚的木板拼接而成，如图 2-130 所示。

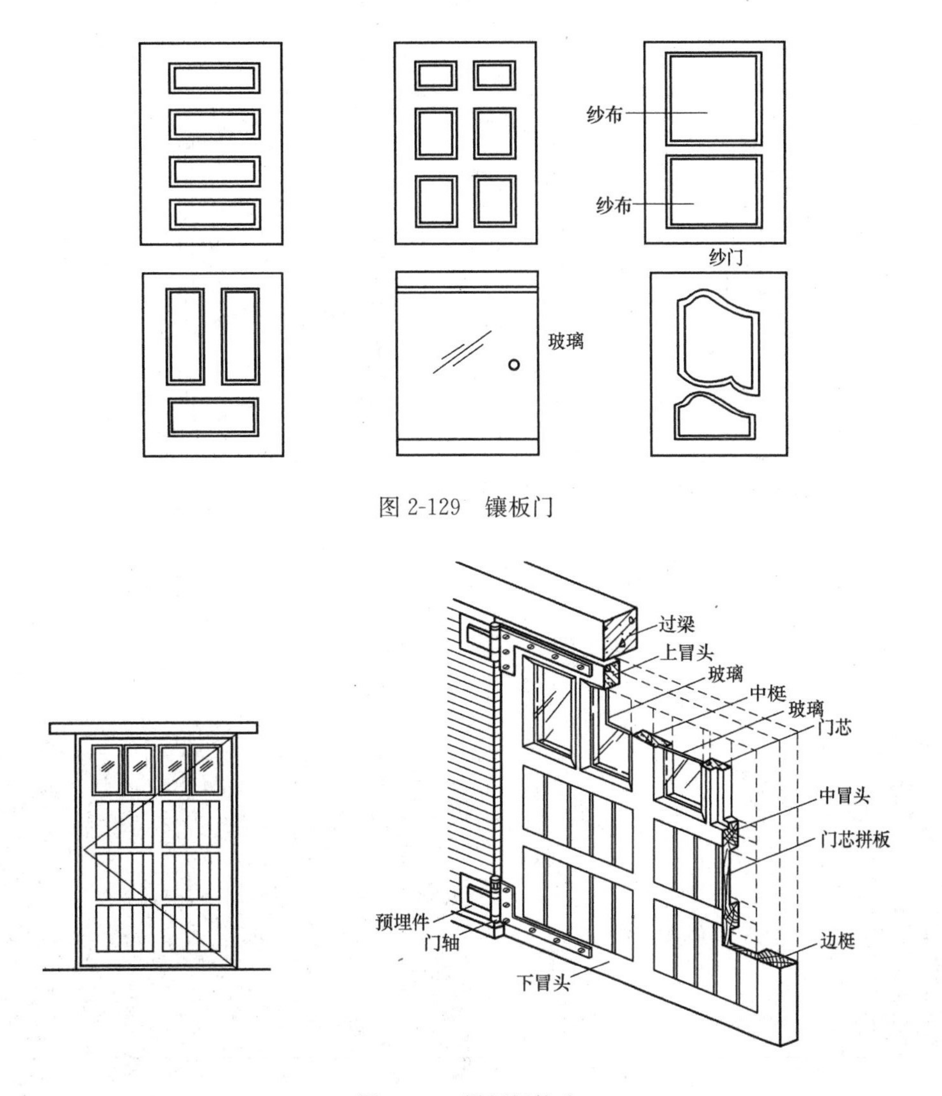

图 2-129　镶板门

图 2-130　拼板门构造

④ 玻璃门

玻璃门的门扇构造与镶板门基本相同，只是门芯板用玻璃代替，用在要求采光与透明的出入口处，如图 2-131 所示。

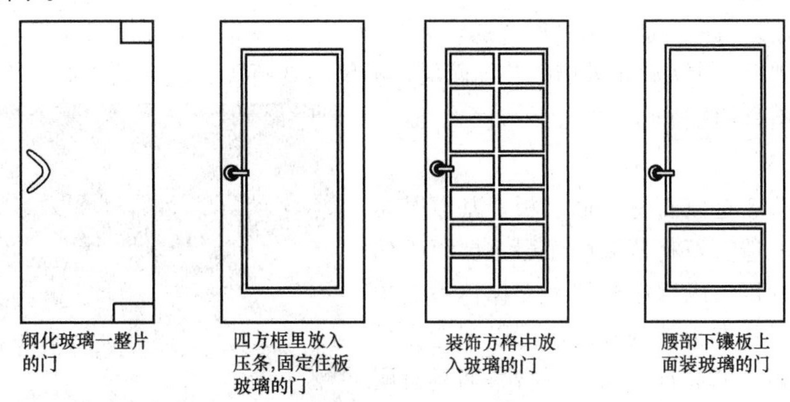

图 2-131　玻璃门构造

（二）窗的作用和分类、窗的构造

1. 窗的作用和分类

（1）窗的作用

窗是房屋建筑的围护构件，保证建筑物安全、坚固、舒适。其主要作用是采光和通风，同时有眺望观景、分隔室内外空间和围护作用，兼有美观作用。

（2）窗的分类

① 按窗的使用材料分：铝合金窗、塑钢窗、彩板窗、木窗、钢窗等。

② 按窗的层数分：单层窗和双层窗。

③ 按窗扇的开启方式分：固定窗、平开窗、悬窗、立转窗、推拉窗、百叶窗等，如图 2-132 所示。

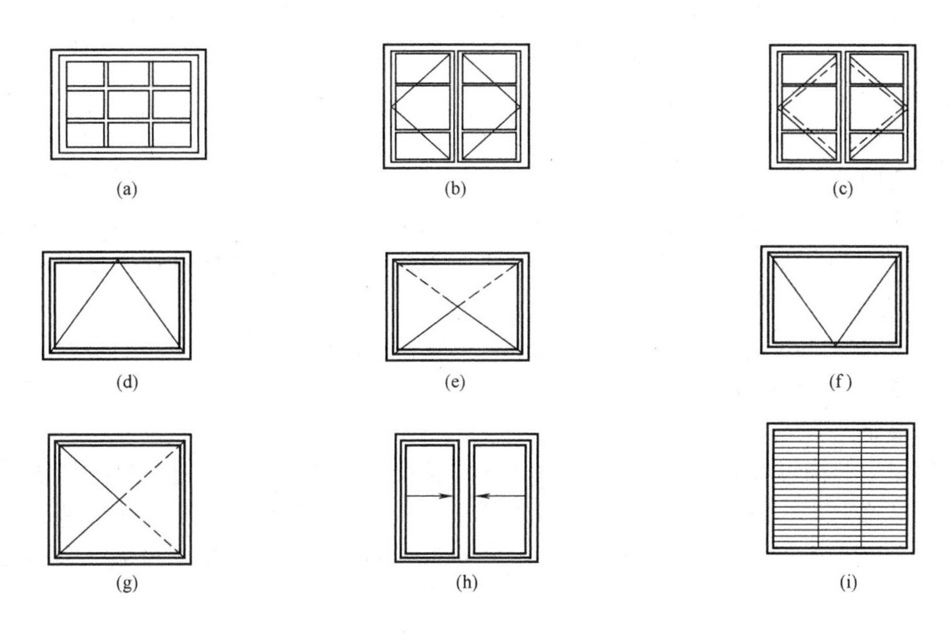

图 2-132　窗的类型

（a）固定窗；（b）平开窗（单层外开）；（c）平开窗（双层内外开）；（d）上悬窗；（e）中悬窗；（f）下悬窗；（g）立转窗；（h）左右推拉窗；（i）百叶窗

2. 窗的构造

（1）窗的尺度

窗既要满足采光、通风与日照的需要，又要符合建筑立面设计及建筑模数协调的要求。我国大部分地区标准窗的尺寸均采用 3M 的扩大模数，常用的高、宽尺寸有：600、900、1200、1500、1800、2100、2400mm 等。

（2）窗的组成

窗主要由窗框、窗扇、五金零件和附件等组成，如图 2-133 所示。

（3）窗的构造

1）铝合金窗多采用水平推拉式的开启方式，窗扇在窗框的轨道上滑动开启。窗扇与窗框之间用尼龙密封条进行密封，以避免金属材料之间相互摩擦。玻璃卡在铝合金窗框料的凹槽内，并用橡胶压条固定。

2）塑钢窗的构造

塑钢窗是以 PVC 为主要原料制成空腹多腔异型材，在中间设置薄壁加强型钢，经加热焊接而成窗框料，它具有导热系数低，耐弱酸碱，无需油漆并具有良好的气密性、水密性、隔声性等优点。塑钢窗的开启方式及安装构造与铝合金窗基本相同。

3）特殊窗

① 固定式通风高侧窗

在我国南方地区，结合气候特点，创造出多种形式的通风高侧窗。它们的特点是：能采光，能防雨，能常年进行通风，不需设开关器，构造较简单，管理和维修方便，多在工业建筑中采用。

② 防火窗

防火窗必须采用钢窗或塑钢窗，镶嵌铅丝玻璃以免破裂后掉下，防止火焰蹿入室内或窗外。

③ 保温窗、隔声窗

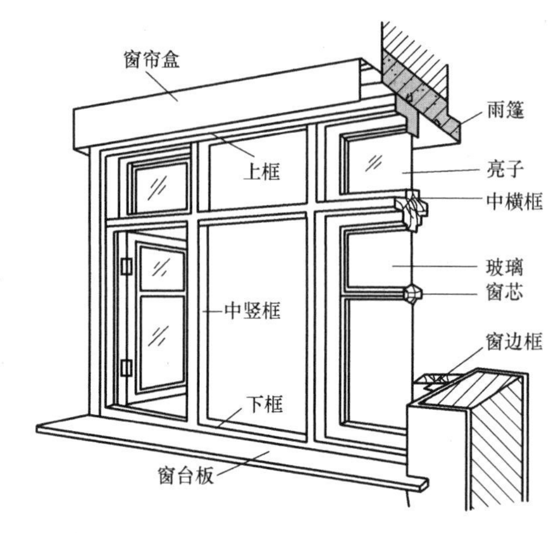

图 2-133　窗的组成

保温窗常采用双层窗及双层玻璃的单层窗。双层窗可内外开或内开、外开。双层玻璃单层窗又分为：①双层中空玻璃窗，双层玻璃之间的距离为 5～15mm，窗扇的上下冒头应设透气孔；②双层密闭玻璃窗，两层玻璃之间为封闭式空气间层，其厚度一般为 4～12mm，充以干燥空气或惰性气体，玻璃四周密封。这样可增大热阻，减少空气渗透，避免空气间层内产生凝结水。

若采用双层窗隔声，应采用不同厚度的玻璃，以减少吻合效应的影响。厚玻璃应位于声源一侧，玻璃间的距离一般为 80～100mm。

六、幕墙装饰

建筑幕墙是以装饰板材为基准面，内部框架体系为支撑，通过一定的连接件和紧固件结合而成的建筑物墙面装饰形式。幕墙具有装饰效果好，质量轻，安装速度快等优点，是外墙轻型化、装配化的理想形式。因此在大型和高层建筑上常用。建筑幕墙的面层材料有玻璃幕墙、金属幕墙、石材幕墙等。

（一）玻璃幕墙

玻璃幕墙分为有框式（图 2-134a、b、c）和无框式（图 2-134d），有框式分为明框式（图 2-134a、b）、全隐框式（图 2-134c），半隐框式等，无框式幕墙分为全玻璃幕墙和点支撑幕墙。

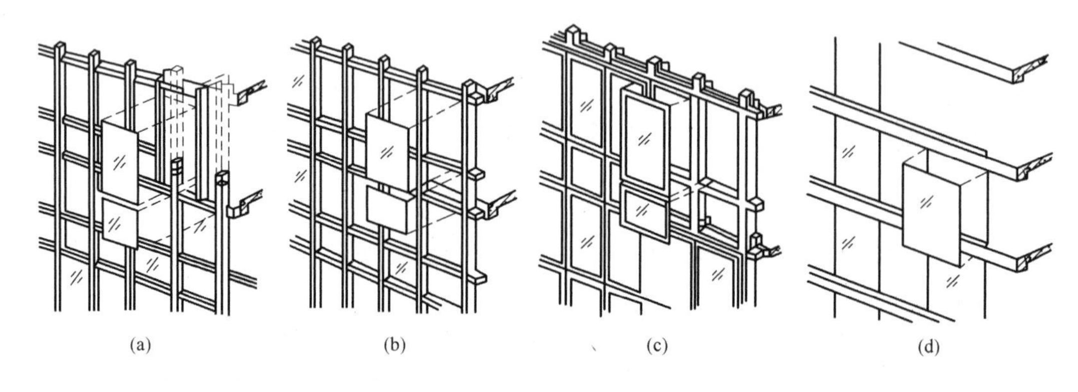

图 2-134　玻璃幕墙结构体系图

(a) 竖框式；(b) 框格式；(c) 隐框式；(d) 无框式

明框式玻璃幕墙示意图如图 2-135 所示。隐框式玻璃幕墙如图 2-136 所示。

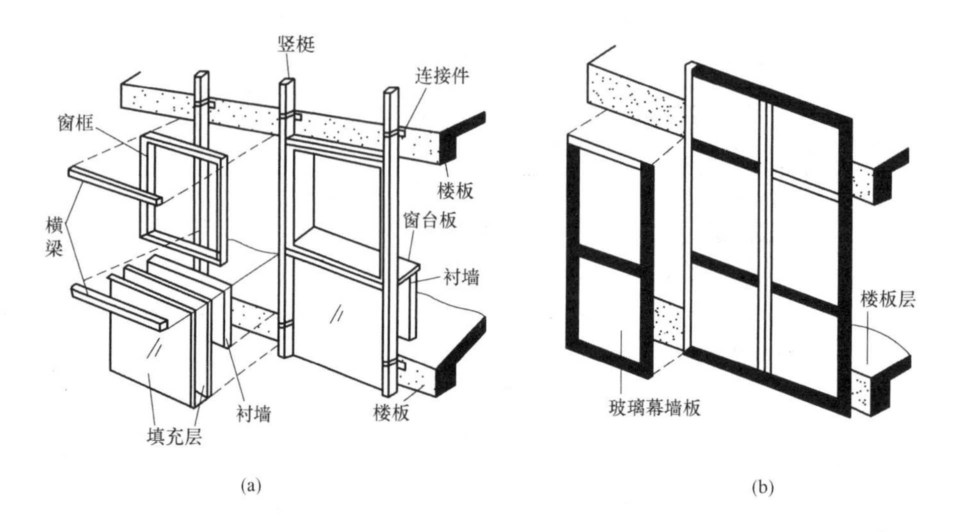

图 2-135　明框式玻璃幕墙示意图

(a) 元件式玻璃幕墙示意图；(b) 板块式玻璃幕墙示意图

图 2-136　隐框式玻璃幕墙

(a) 全隐框玻璃幕墙；(b) 半隐框玻璃幕墙

（二）金属幕墙

金属幕墙表面装饰材料是利用轻质金属，如铝合金、不锈钢等，加工而成的各种压型薄板。这些薄板经表面处理后，作为建筑外墙的装饰面层，不仅美观新颖、装饰效果好，而且自重轻于石材饰面板幕墙，如图 2-137 所示。

（三）石材幕墙

石材饰面板幕墙是以石材为面层板，基以基层构件形成的幕墙构造。石材幕墙的面层主要以天然或人造石材为饰面层，内部以框架为支撑体系与主体有效连接。石材具有天然的纹理，可以塑造多种与玻璃幕墙截然不同的装饰效果。石材幕墙具有耐久性较好、自重大的特点，连接牢靠，耐久性也较好，如图 2-138 所示。

图 2-137　金属幕墙

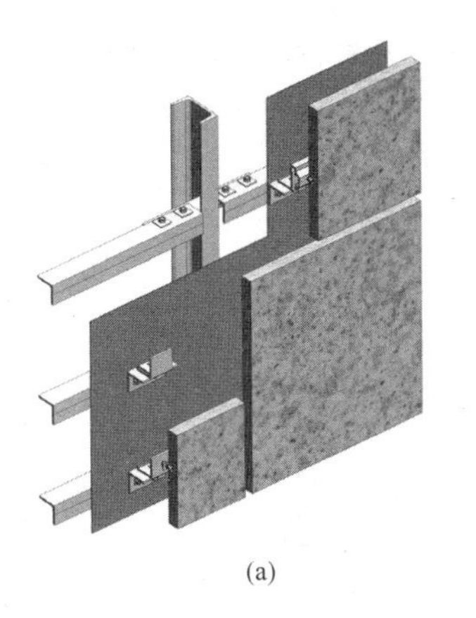

(a)

(b)

图 2-138　石材幕墙

(a) 石材幕墙构造节点图；(b) 石材幕墙实景图

【思考训练】

问答题

1. 简述立面图的识读要点。
2. 抄绘图 2-100 雨篷的构造。
3. 墙面装饰按所在部位的不同，分为哪两种？墙面装饰按材料和施工方法的不同分为哪几种？
4. 门的常用宽度、高度分别是多少？按门的构造不同分为哪些门？
5. 按门扇的开启方式不同可以分为哪些门？
6. 窗的常用高度、宽度尺寸分别是多少？
7. 按窗扇的开启方式不同可分为哪些窗？
8. 建筑幕墙按面层材料种类的不同，分为哪些幕墙形式？

任务 2.4　建筑剖面图识读

模块 2.4.1　学习情境引导文

一、简述建筑剖面图的形成与作用。

二、识读附录 1 建施-09 的 1-1 剖面图，回答以下问题：

1. 1-1 剖面图的剖切符号绘制在______层平面图上。

2. 从剖面图能识读到相关的标高信息，标高－0.500 表示________________________，标高±0.000表示________________________，标高 3.900、7.800、11.700、15.600 分别表示____，标高 19.500 表示____________________，标高 23.400 表示____________________。这些标高信息与立面图和平面图是一致的。

3. 每层的层高均为________m，从女儿墙压顶面到屋顶面的高度为________m，窗台的宽度为______________m。

4. 在标高________m 和________m 处，布置了装饰线条。

5. 剖面图中用________图例，表示钢筋混凝土材质的构件，分别代表了各层被剖切到的楼面板、屋面板、楼面梁、屋面梁、装饰线条、女儿墙上的压顶。

三、识读附录 1 建施-09 的 2-2 剖面图，回答以下问题：

1. 2-2 剖面图的剖切符号绘制在______层平面图上，剖切的部位是____。

2. 识读 2-2 剖面图右侧的标高信息，每层的层高均为________m；走廊地面的标高比室内主要地面的标高低________m，因此，二层走廊地面标高为________m，三层走廊地面标高为________m，四层走廊地面标高为________m，五层走廊地面标高为________m，出屋顶楼梯间地面标高为________m。屋顶面的标高为________m。

（提示：2-2 剖面图主要反映楼梯的构造图，楼梯的识读方法在任务 2.5 中详细介绍，因此 2-2 剖面图中涉及楼梯识读的尺寸标高信息在此处暂不列出，将作为任务 2.5 的学习情境引导文来解答。）

3. 2-2 剖面图中，台阶有________级，每级的高度为__________ mm。

模块 2.4.2　知识链接

一、建筑剖面图的表示方法

1. 建筑剖面图的形成和作用

假想用一个或多个垂直剖切平面把建筑物剖开，移去剖切平面与观察者之间的部分，将留下的部分按剖视方向所作出的正投影图，称为建筑剖面图，简称剖面图，如图 2-139 所示。按剖切位置不同，剖面图又分为横剖面图、纵剖面图。

建筑剖面图用以表示房屋内部的结构或构造形式、分层情况和各部位的联系、材料等，主要表明建筑物内部在高度方面的情况，是与平、立面图相互配合的不可缺少的重要图样之一。

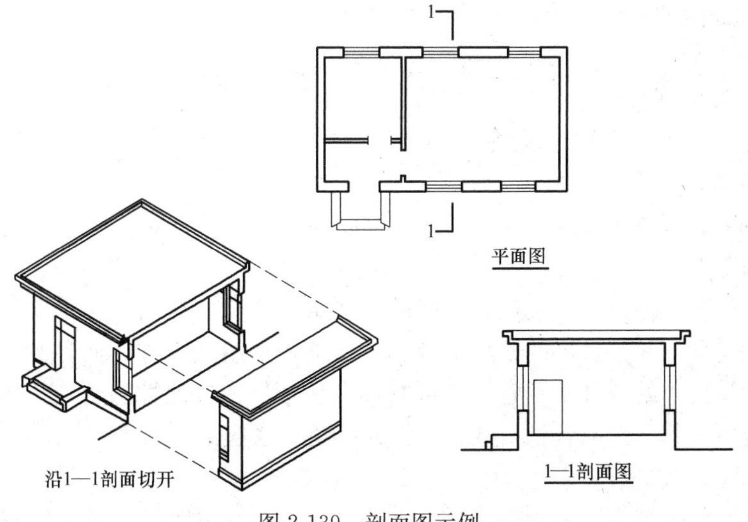

图 2-139　剖面图示例

2. 建筑剖面图的表示方法

（1）剖切位置与数量选择：剖面图的剖切位置，应选择在房屋内部构造比较复杂或有代表性的部位，如门窗洞口、楼梯间等位置。剖面图的数量应根据房屋的复杂程度和施工实际需要而定。剖切面一般横向，即平行于侧面，必要时也可纵向，即平行于正面。

（2）定位轴线：剖面图中的定位轴线一般只画出两端的轴线及其编号，以便与平面图对照，如图 2-140 所示。

（3）图线：室内外地坪线用加粗实线表示；剖切到的墙身、楼板、屋面板、楼梯段、楼梯平台等轮廓线用粗实线表示；未剖切到的可见轮廓线，如门窗洞口、楼梯段、楼梯扶手和内外墙轮廓线用中实线表示；门、窗扇及其分格线、水斗及雨水管等用细实线表示；尺寸线、尺寸界线、引出线、索引符号和标高符号按规定画成细实线。

（4）比例：剖面图的绘制比例一般与平面图、立面图相同，常用比例有1∶50、1∶100、1∶200。

（5）图例：剖面图中，被剖切到的构配件断面材料图例，根据不同绘制比例，采用不同的表示方法；图形比例大于1∶50时，应画出材料图例；比例为1∶100～1∶200时，材料图例可采用简化画法，如混凝土涂黑，但宜画出楼地面的面层线；比例小于1∶200时，剖面图可不画材料图例。习惯上，剖面图不包括基础部分。

（6）尺寸标注：建筑剖面图中，必须标注垂直尺寸和标高。

外墙的高度尺寸一般标注三道：最外侧一道为室外地面以上的总高度尺寸；中间一道为层高尺寸；里面一道为门、窗洞及窗间墙的高度尺寸。此外，还应标注某些局部尺寸，如室内门窗洞，窗台的高度及有些不另画详图的构配件尺寸等。

在建筑剖面图上，还应标注出室内外地面、各层楼面、楼梯平台面、檐口或女儿墙顶面，高出屋面的水箱顶面、烟囱顶面、楼梯间顶面等处的标高。

标注标高尺寸时，注意与立面图和平面图一致。

（7）表示楼、地面各层构造。一般可用引出线说明楼、地面各层构造。引出线指向所说明的部位，并按其构造的层次顺序，逐层加以文字说明。若另画有详图，或已有“构造说明一览表”时，在剖面图中可用索引符号引出说明（如果是后者，可不作任何标注）。

（8）表示需画详图之处的索引符号。

二、建筑剖面图的识读要点

1. 图名及比例。
2. 剖面图与平面图的对应关系。
3. 房屋的结构形式。
4. 房屋主要部位标高及尺寸。
5. 屋面、楼面、地面构造层次及做法。
6. 屋面排水方式。
7. 索引详图所在的位置及编号。

三、楼地层构造

楼板层与地坪层统称楼地层，它们是房屋的重要组成部分。楼板层是建筑物中分隔上下楼层的水平构件，不仅承受自重和其上部的使用荷载，并将其传递给墙或柱，而且对墙体也起着水平支撑的作用。此外，建筑物中的各种水平管线也可敷设在楼板层内。地坪层是建筑物与土壤直接接触的水平构件，承受作用在其上部的各种荷载，并将其传递给地基。

（一）楼地层的基本组成

楼板层主要由面层、结构层和顶棚组成，如图2-141所示。面层是指人们进行各种活动与其接触的楼面表层，起着保护楼板、分布荷载、室内装饰等作用；结构层又称楼板层，由梁或拱、板等构件组成，承受整个楼面的荷载，并将这些荷载传递给墙或柱，同时还对墙身起着水平支撑的作用；顶棚是楼板层的下面部分，隐蔽结构层，并起着室内使用及装饰的作用。根据房屋使用要求和构造做法的不同，楼板层有时还需设置附加层，如防水层、隔声层和隔热层等。

地坪层主要由面层、垫层和基层组成，如图2-142所示。

（二）楼板的类型

楼板层根据其结构层所用材料的不同，可以分为木楼板、砖拱楼板、压型钢板组合楼板和钢筋混凝土楼板，如图2-143所示。

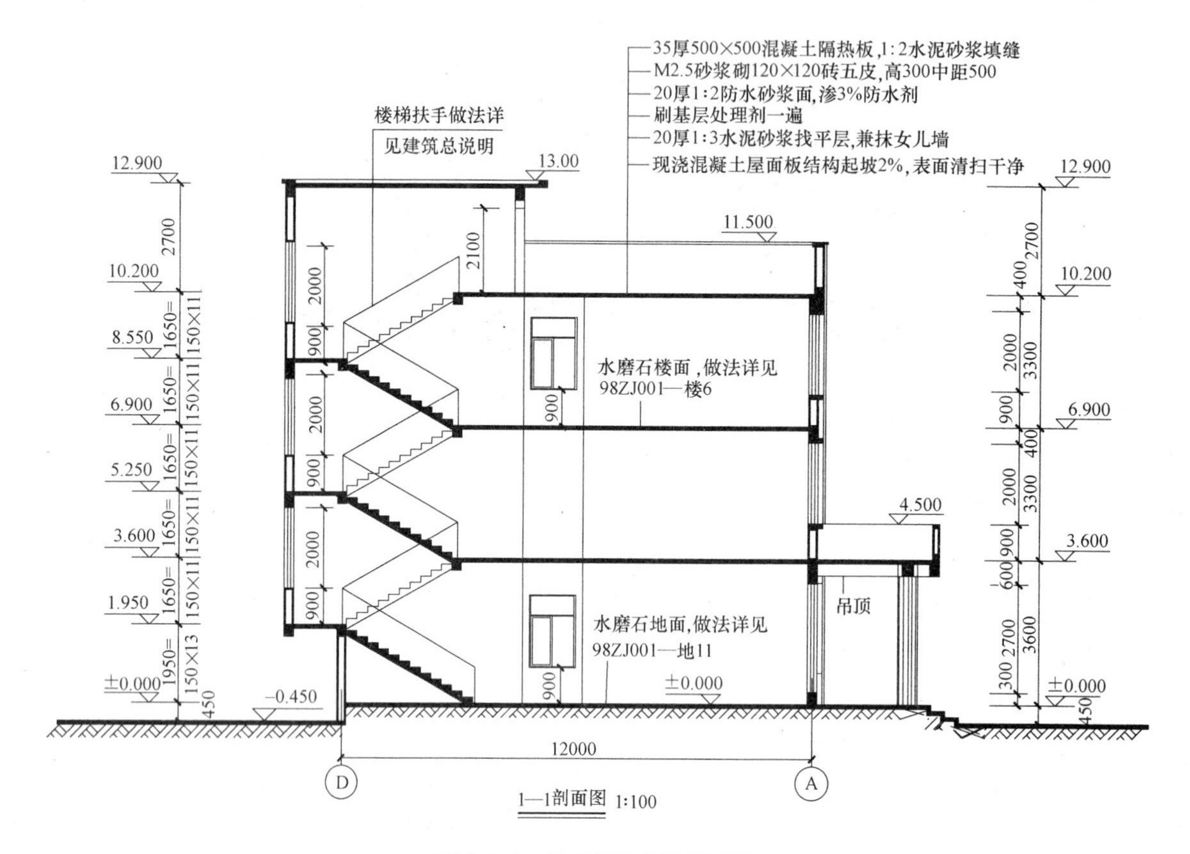

图2-140　某工程的建筑剖面图

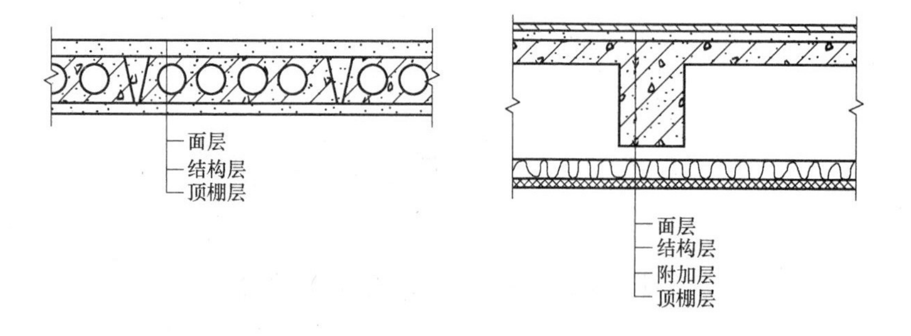

图2-141　楼板层的组成

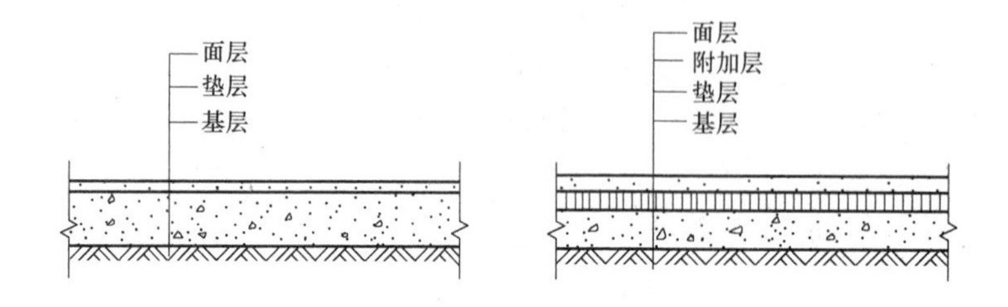

图2-142　地坪层的组成

（1）木楼板：木楼板是在木搁栅之间设置剪刀撑，形成具有足够整体性和稳定性的骨架，并在木搁栅上下铺钉木板所形成的楼板。这种楼板构造简单，自重轻，导热系数小，但其隔声、耐久及

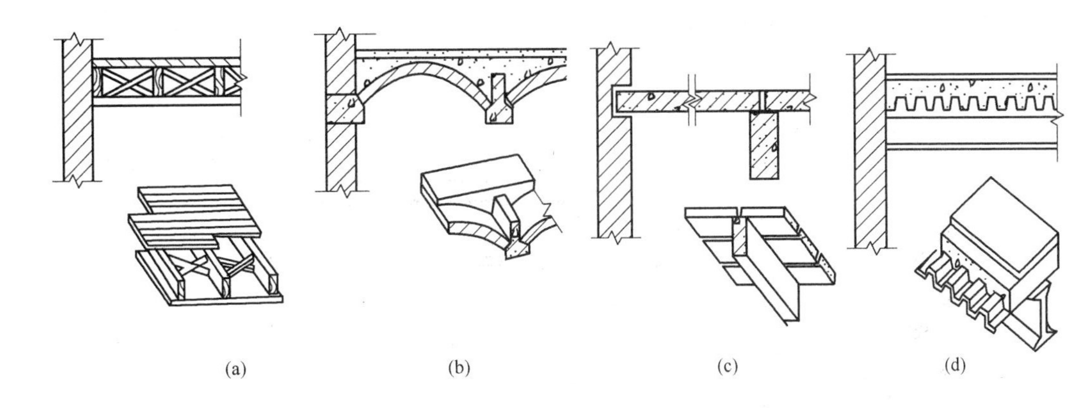

图 2-143 楼板类型
(a) 木楼板；(b) 砖拱楼板；(c) 钢筋混凝土楼板；(d) 压型钢板组合楼板

耐火性差，耗费木材量大。

(2) 砖拱楼板：砖拱楼板是先在墙或柱上架设钢筋混凝土小梁，然后在钢筋混凝土小梁之间用砖砌成拱形结构所形成的楼板。砖拱楼板可节约钢材、水泥、木材，造价低，但承载能力和抗震能力差，结构层所占的空间大，顶棚不平整，施工较烦琐，所以现在已基本不用。

(3) 压型钢板组合楼板：组合楼板是利用压型钢板做衬板与混凝土浇筑在一起支承在钢梁上，钢板同时兼起施工模板作用，具有刚度大、整体性好、可简化施工程序等优点。但用钢量大，造价高，目前主要用于钢框架结构中。

(4) 钢筋混凝土楼板：钢筋混凝土楼板的强度高、刚度大、耐久性和耐火性好，具有良好的耐久、防火和可塑性，便于工业化的生产，是目前应用最广泛的楼板类型。钢筋混凝土楼板按施工方法不同，可分为现浇钢筋混凝土楼板、预制装配式钢筋混凝土楼板、装配整体式钢筋混凝土楼板三种。

(三) 现浇钢筋混凝土楼板构造

现浇钢筋混凝土楼板是指在现场依照设计位置，进行支模、绑扎钢筋、浇筑混凝土，经养护、拆模板等工序制作的楼板。这种楼板具有整体性好、刚度大、利于抗震、梁板布置灵活等特点，但其模板耗材大，工序多，周期长，工人劳动强度大，且施工受季节限制。其适用于有抗震设防要求的多层房屋，对整体性要求较高的其他建筑，管道穿越较多、平面形式不规则、尺寸不符合模数及防水要求较高的房间楼面。

现浇钢筋混凝土楼板根据受力和传力特点分为板式楼板、梁板式楼板、无梁楼板和压型钢板组合楼板。

1. 板式楼板

板式楼板是板内不设置梁，将板直接搁置在墙上且整块板厚度相同的平板，适用于平面尺寸较小的房间（如住宅中的厨房、卫生间等）以及公共建筑的走廊。跨度一般在 2～3m，板厚约 70mm，板内配置受力钢筋（设于板底）与分布钢筋，按短跨方向搁置。方形或近似方形房间则用双向支承和配筋。

根据周边支撑情况及板平面长短边边长的比值，板式楼板又可分为单向板、双向板、悬挑板，如图 2-144 所示。

(1) 两对边支承的板按单向板计算，四边支承的板长边与短边之比大于 3 时，板基本上沿短边方向传递荷载，这种板称为单向板，如图 2-144 (a) 所示。

(2) 四边支承的板，当长边与短边之比小于或等于 2 时，为双向板，如图 2-144 (b) 所示。

(3) 悬挑板只有一边支承，其主要受力钢筋放在板的上方，分布钢筋放在主要受力筋的下方，板厚为挑长的 1/35，且根部不小于 80mm。其主要用于雨棚、挑檐、阳台和空调板等部位。

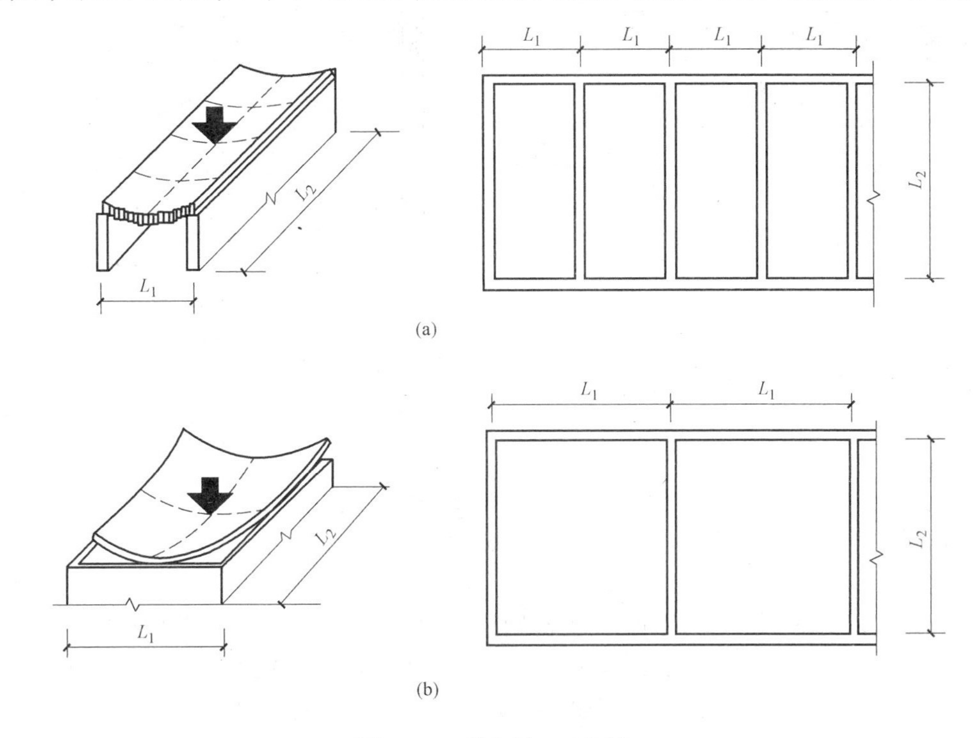

图 2-144 单向板、双向板
(a) 单向板；(b) 双向板

2. 梁板式楼板

由板和支承板的梁（肋）构成的楼板称为梁板式楼板，又称肋型楼板。该楼板适用于较大开间的房间。梁有主梁、次梁之分，次梁与主梁一般垂直相交，板搁置在次梁上，次梁搁置在主梁上，主梁搁置在墙或柱上，如图 2-145 所示。

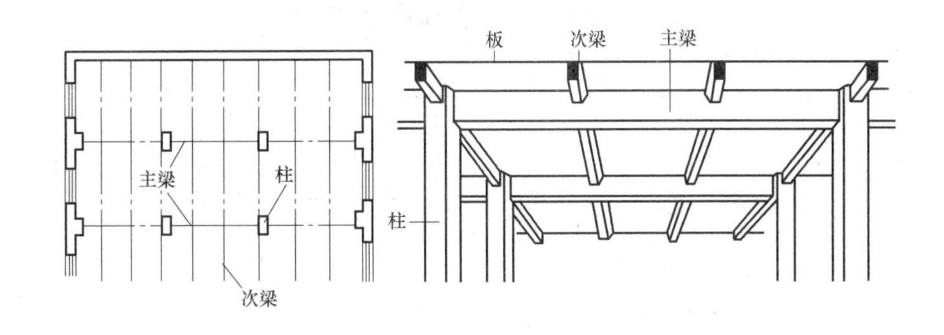

图 2-145 梁板式楼板

当房间尺寸较大，接近正方形时，常沿两个方向布置等距离、等截面高度的梁，板为双向板，形成井格形的梁板结构，纵梁和横梁同时承担着由板传递下来的荷载，这种形式的楼板称为井式楼板，如图 2-146 所示。井式楼板是梁板式楼板的一种特殊形式。井式楼板无主梁、次梁之分，适用于平面尺寸较大且平面形状为方形或近于方形的房间或门厅。井式楼板的跨度一般为 6～10m，板厚为 70～80mm，井格边长一般在 2.5m 之内。

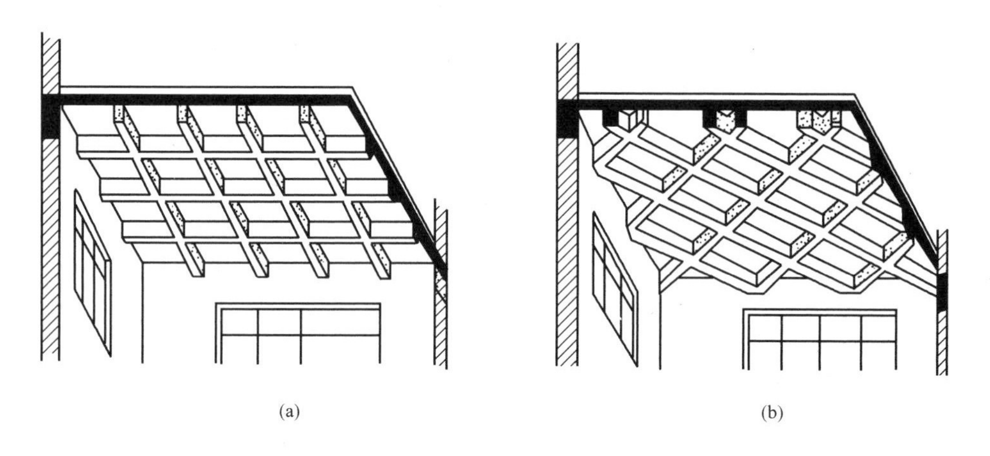

图 2-146　井式楼板
(a) 正交式；(b) 斜交式

井式楼板有正井式和斜井式两种。梁与墙之间成正交梁系的为正井式，如图 2-146（a）所示；梁与墙之间作斜向布置形成斜井式，如图 2-146（b）所示。

3. 无梁楼板

不设梁直接将板支承于柱上的楼板称为无梁楼板，如图 2-147 所示。其柱顶构造分为有柱帽和无柱帽两种。当楼面荷载较小时，采用无柱帽的形式；当楼面荷载较大时，为提高板的承载能力、刚度和抗冲切能力，可以在柱顶设置柱帽和托板来减小板跨、增加柱对板的支托面积。无梁楼板的柱间距宜为 6m，成方形布置。由于板的跨度较大，故板厚不宜小于 120mm，一般为 160～200mm。无梁楼板的板底平整，室内净空高度大，采光、通风条件好，便于采用工业化的施工方式，适用于楼面荷载较大的公共建筑（如商店、仓库、展览馆等）和多层工业厂房。

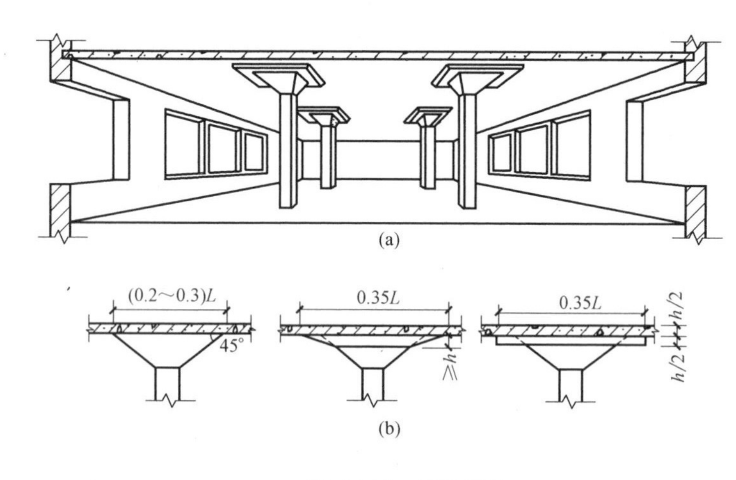

图 2-147　无梁楼板

4. 压型钢板组合楼板

压型钢板组合楼板是利用凹凸相间的压型薄钢板做衬板与现浇混凝土浇筑在一起支承在钢梁上构成整体型楼板，主要由楼面层、组合板和钢梁三部分组成，如图 2-148 所示。压型钢板组合楼板的优点是施工周期短，现场作业方便，建筑整体性优于预制装配式楼面；缺点是因需多道小梁，楼层所占净高较大，且压型钢板板底需做防火处理。

（四）预制装配式钢筋混凝土楼板

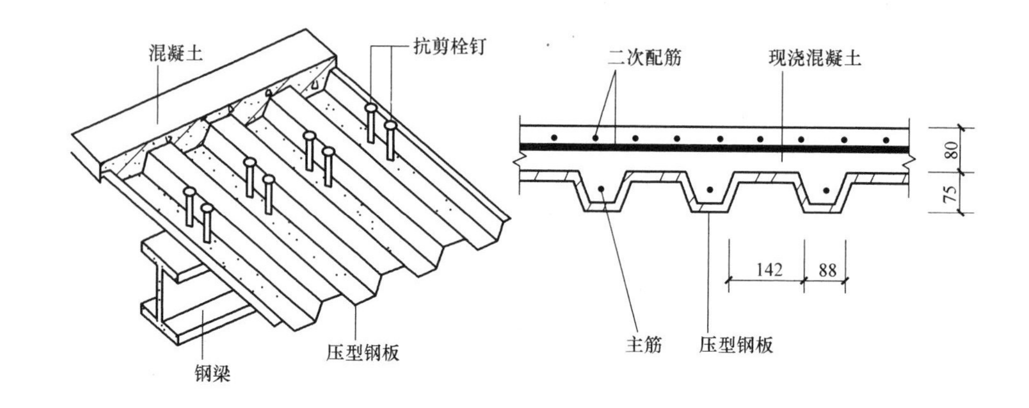

图 2-148　压型钢板组合楼板（mm）

预制装配式钢筋混凝土楼板是把楼板在预制场制作好，然后在施工现场进行安装。此做法可节省模板，改善劳动条件，提高效率，缩短工期，促进工业化水平。但预制楼板的整体性不好，灵活性也不如现浇板，更不宜在楼板上穿洞。常见预制混凝土板分为实心平板、空心板和槽形板。

1. 实心平板

预制实心平板的跨度一般较小，不超过 2.4m，如做成预应力构件，跨度可达 2.7m。板厚一般为板跨的 1/30，即 50～100mm，宽度为 600mm 或 900mm。实心平板上下板面平整，制作简单，但自重较大，隔声效果差。宜用于跨度小的走廊板、楼梯平台板、阳台板、厨房板、厕所板、管沟盖板等，如图 2-149 所示。

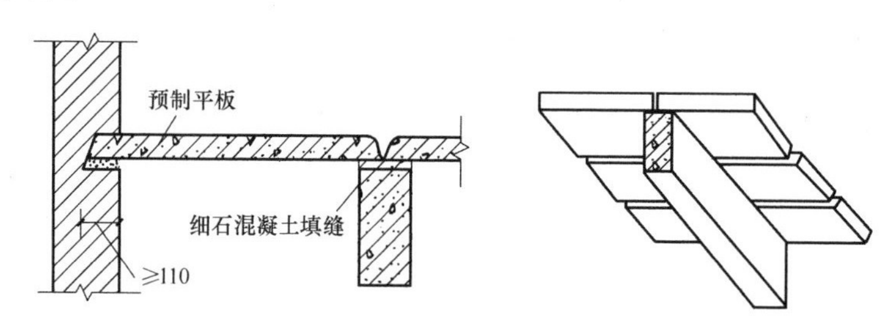

图 2-149　实心平板

2. 空心板

空心板是将平板沿纵向抽孔而成。孔的断面有圆形、方形、长方形和长圆形等，其中以圆孔板最为常见，如图 2-150 所示。空心板与实心平板比较，在不增加混凝土用量及钢筋用量的前提下，提高截面抗弯能力，增强结构刚度。空心楼板具有自重小、用料少、强度高、经济等优点，因而在建筑中被广泛采用。

空心板的厚度尺寸视板的跨度而定，一般多为 110～240mm，宽度为 500～1200mm，跨度为 2.4～7.2m，其中较为经济的跨度为 2.4～4.2m。

3. 槽形板

槽形板是由四周及中部若干根肋及顶面或底面的平板组成，属肋梁与板的组合构件。由于有肋，它的允许跨度可大些。当肋在板下时，称为正槽板，如图 2-151（a）所示。正槽板的受力较合理，但安装后顶棚因肋梁而显得凹凸不平。当肋在板上时，称为反槽板，如图 2-151（b）所示。它的受力不合理，安装后楼面上有凸出板面的肋梁，但顶棚平整。采用反槽板楼盖时，楼面上肋与肋之间

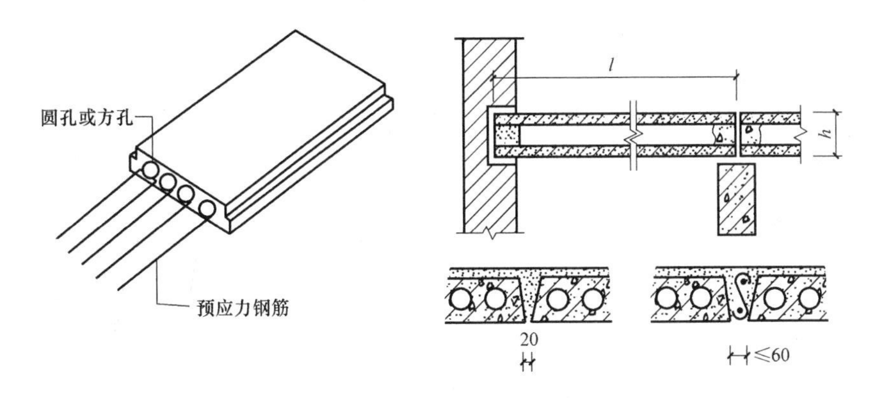

图 2-150　空心板（mm）

可填放松散材料，再在肋上架设木地板等作地面。这种楼面具有保温、隔声等特点，常用于有隔声、保温要求的建筑。

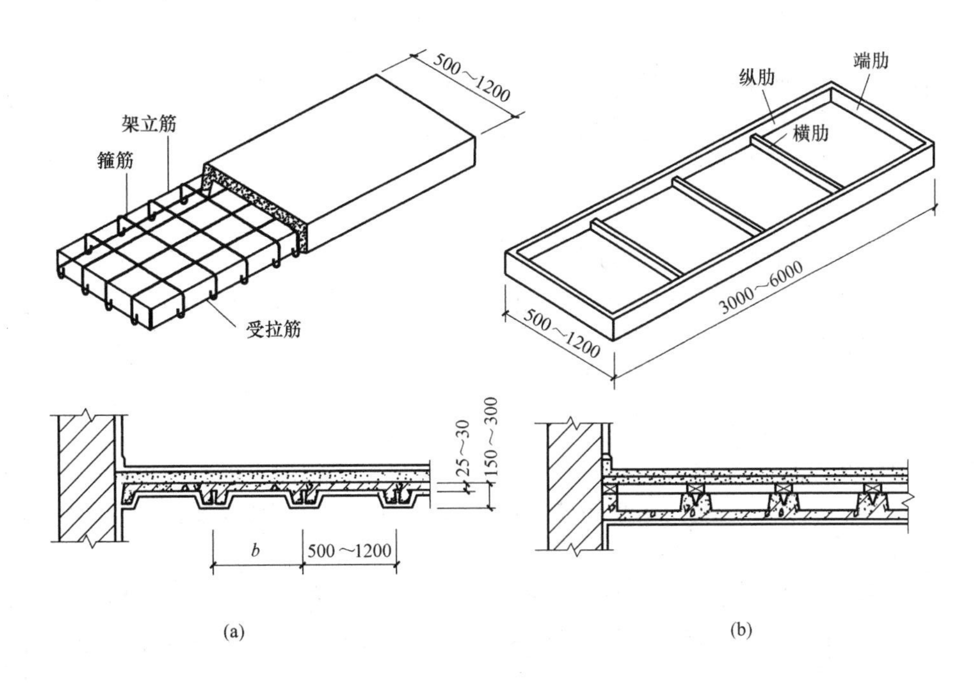

图 2-151　槽形板（mm）

(a) 正槽板；(b) 反槽板

（五）装配整体式钢筋混凝土楼板

装配整体式钢筋混凝土楼板是先预制部分构件，然后在现场安装，再以整体浇筑方法连成一体的楼板。它克服了现浇板消耗模板量大、预制板整体性差的缺点，整合了现浇式楼板整体性好和装配式楼板施工简单、工期短的优点。装配整体式钢筋混凝土楼板按结构及构造方式可分为密肋填充块楼板和叠合式楼板。

1. 密肋填充块楼板

现浇密肋填充块楼板是以陶土空心砖、矿渣混凝土实心块等作为肋间填充块来现浇密肋和面板，如图 2-152 所示。

密肋填充块楼板的密肋小梁有现浇和预制两种形式。现浇密肋填充块楼板的填充块与肋和面板

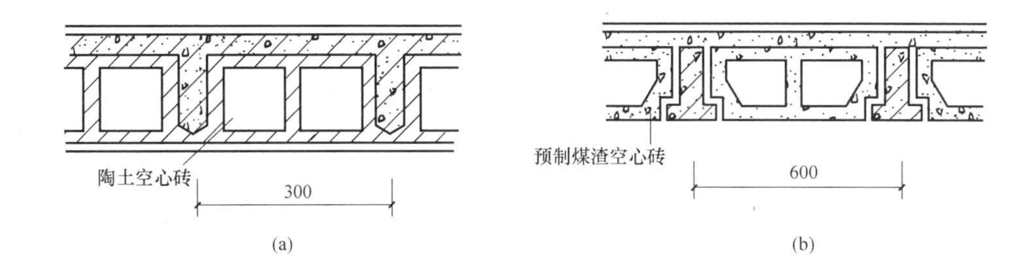

图 2-152　密肋填充块楼板（mm）

相接触的部位带有凹槽，可与现浇肋或板咬接，使楼板的整体性更好。肋的间距视填充块尺寸而定，一般为 300～600mm，面板厚度一般为 40～50mm。预制小梁填充块楼板是在预制小梁之间填充陶土空心砖、矿渣混凝土实心块、煤渣空心块，并在上面现浇面层。密肋填充块楼板板底平整，有较好的隔声、保温、隔热效果，在施工中空心砖还可起到模板作用，也有利于管道的敷设。此类楼板常用于学校、住宅、医院等的建筑中。

2. 叠合式楼板

叠合楼板是由预制板和现浇钢筋混凝土层叠合而成的装配整体式楼板。预制板既是楼板结构的组成部分之一，又是现浇钢筋混凝土叠合层的永久性模板，现浇叠合层内可敷设水平设备管线。叠合楼板整体性好，刚度大，可节省模板，而且板的上下表面平整，便于饰面层装修，适用于对整体刚度要求较高的高层建筑和大开间建筑，如图 2-153（b）所示。

为使预制薄板与现浇叠合层结合牢固，薄板的板面应当做适当处理，如在板面刻槽，或设置三角形结合钢筋等，如图 2-153（a）所示。叠合楼板的预制板，也可采用钢筋混凝土空心板，如图 2-153（c）所示。

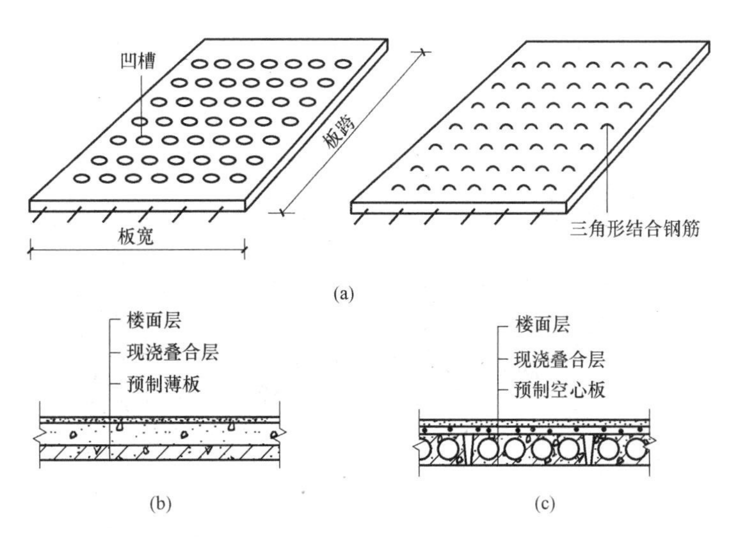

图 2-153　叠合式楼板

(a) 预制薄板的板面处理；(b) 预制薄板叠合楼板；(c) 预制空心板叠合楼板

（六）楼板层的防水、隔声构造

对于受到水侵蚀的房间，如厕所、盥洗室、淋浴室等，室内积水机会较多，容易发生渗漏水现象。因此，设计时须对房间的楼板层、墙身采取防潮、防水措施。

楼板层的隔声是主要针对撞击传声设计的，通常采取的措施包括：对楼面进行处理、做楼板吊

顶、采用弹性垫层等。

（七）楼地面的构造

地面的材料和做法应根据房间的使用要求和装修要求并结合经济条件进行选择。根据饰面层所采用材料的不同楼地面可分为水泥砂浆地面、水磨石地面、大理石地面、木地板地面、地毯地面等。根据施工方法的不同楼地面可分为整体类地面、块材类地面、木地面和卷材地面等。

1. 整体类地面

（1）水泥砂浆楼地面

水泥砂浆楼地面有单层和双层 2 种做法。单层做法是先在结构上刷 1 道素水泥浆结合层，再抹 1 层 15～20mm 厚的 1：2.5 水泥砂浆并压光。双层做法是先抹 1 层 10～12mm 厚的 1：3 水泥砂浆找平层，再抹 1 层 5～10mm 厚的 1：1.5 或 1：2 水泥砂浆抹面层，如图 2-154 所示。

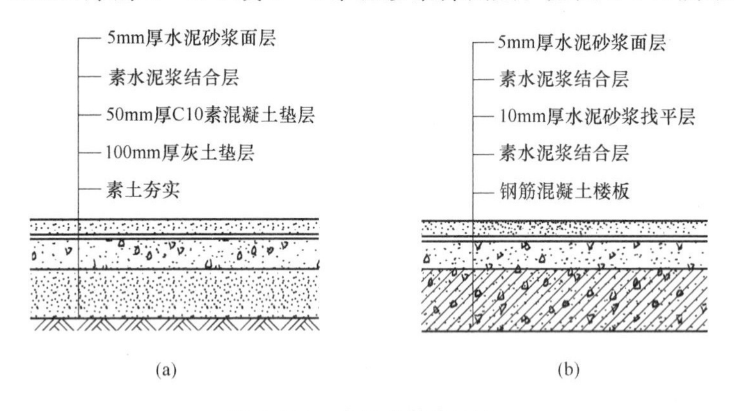

图 2-154 水泥砂浆楼地面

(a) 底层地面；(b) 楼板层地面

（2）细石混凝土楼地面

细石混凝土楼地面较水泥砂浆地面具有强度高，干缩性小，耐久性和防水性好，不易起砂，造价低等优点。其构造做法是直接在结构上浇 30～40mm 厚的细石混凝土，强度等级不低于 C20，如图 2-155 所示。

图 2-155 细石混凝土楼地面

（3）现浇水磨石楼地面

现浇水磨石楼地面具有平整光滑、整体性好、坚固耐久、耐污染、不起尘、易清洁、防水好、造价低等优点，但是存在现场工期长、劳动量大等缺点。现浇水磨石楼地面的构造一般分为底层找平和面层两部分。先在基层上用 10～15mm 厚 1：3 水泥砂浆找平，当有预埋管道和受力构造要求时，应采用不小于 30mm 厚的细石混凝土找平。为实现装饰图案，并防止面层开裂，在找平层上镶嵌分格条；再用 1：1.5～1：2.5 的水泥石碴浇筑抹面，待结硬后磨光，如图 2-156、图 2-157 所示。

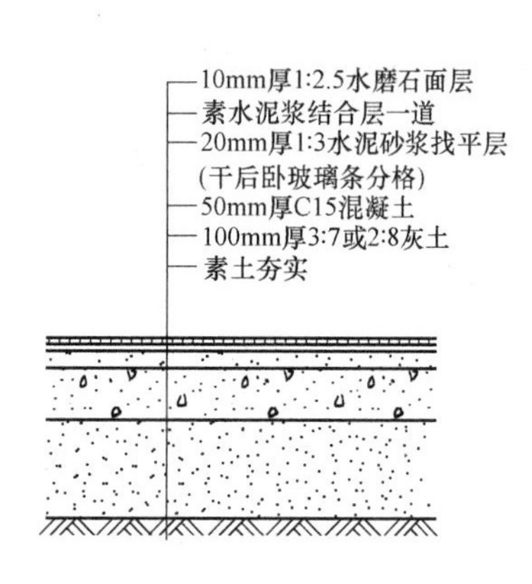

图 2-156 水磨石楼地面构造

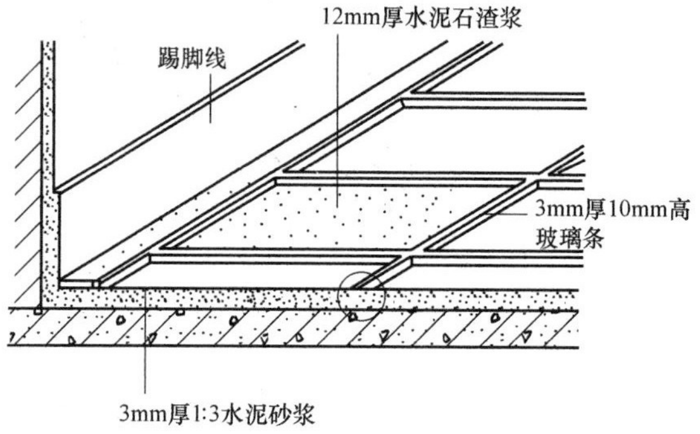

12mm厚水泥石渣浆

踢脚线

3mm厚10mm高玻璃条

3mm厚1:3水泥砂浆

图 2-157 水磨石楼地面示意图

2. 块材类楼地面

块材类地面的材料主要有大理石板、花岗岩板、预制水磨石板和瓷砖等。这类装饰构造属于中高档做法，应用广泛。其主要特点是耐磨损、容易清洁、强度高、刚性大，但也存在造价偏高、工效偏低等缺点。

（1）预制水磨石楼地面

预制水磨石石板是以水泥和大理石为主要原料，经成形、养护、研磨及抛光制成的建筑装饰板材。预制水磨石楼地面一般是在刚性平整的垫层或楼板基层上铺 30mm 厚的 1：4 水泥砂浆，刷素水泥浆结合层；然后采用 12～20mm 厚 1：3 水泥砂浆铺砌，随刷随铺，铺好后用 1：1 水泥砂浆嵌缝。

（2）花岗岩、大理石楼地面

花岗岩和大理石都属于天然石材，天然石材一般具有良好的抗压性能和硬度，耐磨耐久，色泽艳丽，外观大方稳重等特点，一般用在高级装饰中。但是它也具有抗拉性能差，开采困难，运输不便，价格昂贵等缺点。

花岗岩和大理石楼地面面层是在结合层上铺设而成的。一般先在刚性平整的垫层或楼板基层上铺设 30mm 厚 1：4 干性水泥砂浆结合层，后铺贴大理石或花岗岩，并用水泥浆灌缝，如图 2-158 所示。

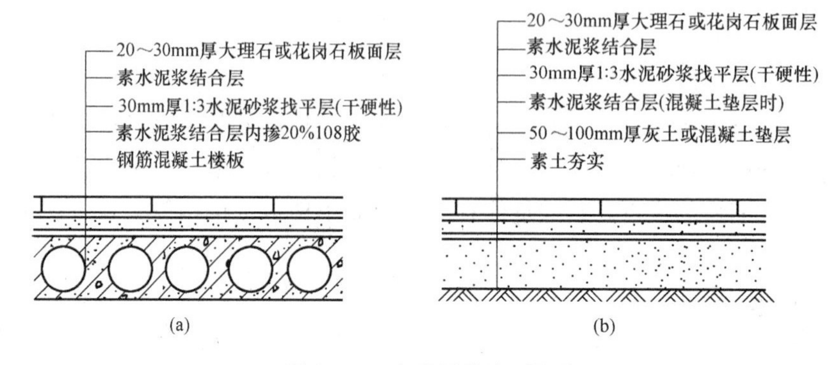

图 2-158 大理石楼地面构造

(a) 楼面构造；(b) 地面构造

（3）陶瓷锦砖、陶瓷地面砖

陶瓷锦砖是以优质瓷土烧制而成的小块瓷砖。陶瓷地面砖是用瓷土加上添加剂经制模成形后烧成的，具有可擦洗、不脱色、不变形、色彩丰富等特点。

陶瓷锦砖的铺贴方法是：先在结构层上铺一层厚 10～20mm 的 1∶3～1∶4 水泥砂浆找平层，将拼好的陶瓷锦砖反铺在上面，用滚筒压平，使水泥浆挤入缝隙。待水泥浆硬化后，用水及草酸洗去牛皮纸，最后用白水泥嵌缝，如图 2-159 所示。

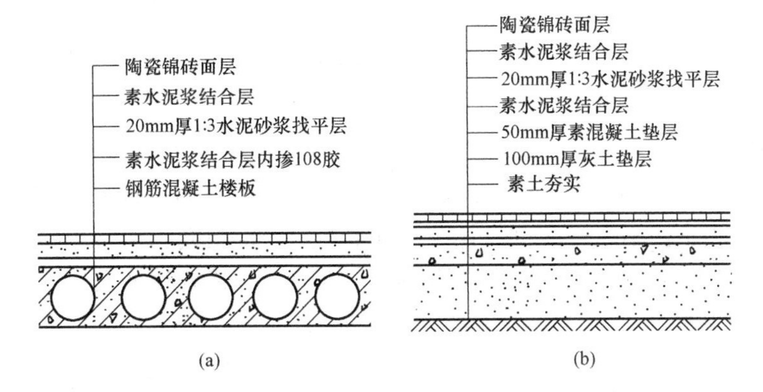

图 2-159　陶瓷锦砖楼地面构造

（a）楼面构造；（b）地面构造

陶瓷地面砖的铺贴方法是：先在结构层上铺一层厚 15～20mm 的 1∶3～1∶4 水泥砂浆找平层，刷素水泥砂浆作为结合层，再铺设陶瓷地面砖，最后用水泥砂浆嵌缝，如图 2-160 所示。

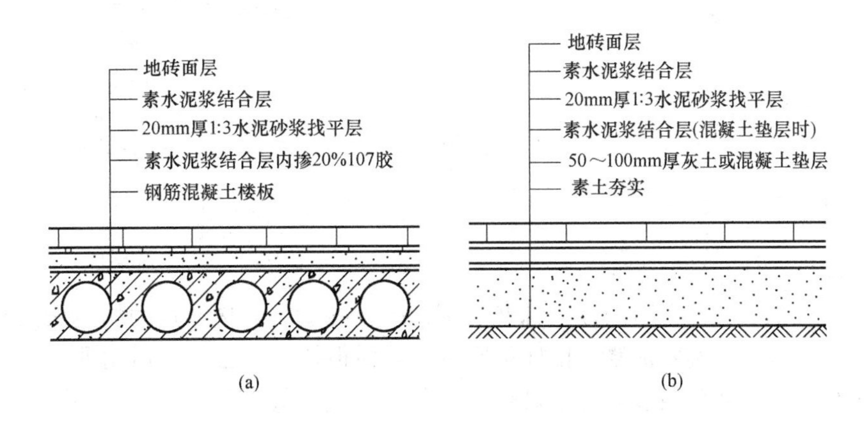

图 2-160　陶瓷地面砖楼地面构造

（a）楼面构造；（b）地面构造

3. 木地面

木地板指表面由木板铺钉或硬质木块胶合而成的地面。木地板具有弹性、蓄热性、耐磨、不起灰、易清洁、不泛潮等优点；但也存在有耐火性差、易腐朽变形等缺点。木地板经常使用在高级住宅、宾馆、剧院舞台等的地面装饰。木地板根据材质不同可分为普通纯木地板、复合木地板、软木地板，铺装方式分为实铺和空铺。

实铺木地板的构造是在结构层上铺设木龙骨，在龙骨断面上铺钉木地板。在结构层上铺设木龙骨；龙骨断面一般为 50mm×50mm，间距为 400mm，每隔 800mm 设一道横撑。为了防潮，需要先在垫层上刷冷底子油和热沥青各一道，后再在龙骨上铺设面板。木地板有单层和双层两种做法。单层木地面常用 18mm 厚的木企口板，如图 2-161（a）所示。双层木地板用 20mm 厚的普通木板与龙骨呈 45°方向铺钉，面层用硬木条形成拼花木地板，如图 2-161（b）所示。硬木地面也可直接粘贴在结构层的找平层上，如图 2-161（c）所示。

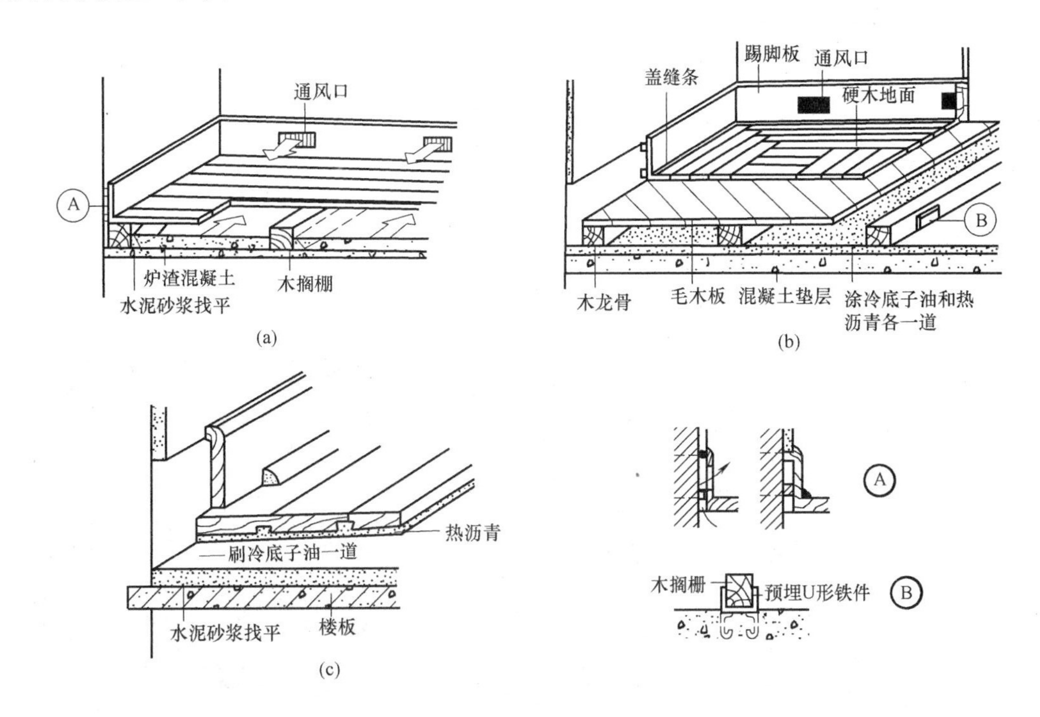

图 2-161　木地板

（a）木龙骨单层地面；（b）木龙骨双层地面；（c）粘贴式木地面

空铺式木地板铺装主要应用于面层距基底距离较大，需用砖墙和砖墩支撑，才能达到设计标高的木地面。空铺木地板一般为双层铺法，耗费大量木材，防火性也差，除特殊房间外很少采用。

4. 卷材地面

卷材类地面主要是粘贴各种卷材、半硬质块材的地面，常见的有塑料地面、橡胶毡地面以及无纺织地毯地面等。

（1）塑料地面

塑料地面材料目前以聚氯乙烯塑料为主。聚氯乙烯塑料地面的品种繁多，它以聚乙烯树脂为基料，加入增塑剂、稳定剂、石棉绒等，经塑化热压而成。按外形有块材与卷材之分；按材质有软质与半硬质之分；按结构有单层与多层之分。塑料地面是用粘结剂将塑料粘贴在平整、干燥、清洁的水泥砂浆找平层上，具有脚感舒适、柔软、富有弹性，轻质、耐磨、美观大方以及防滑、防水、耐腐蚀、绝缘、隔声、阻燃、易清洁，施工方便等特点，但却存在有不耐高温，怕明火，易老化等缺点。多用于住宅、公共建筑以及工业建筑中要求洁净的房间，如图 2-162 所示。

（2）橡胶毡地面

橡胶地毡是以橡胶粉为基料，掺入软化剂，在高温、高压下解聚后，加入着色补强剂，经混炼、塑化压延成卷的深棕色毡状地面装修材料。它具有耐磨损、质地柔软、防滑、吸声、隔潮、有弹性等特点，且价格低廉，铺贴简便，可以干铺或粘贴在水泥砂浆面层上，如图 2-163 所示。

（3）地毯地面

地毯地面的材质有羊毛地毯、混纤地毯、化纤地毯、橡胶绒地毯等；按编制工艺分为手工编制地毯、机织地毯、簇绒地毯、无纺地毯。地毯的铺设方式有固定式和活动式两种，如图 2-164 所示。

图 2-162　塑料地面

图 2-163　橡胶地面

图 2-164　地毯地面

四、踢脚线

踢脚线是室内地面与墙面相交处的构造处理。踢脚线的作用是保护墙面，防止污染墙身。踢脚线的高度一般为 100～150mm。常用的材料有水泥砂浆、水磨石、大理石、缸砖、木材等，一般与地面材料相同。常用踢脚线的构造做法如图 2-165 所示。

五、顶棚

顶棚是楼板层或屋顶下面的装饰层，根据施工方法可分为抹灰类顶棚、裱糊类顶棚、贴面类顶棚、装配式板材顶棚等。根据顶棚装饰表面与屋面、楼面结构等基层关系的不同又可分为直接式顶棚、悬吊式顶棚。

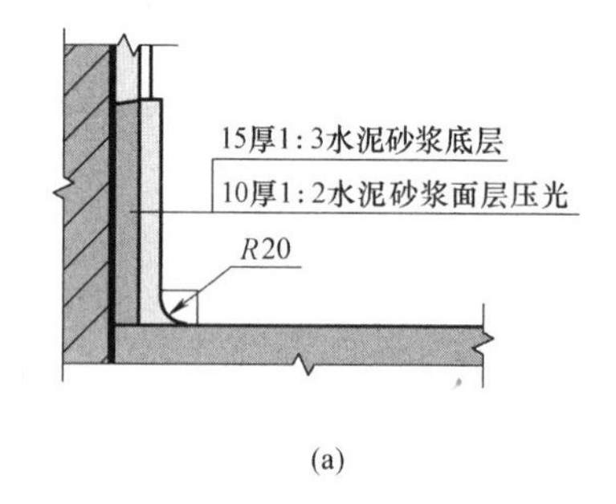

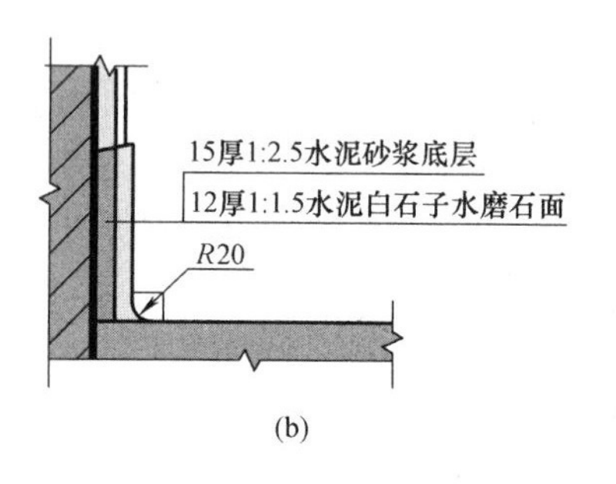

图 2-165　踢脚线的构造（mm）
（a）水泥砂浆踢脚线；（b）水磨石踢脚线

（一）直接式顶棚

直接式顶棚具有构造简单，构造层厚度小，可以充分利用空间，且材料用量少，施工方便，造价较低等优点，但这类顶棚不能提供隐藏管线、设备等的内部空间。通常小口径的管线应预埋在楼屋盖结构或构造层内，但大直径的管道则无法隐蔽。因此，直接式顶棚适用于普通建筑及功能较简单、空间尺度较小的场所。

1. 直接喷刷涂料顶棚

对于楼板底较平整又没有特殊要求的房间，可在楼板底嵌缝后，直接喷刷浆料。常用的材料有石灰浆、大白浆、色粉浆、彩色水泥浆、可赛银等。喷刷类装饰顶棚主要用于一般办公室、宿舍等建筑，如图 2-166 所示。

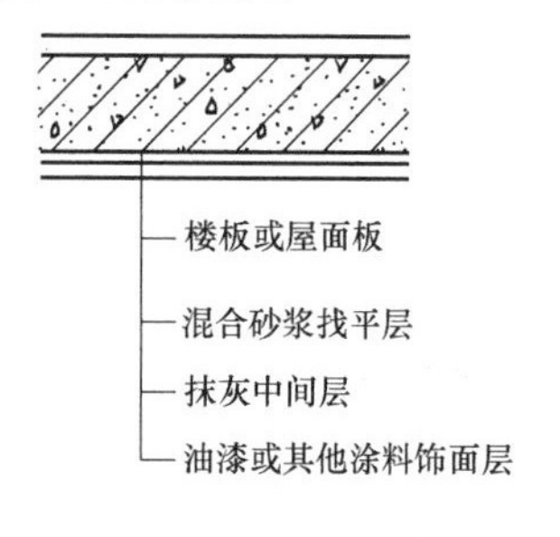

图 2-166　喷刷顶棚构造

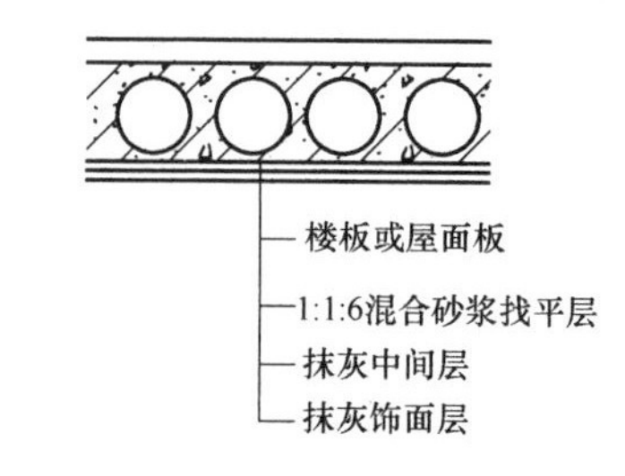

图 2-167　直接抹灰顶棚构造

2. 抹灰顶棚

常用的材料有纯筋灰抹灰、石灰砂浆抹灰、水泥砂浆抹灰。直接抹灰的构造做法是先在顶棚的基层（楼板底）上，刷一遍纯水泥浆，使抹灰层能与基层很好地粘合，然后用混合砂浆打底，后做面层。抹灰顶棚可用在一般建筑或简易建筑中，如图 2-167 所示。

3. 贴面顶棚

对一些要求较高或有保温、隔热、吸声要求的房间顶棚面，也可采用直接粘贴壁纸、墙布及其他织物的饰面方法。粘贴装饰材料之前通常先对板底用水泥砂浆或混合砂浆进行找平，当面层为装饰板材且板底较平整时也可不做找平层。这类顶棚主要用于装饰要求较高的建筑，如宾馆的客房、住宅的卧室等，如图 2-168 所示。

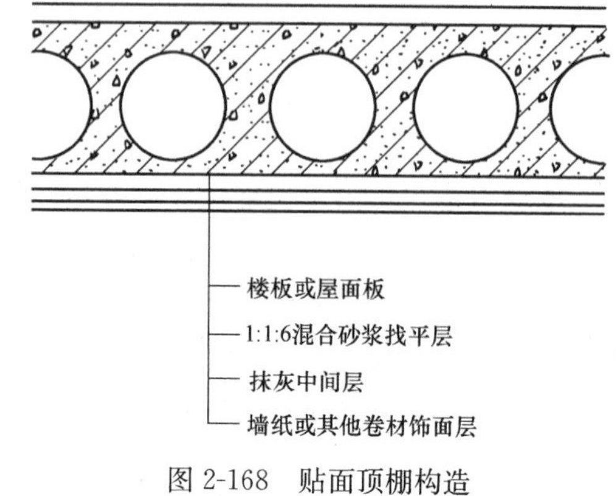

图 2-168　贴面顶棚构造

4. 块材类顶棚

对一些有防潮、防腐、防霉要求或清洁要求较高的建筑，也可以采用釉面砖、瓷砖等块材类顶棚，如浴室、洁净车间等。

（二）悬吊式顶棚

悬吊式顶棚又称吊顶，其装饰表面与结构底表面之间留有一定的距离，通过悬挂物与结构连接在一起。在没有功能要求时，悬吊式顶棚内部空间的高度不宜过大，以节约材料和造价；若利用其作为敷设管线设备的技术空间或有隔热通风需要，则可根据情况适当加大，必要时可铺设检修走道以免踩坏面层，保障安全。饰面应根据设计留出相应灯具、空调等设备安装检修孔及送风口、回风口位置。

1. 吊顶的构造组成

悬吊式顶棚一般由吊杆（吊筋）、基层、面层 3 部分组成，如图 2-169 所示。

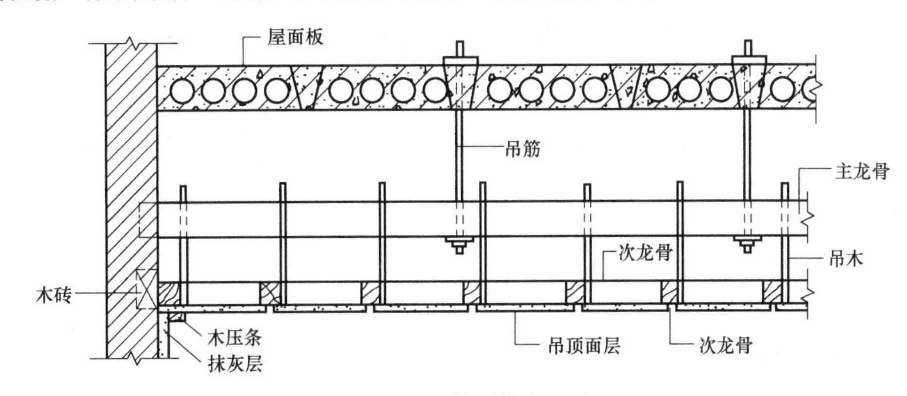

图 2-169　吊顶构造组成

（1）吊筋

吊筋是连接龙骨和承重结构的承重传力构件。吊筋的主要作用是承受顶棚的荷载，并将荷载传递给屋面板、楼板、屋顶梁、屋架等部位。通过吊筋还可以调整、确定悬吊式顶棚的空间高度，以适应不同场合、不同艺术处理上的需要。吊筋材料可以是钢筋、型钢、木方等。钢筋用于一般顶棚；型钢用于重型顶棚，或整体刚度要求特高的顶棚；木方用于木基层顶棚，用金属连接件加固。

（2）基层

基层按材料分为木基层、金属基层。金属基层有轻钢和铝合金两种。基层按构造层次分为主龙骨、次龙骨和横撑（间距）龙骨。

吊顶的承重结构是主龙骨。主龙骨是通过吊筋固定在楼板或屋面板上的，它承受吊顶基层传来的荷载，并通过吊筋传递上部荷载。主龙骨应与次龙骨垂直，次龙骨与横撑龙骨垂直。在布置龙骨时还应考虑顶棚造型需要，给吸顶灯具及风口应留出足够位置。

（3）面层

面层即吊顶的装饰面层，具有吸音、反射、保温、隔热等功能。面层可分为抹灰面层和板材面层等。抹灰面层的做法是先在骨架上钉板条或钢丝网或钢板网；然后做抹灰层；最后再做罩面装饰。

板材类面层材料有实木板、胶合板、纤维板、钙塑板、石膏板、塑料板、硅钙板、矿棉吸声板、铝合金等金属板材。板材面层的做法是面板与骨架采用钉接、粘贴、搁置、卡入、吊挂等形式连接，再做罩面装饰。

2. 吊顶构造图

龙骨外露吊顶如图 2-170 所示，不露龙骨式吊顶如图 2-171 所示，铝合金板材吊顶如图 2-172 所示。

六、变形缝

（一）变形缝的含义

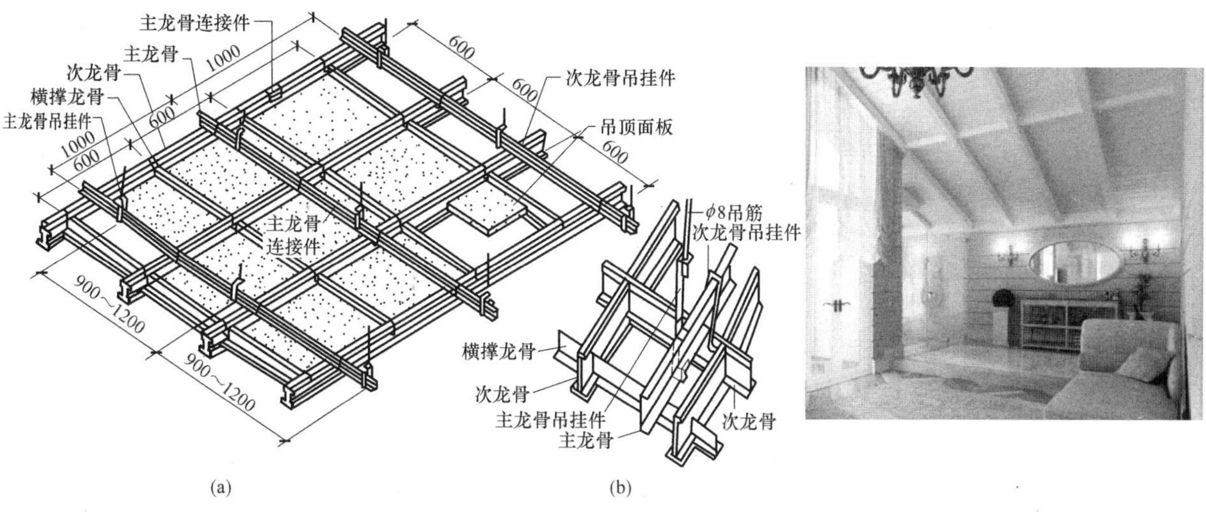

图 2-170　龙骨外露吊顶（mm）

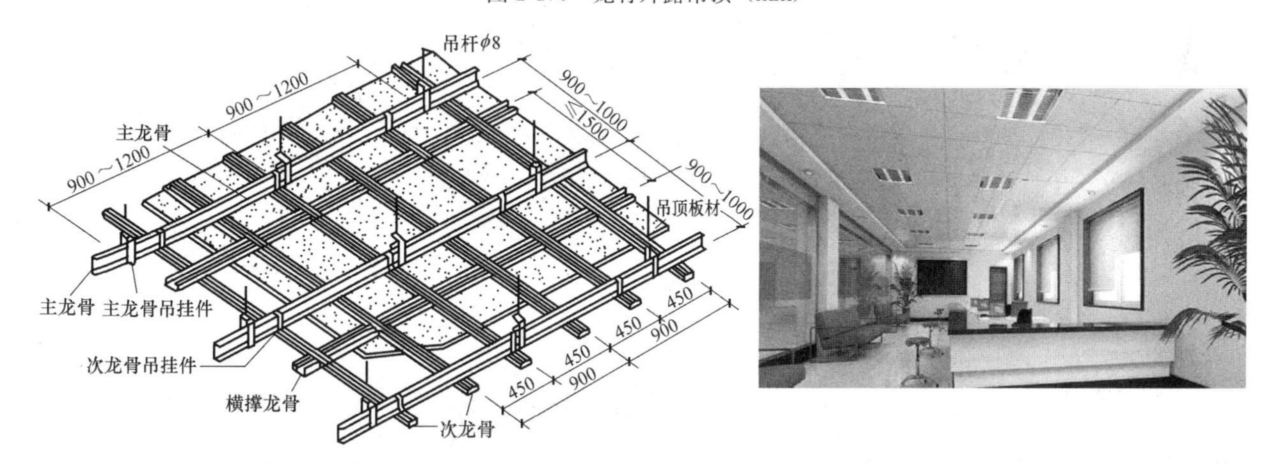

图 2-171　不露龙骨吊顶（mm）

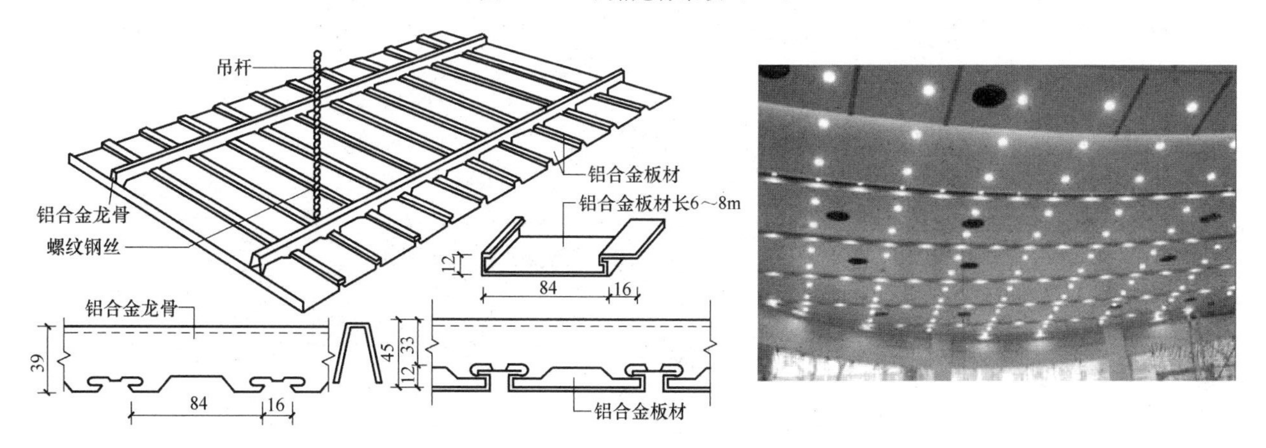

图 2-172　铝合金板材吊顶（mm）

建筑物由于温度变化、地基不均匀沉降以及地震等因素的影响，使结构内部产生附加应力和变形，易使建筑物破坏，产生裂缝甚至倒塌。为减少这些应力和变形对建筑物的损坏，预先在建筑物变形敏感的部位将结构断开，预留缝隙，以保证建筑物有足够的变形宽度而不使建筑物破损，这种将建筑物垂直分割而预留的人工缝称为变形缝。

（二）变形缝的分类

根据变形缝的作用可分为伸缩缝、沉降缝、防震缝三种。

1. 伸缩缝

建筑物受温度变化影响时，会产生胀缩变形，建筑物的体积越大，变形就越大，当建筑物的长度超过一定限度时，会因变形过大而开裂。为避免这种情况发生，通常沿建筑物高度方向设置垂直缝隙，将建筑物断开，使建筑物分隔成几个独立部分，各部分可自由胀缩，这种构造缝称为伸缩缝，如图 2-173 所示。

伸缩缝设置的构造要求是从基础顶面至屋顶沿结构全部断开，缝宽一般为 20～30mm。

(a)

(b)

图 2-173 伸缩缝

2. 沉降缝

沉降缝是防止建筑物因地基不均匀沉降引起破坏而设置的缝隙，它是把建筑物分成若干个整体刚度较好，自成沉降体系的结构单元，以适应不均匀的沉降。沉降缝可兼伸缩缝的作用，而伸缩缝却不能代替沉降缝。沉降缝的缝宽与地基情况及建筑高度有关，地基越弱的建筑物，沉降的可能性越大，沉降后产生的倾斜距离越大，其沉降缝的宽度约为 30～70mm，在软弱地基上的建筑物的缝宽应适当增加。沉降缝从基础至屋顶全部断开，如图 2-174 所示。

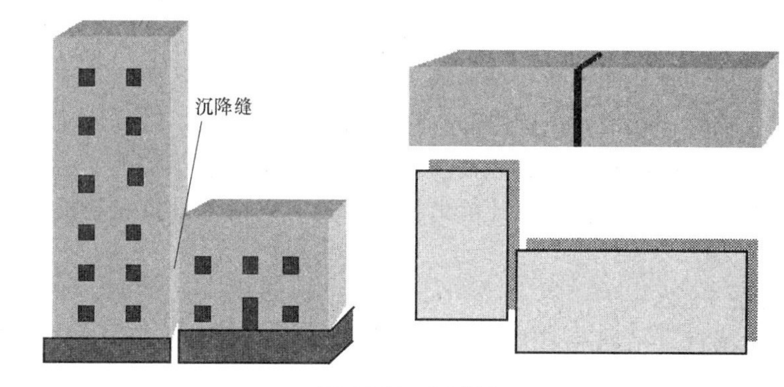

图 2-174 沉降缝

需设置沉降缝的建筑和部位：当建筑物平面形状复杂、高度变化大、连接部位比较薄弱；同一建筑物相邻部分的层数相差 2 层以上或层高相差超过 10m；地基土压缩性有显著差异处；建筑物结构（或基础）类型不同处；分期建造房屋的交接处。沉降缝设置部位如图 2-175 所示。

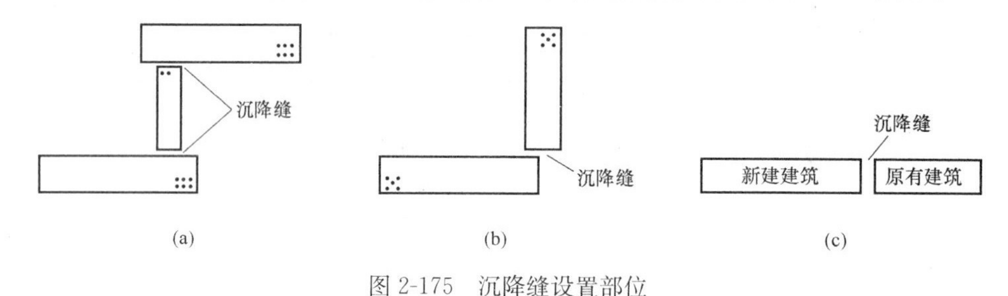

图 2-175 沉降缝设置部位

3. 防震缝

防震缝是针对地震时容易产生应力集中而引起建筑物结构断裂，发生破坏的部位而设置的缝。对于设计烈度在 7～9 度的地震区，当房屋体型比较复杂时，如 L 形、T 形、工字形等，必须将房屋分成几个体型比较规则的结构单元，以利于抗震。防止建筑物各部分在地震时相互撞击引起破坏，抗震缝将建筑物划分成若干体型简单、结构刚度均匀的独立单元。

防震缝的设置可以从基础以上断开。防震缝应同伸缩缝和沉降缝协调布置，做到一缝多用。防震缝的宽度一般不小于 50mm。

（三）变形缝的构造

变形缝的构造包括基础、墙体、楼地层、屋顶处的构造。

1. 基础变形缝

当建筑物设置了沉降缝时，在沉降缝的对应位置，基础必须断开，以满足自由沉降的需要。

2. 墙体变形缝

变形缝的构造形式与变形缝的类型和墙体的厚度有关，可做成平缝、错口缝或企口缝。墙体变形缝应做到不透风、不渗水，能够做到保温隔热，缝内须采用防水、防腐、耐久性、有弹性的材料。

外墙用耐气候性好的材料，如镀锌铁皮、铝板、PVC 塑料板，进行覆盖，如图 2-176 所示。

内墙变形缝的构造应考虑与室内的装饰环境相协调，并应满足隔声、防火要求。一般采用具有一定装饰效果的木条盖缝。

3. 楼地层变形缝

（1）楼板层变形缝。楼板层变形缝的宽度应与墙体变形缝一致，上部用金属板、预制水磨石板、硬塑料板等盖缝，以防止灰尘下落，如图 2-177 所示。

图 2-176　外墙变形缝

图 2-177　楼面、墙面变形缝

（2）地坪层变形缝。当地坪层采用刚性垫层时，变形缝应从垫层到面层处断开，垫层处缝内填沥青麻丝等材料，面层处理同楼面。

4. 屋顶变形缝

屋顶变形缝破坏了屋面防水层的整体性，留下了雨水渗漏的隐患，所以必须加强屋顶变形缝处的处理。屋顶在变形缝处的构造分为等高屋面变形缝、不等高屋面变形缝两种。

屋顶变形缝构造图如图 2-73 所示。

（四）变形缝的关系

1. 伸缩缝、沉降缝、防震缝应根据情况统一设置。

2. 当只设置其中两种缝时，一般沉降缝可代替伸缩缝，防震缝也可代替伸缩缝。

3. 当伸缩缝、沉降缝、防震缝均需设置时，通常以沉降缝的设置为主，缝的宽度和构造处理应满足防震缝的要求，同时也应兼顾伸缩缝的最大间距要求。

【思考训练】

一、问答题

1. 建筑剖面图的图示内容有哪些？简述剖面图的识读要点。
2. 简述楼板层的组成和地坪层的组成。
3. 简述楼板的类型及其特点。
4. 根据受力和传力特点，现浇钢筋混凝土楼板分为哪几类？各自的适用范围是什么？
5. 根据材料不同，楼地面分为哪些类别？根据施工方法不同，楼地面分为哪些类别？
6. 整体式地面包括哪些类别？
7. 抄绘踢脚线构造图。
8. 根据施工方法，顶棚分为哪些类别？根据顶棚装饰表面与屋面、楼面结构关系，顶棚分为哪些类别？
9. 简述变形缝的分类，变形缝构造的部位，变形缝的关系。

二、绘图题

根据附录 1，绘制一层地面及二层楼面的构造做法。

任务 2.5　建筑详图识读

模块 2.5.1　学习情境引导文

一、简述建筑详图的内容及作用。

二、识读附录 1 的建施-01～建施-09，回答以下问题：

1. 建施-01 中的建筑详图有：____________________，______________________，______________________。

2. 建施-03 中的建筑详图有：____________________，______________________，______________________。

3. 建施-09 中的建筑详图有：_____________________。

三、识读附录 1 建施-09 的 2-2 剖面图，回答以下问题（提示：需综合识读结施-15 的楼梯结构平面和配筋图）：

1. 上人屋面的五层小学教学楼，楼梯为______跑楼梯，其楼梯层数为________层。每层楼梯共______级，每级踏步宽________mm，高________mm。

2. 该楼梯包含梯段板、休息平台板、平台梁、梯口梁。其中梯段板的水平投影长度为__________mm，梯段板的宽度是______mm，梯段板的高度是______mm。

3. 每跑梯段板的楼梯级数为______级，踏步数为________步。

（提示：踏步面数与级数的关系：由于梯段的踏步最后一级踏面与平台面或楼面重合，因此，梯段踏面投影数总是比梯段的步级数少 1 格，即踏步面数＝级数－1。）

4. 楼梯井的宽度为________mm。

5. 休息平台板的顶面标高分别是____m。休息平台板的宽度是__________mm，长度是__________mm。

模块 2.5.2　知识链接

建筑详图是建筑细部的施工图。因为建筑平面、立面、剖面图一般采用较小的比例，因而某些建筑构配件（如门、窗、楼梯、阳台等）和节点（如檐口、窗顶、窗台、明沟等）的详细构造和尺寸都不能在这些图中表达清楚。根据施工需要，在建筑平面、立面、剖面图中引出索引符号，在索引符号所指出的图纸上，另外绘制比例较大的图样，也称大样图或节点图。因此，建筑详图是建筑平面、立面、剖面图的补充。

一、建筑详图的种类、表示方法、内容

（一）建筑详图的种类

建筑详图分为构造节点详图和构配件详图两类。凡表达房屋某一局部构造做法和材料组成的详图称为结构节点详图（如檐口、窗台、勒脚、明沟等）；凡表明构配件本身构造的详图，称为构件详图或配件详图（如门、窗、楼梯、花格、雨水管等）。

（二）建筑详图的表示方法

1. 详图的数量。详图的数量和图示内容与房屋的复杂程度及平面、立面、剖面图的内容和比例有关。有的只需一个剖面详图就能表达清楚（如墙身剖面详图），有的则需另加平面详图（如楼梯平面详图、卫生间平面详图等）或立面详图（如门窗、阳台详图等），有时还要在详图中再补充比例更大的详图。还有一些构配件详图除绘制平面、立面、剖面详图外，还需要画一些构配件的断面图，如门窗断面图。

2. 对于套用标准图或通用图的建筑构配件和节点，只需注明所套用图集的名称、页次（索引符号）和构配件型号，可不必另画详图。

3. 对于构件节点详图，除了要在平面、立面、剖面等基本图样中的有关部位标注出索引符号外，还应在详图上标注详图符号或名称，以便对照查阅。而对于构配件详图，可不标注索引符号，只在详图上写明该构配件的名称和型号即可。

（三）建筑详图的内容

房屋施工图通常需要绘制以下详图：外墙剖面详图（图 2-178）、楼梯详图、门窗详图及室内外一些构配件的详图，如室外的台阶、花池、散水、明沟、阳台等，室内的厕所、卫生间、壁柜，隔板等。各详图的主要内容有：

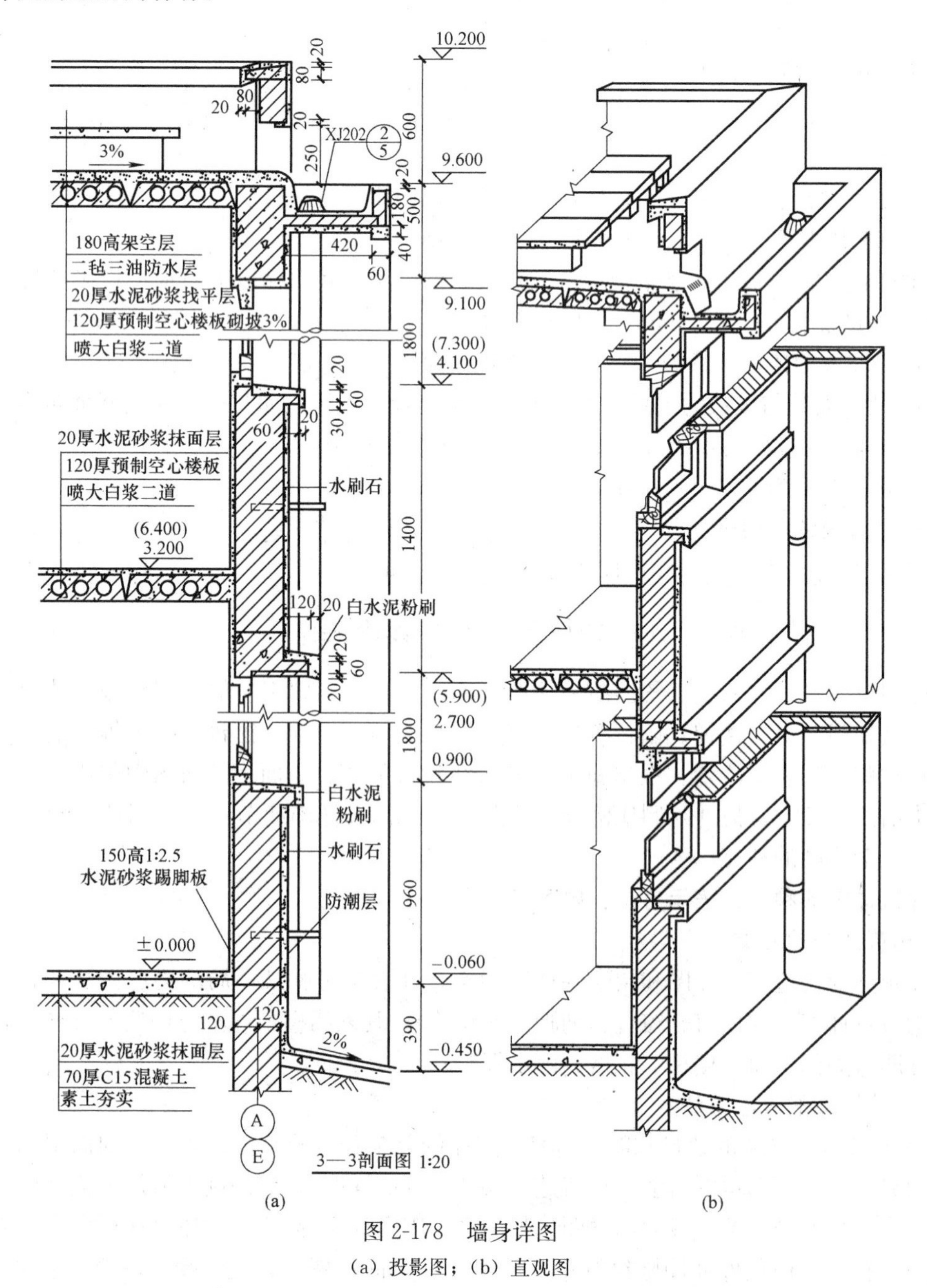

图 2-178 墙身详图
（a）投影图；（b）直观图

1. 图名（或详图符号）、比例。
2. 表达出构配件各部分的构造连接方法及相对位置关系。
3. 表达出各部位、各细部的详细尺寸。
4. 详细表达构配件或节点所用的各种材料及规格。
5. 有关施工要求、构造层次及制作方法说明等。

二、外墙详图

外墙剖面详图实质上是建筑剖面图中外墙墙身部分的局部放大。它主要表达房屋的屋面、楼面、地面、檐口的构造、楼板与墙的连接，以及门窗顶、窗台、勒脚、散水、明沟等处的尺寸、材料、做法等，它是砌墙、室内外装修、门窗安装，编制施工预算以及材料估算的重要依据。

外墙剖面详图一般采用 1∶20 的比例绘制，为节省图幅，通常采用折断画法，在窗洞中间处断开，成为几个节点详图的组合，如图 2-178 所示。如果多层房屋中各层的构造情况一样，可只画底层、顶层和一个中间层来表示。

外墙剖面详图上标注尺寸和标高，与建筑剖面图基本相同，线型也与剖面图一样，剖到的轮廓线用粗实线，粉刷线则为细实线，断面轮廓线内应画上材料图例。

外墙剖面详图的识读要点：

1. 了解详图的图名、比例。
2. 了解详图与被索引图样的对应关系。
3. 了解屋面、楼面、地面的构造层次和做法。
4. 了解檐口构造及排水方式。
5. 了解各层梁（过梁或圈梁）、板、窗台的位置及其与墙身的关系。
6. 了解外墙的勒脚、散水及防潮层做法。
7. 了解内、外墙面的装修做法。
8. 了解各部位的标高、高度方向的尺寸和墙身细部尺寸。

三、楼梯详图

楼梯是多层房屋垂直方向的主要交通设施，应满足行走方便，人流疏散舒畅，有足够的坚固耐久性，目前多采用预制或现浇钢筋混凝土楼梯。楼梯由梯段、平台、梯口梁、平台梁和栏板（或栏杆）等部分组成，如图 2-179、图 2-180 所示。

楼梯的构造比较复杂，一般需另画详图，以表示楼梯的类型和结构的形式，各部位尺寸及装修做法。楼梯详图是楼梯施工放样的主要依据。

楼梯详图一般包括楼梯平面图、剖面图及踏步、栏杆、扶手等处的节点详图。这些详图应尽可能画在同一张图纸内。平面、剖面详图比例要一致（如 1∶20、1∶30、1∶40），以便对照识读。踏步、栏杆、扶手详图比例要大些（如 1∶5 或 1∶10），以便更详细、清楚地表达该部分构造情况。楼梯详图分建筑详图与结构详图，应分别绘制，编入“建施”和“结施”中，但对一些构造和装修较简单的现浇钢筋混凝土楼梯，其建筑和结构详图可合并绘制，编入“建施”和“结施”均可。

（一）楼梯平面图

楼梯平面图实质上是房屋各层建筑平面图中楼梯间的局部放大图。三层以上的楼梯，当中间各层的楼梯位置、梯段数、踏步数都相同时，通常只画出底层、中间层（或标准层）和顶层三个平面图即可，如图 2-179 所示 。

楼梯平面图是用一个假想的水平剖切平面过每层向上的第一个梯段中部（休息平台下）剖开后，向下投影所得到的剖面图，各层被剖切到的梯段均在平面图中以 45°细折断线表示。在每一梯段处画

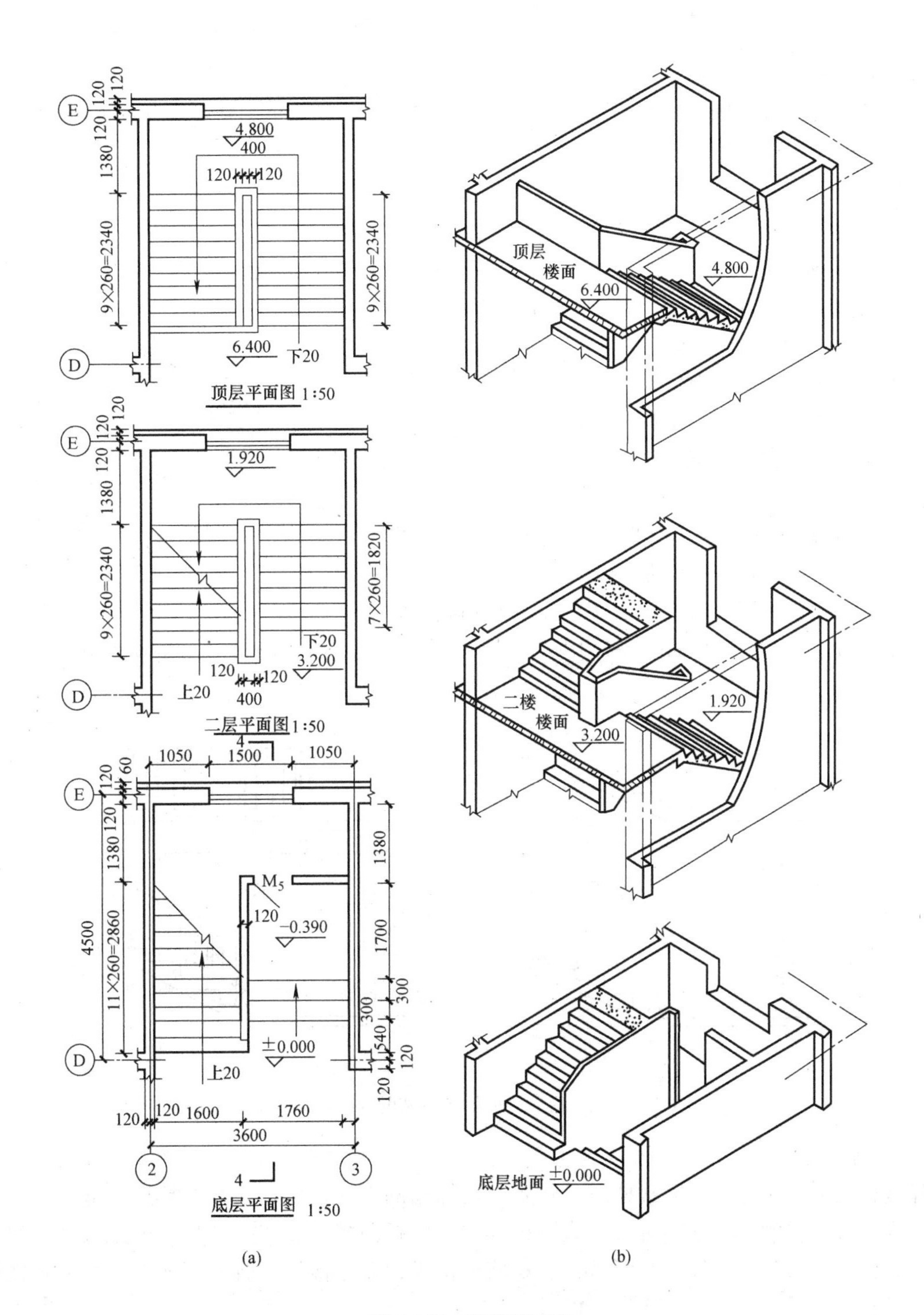

图 2-179　楼梯平面图

(a) 投影图；(b) 直观图

有带箭头的指示线，并标写“上”或“下”和踏步数，表明从该层楼（地）面到达上（或下）一层楼（地）面的方向和步级数。

在楼梯平面图中要标注出楼梯间的开间、进深尺寸、楼地面和平台面处标高及细部的详细尺寸。通常把梯段的水平投影长度尺寸与踏面数、踏步宽的尺寸合并写在一起。

楼梯平面图的识读要点如下：

1. 楼梯在建筑平面图中的位置及有关轴线的布置。

2. 楼梯间、梯段、楼梯井和休息平台等处的平面形式和尺寸以及楼梯踏步的宽度和踏步数。

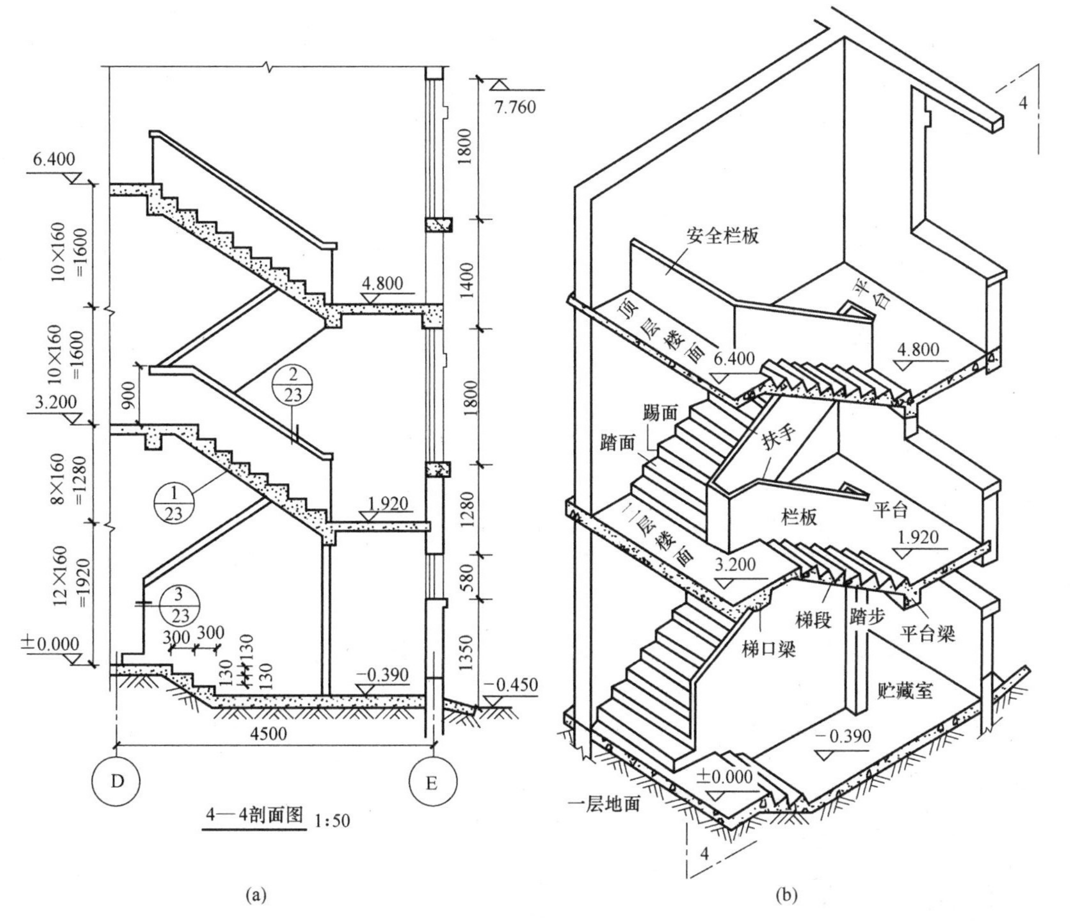

图 2-180　楼梯剖面图

(a) 投影图；(b) 直观图

3. 楼梯走向及上、下起步的位置。

4. 底层楼梯休息平台下的空间处理。

5. 楼梯间各楼层平面、休息平台面的标高。

6. 中间层平面图中三个不同梯段的投影。中间层平面图既要画出剖切后往上走的上行梯段（注有“上”字），还要画出该层往下走的下行完整楼梯（注有“下”字），继续往下的另一个梯段有一部分投影可见，用 45°折断线作为分界，与上行梯段组合成一个完整的梯段。各层平面图上所画的每一分格，表示一级踏面，由于梯段的踏步最后一级踏面与平台面或楼面重合，因此平面图上梯段踏面投影总是比梯段的步级数少 1 格。

7. 楼梯间墙、柱、门、窗的平面位置、编号和尺寸。

8. 楼梯剖面在楼梯底层平面图中的剖切位置及投影方向。

（二）楼梯剖面图

楼梯剖面图是楼梯垂直剖面图的简称。它是用一假想的铅垂剖切平面，通过各层的一个梯段和门窗洞，将楼梯剖开后向另一未剖到的梯段方向投影所得到的剖面图，如图 2-180 所示。

楼梯剖面图主要表达房屋的层数，楼梯的梯段数、踏步数、类型及其结构形式，表示各梯段、平台、栏杆（或栏板）等的构造及其相互关系。图 2-180 中楼梯每层有两个梯段，称为双跑楼梯。习惯上，若楼梯间屋面没有特殊之处，一般可用折断线断开不必画出。在多层房屋中，若中间各层的楼梯构造相同时，则剖面图可只画出底层、中间层和顶层，中间用折断线分开（与外墙剖面详图的处理方法相同）。

楼梯剖面图中应注明地面、楼面、平台面等处的标高和梯段、栏杆（或栏板）的高度尺寸及窗洞、窗间墙等细部尺寸。

楼梯剖面图的识读要点如下：

1. 图名和比例。
2. 轴线编号和轴线尺寸。
3. 房屋的层数、楼梯梯段数、踏步数。
4. 楼梯的竖向尺寸和各处标高。
5. 梯段、平台、栏杆、扶手、踢脚等构造情况和用料说明。
6. 踏步的宽度、高度及栏杆高度。
7. 踏步、扶手、栏板的详图索引符号。

（三）楼梯节点详图

楼梯节点详图常包括楼梯踏步、扶手、栏杆（或栏板）等详图，比例为 1∶5 或 1∶10，以表明其断面形式、细部尺寸、用料、构件连接及面层装修做法等，如图 2-181 所示。

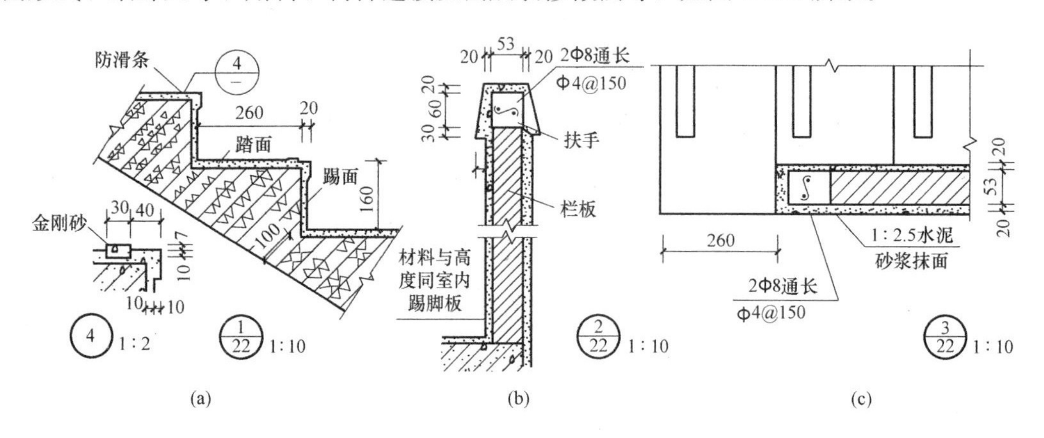

图 2-181　楼梯踏板、扶手、栏板详图（mm）

四、楼梯构造

楼梯是楼房建筑的垂直交通设施，供人们上下楼层和紧急疏散之用。因此，楼梯应具有足够的通行能力，并且防滑、防火，能保证安全使用。

（一）楼梯的组成和形成

1. 楼梯的组成

建筑中，凡布置楼梯的房间称为楼梯间。楼梯一般由梯段、平台、梯口梁、平台梁和栏板（或栏杆）等部分组成，如图 2-182 所示。

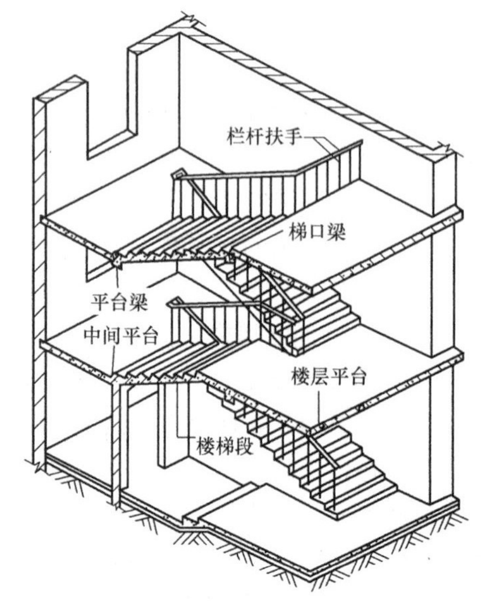

图 2-182　楼梯的组成

2. 楼梯的分类

（1）按楼梯所处的位置不同，分为室内楼梯与室外楼梯。

（2）按使用性质分，室内楼梯有主要楼梯、辅助楼梯；室外楼梯有安全楼梯、防火楼梯。

（3）按使用材料，分为木楼梯、钢筋混凝土楼梯、钢楼梯、混合式楼梯及金属楼梯。

（4）按施工方法的不同，钢筋混凝土楼梯可分为现浇式楼梯和预制装配式楼梯两种。

3. 楼梯的尺度

踏步尺寸：踏步高度一般 150mm 左右且不应高于 200mm，踏步宽度一般 300mm 左右且不应窄于 220mm。

梯段尺寸：梯段尺寸主要指梯宽应满足防火规范及各类建筑设计规范，如住宅不应小于 1100mm，公共建筑应根据其具体规范来确定。

平台宽度：平台又分为中间休息平台和楼层平台，一般中间平台宽度需大于等于梯宽，楼层平台宽度比中间平台更宽一些，以利于人流的停留和分配。

梯井宽度：楼梯井指梯段之间形成的空档，宽度一般以 60～200mm 为宜。

栏杆扶手高度：指从踏步中心点至扶手顶面的距离，一般不小于 900mm，如图 2-183 所示。

楼梯净空高度：一般要求不小于 2000mm，梯段范围内净空的高度宜大于 2200mm，如图 2-184 所示。

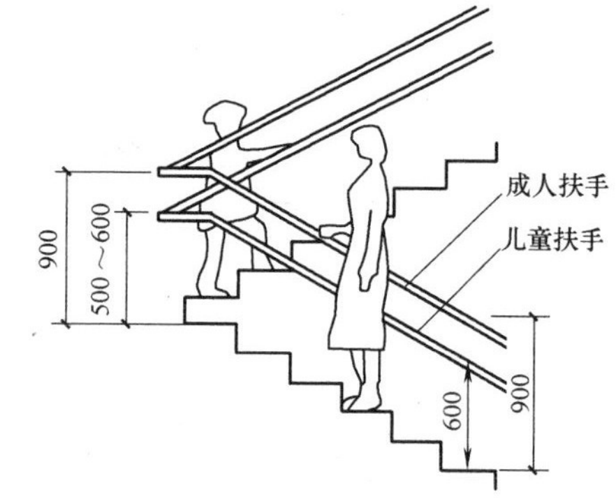

图 2-183　栏杆扶手高度（mm）

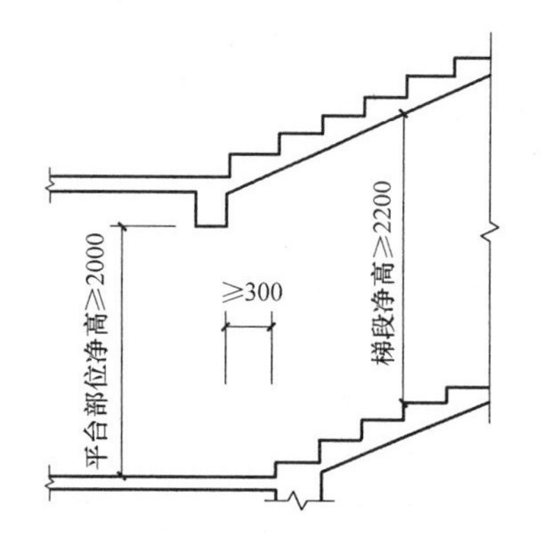

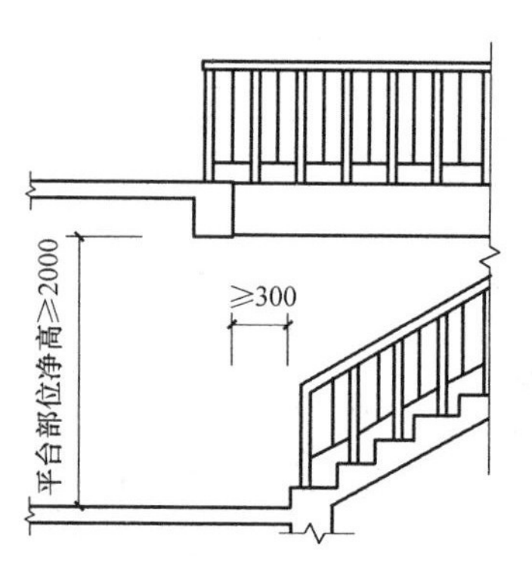

图 2-184　楼梯的净空高度（mm）

4. 楼梯的形式

选择楼梯的形式应综合考虑楼梯所处位置、楼梯间的平面形状与大小、楼层高低、层数、人流多少等因素。按楼梯的形式不同可分为直跑楼梯、双跑折角楼梯、三跑楼梯、四跑楼梯、双分式楼梯、双合式楼梯、八角形楼梯、圆形楼梯、螺旋形楼梯、弧形楼梯、剪刀式楼梯、交叉式楼梯，如图 2-185 所示。

（二）现浇整体式钢筋混凝土楼梯

现浇整体式钢筋混凝土楼梯具有坚固耐久、节约木材、防火性能好、可塑性强、刚度大等优点，但模板耗费较大，施工周期较长，自重较大，通常用于特殊异型的楼梯或防震性能要求高的楼梯。

现浇整体式钢筋混凝土楼梯结构形式有板式、梁板式和扭板式，其构造特点如下：

1. 板式楼梯

现浇板式钢筋混凝土楼梯，梯段板承受该梯段的全部荷载，并将荷载传至两端的平台梁上。这种楼梯构造简单，施工方便，造型简洁，但梯板较厚，自重大，一般在楼梯段跨度小于 3m 时常采用，如图 2-186 所示。

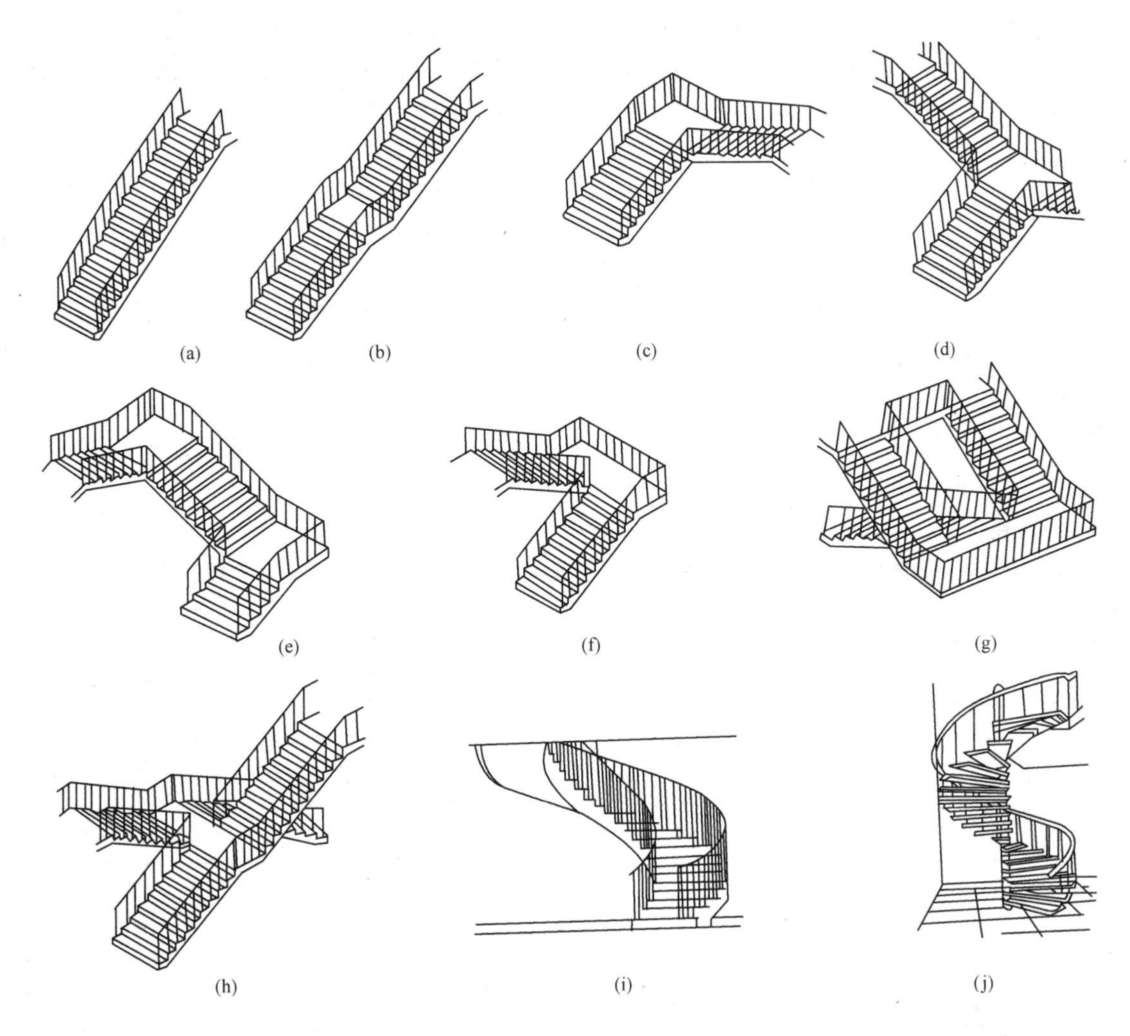

图 2-185　楼梯的形式

(a) 单跑直楼梯；(b) 双跑直楼梯；(c) 折角楼梯；(d) 双分折角楼梯；(e) 三跑楼梯；
(f) 双跑楼梯（双跑并列）；(g) 双分平行楼梯；(h) 交叉楼梯；(i) 弧形楼梯；(j) 螺旋形楼梯

2. 梁板式梯段

梁板式梯段可分为梁承式、梁悬臂式等类型。梁板式楼梯斜梁可上翻或下翻。梁悬臂式楼梯是踏步板从梯斜梁两边或一边悬挑的楼梯形式，常用于框架结构建筑或室外露天楼梯，如图 2-187 所示。

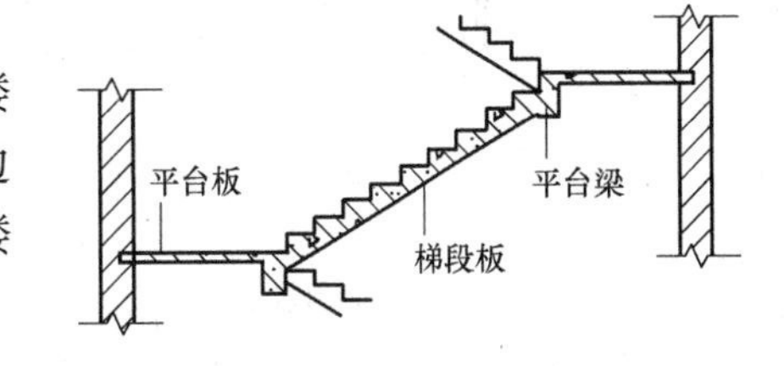

图 2-186　板式楼梯

3. 扭板式梯段

现浇扭板式钢筋混凝土楼梯底面平整，占空间少，造型美观。一般宜用于建筑标准高的建筑，特别适用于公共大厅，如图 2-188 所示。

（三）预制装配式钢筋混凝土楼梯

预制装配式钢筋混凝土楼梯按其构造方式可分为预制装配梁承式钢筋混凝土楼梯、预制装配墙承式钢筋混凝土楼梯和预制装配墙悬臂式钢筋混凝土楼梯。

1. 预制装配梁承式钢筋混凝土楼梯

该楼梯梯段由平台梁支承的楼梯结构方式。由于在楼梯平台和斜向梯段交汇处设置了平台梁，避免了构件转折处受力不合理和节点处理的困难，在非抗震区一般常用于民用建筑中。预制构件可

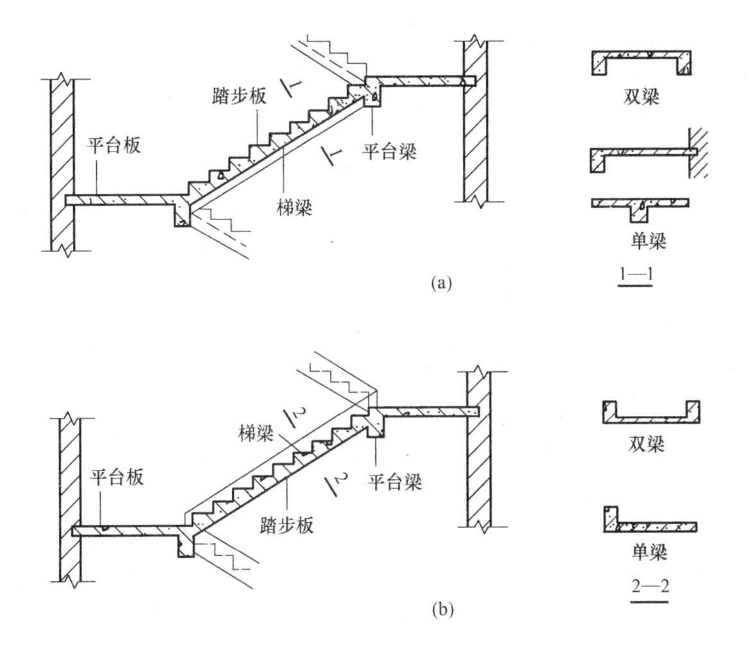

图 2-187　梁板式楼梯

(a) 梯斜梁下翻；(b) 梯斜梁上翻

图 2-188　扭板式楼梯

按梯段（板式或梁板式梯段）、平台梁、平台板三部分进行划分，如图 2-189 所示。

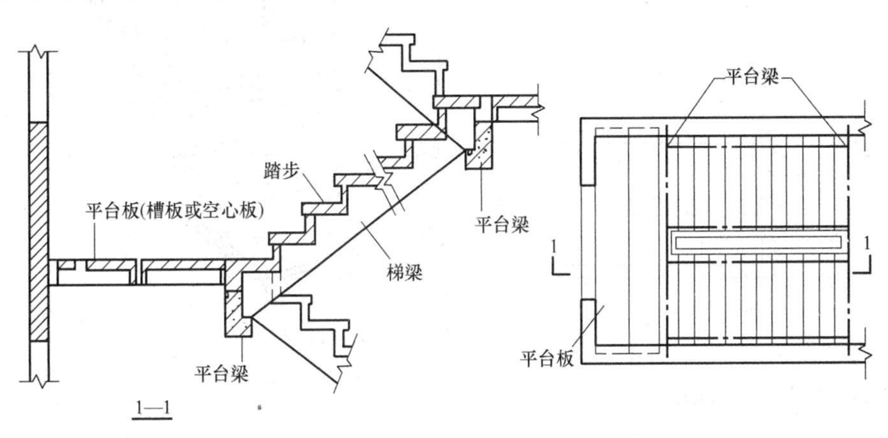

图 2-189　预制装配梁承式钢筋混凝土楼梯

2. 预制装配墙承式钢筋混凝土楼梯

该楼梯是预制钢筋混凝土踏步板直接搁置在墙上的一种楼梯形式，如图 2-190 所示。预制装配墙承式钢筋混凝土楼梯由于踏步两端均有墙体支承，不需设平台梁和梯斜梁，一般不需设栏杆，可节约钢材和混凝土，但遮挡视线，使用不方便。

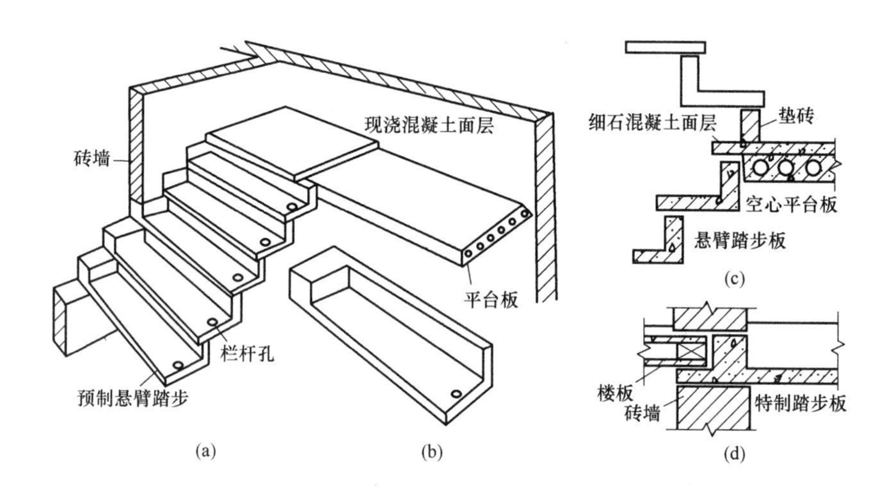

图 2-190　预制装配墙承式楼梯

(a) 悬臂踏步楼梯示意；(b) 踏步构件；(c) 平台转换处剖面；(d) 遇楼板处构件

3. 预制装配墙悬臂式钢筋混凝土楼梯

该楼梯是预制钢筋混凝土踏步板一段嵌固于楼梯间侧墙上，另一端凌空悬挑的楼梯形式，如图 2-191 所示。预制装配墙悬臂式钢筋混凝土楼梯无平台梁和梯斜梁，也无中间墙，楼梯间空间轻巧空透，占用空间少，在住宅建筑中经常使用。

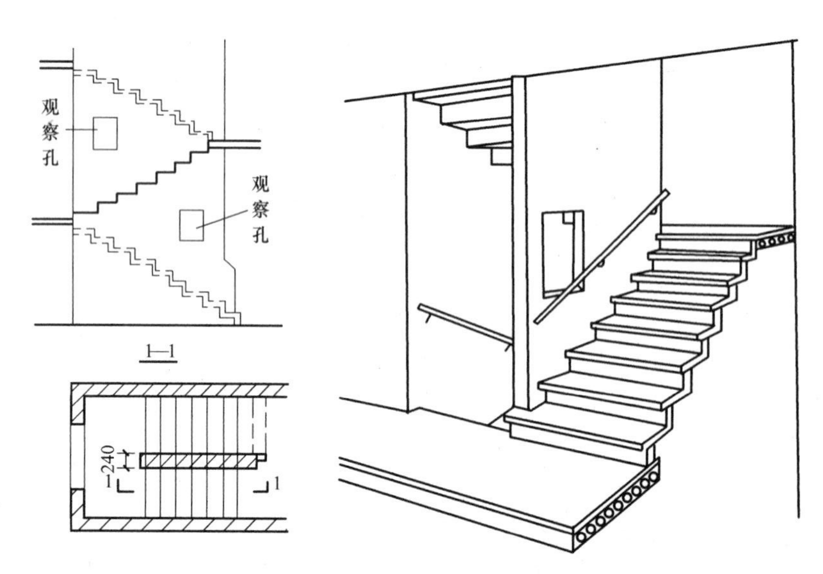

图 2-191　预制装配墙悬臂式钢筋混凝土楼梯

（四）踏步和栏杆扶手构造

1. 踏步面层及防滑处理

（1）踏步面层。楼梯踏步面层装修做法与楼层面层装修做法基本相同。常用的踏步面层有水泥豆石面层、普通水磨石面层、彩色水磨石面层、缸砖面层、大理石面层、花岗岩面层等。

（2）防滑处理。在踏步上设置防滑条的目的在于避免行人滑倒，并起到保护踏步阳角的作用。在人流量较大的楼梯中均应设置，其设置位置靠近踏步阳角处。常用的防滑条材料有水泥铁屑、金刚砂、金属条（铸铁、铝条、铜条）、陶瓷锦砖及带防滑条缸砖等。

2. 栏杆扶手连接构造

（1）栏杆与扶手连接。空花式和混合式栏杆采用木材和塑料扶手时，一般在栏杆竖杆顶部设通长扁钢与扶手底面或侧面槽口嵌接，用木螺钉固定。

（2）栏杆与梯段、平台连接（图 2-192）。栏杆竖杆与梯段、平台的连接一般是在梯段和平台上预埋钢板焊接或预留孔插接。

3. 扶手与墙面连接

当直接在墙上装设扶手时，扶手应在墙面保持 100mm 左右的距离。一般在砖墙上留洞，将扶手连接杆件伸入洞内，用细石混凝土嵌固。

4. 楼梯起步和梯段转折处栏杆扶手处理

在底层第一跑梯段起步处，为增强栏杆刚度和美观，可以对第一级踏步和栏杆扶手进行特殊处理。

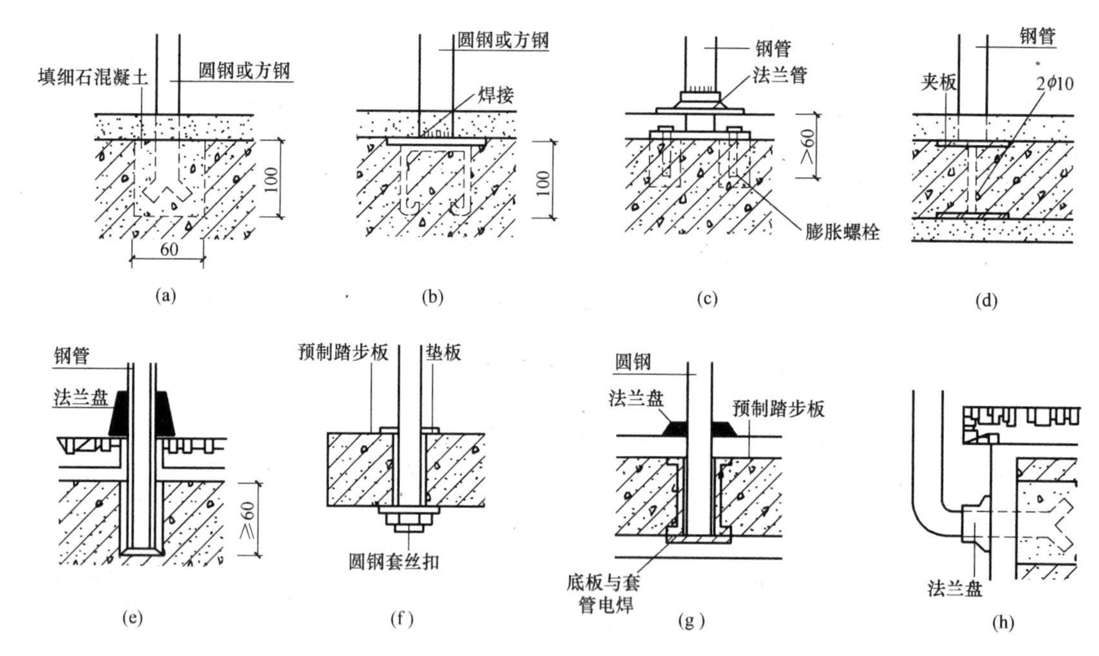

图 2-192　栏杆与梯段、平台连接（mm）

(a) 埋入预留孔洞；(b) 与预埋钢板焊接；(c) 法兰盘连接；(d) 与预埋夹板焊接；(e) 预埋套管丝扣连接；(f) 螺母连接；(g) 套管焊楼；(h) 侧面预面孔洞

（五）电梯和自动扶梯简介

1. 电梯

电梯是高层建筑和一些多层建筑，如医院、商场、厂房等，所必须的垂直交通设施，它运行速度快，可以节省时间和人力。电梯的类型很多，按使用性质分有客梯、客货梯、货梯、病床梯、杂物梯、消防梯等。近年来，观光梯在各大城市的高级宾馆饭店颇为流行。按电梯的运行速度分有低速、中速和高速电梯，高速电梯的运行速度可达到 4m/s 以上。目前，多采用载重量作为划分电梯规格的标准，如载重量 400kg、1000kg、2000kg 等。

电梯由轿厢、井道和机房等部分组成。轿厢供载人或载物之用，是由电梯厂生产的。轿厢内设指示灯、控制器、排风扇、报警器、电话等，顶部应有疏散孔。轿厢门一般为推拉门，有一侧推拉和中分推拉两种。电梯井道是电梯运行的通道，它的尺寸应根据电梯的类型确定，一般采用钢筋混凝土现浇而成。在每楼层间应设出入口，即电梯厅门，并设专用门，为保证安全，在电梯升降过程中专用门和轿厢门应全部封闭。在每层门的洞口底部设置钢筋混凝土的厅门牛腿，以填充本层轿厢与井道的空隙。门厅的门套装修，可选用不同的材料，如大理石、花岗岩、不锈钢等，在上面设置指示灯和按钮。电梯井道内有导轨、导轨撑架、平衡重等。电梯导轨固定在导轨撑架上，导轨撑架固定在井道壁上，轿厢沿导轨滑行。平衡重是由金属块叠合而成，用吊索与轿厢相连，保持轿厢平衡。在井道底部设有地坑，地坑地面设有缓冲器，以减缓电梯轿厢停靠时对坑底的冲撞。一般地坑的底面距首层地面标高的垂直距离不小于 1.4m。电梯机房一般设在电梯到达的顶层之上，是安装电梯的起重动力设备及控制系统的场所，其平面位置、尺寸均应按电梯厂的要求设置，应具有良好的采光和通风条件，有利于维修和操作。为了减少电梯运行时设备的噪声，一般在机房的下部设置隔声层。电梯的构造如图 2-193 所示。

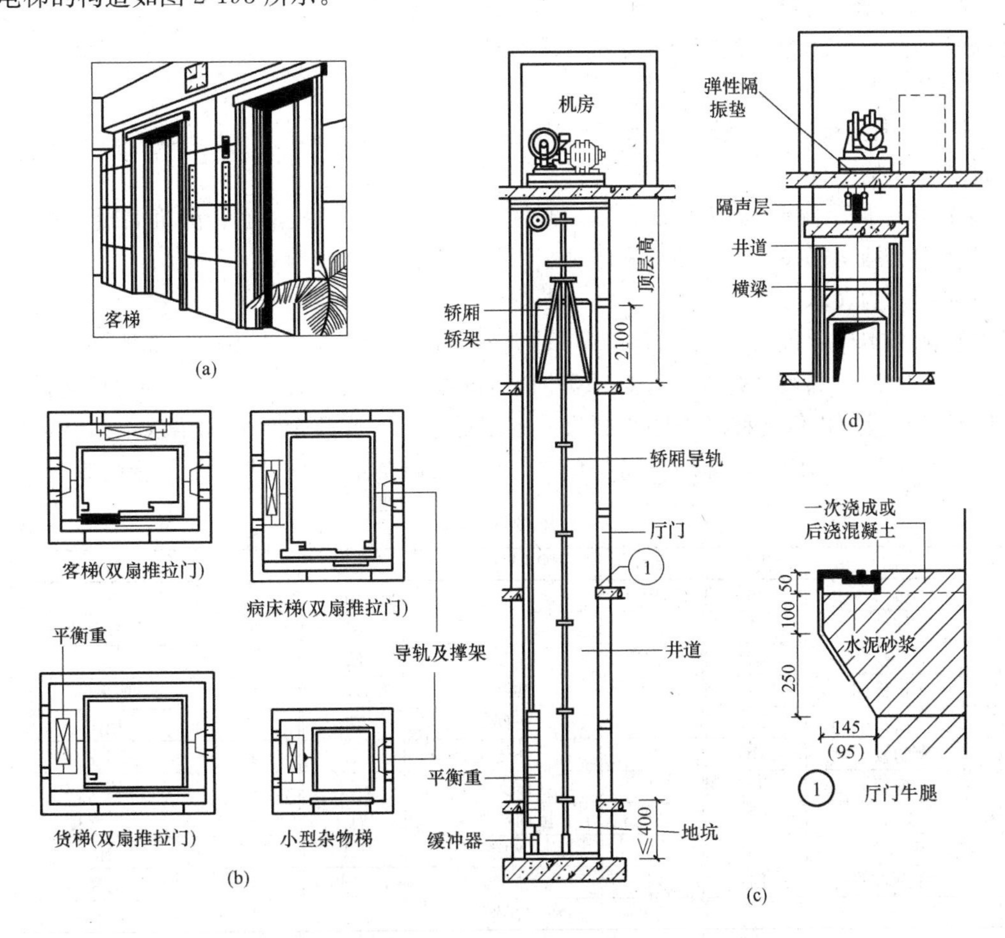

图 2-193　电梯的构造（mm）

（a）电梯厅门；（b）电梯分类与井道平面；（c）电梯井道；（d）电梯机房隔振，隔声处理

2. 自动扶梯

自动扶梯是建筑物楼层间连续运输效率最高的垂直交通设施，载客量可达 5000～10000 人/h，适用于大量人流上下的公共场所，如商场、展览馆、火车站、航空港、地铁站等。自动扶梯由电动机驱动，牵引踏步连同扶手同步运行，可正向运行，也可反向运行，停机时可做临时楼梯使用。自动扶梯的角度一般为 30°，运行速度为 0.5～0.7m/s，宽度为 600mm（单人）、800mm（单人携物）、1000、1200mm（双人）。

根据在建筑中的位置及建筑平面布局，自动扶梯主要有以下几种布置方式：

（1）平行排列式：安装面积小，但楼层交通不连续。

（2）交叉排列式：楼层交通可连续，升降两方向交通均分离清楚，外观豪华，但占地面积大。

（3）连贯排列式：楼层交通可以连续。

（4）集中交叉式：楼层交通升降两方向均连续，且搭乘地相距较远，升降客流不发生混乱，安装面积小。自动扶梯的布置方式如图 2-194 所示。

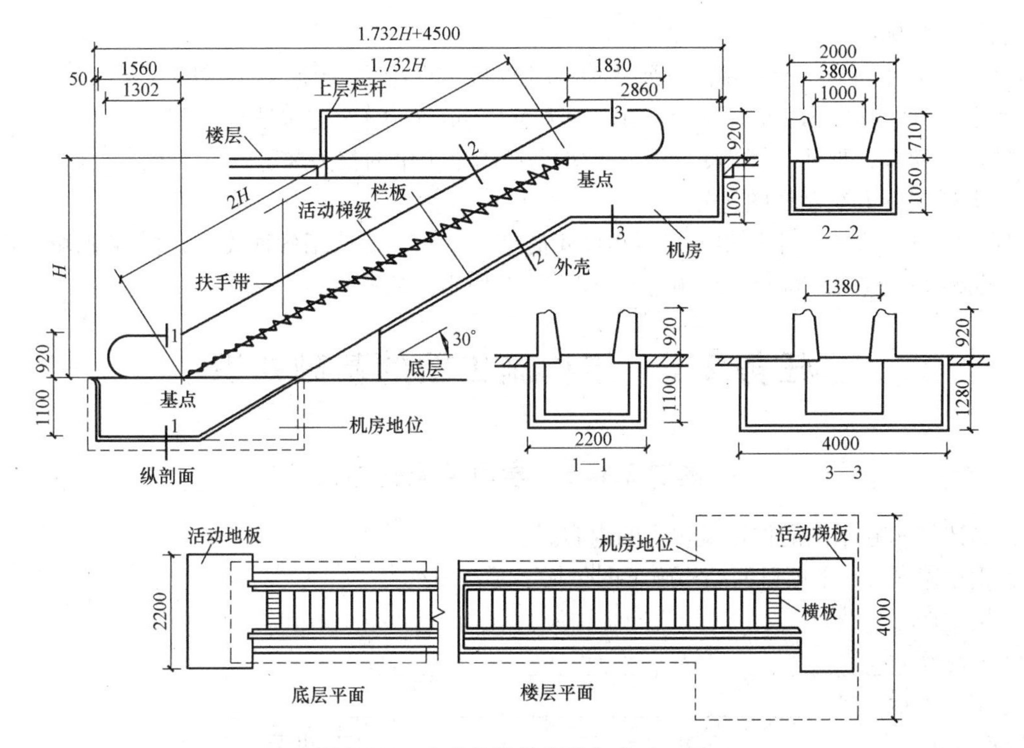

图 2-194　自动扶梯的布置方式（mm）

自动扶梯的电动机械装置设置在楼板下面，楼板上应预留足够的安装洞，并做装饰外壳处理，底层应设置地坑。

自动扶梯对建筑室内具有较强的装饰作用，扶手多为特质的耐磨胶带，有多种颜色。栏板分为镶有钢化玻璃、有光源的全透明型、透明型、半透明型和两侧镶有不锈钢板、复合钢板、防火塑料板的不透明型。

大型航空港为解决建筑内部的长距离水平交通，还设立自动人行道。

【思考训练】

一、问答题

1. 简述建筑详图的种类及其包括的内容。
2. 外墙详图主要表达哪些内容？一般采用什么比例绘制？为节省图幅，通常采用什么画法？
3. 简述外墙详图的识读要点。
4. 楼梯详图一般包括哪些内容？
5. 楼梯平面图的假想水平剖切平面的剖切位置在何处？楼梯平面图中要标注哪些信息？
6. 楼梯剖面图应注明哪些信息？楼梯踏步面的数量与楼梯级数的关系是什么？

7. 楼梯的组成部分有哪些？楼梯如何分类？

8. 楼梯踏步的一般尺寸是多少？楼梯净空高度有什么要求？梯井的一般尺寸是多少？

9. 现浇钢筋混凝土楼梯有哪些结构形式？一般用于什么建筑？

二、绘图题

识读附录 1 的建施-01～建施-09，绘制某小学教学楼墙身大样（比例为 1∶20 或者 1∶10）。

1. 在首层平面图①～②×Ⓐ轴过窗户处，绘制剖切符号，并注写索引符号，假设详图编号为①。

2. 墙身大样标高从－0.500m～21.100m。

3. 假设散水外侧为明沟，做法、尺寸参考图 2-35（b）混凝土明沟的作法。

4. 假设－0.060m 处设置水平防潮层，做法为 60mm 厚 1∶2 防水砂浆。

5. 散水、勒脚、地面、楼面、屋面的做法参照附录 1 中的相关规定。

6. 在大样图下方绘制详图符号。

7. 提示：(1) 应正确注写相关标高和尺寸信息。(2) 正确使用各种线型、材料图例（正确反映墙、窗、框架梁、过梁、楼板、压顶等）。(3) 注意使用折断符号。

任务 2.6　结构施工图的基础知识

模块 2.6.1　学习情境引导文

一、简述结构施工图的作用及包含的内容。

二、识读附录 1，本项目的结构施工图包括了哪些图纸？

三、填空题

2Φ16 表示________________________________。

Φ8@150 表示______________________________。

GL 表示______________，QL 表示______________，KL 表示______________，

TL 表示______________，KZ 表示______________，GZ 表示______________，

YP 表示______________，YT 表示______________，B 表示______________，

WB 表示______________，WKL 表示______________，JL 表示______________。

模块 2.6.2　知识链接

一、结构施工图的主要内容和用途

表示建筑物的各承重构件（如基础、承重墙、柱、梁、板、屋架、屋面板等）的布置、形状、大小、数量、类型、材料、做法以及相互关系和结构形式等的图样称为结构施工图，简称“结施”。

在房屋建筑结构中，结构的作用是承受重力和传递荷载，一般情况下，外力作用在楼板上，楼板将荷载传递给墙或梁，由梁传给柱或墙，再由柱或墙传递给基础，最后由基础传递给地基。

结构施工图按房屋结构所用的材料分为钢筋混凝土结构施工图、钢结构施工图、木结构施工图等。由于目前广泛使用的是钢筋混凝土承重构件，所以本书只介绍钢筋混凝土构件的结构施工图，如图 2-195 所示。

结构施工图的主要内容包括：

（一）结构设计说明：包括工程概况、设计依据和要求，选用结构材料的类型、规格、强度等级，地基情况，抗震设计与防火要求，施工注意事项，选用标准图集等（小型工程一般不必单独编

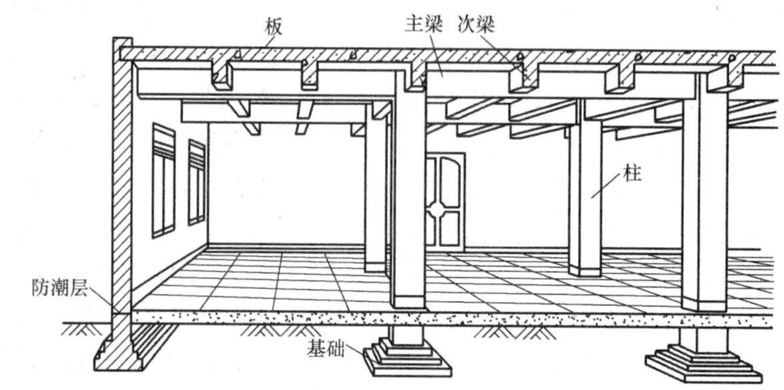

图 2-195　钢筋混凝土结构示意图

写，可将说明分别写在构件各图纸上）。

（二）结构平面图：包括基础平面图，工业建筑还有设备基础布置图；楼层结构平面布置图，工业建筑还包括柱网、吊车梁、柱间支撑、连系梁布置等；屋面结构平面图，包括屋面板、天沟板、屋架、天窗架及支撑系统布置等。

（三）构件详图：包括梁、板、柱及基础结构详图，楼梯结构详图，屋架结构详图，模板、支撑、预埋件详图及构件标准图。

结构施工图主要用于指导施工放线、基槽开挖、支承模板、绑扎钢筋、浇筑混凝土等施工过程，是进行构件制作、结构安装、编制预算和施工组织设计的依据。

二、常用构件的表示方法

房屋结构的基本构件包括梁、板、柱等，种类繁多，布置复杂。为了图示简明扼要，并把构件区分清楚，便于施工、制表、查阅，需对每类构件名称进行简化，用代号表示。常用构件代号见表 2-12。构件代号一般用构件名称汉语拼音的第一个字母表示，或几个主要词语汉语拼音的第一个字母组合表示。如 QL 表示圈梁，即用“圈”和“梁”的汉语拼音的第一个字母组合而成。

常用构件代号　　表 2-12

序号	名称	代号	序号	名称	代号	序号	名称	代号
1	板	B	19	圈梁	QL	37	承台	CT
2	屋面板	WB	20	过梁	GL	38	设备基础	SJ
3	空心板	KB	21	连系梁	LL	39	桩	ZH
4	槽行板	CB	22	基础梁	JL	40	挡土墙	DQ
5	折板	ZB	23	楼梯梁	TL	41	地沟	DG
6	密肋板	MB	24	框架梁	KL	42	柱间支撑	DC
7	楼梯板	TB	25	框支梁	KZL	43	垂直支撑	ZC
8	盖板或沟盖板	GB	26	屋面框架梁	WKL	44	水平支撑	SC
9	挡雨板或檐口板	YB	27	檩条	LT	45	梯	T
10	吊车安全走道板	DB	28	屋架	WJ	46	雨篷	YP
11	墙板	QB	29	托架	TJ	47	阳台	YT
12	天沟板	TGB	30	天窗架	CJ	48	梁垫	LD
13	梁	L	31	框架	KJ	49	预埋件	M
14	屋面梁	WL	32	刚架	GJ	50	天窗端壁	TD
15	吊车梁	DL	33	支架	ZJ	51	钢筋网	W
16	单轨吊	DDL	34	柱	Z	52	钢筋骨架	G
17	轨道连接	DGL	35	框架柱	KZ	53	基础	J
18	车挡	CD	36	构造柱	GZ	54	暗柱	AZ

注：1. 预制钢筋混凝土构件、现浇钢筋混凝土构件、钢构件和木构件，一般可直接采用本表中的构件代号。在绘图中，当需要区别上述构件的材料种类时，可在构件代号前加注材料代号，并在图纸中加以说明；

2. 预应力钢筋混凝土构件的代号，应在构件代号前加注“Y”，如 Y-DL 表示预应力钢筋混凝土吊车梁。

三、钢筋分类和标注形式

在结构施工图中，为了便于标注和识别钢筋，每一种类钢筋都用一个直径符号表示，见表 2-13。

建筑结构构件常用钢筋等级和直径符号　　　　表 2-13

牌号	符号	级别	公称直径 d(mm)	屈服强度标准值(N/mm²)	极限强度标准值(N/mm²)
HPB300	Φ	Ⅰ	6～22	300	420
HRB335 HRBF335	Φ Φ	Ⅱ	6～50	335	455
HRB400 HRBF400 RRB400	Φ $Φ^F$ $Φ^R$	Ⅲ	6～50	400	540
HRB500 HRBF500	Φ $Φ^F$	Ⅳ	6～50	500	630

注：H、P、R、B、F 分别为热轧（Hotrolled）、光圆（Plain）、带肋（Ribbed）、钢筋（Bars）、细粒（Fine）4 个词的英文首位字母，后面的数代表屈服强度。

（一）钢筋的分类

钢筋种类很多，通常按化学成分、生产工艺、轧制外形、供应形式、直径大小，以及在结构中的用途进行分类。

1. 按轧制外形分

（1）光面钢筋：Ⅰ级钢筋，均轧制为光面圆形截面，供应形式有盘圆，直径不大于 10mm，长度为 6～12m。

（2）带肋钢筋：有螺旋形、人字形和月牙形三种，一般Ⅱ、Ⅲ级钢筋轧制成人字形，Ⅳ级钢筋轧制成螺旋形及月牙形。

（3）钢丝（分低碳钢丝和碳素钢丝两种）及钢绞线。

（4）冷轧扭钢筋：经冷轧并冷扭成形。

2. 按直径大小分

钢丝（直径 3～5mm）、细钢筋（直径 6～10mm）、粗钢筋（直径大于 22mm）。

3. 按力学性能分

Ⅰ级钢筋，Ⅱ级钢筋，Ⅲ级钢筋，Ⅳ级钢筋。

4. 按生产工艺分

热轧、冷轧、冷拉的钢筋，还有以Ⅳ级钢筋经热处理而成的热处理钢筋，强度比前者更高。

5. 按在结构中的作用可分为以下几种：

（1）受力筋：承受拉、压应力的钢筋。

（2）箍筋：承受一部分斜拉应力，并固定受力筋的位置，多用于梁和柱内。

（3）架立筋：用以固定梁内钢箍的位置，构成梁内的钢筋骨架。

（4）分布筋：用于屋面板、楼板内，与板的受力筋垂直布置，将承受的重量均匀地传给受力筋，并固定受力筋的位置，以及抵抗热胀冷缩所引起的温度变形。

（5）其他：因构件构造要求或施工安装需要而配置的构造筋，如腰筋、预埋锚固筋、环等。

（二）钢筋的标注形式

在配筋图中，钢筋标注需要注明钢筋的编号、数量、级别、直径、间距等，其标注形式通常有以下两种：

1. 标注钢筋的根数和直径

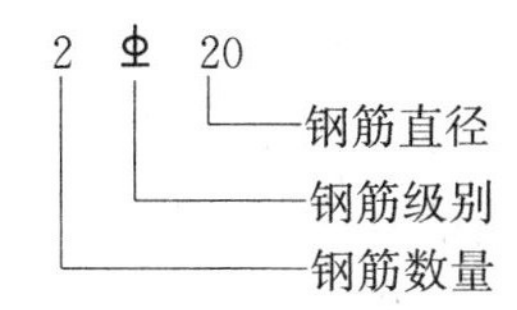

2. 标注钢筋的直径和相邻钢筋中心距

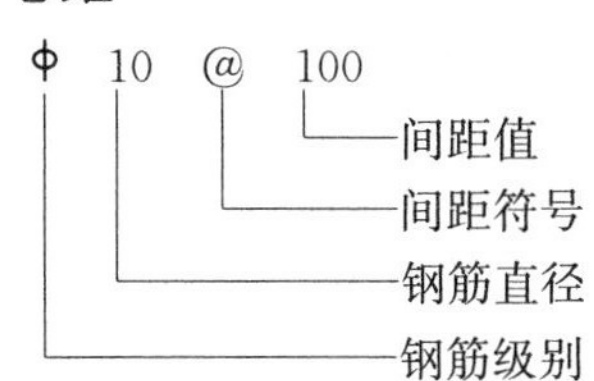

【思考训练】

问答题

1. 结构施工图主要包括哪些内容？
2. 钢筋有哪些分类方式？
3. 写出Ⅰ、Ⅱ、Ⅲ、Ⅳ级钢的符号。

任务 2.7　基础施工图的识读

模块 2.7.1　学习情境引导文

一、简述基础施工图的形成及作用。

二、识读附录 1 的结施-01～结施-04，回答以下问题：

1. 本项目结构类型为________________，采用__________基础。本项目结构的抗震等级为______。砖砌体材料为____。基础的混凝土强度等级为________，梁、柱、板的混凝土强度等级为________。基础底板混凝土保护层厚度为________，梁、柱、板混凝土保护层厚度分别为________________________________。

2. 本项目各基础的数量：J-1 的数量为________，J-2 的数量为________，J-3 的数量为________，J-4 的数量为________，J-5 的数量为________，J-6 的数量为________。

3. 判断基础的定位情况：识读基础 J-1～J-6，偏心布置的有____________，居中布置的有____________。

4. J-1 的垫层尺寸（长×宽×高）为________________________________，垫层底面标高为____________________，垫层采用____________混凝土。J-1 为________阶基础，每阶高度分别为__________，每阶尺寸（长×宽）分别为______________________。基础底面钢筋：X 向为______________，Y 向为________________；单根柱插筋弯折长度为________mm。J-1的基础顶面标高是________m，其基础总高________mm，基底标高________m，挖土深度________m。

5. J-6 垫层尺寸（长×宽×高）为____________________。J-6 为________阶基础，每阶尺寸（长×宽×高）分别为____。基础顶面标高为________m，挖土深度为________m。基础顶面配筋：X 向为________________________，Y 向为________________________；基础底面配筋：X 向为____________________，Y 向为______________。上下层钢筋之间的支撑钢筋（又叫板凳筋）为____________________。

6. 基础地梁面标高为__________m。基础地梁的数量：KL1 的数量为____________，KL2 的数量为__________，KL3 的数量为__________，KL4 的数量为__________，KL5 的数量为__________，LL2 的数量为__________，KL7 的数量为__________，KL8 的数量为__________，KL9 的数量为__________，KL10 的数量为__________，KL11 的数量为__________。

7. KL7 有______跨，截面尺寸为________________。上部通长钢筋为________________，下部通长钢筋为________________，箍筋为________________，肢箍为________________。

8. KL7 的梁底标高是________m，其垫层顶面标高是________m，垫层底标高是________m，垫层宽度是____________mm，KL7 的挖土深度是____________m。

模块 2.7.2　知识链接

一、基础结构施工图的内容及识读步骤

基础是建筑物地面以下承受房屋全部荷载的构件，常见的形式有条形基础、独立基础、井格基础、筏板基础、箱形基础和桩基础。

基础结构施工图主要是表示建筑物在相对标高±0.000 以下基础结构的图纸。它一般包括基础平面图、基础剖（断）面详图和文字说明三个部分，它是施工时放线、开挖基坑、砌筑基础的依据。

基础图识读的一般内容如下：

1. 有哪些基础构件？数量分别是多少？
2. 基础构件的基本信息（混凝土强度等级，保护层厚度）。
3. 基础构件的定位情况，判断基础与定位轴线的关系（居中布置或偏心布置）。
4. 基础构件的尺寸（长×宽×高），基底（顶）标高，埋置深度（挖土深度）。
5. 基础构件的配筋信息。

第 1～3 步通过识读基础平面图完成，第 4～5 步需结合基础详图进行识读。

二、基础平面图的形成、绘制规定及识读要点

（一）基础平面图的形成、绘制规定

基础平面图是用一假想的水平剖切面在地面与基础之间将整幢房屋剖开，移去剖切面以上的房屋和基础回填土，向下作正投影而得到的水平投影图。基础平面图主要表示基础的平面位置，基础与墙、柱的定位轴线的关系，基础底部的宽度，基础上预留的孔洞、构件、管沟等。

为了使基础平面图简洁明了，一般在图中只画出被剖切到的墙、柱轮廓线，并用粗线表示。投影所见到的基础底部轮廓线用细实线表示。除此之外其他细部（如条形基础的大放脚、独立基础的锥形轮廓线等）都不必反映在基础平面图中。由于基础平面图常采用 1∶100 的比例绘制，被剖切到的基础墙身可不画材料图例。钢筋混凝土柱涂成黑色。基础平面图的形成如图 2-196 所示。

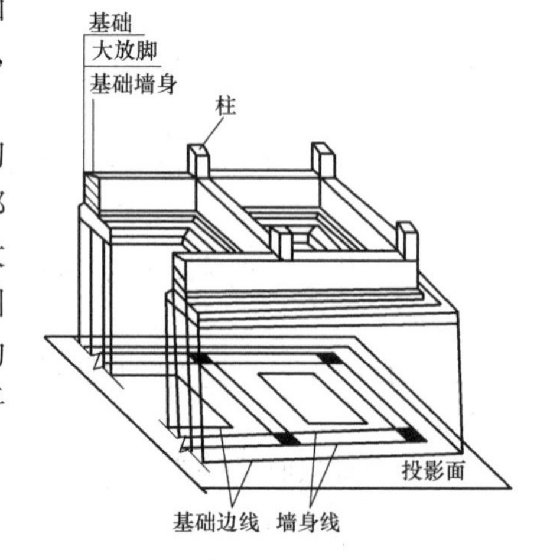

图 2-196　基础平面图的形成

（二）基础平面图识读要点

1. 图名和比例。比例是否与建施图的平面图一致。
2. 基础与定位轴线的平面位置和相互关系，以及轴线间的尺寸。定位轴线是否与建施图的平面图一致。
3. 基础中的垫层、基础墙、柱、基础梁等的平面布置、形状、尺寸等。
4. 基础剖面图的剖切位置。在基础平面图中，凡基础的宽度、墙厚、大放脚的形式、基础底面标高及尺寸等做法有不同时，常采用不同的剖面详图和编号。
5. 设计和施工说明。了解基础的用料、施工注意事项、基础的埋置深度等。

三、基础详图绘制内容及识读要点

（一）基础详图绘制内容

在基础平面图中仅表示基础的平面布置，而基础的形状、大小、构造、材料及埋置深度等均没有表示，所以需要画出基础详图，作为砌筑基础的依据。

基础详图是用较大的比例，如 1∶20 画出的基础局部构造图，将基础垂直切开所得到的断面图。基础详图主要表达基础的形状、尺寸、材料、构造及基础的埋置深度等。

对于条形基础一般用垂直剖（断）面图表示。对于独立基础，除了用垂直剖（断）面图表示外，通常还用平面详图表明详细的平面尺寸。

（二）基础详图识读要点

1. 根据基础平面图中的详图剖切符号的编号或基础代号查阅基础详图。
2. 了解基础剖（断）面图的各部分尺寸、标高，如基础墙的厚度、大放脚的细部与垫层的尺寸，基础与轴线的位置关系，基础埋置深度，室内外与基础底面的标高等。
3. 了解砖基础墙防潮层的设置及位置、材料要求。
4. 了解基础梁的尺寸及配筋。
5. 了解基础结构的构造，如钢筋混凝土结构内的配筋，其他构件与基础相连的节点配筋、插筋、钢箍或预埋件等。

四、地基、基础构造

（一）地基分类和基础埋置深度

基础是房屋建筑的重要组成部分，它承受建筑物上部结构传来的全部荷载，并将这些荷载连同基础的自重一起传递到地基。地基是基础下面直接承受荷载的土层或岩体。地基承受建筑物的荷载而产生的应力和应变随着土层深度的增加而减小，在达到一定深度后就可以忽略不计。直接承受荷载的土层称为持力层，持力层以下的土层称为下卧层，如图 2-197 所示。尽管地基不属于建筑的组成部分，但它对保证建筑物的坚固耐久具有非常重要的作用。

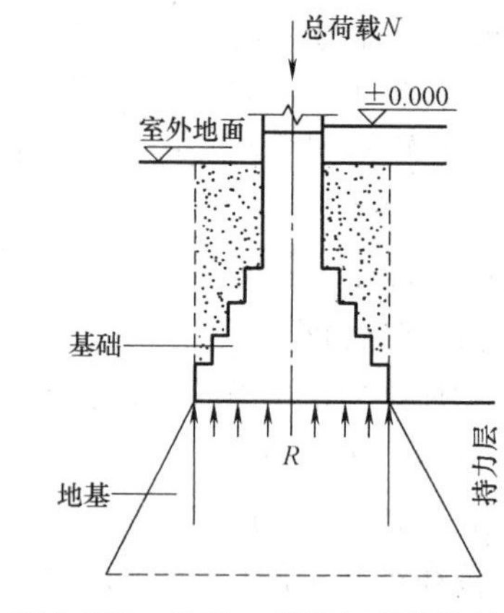

图 2-197　地基、基础与荷载的关系

1. 地基的分类

建筑物的地基分为天然地基和人工地基两大类。

（1）天然地基

凡位于建筑物下面的土层，不需经过人工加固，而能直接承受建筑物全部荷载并满足变形要求的地基称为天然地基。按《建筑地基基础设计规范》的规定：建筑地基土（岩），可分为岩石、碎石土、砂土、粉土、黏性土和人工填土六类。

（2）人工地基

当土层的承载能力较低，需经过人工加固才能承受上部荷载并满足变形要求；或虽然土层较好，但因上部荷载较大，必须对土层进行人工加固后才足以承受上部荷载，并满足变形的要求。这种经人工处理的土层，称为人工地基。

人工加固地基的方法通常有以下几种方法：

① 压实法

通过各种机械对土层进行夯打、碾压、振动来压实松散土的方法称为压实法。压实法主要是通

过减小土颗粒间的孔隙，排除土壤中的空气，从而增加土的干容重，减少土的压缩性，以提高地基的承载能力。

② 换土法

当基础下土层比较软弱，或地基有部分较软弱的土层而不能满足上部荷载对地基的要求时，可将较软弱的土层部分或全部挖去，置换成其他较坚硬的材料，这种加固方法称换土法。换土法所用材料一般是压缩性低的无侵蚀性材料，如砂、碎石、矿渣、石屑等松散材料。这些松散材料是被基槽侧面土壁约束，借助互相咬合而获得强度和稳定性，从应力状态上看属于垫层，通常称为砂垫层或砂石垫层。

③ 打桩法

当建筑物荷载很大，地基承载力不能满足要求时，可采用打桩法加固地基。这种方法是将砂桩、灰土桩、钢桩或钢筋混凝土桩打入或灌入土中，将土层挤实或把桩打入地下坚实的土层上，从而提高土层的承载能力。

2. 基础的埋置深度（挖土深度）

基础的埋置深度是指室外地坪到基础垫层底面的垂直距离，简称埋深，也叫挖土深度，如图2-198所示。根据基础埋深的不同，有深基础和浅基础之分。一般情况下，将埋深大于5m的称为深基础，埋深不大于5m的称为浅基础。从基础的经济效果看，其埋置深度愈小，工程造价愈低，但基础埋深过小，没有足够的土层包围，基础底面的土层受到压力后会把基础四周的土挤出，基础会产生滑移而失稳；同时，基础埋深过浅，易受外界的影响而损坏。基础的埋深一般不应小于500mm。

影响基础埋置深度的因素很多，一般应根据下列条件综合考虑来确定：

（1）建筑物的用途

如有无地下室、设备基础、地下设施及地下管线等。

（2）作用在地基上的荷载大小和性质

荷载有恒荷载和活荷载之分，其中恒荷载引起的沉降量最大，而活荷载引起的沉降量相对较小，因此当恒荷载较大时，基础埋置深度应大一些。

（3）工程地质与水文地质条件

在一般情况下，基础应设置在坚实的土层上，而不要设置在耕植土、淤泥等软弱土层上。当表面软弱土层很厚，加深基础不经济时，可采用人工地基或采取其他加固措施。基础宜设在地下水位以上，以减少特殊的防水措施，有利于施工。如必须设在地下水位以下，应使基础底面低于最低地下水位200mm及其以下，如图2-199所示。

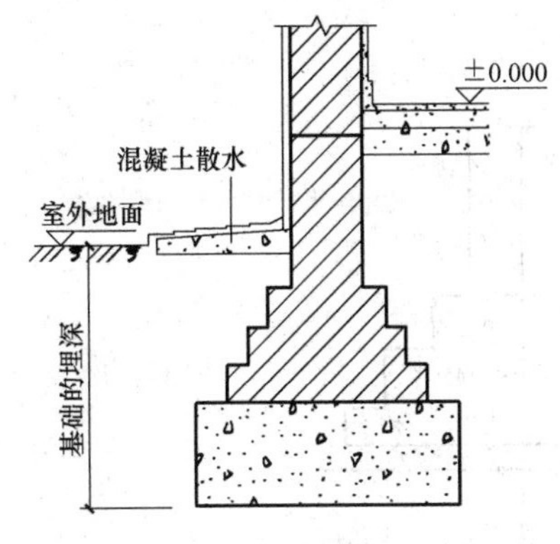

图2-198　基础的埋置深度

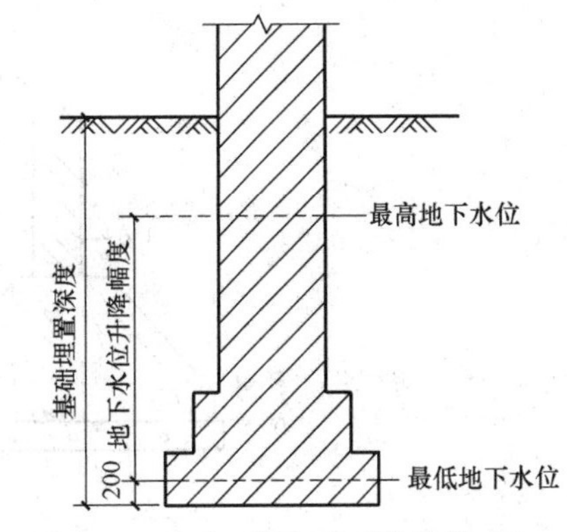

图2-199　基础埋深与地下水位关系（mm）

（4）基土冻胀和融陷的影响

基础底面以下的土层如果冻胀，会使基础隆起；如果融陷，会使基础下沉，因此基础埋深应设在当地冰冻线以下，以防止地基土冻胀导致基础的破坏。岩石及砂砾、粗砂、中砂类的土质受冰冻的影响不大。

（5）相邻建筑物基础的影响

新建建筑物的基础埋深不宜深于相邻原有建筑物的基础。当新建基础深于原有建筑物基础时，两基础间应保持一定净距，一般取相邻两基础底面高差的1～2倍，如图2-200所示。如上述要求不能满足时，应采取临时加固支撑、打板桩或加固原有建筑物地基等措施。

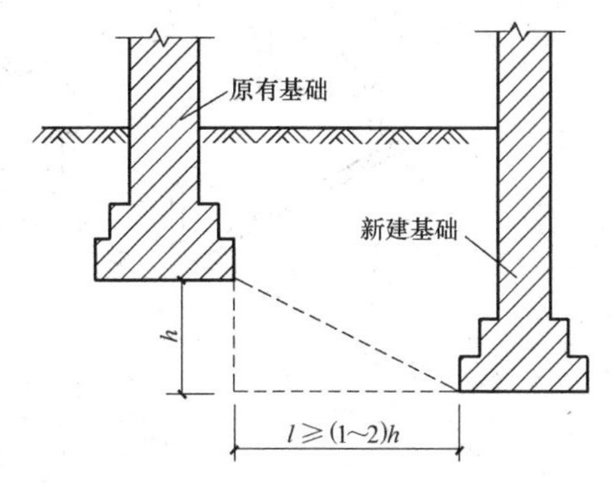

图2-200　基础埋深与相邻基础关系

（二）基础的类型和构造

基础的类型很多，主要根据建筑物的结构类型、体量高度、荷载大小、地质水文和材料供应等因素来确定。

1. 基础的类型

（1）按基础的构造形式分类

① 条形基础：当建筑物上部结构采用墙承重时，基础沿墙身设置呈长条状，这种基础称为条形基础或带形基础，如图2-201所示。条形基础常用砖、石、混凝土等材料建造。当地基承载能力较小荷载较大时，承重墙下也可采用钢筋混凝土条形基础。

② 独立基础：当建筑物上部结构为梁、柱构成的框架、排架及其他类似结构时，其基础常采用方形或矩形的单独基础，称为独立基础。独立基础的形式有阶段形、锥形、杯形等，如图2-202所示，主要用于柱下。当建筑是以墙作为承重结构，而地基承载力较弱或埋深较大时，为了节约基础材料，减少土石方工程量，也可采用墙下独立基础。为了支撑上部墙体，在独立基础上可设基础梁或拱等连续构件，如图2-203所示。

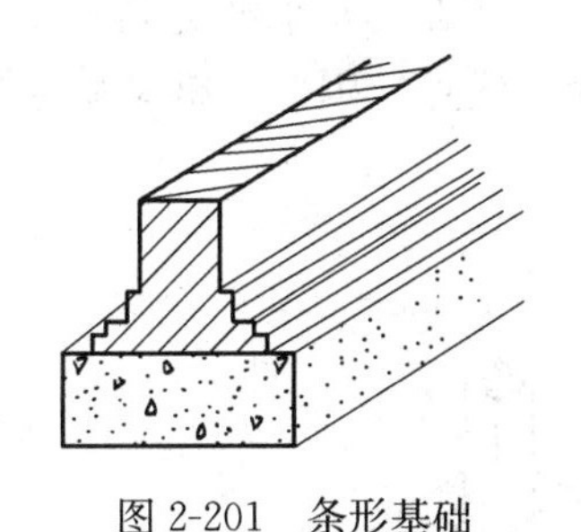
图2-201　条形基础

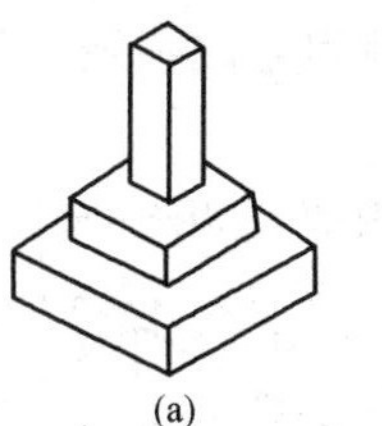

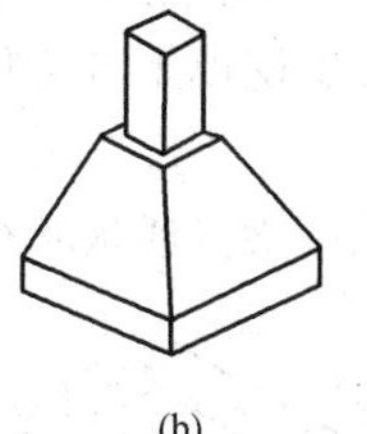

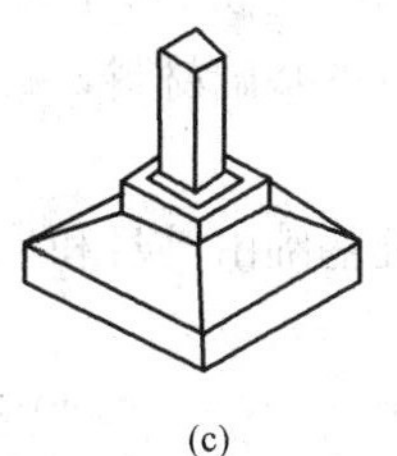

图2-202　独立基础
（a）阶梯形；（b）锥形；（c）杯形

③ 井格基础：当建筑物上部荷载不均匀，地基条件较差时，常将柱下基础纵横相连组成井字格状，称为井格基础，如图2-204所示。它可以避免独立基础下沉不均匀的问题。

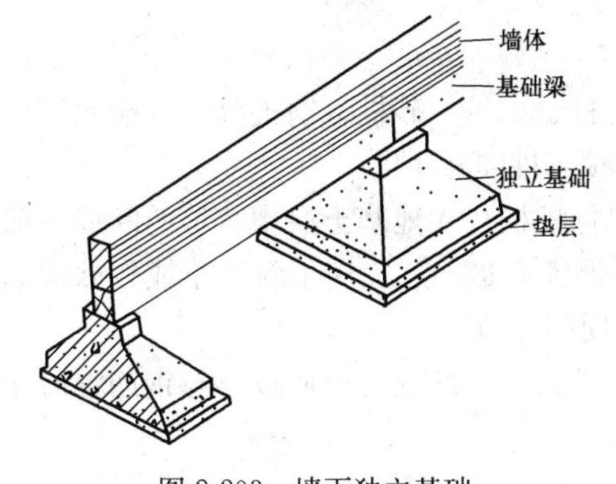

图2-203　墙下独立基础

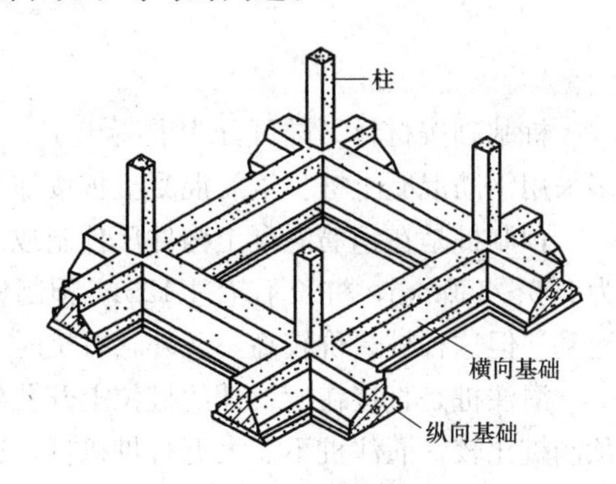

图2-204　井格基础

④ 筏板基础：当建筑物上部荷载很大或地基的承载力很小时，可由整片的钢筋混凝土板将建筑的荷载并传给地基，这种基础形似筏子，故称筏板基础，也称满堂基础。其形式有板式和梁板式两种，如图 2-205 所示。

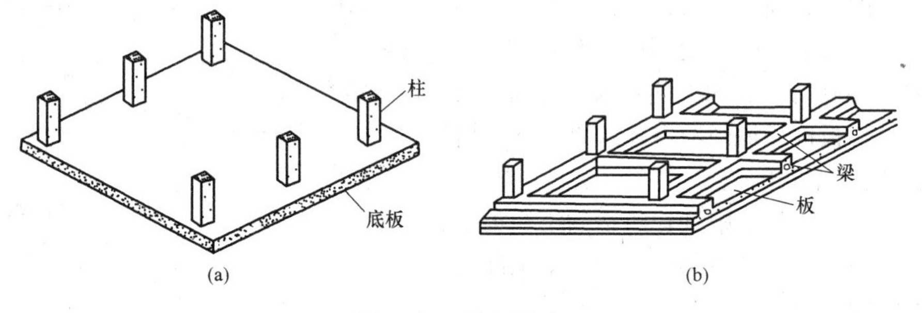

图 2-205　筏板基础

（a）板式基础；（b）梁板式基础

⑤ 箱形基础：当钢筋混凝土基础埋置深度较大，为了增加基础的整体刚度，有效抵抗地基的不均匀沉降，常采用由钢筋混凝土底板、顶板和若干纵横墙组成的箱形整体来作为房屋的基础，这种基础称为箱形基础，如图 2-206 所示。箱形基础具有较大的强度和刚度，且内部空间可用作地下室，故常作为高层建筑的基础。

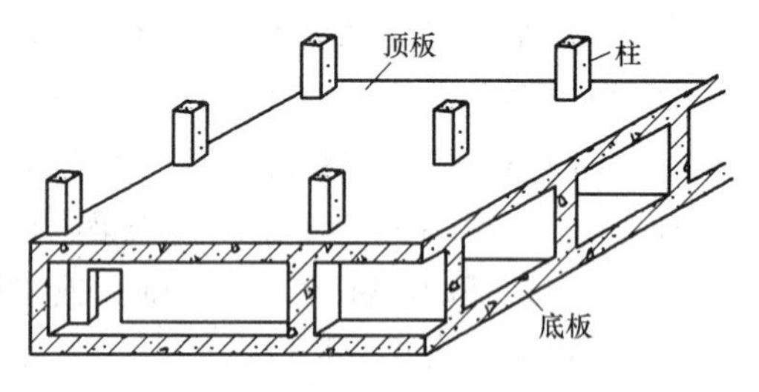

图 2-206　箱形基础

⑥ 桩基础：当建筑物荷载较大，地基的软弱土层厚度在 5m 以上及基础不能埋在软弱土层内时，常采用桩基础。桩基础具有承载力高，沉降量小，节省基础材料，减少挖填土方工程量，改善施工条件和缩短工期等优点。因此，桩基础应用较广泛。

桩基础由桩身和承台梁（或板）组成，如图 2-207 所示。

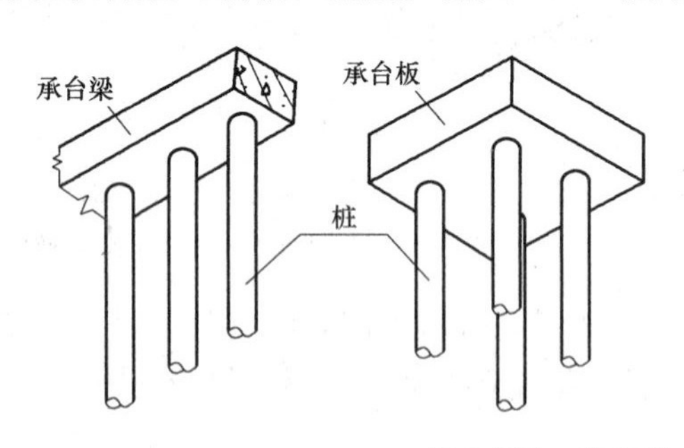

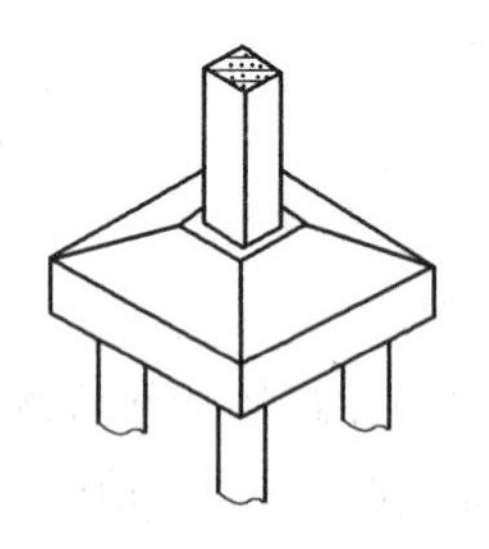

图 2-207　桩基础

桩基础按材料不同可分为混凝土桩、钢筋混凝土桩、土桩、木桩、砂桩、钢桩等。目前我国较多采用钢筋混凝土桩。钢筋混凝土桩按施工方法不同又分为预制桩和灌注桩。

预制桩是在钢筋混凝土构件厂预制或现场预制，然后用打桩机打入地基土层中。桩的断面一般为 200～350mm，桩长不超过 12m。预制桩施工方便，容易保证质量，适宜用于新填土或较软弱的地基。但这种桩造价较高，此外，打桩时有较大噪声，影响周围环境。

灌注桩是直接在所设计的桩位上开孔然后向孔内放钢筋骨架，浇灌混凝土而成。与钢筋混凝土预制桩比较，灌注桩不需大型打桩机械，适应性强。

（2）按基础的材料及受力特点分类

① 刚性基础

凡是由刚性材料建造，受刚性角限制的基础，称为刚性基础。刚性材料一般是指抗压强度高，抗拉和抗剪强度较低的材料。如砖、石、混凝土、灰土等材料建造的基础，属于刚性基础，如图 2-208～图 2～212 所示。这类基础的大放脚（基础的扩大部分）较高，体积较大，埋置较深，适用于地下水位较低、六层以下的砖墙承重建筑。

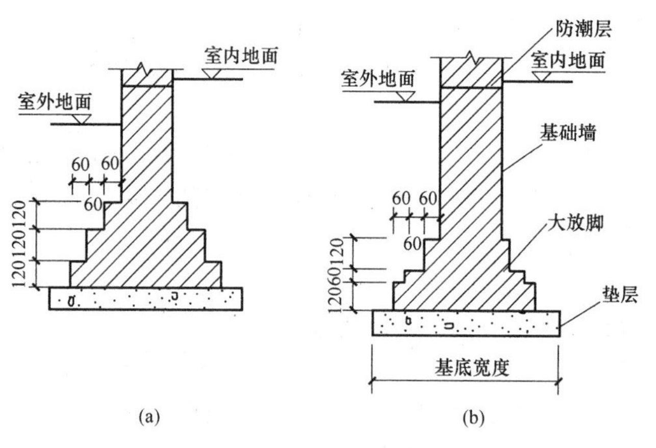

图 2-208　砖基础（mm）

（a）等高式大放脚；（b）间隔式大放脚

图 2-209　毛石基础（mm）

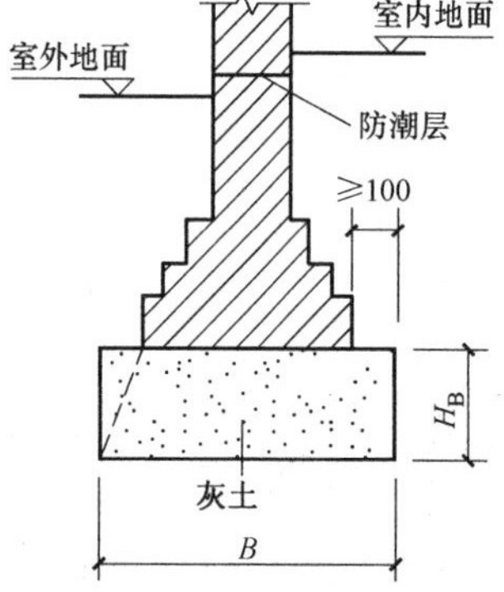
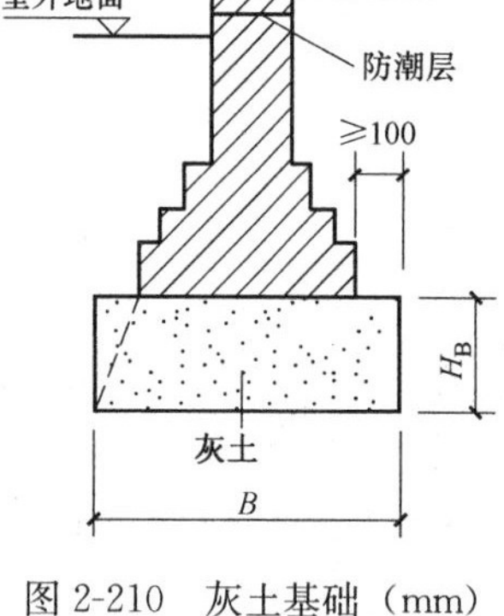

图 2-210　灰土基础（mm）

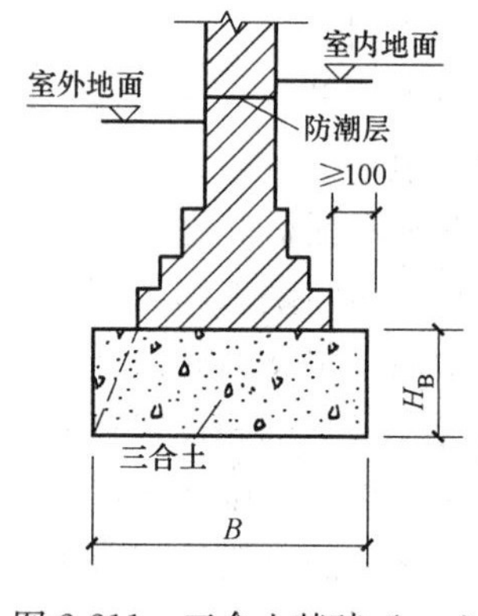

图 2-211　三合土基础（mm）

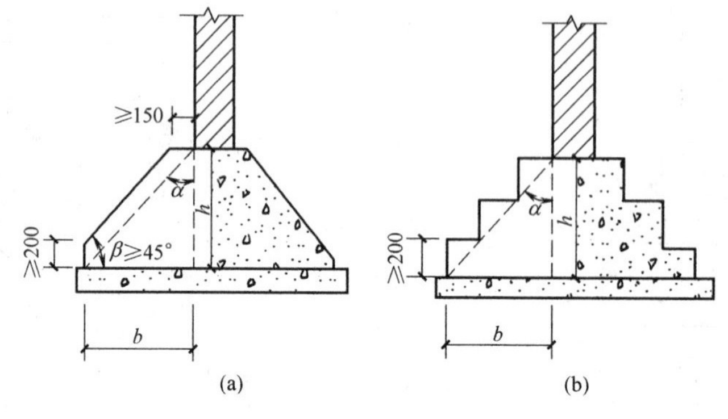

图 2-212　混凝土基础（mm）

（a）梯形；（b）阶梯形

② 柔性基础（扩展基础）

柔性基础主要是指钢筋混凝土基础，它是在混凝土基础的底部配置钢筋，利用钢筋来抵抗拉应力，使基础底部能够承受较大的弯矩。这种基础不受材料刚性角的限制，基础的“放脚”可以做得很宽、很薄，故称为柔性基础，如图 2-213 所示。它的截面面积较刚性基础小得多，挖土方量也少得多，但是它增加了钢筋和混凝土的用量，综合造价较高。柔性基础适用于土质较差、荷载较大、地下水位较高等条件下的建筑。

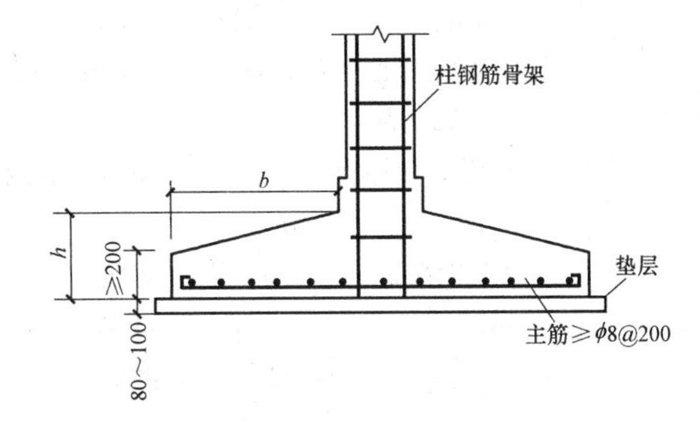

图 2-213　柔性基础（mm）

五、地下室构造

地下室是指位于地面以下的建筑使用空间，按使用功能分为普通地下室和防空地下室；按结构材料分为砖墙结构地下室和混凝土墙结构地下室；按地下室埋入深度分为全地下室和半地下室。全地下室是指地下室地面低于室外地坪的高度超过该房间净高的 1/2；半地下室是指地下室地面低于室外地坪的高度超过该房间净高的 1/3，但不超过净高的 1/2 的房间。

（一）地下室的组成

地下室一般由墙、底板、顶板、门窗、楼梯和采光井等部分组成，如图 2-214 所示。

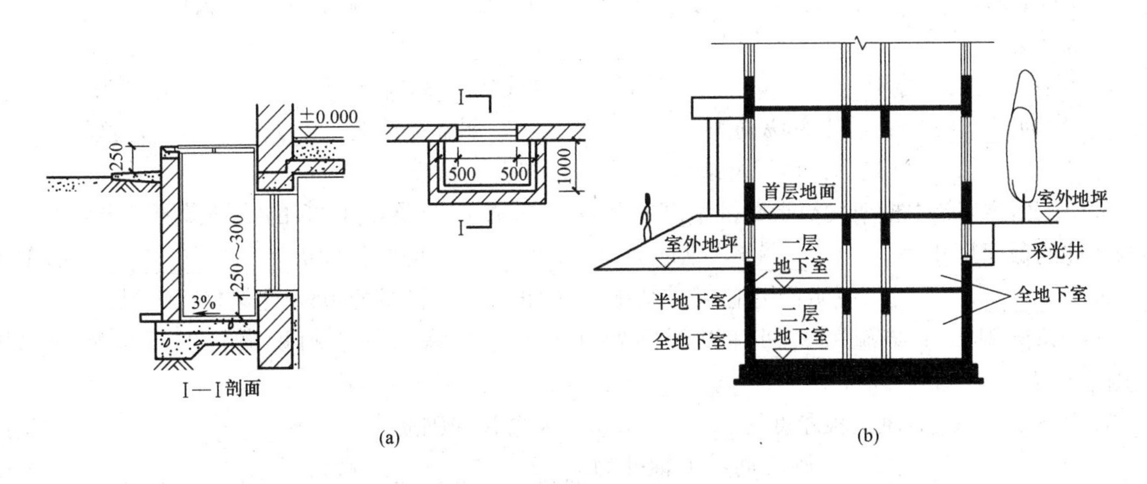

图 2-214　地下室的组成（mm）

（a）采光井构造；（b）地下室示意图

（二）地下室的防潮防水

当地下室地坪高于地下水的常年水位和最高水位时，由于地下水不会直接侵入地下室，墙和底板仅受土层中毛细水和地表下渗而形成的无压水影响，只需做防潮处理。在地下室外墙外面设垂直防潮层，所有墙体应设两道水平防潮层，如图 2-215 所示。

当最高地下水位高于地下室地坪时，地下室的底板和部分外墙将浸在水中，此时地下室外墙受到地下水的侧压力，地坪受到水的浮力影响，因此必须对地下室外墙和地坪做防水处理，并把防水层连贯起来。常用的防水措施有两种：柔性防水（如沥青卷材防水，如图 2-216 所示）、刚性防水（如防水混凝土防水，如图 2-217 所示）。

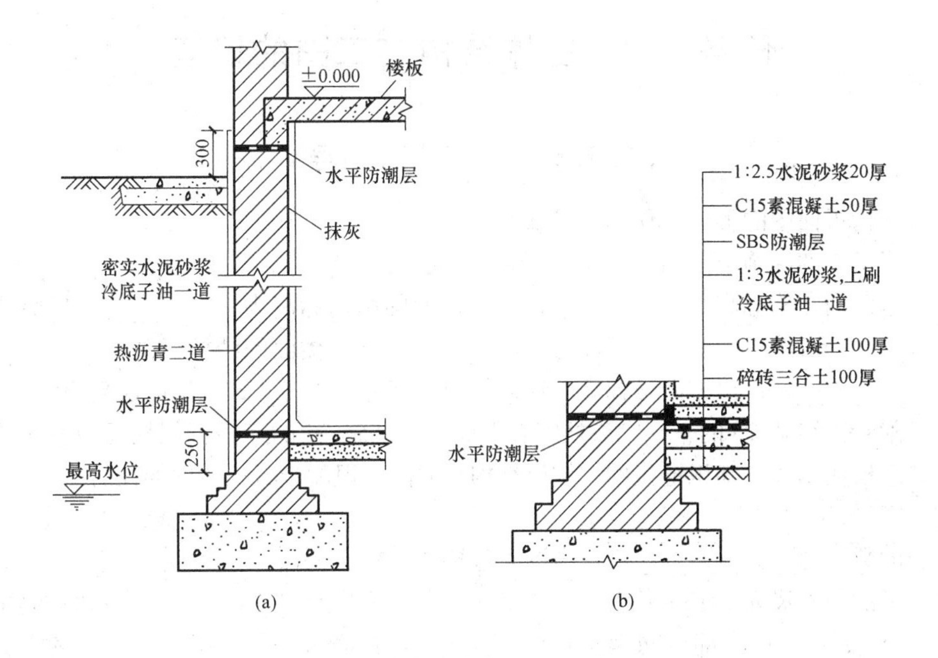

图 2-215　地下室的防潮处理（mm）

（a）墙身防潮；（b）地坪防潮

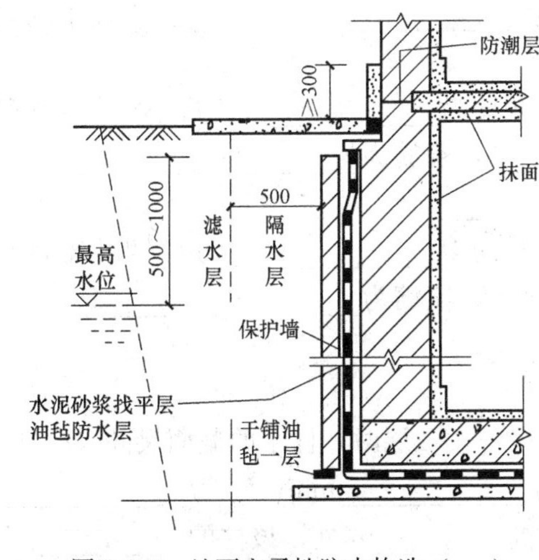

图 2-216　地下室柔性防水构造（mm）

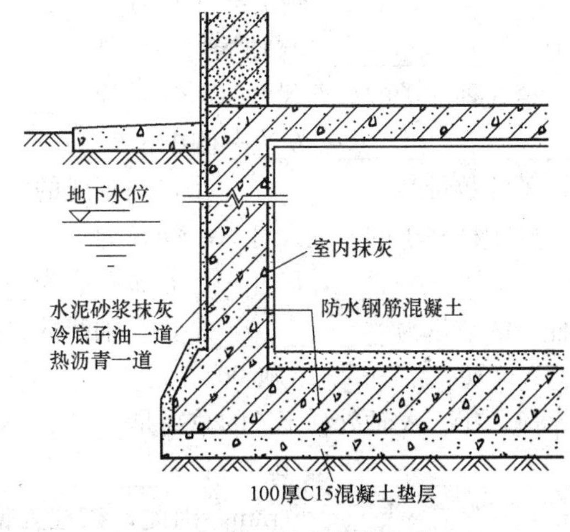

图 2-217　地下室防水混凝土防水处理

【思考训练】

问答题

1. 地基分为哪几类？
2. 基础的埋置深度是如何规定的？影响基础埋置深度的因素有哪些？
3. 按构造形式，基础可分为哪几类？
4. 按材料及受力特点，基础可分为哪几类？
5. 基础结构施工图一般包括哪些内容？
6. 说明基础图的识图步骤。

任务2.8 主体结构施工图的识读

模块2.8.1 学习情境引导文

一、楼层结构平面图的形成及作用是什么？

二、识读附录1的结施-05、结施-06，回答以下问题：

首层室内地面的结构标高为________；二层楼面的结构标高为________；三层楼面的结构标高为________；四层楼面的结构标高为________；五层楼面的结构标高为________；屋顶面的结构标高为________；出屋面楼梯间屋顶面结构标高为________；每层的层高均为________。

三、识读附录1结施-05的一～二层柱配筋平面图，结施-06的三～五层柱配筋平面图，回答以下问题（先熟悉模块2.8.2知识链接的"楼层结构平面图的识读步骤"、"框架柱的识读"等内容）：

1. 识读结施-05

图中柱子的数量为________个。本图中包括4种柱子。

第1种柱子的截面尺寸（$b\times h$）为________，角筋为________，b边一侧中部钢筋为________，h边一侧中部钢筋为________，箍筋为________。该柱子的数量为________，与轴线的关系是________（选填"居中"或"偏心"）。

第2种柱子的截面尺寸（$b\times h$）为________，角筋为________，b边一侧中部钢筋为________，h边一侧中部钢筋为________，箍筋为________。该柱子的数量为________个，与轴线的关系是________。

第3种柱子的截面尺寸（$b\times h$）为________，角筋为________，b边一侧中部钢筋为________，h边一侧中部钢筋为________，箍筋为________。该柱子的数量为________个，与轴线的关系是________。

第4种柱子的截面尺寸（$b\times h$）为________，角筋为________，b边一侧中部钢筋为________，h边一侧中部钢筋为________，箍筋为________。该柱子的数量为________个，与轴线的关系是________。

2. 识读结施-05、结施-06

（1）①×A轴处柱KZ的总高是________m，该柱在一～二层时，柱子的截面尺寸（$b\times h$）为________，其中b_1为________mm，b_2为________mm，h_1为________mm，h_2为________mm，因此，该柱为偏心柱，在标高________m处，该柱的________边（选填b或h）发生变截面，变截面Δ=________mm；该柱在三～五层处的截面尺寸（$b\times h$）为________，角筋为________，b边一侧钢筋为________，h边一侧钢筋为________，箍筋为________。

（2）①×D轴处柱子：该柱总高是________m。一～二层柱子的截面尺寸（$b\times h$）为________，三～六层时的截面尺寸（$b\times h$）为________；角筋为________，b边一侧钢筋为________，h边一侧钢筋为________，箍筋为________。

（3）LZ1为________柱（选填"框架柱"、"梁上柱"、"墙上柱"），数量为________个。LZ1截面尺寸（$b\times h$）为________，其标高从________～________m，因此总高为________m。其纵筋为________，箍筋为________。

3. 识读结施-05的"KZ与砖墙拉结筋示意"，墙体拉结筋的布置规定为：________________。

四、识读附录1的结施-07，回答以下问题：

1. 二～四层：教室楼面板厚度为________mm，走廊楼面板厚度为________mm，卫生间楼面板厚度分别为________mm和________mm。

2. 五层：教室楼面板厚度为________mm，走廊楼面板厚度为________mm，卫生间楼面板厚度分别为________mm和________mm。

五、识读附录1的结施-08，回答以下问题（先熟悉模块2.8.2知识链接的"框架梁的识读"）：

1. 二层楼面梁的编号及数量：KL-12的数量为________；KL-13的数量为________；KL-14的数量为________；KL-15的数量为________；KL-16的数量为________；KL-17的数量为________；KL-18的数量为________；KL-20的数量为________；KL-21的数量为________；LL-4的数量为________；LL-5的数量为________；KL-22的数量为________；KL-23的数量为________；KL-24的数量为________；KL-25的数量为________。其中：框架梁（也叫主梁）包括：________________，非框架梁（也叫次梁）包括：________________。（提示：主梁、次梁位置详见任务2.6结构施工图的基础知识中的图2-195。）

2. KL-22有________跨，截面尺寸（$b\times h$）为________；其箍筋为________，________肢箍；上部通长筋为________；下部通长筋为________。

3. KL-16（1A）有________跨，________端悬挑；G2ϕ12表示：________________。

4. LL-4为________梁（选填"主梁"或"次梁"），有________跨，上部通长筋为________，下部通长筋为________，箍筋为________，________肢箍。

5. 当窗宽度大于等于________mm时，设窗过梁。窗过梁的高度为________mm，宽度为________mm，长度为________mm；上部纵筋为________，下部纵筋为________，箍筋为________。（提示：请识读结施-01中"结构设计总说明"。）

6. 识读结施-08中框架梁与走廊挑梁高差示意、1-1断面图及建施-03的①号详图，走廊栏板墙中构造柱的截面尺寸为________，纵筋为________，纵筋的长度L=________，箍筋为________。（说明：结施-09、结施-10的识读方法同结施-08，建议自行练习。）

六、识读附录1结施-11，回答以下问题（先熟悉模块2.8.2知识链接的现浇板配筋图的识读。）：

1. ①～②×A～B轴的板厚度为________mm；板底X向钢筋为________，Y向钢筋为________；板面支座负筋：①轴处为________，直段长为________mm；②轴处为________，直段长为________mm；A轴处为________，直段长为________mm；B轴处为________，直段长为________mm；板面分布筋均为________。（提示：分布筋是垂直于负筋的一排平行钢筋，与负筋形成钢筋网片，起到固定负筋的作用，一般不在图上画出，仅在设计说明中用文字表明间距和直径及规格。若图纸未做说明的，按ϕ6@200考虑。分布钢筋在负筋长度范围内布置，其长度＝两端支座负筋的净距＋150×2，分布钢筋不做弯钩。）

2. 识读①号详图，装饰线条沿外墙周边设置，其顶面标高为________m，采用悬挑板设计，板厚度为________mm，受力钢筋为U形ϕ6@200，配在悬挑板的________（选填"板底"或"板面"），分布筋为________。

3. 识读板角附加钢筋示意图，在板的角部，板的下面底筋、上面负筋均配置附加钢筋________________，它们配置的范围为角部、1/4短边围成的区域。（说明：结施-12、结施-13的识读方法同结施-11，建议自行练习识读。）

七、识读附录1结施-14，回答以下问题：

1. 19.450标高屋面板的板厚为__________和__________。

2. 出屋面楼梯间顶面梁配筋平面图中梁的编号和数量分别为：____。KL-48（1A）有______跨，______端悬挑；截面尺寸（$b\times h$）为__________；箍筋为______________，________肢箍；上部通长筋为__________________；下部通长筋为______________。

3. 出屋面楼梯间顶面板尺寸（长×宽）为_________________，板厚度为____________mm。顶面标高为_________m。板底X向钢筋为________________，Y向钢筋为______________。板顶面支座负筋：X向①轴为______________，直段长_____________mm；⅟₂轴为_______________，直段长_____________mm；Y向板顶负筋为______________。板阳角附加钢筋为______________，长度为__________________mm。

模块2.8.2 知识链接

一、楼层、屋面结构布置平面图的形成、作用及内容

（一）楼层结构平面图的形成和作用

楼层结构平面图是用一假想的水平剖切面在所要表明的结构层面上部剖开，向下作正投影而得到的水平投影图。在楼层结构平面图中，被剖到的墙、柱等轮廓线用中实线表示，钢筋混凝土柱可涂黑；被楼板挡住的墙、柱等轮廓用中虚线表示；用细实线表示预制楼板的平面布置情况。

楼层结构平面图是表示各层楼面的承重构件，如梁、楼板、柱、圈梁、门窗过梁等的布置情况的图纸，是施工时安装梁、板的依据。

（二）楼层结构平面图的主要内容

1. 图名、比例。常用比例为1∶100、1∶200，同建筑平面图。
2. 定位轴线及其编号，并标注两道尺寸，即轴线间尺寸和建筑的总长、总宽。
3. 柱、剪力墙的平面布置、截面尺寸、代号或编号。
4. 梁的平面布置、截面尺寸、代号或编号。
5. 现浇板的位置、配筋情况、厚度、混凝土强度等级及编号。
6. 楼层结构平面图中的楼梯间通常用一条（或两条）对角线表示。
7. 详图索引符号及构件统计表、钢筋表和文字说明。

屋顶结构平面图与楼层结构平面图基本相同。结构平面图是施工时安装梁、板、柱等各种构件或现浇构件的依据。

（三）楼层结构平面图的识读步骤

1. 按照图纸顺序识读，一般为柱、剪力墙结构图，梁结构图，楼板结构图。
2. 在识读各构件（柱、剪力墙、梁、板等）结构图时，按以下顺序进行（以柱结构图为例）：

① 有哪些柱？数量分别是多少？

② 柱的基本信息（混凝土强度等级，保护层厚度）。

③ 柱的定位情况，判断柱与定位轴线的关系是居中布置，还是偏心布置。

④ 柱的尺寸、标高。

⑤ 柱的配筋信息。

识读其他构件结构图时，方法同柱结构图。

二、楼层结构平面图的图示方法

目前我国混凝土结构施工图的表示方法采用混凝土结构施工图平面整体表示方法，简称平法。

平法的表达形式就是把结构构件的尺寸和配筋等，按照平面整体表示方法制图规则，整体直接地表达在各类构件的结构平面布置图上，再与标准构造详图相配合，构成一套完整的结构施工图。

我国从20世纪90年代出版国家标准图集《混凝土结构施工图平面整体表示方法制图规则和构造详图》，现在使用的11G101系列图集共有3册，该图集包括两大部分内容：平法制图规则和标准构造详图。

柱、剪力墙、梁等构件的结构图常采用平法图表达。

板结构图的表达，有两种常用的表示方法：板配筋图和板平法图，板配筋图是将钢筋信息直接绘制在板平面图中，是传统的板结构施工图的表示方法，这种方法表达的钢筋信息简明清晰，因此，目前应用仍然非常广泛。

11G101系列图集的知识将在后续课程“钢筋平法识图与算量”做进一步的学习。下面，以实例的方式简单介绍柱、梁、板结构平面图的识读。

（一）框架柱的识读

1. 柱钢筋三维示意

从图2-195钢筋混凝土结构示意图，可以了解框架柱的外观，假定混凝土是透明的，就能看到框架柱里面的钢筋布置，柱钢筋三维示意图如图2-218所示。

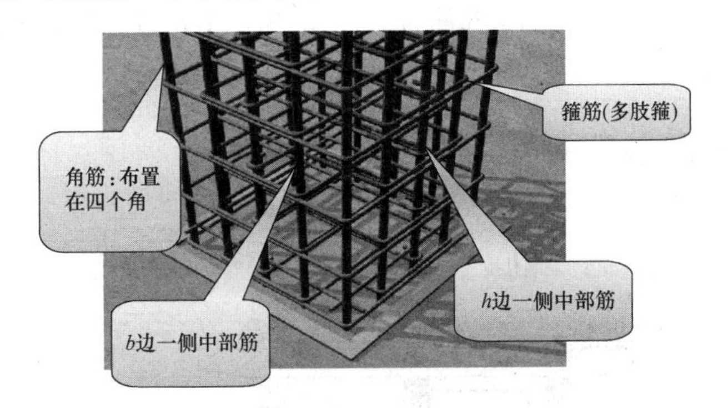

图2-218 柱钢筋三维示意图

2. 框架柱识读训练。

识读图2-219①×Ⓐ轴框架柱。

识读信息为：

框架柱名称（编号）：①×Ⓐ轴框架柱

标高：−0.050～7.750（一～二层）

截面尺寸（$b\times h$）：400mm×500mm，观察该柱与定位轴线之间的关系，$b_1=100$mm，$b_2=300$mm，$h_1=100$mm，$h_2=400$mm，因此该柱为偏心柱。

柱角筋：4⌀18（4根直径18mm的Ⅱ级钢）

b边一侧中部筋：2⌀16，两侧共4⌀16（2根直径16mm的Ⅱ级钢，两侧共4根）

h边一侧中部筋：2⌀16，两侧共4⌀16（2根直径16mm的Ⅱ级钢，两侧共4根）

箍筋：φ8@100/200（直径8mm的Ⅰ级钢，加密区间距为100mm，非加密区间距为200mm）

【实训任务】

KZ1的尺寸和配筋图如图2-220所示，请识读KZ1。

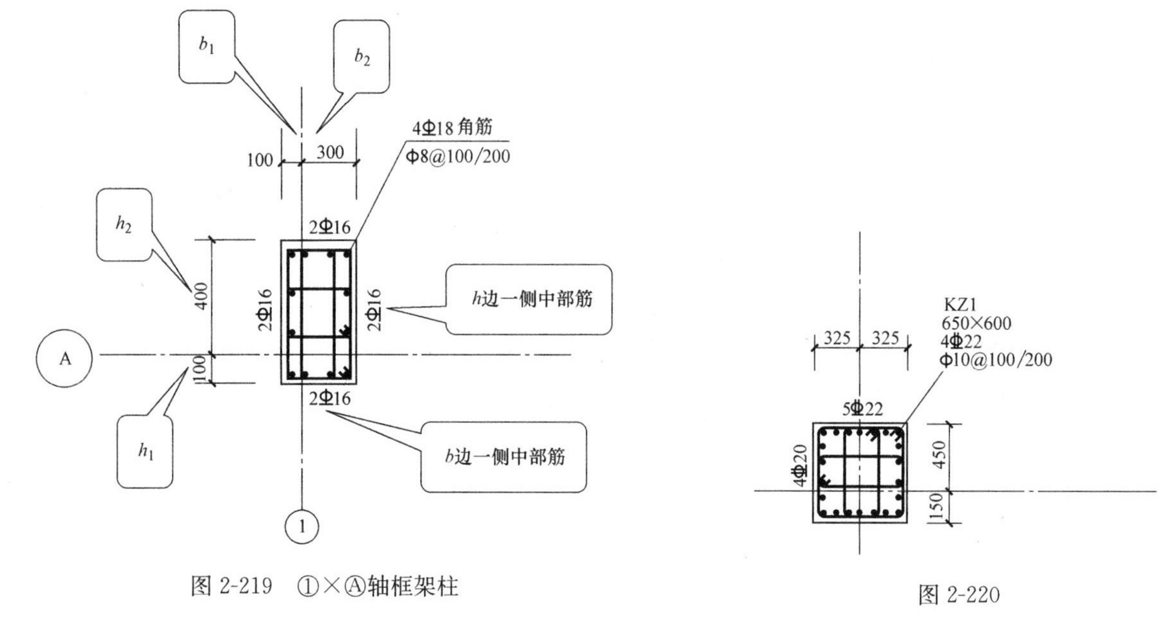

图 2-219　①×Ⓐ轴框架柱　　图 2-220

框架柱名称：＿＿＿＿＿＿；截面尺寸（$b\times h$）：＿＿＿＿＿＿＿＿；其中 b_1＝＿＿＿＿，b_2＝＿＿＿＿，h_1＝＿＿＿＿，h_2＝＿＿＿＿，因此该柱为＿＿＿＿（“居中”或者“偏心”）布置。

柱角筋为＿＿＿＿＿＿；b 边一侧中部筋为＿＿＿＿＿＿；h 边一侧中部筋为＿＿＿＿＿＿；箍筋为＿＿＿＿＿＿。

（二）框架梁的识读

1. 框架梁编号和跨数示意图如图 2-221 所示。

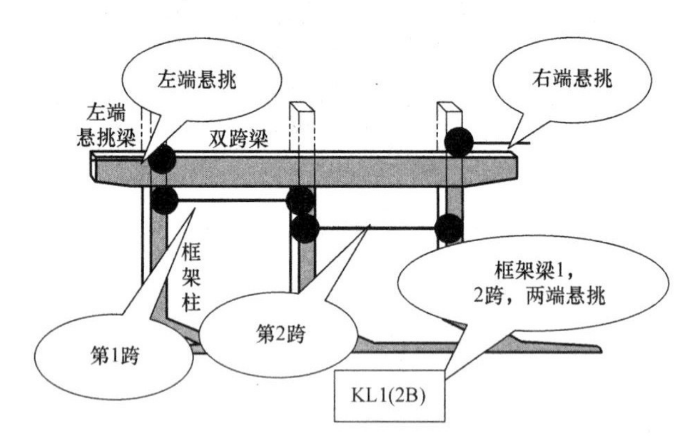

图 2-221　框架梁编号和跨数示意图

注：（××A）为一端有悬挑，（××B）为两端有悬挑，悬挑不计入跨数。

2. 框架梁钢筋三维示意如图 2-222 所示。

3. 框架梁识读训练。

KL2 平法图如图 2-223 所示，识读 KL2。

识图信息如下：

（1）识读集中标注

框架梁名称（编号）：2 号框架梁，有两跨，一端悬挑

截面尺寸（$b\times h$）：300mm×650mm

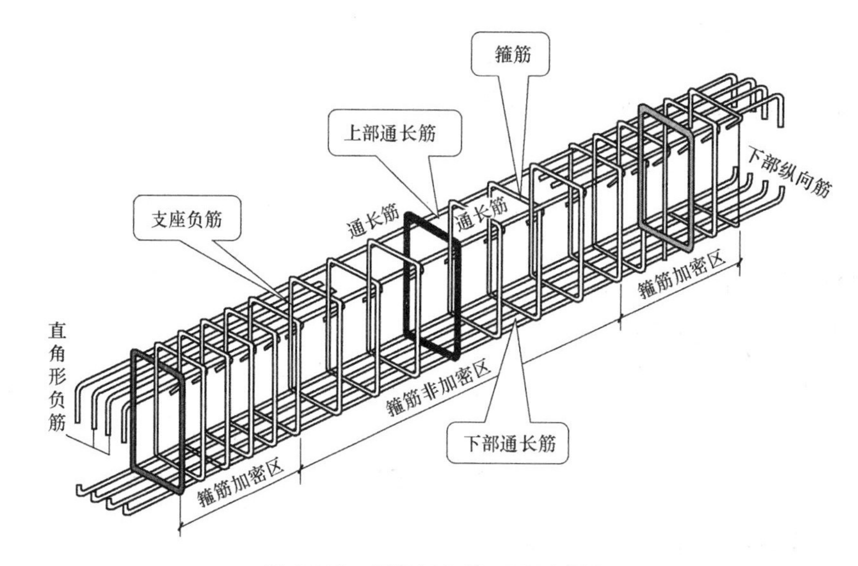

图 2-222　框架梁钢筋三维示意图

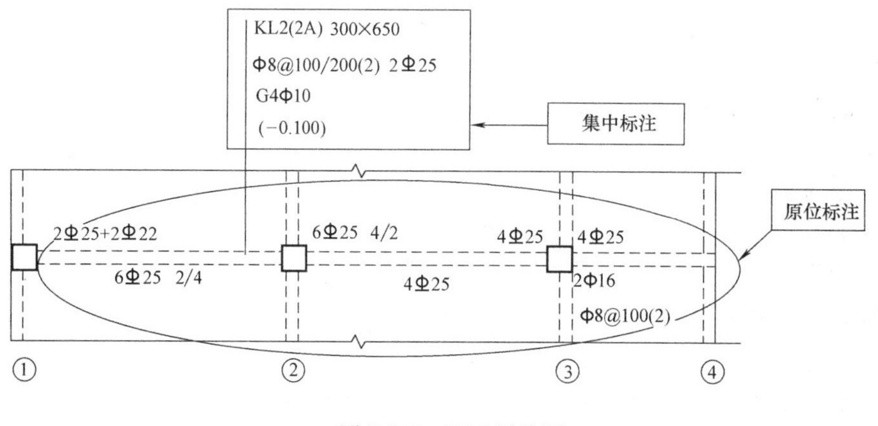

图 2-223　KL2 平法图

箍筋：Φ8@100/200（直径 8mm 的Ⅰ级钢，加密区间距为 100mm，非加密区间距为 200mm）

上部通长筋：2Φ25（2 根直径 25mm 的Ⅱ级钢筋）

侧面钢筋：G4Φ10（侧面构造筋为 4 根直径 12mm 的Ⅰ级钢筋，每侧各配 2 根）（符号 G 表示侧面构造钢筋，符号 N 表示侧面受扭钢筋）

拉筋：Φ6@400（拉筋为侧面钢筋的“共生钢筋”，即只要有侧面钢筋，就需要配置拉筋，它的作用是固定侧面钢筋，在图中不标注，需要按规则配置，具体规则为“当梁宽≤350mm 时，拉筋直径为 6mm；当梁宽＞350mm 时，拉筋直径为 8mm。拉筋间距为非加密区间距的 2 倍”）

标高：梁顶标高相对楼层标高低 0.100m

（2）识读原位标注（先按顺序识读上部的原位标注，然后再识读下部的原位标注。如果原位标注的信息与集中标注信息不相符的，原位标注优先）

上部钢筋：

① 轴左侧上部钢筋：2Φ25＋2Φ22（表示 2Φ25 放在角部，为上部通长筋；2Φ22 为第一排支

座负筋，放在中部）

② 轴左、右两侧钢筋：6Φ25 4/2（表示共两排钢筋，第一排钢筋为4Φ25，其中2Φ25放在角部，为上部通长筋，2Φ25放在中部，为支座负筋；第二排支座为2Φ25）

③ 轴左、右两侧钢筋：4Φ25（表示2Φ25放在角部，为上部通长筋；2Φ25为第一排支座负筋，放在中部）

下部钢筋：

①～②轴处：6Φ25 2/4（表示下部钢筋分两排布置，第一排下部钢筋为2Φ25，第二排钢筋为4Φ25，全部伸入支座）

②～③轴处：4Φ25（表示下部钢筋为4Φ25，全部伸入支座）

③～④处：2Φ16，ϕ8@100（2）（表示悬挑端处的下部钢筋为2Φ16，悬挑梁段加密箍筋为ϕ8@100，2肢箍）

（三）现浇板配筋图的识读

1. 现浇板钢筋示意图如图2-224所示。

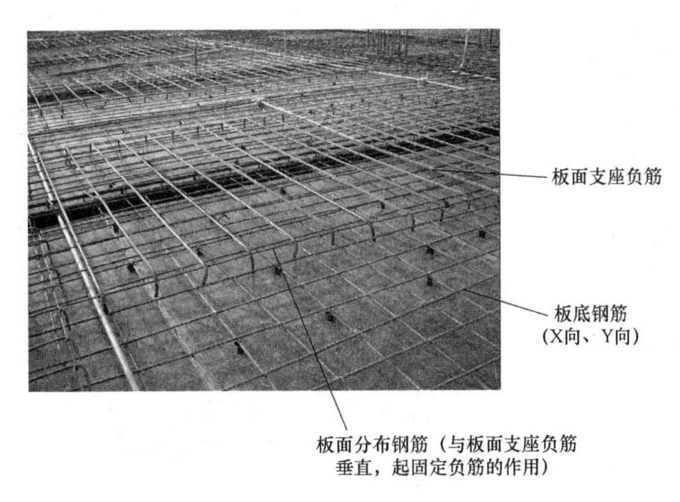

图2-224　现浇板钢筋示意图

2. 现浇板识读训练。

图2-225为某工程楼板配筋图，识读①～②×Ⓐ～Ⓑ轴楼板。

识图信息如下：

楼板名称（编号）：①～②×Ⓐ～Ⓑ轴楼板

楼板厚度：h＝110mm

板底X向钢筋：①号钢筋ϕ10@150

板底Y向钢筋：②号钢筋ϕ10@150

板面支座负筋：①轴、②轴、Ⓐ轴、Ⓑ轴处均配置③号钢筋ϕ8@200，该钢筋直段长度为800mm

板面分布钢筋：ϕ6@200（说明：分布筋是固定负筋的钢筋，一般不在图中画出，仅在设计说明中用文字表明间距、直径及规格）

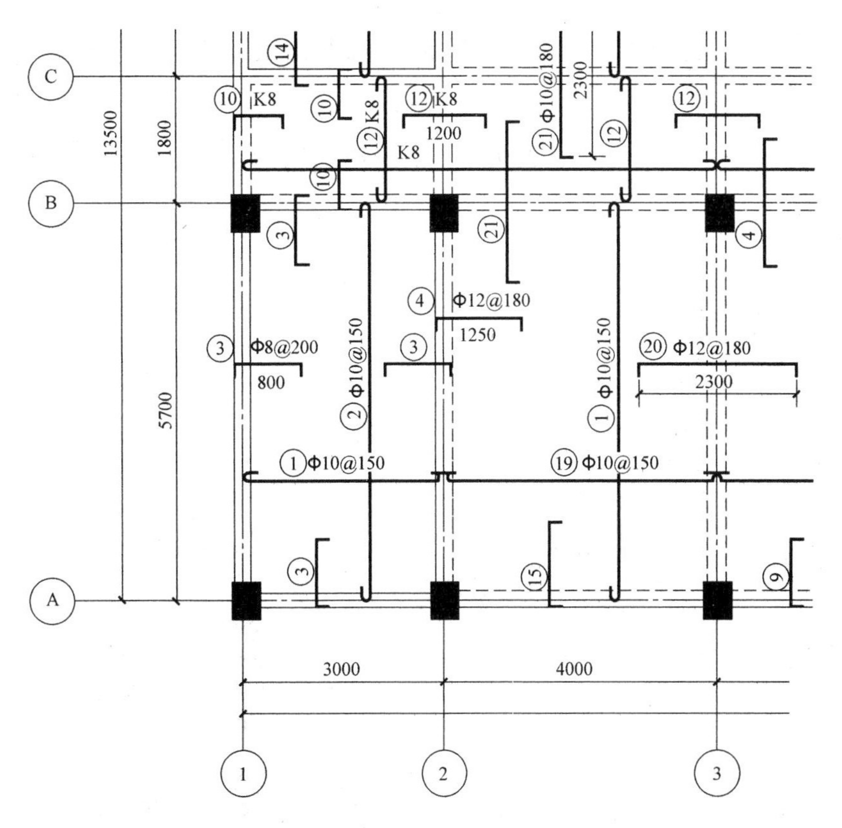

图2-225　某工程楼板配筋图

【思考训练】

一、问答题

1. 简述楼层结构平面图的形成过程及作用。

2. 简述楼层结构平面图的识读步骤。

3. 柱、剪力墙、梁等构件的结构图常采用哪种图示方法？板结构图的表达有哪些图示方法？

二、填空题

1. 框架柱的钢筋一般包括________筋、________筋、________筋、________筋。

2. 识读框架梁钢筋时，先识读________标注，再识读________标注，当这两种标注的信息不相符时，________标注优先。

3. 框架梁钢筋中G4Φ10表示________________________________。N4Φ16表示________________________________。

4. 框架梁中拉筋的配置规则是________________________________。

5. 现浇板中的钢筋一般有________筋、________筋、________筋、________筋。其中，板面分布钢筋不在图中标注，仅在______________用文字表明间距、直径及规格。

任务 2.9　钢筋混凝土楼梯结构图识读

模块 2.9.1　学习情境引导文

识读附录 1 结施-15，回答以下问题：

1. 梯段板厚度为________mm，水平投影长为________mm，高度为________mm，梯段板长度为________mm，宽度为________mm，楼梯井宽度为________mm。梯段板的板底面钢筋为________，长度为________mm；板底面分布筋为________，长度为________mm。板面负筋：低端处钢筋为________，形状为________（请画出形状示意图，并注明长度）；高端处钢筋为________，形状为________（请画出形状示意图，并注明长度）。

2. 中间休息平台板：厚度为________mm，板底面钢筋：X 向为________，Y 向为________；板面负筋：支座处四周钢筋均为________，直段长为________。

3. TL-1 为________梁（选填“平台梁”或“梯口梁”）；LL4 为________梁（选填“平台梁”或“梯口梁”）；TL-1 的截面尺寸（$b\times h$）为________，长度为________mm，标高分别为________，其上部纵筋为________，下部纵筋为________，箍筋为________。

4. 楼梯间出屋面雨篷下方的门编号为________，雨篷底标高为________，雨篷梁板长度为________m，雨篷梁截面尺寸（$b\times h$）为________，其上部纵筋为________，下部纵筋为________，箍筋为________。雨篷板宽度为________mm，根部厚度为________mm，端部厚度为________mm，板面钢筋为________，分布钢筋为________。

模块 2.9.2　知识链接

一、钢筋混凝土楼梯结构图的内容

钢筋混凝土楼梯结构施工图一般包括楼梯结构平面图、楼梯结构剖面图和楼梯大样图，其施工图主要内容详见表 2-14。

楼梯结构施工图主要内容　　表 2-14

楼梯结构施工图	主要表示内容
楼梯结构平面图	楼梯的尺寸、梯段在水平投影的位置、休息平台板配筋和标高等
楼梯结构剖面图	各楼梯梯段、休息平台板的立面、标高，梯段板配筋详图
楼梯大样图	详细表达楼梯结构构件（梯柱、梯口梁、平台梁等）配筋图

二、楼梯结构图识读

（一）楼梯结构图识读步骤

1. 识读楼梯结构图中包含的构件（一般为休息平台板、梯段板、平台梁、梯口梁、梯柱等），及其布置位置、数量。

2. 识读各构件的结构图，了解以下内容：

① 构件的尺寸、厚度、标高。

② 构件的配筋信息。

（二）楼梯各构件结构图的识读方法

在识读楼梯各构件结构图的过程中，休息平台板的识读方法与现浇板配筋图识读方法相同，平台梁的识读方法与框架梁识读方法类似，梯段板可以看作是倾斜的板，因此它的识读方法同楼板配筋图类似。

图 2-226 是梯段板内钢筋三维示意图。

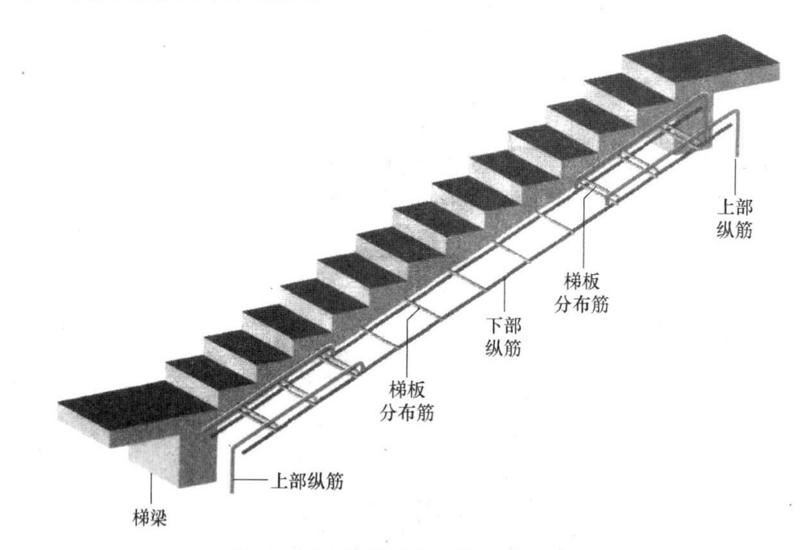

图 2-226　梯段板内钢筋三维示意图

（三）楼梯结构图识读

图 2-227 是某工程二层楼梯结构图，识读该楼梯结构图。

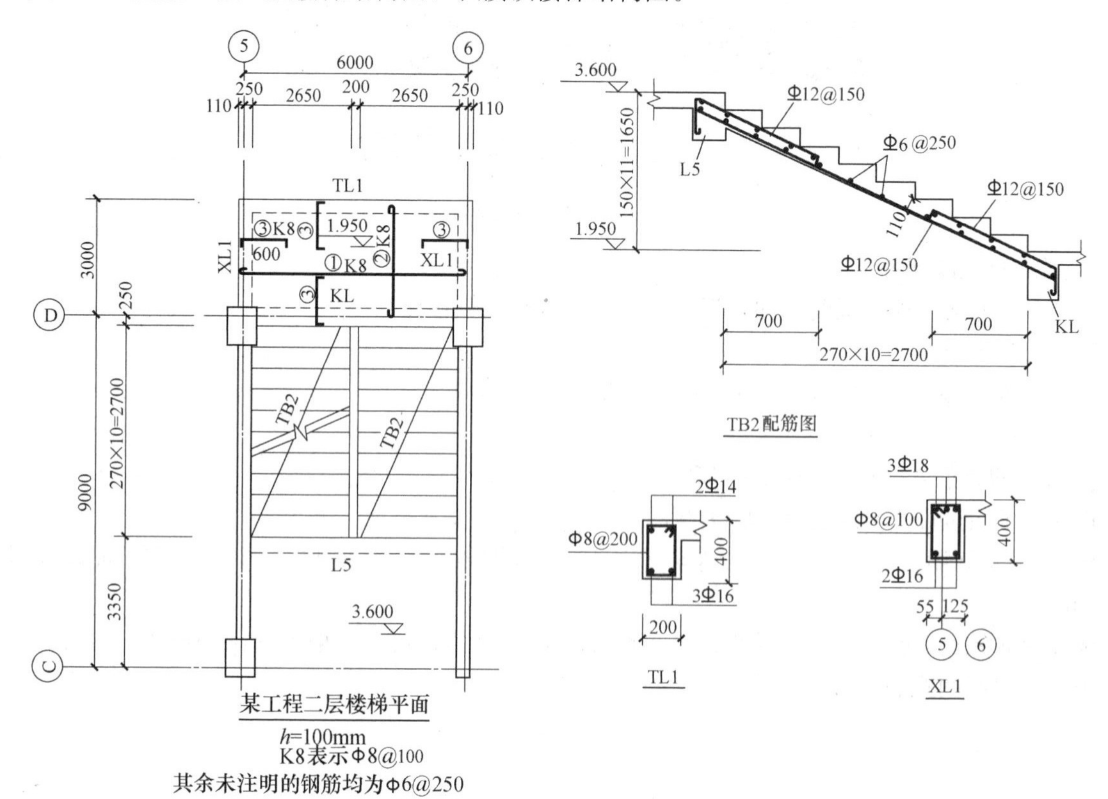

图 2-227　某工程二层楼梯结构图

识读信息如下：

1. 楼梯结构图包含的构件

休息平台板；梯段板 TB2；平台梁 TL1，XL1，KL（KL 应是框架梁兼做平台梁的情况，KL 的信息在楼层结构图中读取）；梯口梁 L5（L5 的信息在楼层结构图中读取）。

2. 逐步识读各构件的结构图

（1）休息平台板，1 块

厚度和标高：h=100mm，板面标高为 1.950m

板底 X 向钢筋：①号钢筋 K8，为ϕ 8@100

板底 Y 向钢筋：②号钢筋 K8，为ϕ 8@100

板面支座负筋：均为③号钢筋 K8，为ϕ 8@100，该钢筋直段长度为 600mm

板面分布钢筋：ϕ 6@250

（2）梯段板 TB2，共 2 块

厚度：h=110mm

标高：1.950～3.600m 和 0.300～1.950m 共 2 块 TB2（说明：标高 0.300 是根据图纸信息计算得到的，即 1.950－1.650=0.300）

水平投影长：2700mm

踏步的级数：11 级

踏步的踏面数：10 个踏面

每级踏步的高：150mm

每级踏步的宽：270mm

板底面钢筋：⌀ 12@150

板底面分布钢筋：ϕ 6@250

低端板面支座负筋：⌀ 12@150，该钢筋直段水平投影长度为 700mm，形状为

高端板面支座负筋：⌀ 12@150，该钢筋直段水平投影长度为 700mm，形状为

板面分布钢筋：ϕ 6@250

（3）平台梁 TL1，1 根

截面尺寸（b×h）：200mm×400mm

标高：梁面标高为 1.950m

梁底面钢筋：3 ⌀ 16

梁顶面钢筋：2 ⌀ 14

梁箍筋：ϕ 8@200

（4）平台梁 XL1，2 根

截面尺寸（b×h）：180mm×400mm（其中梁宽 b=55+125=180mm，该梁偏心布置）

标高：梁面标高为 1.950m

梁底面钢筋：2 ⌀ 16

梁顶面钢筋：3 ⌀ 18

梁箍筋：ϕ 8@100

【思考训练】

问答题

1. 钢筋混凝土楼梯结构施工图一般包括哪些内容？
2. 简述钢筋混凝土楼梯结构图的识读步骤。
3. 简述钢筋混凝土楼梯结构图中各构件的识读方法。

项目 3　综合实训

【教学目标】

能力目标：采用相互联系的方法从建筑结构施工图中获取项目的信息，采用综合识读方法完成任务。提高学生独立思考和分析问题、解决问题的能力，进一步培养学生的识图能力。

知识目标：施工图识读基本知识（施工图作用、分类、图纸编排、常用制图标准、施工图识读方法和技巧），建筑施工图识读技能（建筑设计总说明、建筑总平面图、建筑各层平面图、建筑立面图、建筑剖面图、建筑详图）；结构施工图识读技能（结构设计总说明、基础结构图、结构平面图、构件节点详图）。

任务 3.1　综合实训一

实训任务单

1. 目的

在教师指导下，从附录 2 中获取信息，以个人或小组的形式进行讨论，自行决定并完成。教师需要提前完成引导文问题的答案，在学生完成任务后，将答案发给学生进行自检和互评，最后教师结合学生完成情况集中讲评，以此训练学生建筑工程施工图识读实操能力。

2. 工作任务及信息来源

（1）图纸详见附录 2。

（2）根据课程“建筑识图及构造”的相关内容、规定，按照项目 2 的识图方法，识读附录 2 施工图，并完成相关问题的解答。

【项目特点】

小高层建筑、框架剪力墙结构、桩基础

模块 3.1.1　建筑施工图识读

一、识读附录 2 的 JS-03、JS-07～JS-13，完成以下问题：

1. 该建筑层数为________层，层高为________。

2. 该建筑物朝向为____________。

3. 首层室内地面的相对标高是______________m，室内外高差是______________m。

4. 屋顶面的标高为______________m，楼梯间电梯机房屋顶面标高为______________m。

5. 该住宅的户型：______梯______户，共有______户，每户为______房______厅______卫_____厨。

6. 每单元入口处均设有台阶和__________________，坡度 $i=$____________。宽度为____________。

7. ①～㉓轴的轴线间距为__________mm，Ⓐ～Ⓕ轴的轴线间距为__________mm。

二、识读附录 2 的 JS-06、JS-07，完成以下问题：

1. 客厅的开间×进深为________________，厨房的开间×进深为________________，电梯间的开间×进深为________________。阳台的宽度为________________。

2. 门窗情况

（1）窗户名称分别为________________________________，其数量分别为________________________________，尺寸（宽×高）分别为________________________________，材质分别为________________________________。

（2）门的名称分别为________________________________，其数量分别为________________________________，其尺寸（宽×高）分别为________________________________，其材质分别为________________________________。

（3）图中未注明的窗台高度为__________。

3. 台阶的宽度为__________，共_____级踏步，每级踏步的宽度为__________。

三、识读附录 2 的 JS-08，完成以下问题：

1. 楼梯间墙外设有____________，坡度为________，坡向 $\phi 80$ 的水落管，水落管的做法见 98ZJ201 $\frac{4}{35}$ 表示：________________________________。

2. 二层的楼面标高为________________。

四、识读附录 2 的 JS-09，完成以下问题：

三层的楼面标高为__________，四层的楼面标高为__________，六层的楼面标高为__________，九层的楼面标高为__________。

五、识读附录 2 的 JS-10～JS-12、GS-11，完成以下问题：

1. 九层屋顶面的标高为__________，电梯机房楼面标高为__________；电梯机房 M6 外为台阶踏步，共__________级，每级踏步的宽度为__________，长度为__________；从电梯机房到九层屋顶面的高度为__________。

2. 九层屋顶面的排水方向和排水坡度分别为：________________________，雨水最终排至水落管，水落管的直径为________，共________个，分别布置在________________________（用轴号说明），水落管的做法为________________________。

3. 屋顶面还设有烟道，共________个，分别布置在________________________（用轴号说明），做法为________________________。

4. 从楼梯间出到九层屋面的做法为________________________，共_____处。

5. 屋顶面设有女儿墙，墙高度为__________m，女儿墙上方设有铁艺栏杆，栏杆的高度为__________m。（提示：此处需结合立面图进行识读。）

6. 楼梯间屋面电梯机房屋面的标高为__________m，其屋顶排水坡度为__________，雨水排至雨水口，雨水口的做法为________________________，雨水口共两处，分别在__________轴和______________轴处。

7. 从楼梯间、电梯机房到九层屋顶面的门外均设有雨篷，雨篷的做法为________________________，雨篷的长度为__________m，宽度为__________m。

8. 楼梯间左右两侧的图形（③～⑤轴，⑧～⑩轴，⑭～⑯轴，⑲～㉑轴的图形）应结合附录 2 的 GS-11 识读，这一部位的构件为钢筋混凝土葡萄架，该构件的顶面标高是__________m。

六、识读附录 2 的 JS-12～JS-14 的相关立面图，完成以下问题：

1. C4 的窗台高度是________m，该窗在第一层的窗底标高是________m，窗顶标高是________m，因此该窗的高度为________m。C2a 的窗台高度是________m，该窗在第一层的窗底标高是________m，窗顶标高是________m，因此该窗的高度为________m。

2. 外墙立面的做法和颜色：外墙裙（标高为−0.800～2.700m）采用仿麻石瓷砖贴面，具体做法为________________。浅乳黄色外墙漆外墙的标高为______m～________m，浅灰白色外墙漆外墙的标高为________m～________m，它们的做法均为________________。

七、识读附录 2 的 JS-15，完成以下问题：

1. 厨房、卫生间的标高为________。

2. 识读“凸窗 1 平面放大图”、“a-a 剖面图”、“b-b 剖面图”

（1）a-a 剖面图反映了Ⓕ轴往外 1200mm 处凸窗的窗台高度为________mm，凸窗外设置了铁艺栏杆，铁艺栏杆的高度为________mm，铁艺栏杆与窗台底面内设置的预埋件固定，预埋件的做法为____________，布置间距为________。凸窗外的滴水线做法为________________。

（2）b-b 剖面图反映了③、⑩、⑭、㉑轴外侧的凸窗栏杆及空调机搁板的做法，凸窗台高度为________mm，凸窗外设置了铁艺栏杆，铁艺栏杆的高度为________mm，铁艺栏杆与窗台底面内设置的预埋件固定，预埋件的做法为____________，布置间距为________。空调机搁板比室内楼面标高低________mm，空调机搁板外侧滴水线高度比空调机搁板高________mm，空调机搁板的厚度为________mm，滴水线的厚度为________mm。

八、识读附录 2 的 JS-16，完成以下问题：

1. 户外入口处的台阶共______级，总高为________mm。本工程的楼梯共______层。

2. 一层楼梯的第一跑楼梯踏步数为______个，每个踏步的宽度为________mm，共______级，每级高度为________mm，因此，中间休息平台板的高度为________mm；第二跑楼梯踏步数为______个，每个踏步的宽度为________mm，共______级，每级高度为________mm。

3. 二层楼梯第一跑楼梯踏步数为______个，每个踏步的宽度为________mm，共______级，每级高度为________mm，因此，中间休息平台板的高度为________mm；第二跑楼梯踏步数为______个，每个踏步的宽度为________mm，共______级，每级高度为________mm。

4. 三～九层的楼梯：第一跑楼梯踏步数为______个，每个踏步的宽度为______mm，共______级，每级高度为______mm，中间休息平台板的高度均为______mm；第二跑楼梯踏步数为______个，每个踏步的宽度为________mm，共______级，每级高度为________mm。

5. 识读“楼梯三层平面图”：楼梯休息平台的标高为__________，尺寸（开间×进深）为__________，楼梯井的宽度为__________，梯段宽度为__________。

九、识读附录 2 的 JS-04、JS-05，完成以下问题：

1. 本项目外墙的厚度为____mm，内墙厚度为____mm，厨房卫生间的薄墙厚度为____mm。

2. 本项目地面做法共有______种，每种地面及相应的使用部位分别为：____。

3. 楼面做法共有______种，每种楼面及相应的使用部位分别为：____。

4. 内墙面做法共有______种，每种内墙面及相应的使用部位分别为：____。

5. 顶棚面做法共有______种，每种顶棚面及相应的使用部位分别为：____。

6. 屋面做法共有______种，每种屋面及相应的使用部位分别为：____。

7. 高处屋面雨水管排往低处屋面时，在雨水管正下方设置一块散水板，散水板做法及规格为________________________________。

模块 3.1.2 结构施工图识读

一、识读附录 2 的 GS-03、GS-03a，完成以下填空：

本项目结构类型为____________，采用__________基础；抗震等级为________；场地土的类型为________类。砖砌体材料为____。基础垫层的混凝土强度等级为________；桩基础的混凝土强度等级为________；桩承台混凝土强度等级为________；梁、柱、板的混凝土强度等级为________；构造柱混凝土强度等级为________；楼梯混凝土强度等级为________。

二、识读附录 2 的 GS-07，完成以下填空：

一层地面的结构标高为________，层高为________；二层楼面的结构标高为________，二层的层高为________；屋顶面的结构标高为________。

三、识读附录 2 的 GS-04、GS-05，完成以下问题：

1. 本项目桩基础的类型为__________。桩基础的数量：ZJ1 的数量为________，ZJ1a 的数量为________，ZJ2 的数量为________，ZJ3 的数量为________，ZJ4 的数量为________，ZJ5 的数量为________。（提示：⑫轴处示意了对称符号。）

2. 本项目桩承台的数量及尺寸：CT1 的数量为____________，尺寸（长×宽×高）为____________；CT2 的数量为________，尺寸（长×宽×高）为____________；CT3 的数量为__________，尺寸（长×宽×高）为____________；各承台的垫层厚度均为________。

3. 桩基、承台标高情况：桩基 ZJ1 的顶面标高为________，CT1 的顶面标高为________。

4. 桩基 ZJ1 的桩径为________，桩长为________；竖向主筋为________，螺旋箍筋为________，其间距为________，加劲筋为________。

5. 桩基 ZJ5 的桩径为________，桩长为________，扩底尺寸：D 为________，a 为________，h 为________；竖向主筋为________，螺旋箍筋为________，其间距为________，加劲筋为________。

6. 桩护壁的厚度为________，钢筋配置为________。

7. 桩施工应进行深层板荷试验，桩数为______，且不少于______根。

8. 桩顶嵌入承台尺寸为______，嵌入部分及与承台接触的桩周打毛，桩内钢筋呈伞形锚入承台内，长度大于等于______。

四、识读附录 2 的 GS-06，完成以下问题：

1. 基础梁的数量：JCKL-1 的数量为______，JCKL-2 的数量为______，JCKL-3 的数量为______，JCKL-3a 的数量为______，JCKL-4 的数量为______，JCKL-5a 的数量为______，JCKL-9 的数量为______（提示：⑫轴处有对称符号）。上述基础梁的梁顶标高为______。

2. 基础梁 KL-2 的梁顶面标高为______，其截面尺寸为______，箍筋为______，上部通长筋为______，下部通长筋为______。

3. JCKL-7 有______跨，其截面尺寸为______，箍筋为______，上部通长筋为______，下部通长筋为______，腰筋为______，拉筋为______。

4. GZ 的数量为______，其底标高为______，截面尺寸为______，纵筋为______，箍筋为______。

5. 地圈梁设置部位为______，圈梁顶面标高为______，截面尺寸为______，纵筋为______，箍筋为______。

五、识读附录 2 的 GS-07，完成以下问题：

1. 柱及剪力墙的数量：KZ1 的数量为______，KZ2 的数量为______，KZ3 的数量为______，KZ3a 的数量为______，KZ4 的数量为______，KZ5 的数量为______，KZ5a 的数量为______，KZ6 的数量为______，KZ7 的数量为______，KZ8 的数量为______，KZ9 的数量为______，KZ10 的数量为______，KZ11 的数量为______。

2. Q1 表示______，其厚度为______；2～3 层时其水平与竖向分布钢筋为______，共___排，拉筋为______。

3. AL240×500，内配 4ϕ20，ϕ8@100，梁顶平各层楼面表示为：______。

六、识读附录 2 的 GS-08～GS-10，完成以下问题：

1. 二层客厅的楼板厚度为______，厨房的楼板厚度为______，卫生间的楼板厚度为______，阳台的楼板厚度为______，主卧室的楼板厚度为______。

2. 二层⑦～⑨轴×Ⓐ～Ⓑ轴楼板配筋：______。

3. 二层 AL 的数量为______，其高度为______，上部纵筋为______，下部纵筋为______，箍筋为______。

4. 三～九层客厅的楼板厚度为______，厨房的楼板厚度为______，卫生间的楼板厚度为______，阳台的楼板厚度为______，主卧室的楼板厚度为______。

5. 三～九层的梁配筋详见______（填写图纸编号）。

6. 屋顶面板的厚度有______种，分别为：______，______，______。

七、识读附录 2 的 GS-11，完成以下问题：

1. 图纸中包括的详图为______。

2. 电梯机房屋顶面板的厚度为______，电梯机房楼面板厚度为______。

3. 构架的数量为______，厚度为______。

4. 屋顶楼梯详图：梯板宽度为______，高度为______，水平投影长度为______，厚度为______。板底配筋为______，板底分布钢筋为______，板面支座负筋为______，板面支座负筋的分布钢筋为______。

5. 屋顶构造柱的数量为______，其配筋及断面要求详见______（填写图纸编号）。

6. 屋顶构造柱 GZa 的数量为______，其配筋及断面要求为______。

八、识读附录 2 的 GS-12，完成以下问题：

1. 楼梯梯段板的数量：TB1 的数量为______，TB2 的数量为______，TB3 的数量为______，TB4 的数量为______，TB5 的数量为______，TB6 的数量为______。

2. 梯段板 TB1 的类型为______，其厚度 h 为______，水平投影长度 L 为______，梯段宽度 T 为______，楼梯井宽度 t 为______，梯段板的高度 H 为______，梯段板共______级，每级踏步宽度为______，高度为______。梯段板低端处的梁截面宽度 b_1 为______，高端处的梁截面宽度 b_2 为______。梯段板的板底面受力钢筋为______，板底面分布筋为______；低端处的板面支座负筋为______，其水平投影长度为 $C2$，具体为______，该板面支座负筋的分布筋为______。

3. 平台板的数量：PB1 的数量为______，PB2 的数量为______。其中：PB1 的类型为______，其板厚度为______，宽度 A 为______，长度 B 为______；PB1 的支座宽度：b_1 为______，b_2 为______，b_3 为______；其板底钢筋：X 向为______，Y 向为______。板面支座负筋四周均为______，其直段长度分别 $C3$ 和 $C4$，具体为______。

4. TZ 的数量为______，其截面尺寸（$b \times h$）为______，高度为______，纵向钢筋为______，箍筋为______。

5. TL1 的数量为______，其截面尺寸（$b \times h$）为______，长度为______，其上部纵筋为______，下部纵筋为______，箍筋为______。

任务 3.2 综合实训二

实训任务单

1. 目的

在教师指导下，从附录 3 中获取信息，以个人或工作小组的形式进行讨论，自行决定并完成。教师需要提前完成引导文问题的答案，在学生完成任务后，将答案发给学生进行自检和互评，最后教师结合学生完成情况集中讲评，以此训练学生建筑工程施工图识读实操能力。

2. 工作任务及信息来源

（1）图纸详见附录 3。

（2）根据课程“建筑识图及构造”的相关内容，按照项目 2 的识图方法，识读附录 3 的施工图，并完成相关问题的解答。

【项目特点】

框架结构、独立基础

模块 3.2.1 建筑施工图识读

一、识读附录 3，该项目建筑施工图包括：______等图。

二、识读附录3J-01的首层平面图，完成以下问题：

1. 从左至右定位轴线为______轴到______轴。从下至上定位轴线为________轴到________轴。

2. 首层各房间的名称及尺寸（开间×进深）分别为：____。

3. 外墙的厚度为________mm，外墙外皮距离轴线的尺寸为________mm，因此外墙与轴线的关系是偏心的。内墙的厚度为________mm，其与轴线的关系是____________________。墙体的材料为____。

4. 办公楼的形状为矩形，其外围四周布置了散水，散水的宽度为________mm。散水的做法为____。

5. 在接待室入口处设置了台阶，台阶共________级，每级踏步的宽度为________mm，每级踏步的高度为________mm。台阶的做法为____。

6. 首层的门编号及其尺寸、数量、材质做法分别为：____。

7. 首层的窗编号及其尺寸、数量、材质做法分别为：____。

8. ②～③轴之间有一剖切符号1-1，表示在②～③轴之间做一垂直的剖切面，然后从________侧向________侧投影，形成的投影图即为1-1剖面图，本项目的1-1剖面图详见建施________（此处填写图号）。

三、识读附录3的J-02的二层平面图，完成以下问题：

1. Ⓐ轴线上门窗的编号、尺寸、数量、材质分别为：____。

2. MC-1的门尺寸为______________，MC-1的窗尺寸为______________。

3. 阳台的尺寸（开间×进深）为____________________，阳台栏板墙的厚度为________mm，与定位轴线的关系是____________（选填“偏心”或“居中”），阳台栏板墙的高度是________mm，此阳台的类型为______________。

四、识读附录3的J-02的屋顶平面图，完成以下问题：

1. 屋顶面的排水情况：从屋顶面的中部起，向两侧排水，排水坡度为______和______，雨水排至四个角的水落管，通过水落管将屋顶雨水排至室外散水处。

2. 屋顶面设置女儿墙，女儿墙的厚度为______mm，女儿墙的内边线距离轴线的距离是______mm，女儿墙的高度为________mm。

3. 屋顶女儿墙中设置了构造柱GZ，共____个，其中L形GZ有______个，一字形GZ有______个，GZ的截面尺寸（$b \times h$）为______________，构造柱GZ的高度是________mm。

4. 屋顶面挑檐的宽度为________mm。阳台上方处为雨篷，其宽度为________mm。挑檐和雨篷的立檐高度为________mm，立檐的厚度为________mm。

五、识读附录3的J-03，完成以下问题：

1. 室外地坪的标高是______________，因此室内外高差是____________mm。

2. 勒脚的高度是____________mm，勒脚刷________涂料。

3. 窗台的高度是__________mm。

4. 外墙面刷____________涂料。

5. 图中标高2.700m表示的位置是____，标高6.300m表示的位置是____，标高7.100m表示的位置是____，标高7.400m表示的位置是____，标高8.000m表示的位置是____。

6. 南立面图中门窗的编号及其数量分别为：____。

六、识读附录3的J-04的1-1剖面图，完成以下问题：

1. 1-1剖面图的剖切符号绘制在______层平面图上。

2. 标高－0.450表示____________________，标高±0.000表示____________________，标高1.800表示____________________，标高3.600表示____________________，标高7.200表示____________________，标高7.400表示____________________，标高8.000表示____________________。办公楼共________层，一层的层高为________m，二层的层高为________m，女儿墙的高度为________m，阳台的宽度为__________。

3. 台阶有________级，每级的宽度为________mm，高度为________mm，台阶的做法为____。

4. 屋顶面的做法为____。

5. 挑檐雨篷处的屋顶面做法为____。

七、识读附录3的建施J-04，完成以下问题：

1. 图纸中包括的建筑详图有____。

2. 识读阳台剖面图，阳台栏板墙高度为________mm，阳台栏板墙的上方有压顶，压顶的高度为________mm，宽度为________mm。

3. 识读雨篷剖面图，女儿墙的高度为________mm，女儿墙的厚度为________mm。女儿墙上方的压顶高度为________mm，宽度为________mm，压顶的顶面标高是________m。

4. 识读雨篷剖面图，雨篷或挑檐的立檐厚度是________mm，立檐的高度是________mm。

5. 识读楼梯平面图、楼梯剖面图

① 不上人屋面的二层办公楼，其楼梯层数为________层。

② 该楼梯为____跑楼梯，楼梯每跑的级数分别为______级和______级，因此，楼梯共有______级，每级踏步的高度为________mm，每级踏步的宽度为________mm。

③ 梯段板的楼梯踏步数为________步，楼梯级数为______级。

④ 该楼梯包含梯段板、休息平台板、平台梁、梯口梁。其中梯段板的水平投影长度为________mm，梯段板的宽度是________mm，梯段板的高度是________mm。

⑤ 楼梯井的宽度为________mm。

⑥ 休息平台板的顶面标高是______m。休息平台板的宽度是______mm，长度是______mm。

模块3.2.2　结构施工图识读

一、识读附录3的J-01的结构设计说明，回答以下问题：

1. 该项目的抗震等级为__________级。

2. 该项目的结构类型为__________结构。

3. 混凝土强度等级：独立柱基的混凝土强度等级为__________，基础梁的混凝土强度等级为__________，柱、梁、板的混凝土强度等级均为__________。

4. 受力钢筋的混凝土保护层厚度：基础为__________，柱为__________，梁为__________，板为__________。

二、附录3的结构施工图包括____等图。

三、识读附录3的G-01、G-02，回答以下问题：

1. 基础的编号及数量分别为：____。

2. 识读J1基础剖面图，回答以下问题：

① J1为阶梯式独立基础，J1的阶梯数量为______阶。第1阶的尺寸（长×宽×高）为__________________，第2阶的尺寸（长×宽×高）为__________________。

② J1垫层的尺寸（长×宽×高）为__________________，垫层底标高是__________，其混凝土强度等级为__________。

③ J1的基础底面标高是__________，基础顶面标高是__________，挖土深度是______m。

④ J1基础底面配筋：X向为______________，Y向为______________。

3. 识读J2基础剖面图，回答以下问题：

① J2为阶梯式独立基础，第1阶的尺寸（长×宽×高）为__________________，第2阶的尺寸（长×宽×高）为__________________。

② J2垫层的尺寸（长×宽×高）为__________________，垫层底标高是__________，其混凝土强度等级为__________。

③ J2的基础底面标高是__________，基础顶面标高是__________，挖土深度是______m。

④ J2基础底面配筋：X向为______________，Y向为______________。

4. 识读J3基础剖面图，回答以下问题：

① J3为阶梯式独立基础，第1阶的尺寸（长×宽×高）为__________________，第2阶的尺寸（长×宽×高）为__________________。

② J3垫层的尺寸（长×宽×高）为__________________，垫层底标高是__________，其混凝土强度等级为__________。

③ J3的基础底面标高是__________，基础顶面标高是__________，挖土深度是______m。

④ J3基础底面配筋：X向为______________，Y向为______________。

5. 识读基础梁平面布置图，回答以下问题：

① 基础梁的顶面标高是__________。

② 基础梁的编号及数量分别是：____。

四、识读附录3的J-01的柱表及G-02，回答以下问题：

1. 框架柱的编号及数量分别为____。

2. 柱底标高均为________mm，柱顶标高均为________mm，因此柱的高度均为________m。

3. Z1的截面尺寸（$b\times h$）为______________，与轴线的关系是______________（选填“居中”或“偏心”）。其角筋为__________，b边一侧中部筋为______________，h边一侧中部筋为______________，箍筋为______________，为________肢箍。

4. Z2的截面尺寸（$b\times h$）为______________，与轴线的关系是__________（选填“居中”或“偏心”）。其角筋在−0.800～3.600m段为______________，在3.600～7.200m段为______________。说明Z2在3.600m处角筋发生变化，上柱钢筋直径比下柱小。b边一侧中部筋为______________，h边一侧中部筋为______________，箍筋为______________，为________肢箍。

5. Z3的截面尺寸（$b\times h$）为______________，与轴线的关系是______________（选填“居中”或“偏心”）。其角筋为______________，b边一侧中部筋为______________，h边一侧中部筋为______________，箍筋为______________，为________肢箍。

五、识读附录3的G-02、G-03的框架梁配筋图，回答以下问题：

1. 二层楼面框架梁的标高是__________，屋顶面框架梁的标高是__________。

2. 二层楼面梁的编号及数量分别是：____。

其中，框架梁（也叫主梁）包括：______________________________，非框架梁（也叫次梁）包括：______________________________。

3. 识读3.600m框架梁配筋图

① KL1有________跨，截面尺寸（$b\times h$）为______________；箍筋为______________，________肢箍；上部通长筋为______________，下部通长筋为______________。

② LL2有________跨，截面尺寸（$b\times h$）为______________；箍筋为______________，________肢箍；上部通长筋为______________，下部通长筋为______________。

③ KL4有________跨，________端悬挑，截面尺寸（$b\times h$）为__________；箍筋为__________________，________肢箍；上部通长筋为______________。

六、识读附录3的G-03、G-04的楼板配筋图、楼梯休息平台板PTB，完成以下问题：

1. 3.600m楼板厚度为__________mm，7.200m屋顶面板厚度为__________mm，楼梯休息平台板PTB的厚度为__________mm。

2. 识读楼梯休息平台板PTB

① PTB长__________mm，宽__________mm。

② 板底X向钢筋为__________，简图为______________。Y向钢筋为______________，简图为______________。

③ 板面支座负筋：B轴、C轴、③轴及③轴左侧1050mm处，均为______________，直段长度为__________mm，简图为______________。

④ 板面支座负筋的分布钢筋均为______________。

3. 识读3.600m楼板①～②×Ⓐ～Ⓒ轴部分的配筋。

① 板底受力筋X向：Ⓐ～Ⓑ轴为______________，Ⓑ～Ⓒ轴为______________。

② 板底受力筋Y向为______________。

③ 板面支座负筋：Ⓒ轴处为__________，直段长度为________mm，简图为______________。

④ 板面支座负筋：②轴×Ⓑ～Ⓒ轴处为______________，直段长度为__________mm，简图为______________。②轴×Ⓐ～Ⓑ轴处为______________，直段长度为__________mm，简图为

________。

⑤ 板面支座负筋：Ⓐ轴处为________，直段长度为____mm，简图为__________。

⑥ 板面支座负筋：①轴处为________，直段长度为____mm，简图为__________。

⑦ 板面支座负筋的分布钢筋均为__________。

4. 识读7.200m楼板①～②×Ⓐ～Ⓒ轴部分的配筋。

① 板底受力筋X向为__________，Y向为__________。

② 板面支座负筋：②轴处为________，直段长度为____mm，简图为__________。

③ 板面支座负筋：Ⓐ轴、①轴、Ⓒ轴处均为__________，直段长度为________mm，简图为__________。（提示：需配合J-04的“雨篷剖面图”综合识读。）

④ 板面支座负筋的分布钢筋均为__________。

七、识读附录3的G-04的楼梯配筋大样、PTL1（TL1）配筋图，回答以下问题：

1. 楼梯包含构件的数量：梯段板________个，梯柱TZ1 ________个，休息平台板PTB1 ________个，休息平台梁TL1 ________个，PTL1 ________个。

2. 梯段板

① 厚度为______mm，水平投影长为______mm，高度为______mm，宽度为______mm。（提示：需配合J-04的“雨篷剖面图”综合识读。）

② 板底受力钢筋为__________，板底受力钢筋的分布筋为__________。

③ 板面支座负筋：低端处为________，简图为________；高端处为________，简图为________。

④ 板面支座负筋的分布筋为__________。

3. 梯柱TZ1为梁上柱，其是在梁______的上方起柱的。梯柱的截面尺寸（$b \times h$）为______，高度为________。全部的纵筋为________，箍筋为__________。

4. PTL1（TL1）的截面尺寸（$b \times h$）为__________，上部纵筋为__________，下部纵筋为__________，箍筋为__________。

附录1 某小学教学楼建施图、结施图

建施图纸目录

结施图纸目录

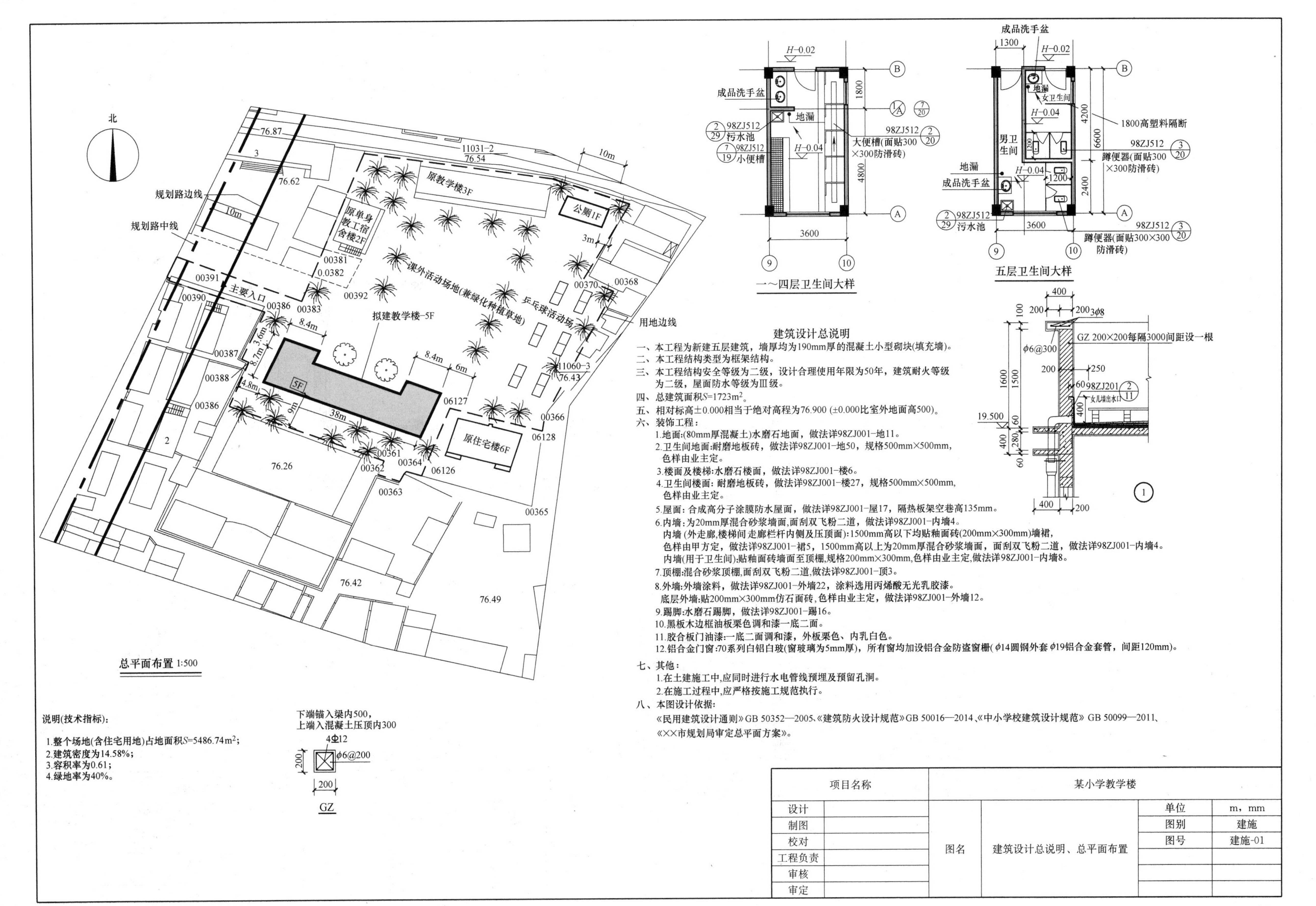
北
规划路边线
规划路中线
原教学楼3F
原单身教工宿舍楼2F
公厕1F
课外活动场地(兼绿化种植草地)
乒乓球活动场
拟建教学楼-5F
主要入口
原住宅楼6F
用地边线
总平面布置 1:500
一～四层卫生间大样
成品洗手盆
地漏
污水池
小便槽
大便槽(面贴300×300防滑砖)
五层卫生间大样
女卫生间
男卫生间
1800高塑料隔断
蹲便器(面贴300×300防滑砖)
GZ 200×200每隔3000间距设一根
女儿墙出水口
建筑设计总说明
一、本工程为新建五层建筑，墙厚均为190mm厚的混凝土小型砌块(填充墙)。
二、本工程结构类型为框架结构。
三、本工程结构安全等级为二级，设计合理使用年限为50年，建筑耐火等级为二级，屋面防水等级为Ⅲ级。
四、总建筑面积S=1723m²。
五、相对标高±0.000相当于绝对高程为76.900 (±0.000比室外地面高500)。
六、装饰工程：
1.地面:(80mm厚混凝土)水磨石地面，做法详98ZJ001-地11。
2.卫生间地面:耐磨地板砖，做法详98ZJ001-地50，规格500mm×500mm，色样由业主定。
3.楼面及楼梯:水磨石楼面，做法详98ZJ001-楼6。
4.卫生间楼面：耐磨地板砖，做法详98ZJ001-楼27，规格500mm×500mm，色样由业主定。
5.屋面：合成高分子涂膜防水屋面，做法详98ZJ001-屋17，隔热板架空巷高135mm。
6.内墙:为20mm厚混合砂浆墙面,面刮双飞粉二道，做法详98ZJ001-内墙4。
内墙(外走廊,楼梯间走廊栏杆内侧及压顶面):1500mm高以下均贴釉面砖(200mm×300mm)墙裙，色样由甲方定，做法详98ZJ001-裙5，1500mm高以上为20mm厚混合砂浆墙面，面刮双飞粉二道，做法详98ZJ001-内墙4。
内墙(用于卫生间):贴釉面砖墙面至顶棚,规格200mm×300mm,色样由业主定,做法详98ZJ001-内墙8。
7.顶棚:混合砂浆顶棚,面刮双飞粉二道,做法详98ZJ001-顶3。
8.外墙:外墙涂料，做法详98ZJ001-外墙22，涂料选用丙烯酸无光乳胶漆。
底层外墙:贴200mm×300mm仿石面砖,色样由业主定，做法详98ZJ001-外墙12。
9.踢脚:水磨石踢脚，做法详98ZJ001-踢16。
10.黑板木边框油板栗色调和漆一底二面。
11.胶合板门油漆:一底二面调和漆，外板栗色、内乳白色。
12.铝合金门窗:70系列白铝白玻(窗玻璃为5mm厚)，所有窗均加设铝合金防盗窗栅(φ14圆钢外套φ19铝合金套管，间距120mm)。
七、其他：
1.在土建施工中,应同时进行水电管线预埋及预留孔洞。
2.在施工过程中,应严格按施工规范执行。
八、本图设计依据：
《民用建筑设计通则》GB 50352—2005、《建筑防火设计规范》GB 50016—2014、《中小学校建筑设计规范》GB 50099—2011、《××市规划局审定总平面方案》。
说明(技术指标)：
1.整个场地(含住宅用地)占地面积S=5486.74m²；
2.建筑密度为14.58%；
3.容积率为0.61；
4.绿地率为40%。
下端锚入梁内500，
上端入混凝土压顶内300
4Φ12
φ6@200
GZ
项目名称 某小学教学楼
设计
制图
校对
工程负责
审核
审定
图名 建筑设计总说明、总平面布置
单位 m，mm
图别 建施
图号 建施-01

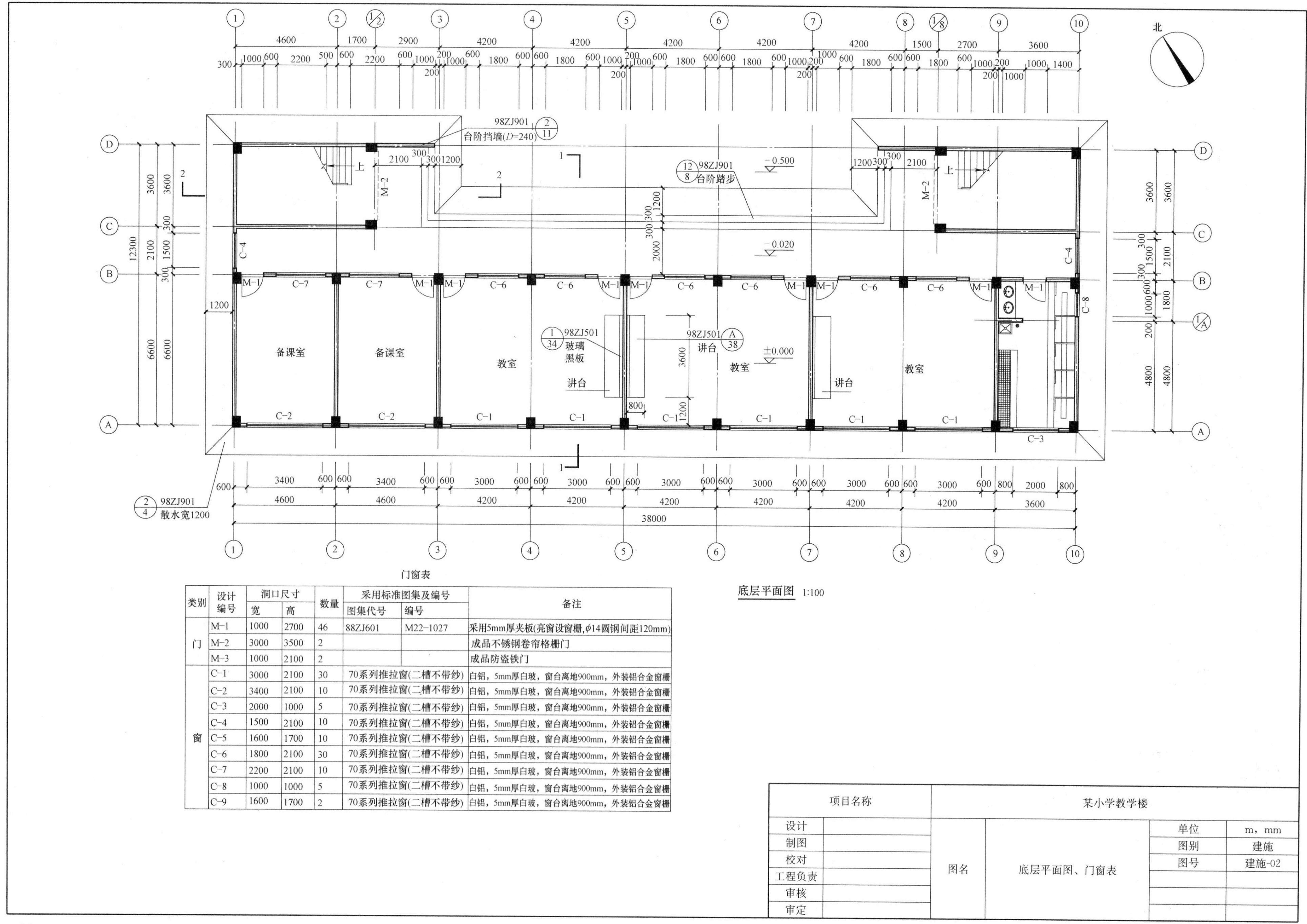

门窗表

类别	设计编号	洞口尺寸 宽	洞口尺寸 高	数量	采用标准图集及编号 图集代号	采用标准图集及编号 编号	备注
门	M-1	1000	2700	46	88ZJ601	M22-1027	采用5mm厚夹板(亮窗设窗栅,ϕ14圆钢间距120mm)
	M-2	3000	3500	2			成品不锈钢卷帘格栅门
	M-3	1000	2100	2			成品防盗铁门
窗	C-1	3000	2100	30	70系列推拉窗(二槽不带纱)		白铝，5mm厚白玻，窗台离地900mm，外装铝合金窗栅
	C-2	3400	2100	10	70系列推拉窗(二槽不带纱)		白铝，5mm厚白玻，窗台离地900mm，外装铝合金窗栅
	C-3	2000	1000	5	70系列推拉窗(二槽不带纱)		白铝，5mm厚白玻，窗台离地900mm，外装铝合金窗栅
	C-4	1500	2100	10	70系列推拉窗(二槽不带纱)		白铝，5mm厚白玻，窗台离地900mm，外装铝合金窗栅
	C-5	1600	1700	10	70系列推拉窗(二槽不带纱)		白铝，5mm厚白玻，窗台离地900mm，外装铝合金窗栅
	C-6	1800	2100	30	70系列推拉窗(二槽不带纱)		白铝，5mm厚白玻，窗台离地900mm，外装铝合金窗栅
	C-7	2200	2100	10	70系列推拉窗(二槽不带纱)		白铝，5mm厚白玻，窗台离地900mm，外装铝合金窗栅
	C-8	1000	1000	5	70系列推拉窗(二槽不带纱)		白铝，5mm厚白玻，窗台离地900mm，外装铝合金窗栅
	C-9	1600	1700	2	70系列推拉窗(二槽不带纱)		白铝，5mm厚白玻，窗台离地900mm，外装铝合金窗栅

项目名称	某小学教学楼			
设计	图名	底层平面图、门窗表	单位	m，mm
制图			图别	建施
校对			图号	建施-02
工程负责				
审核				
审定				

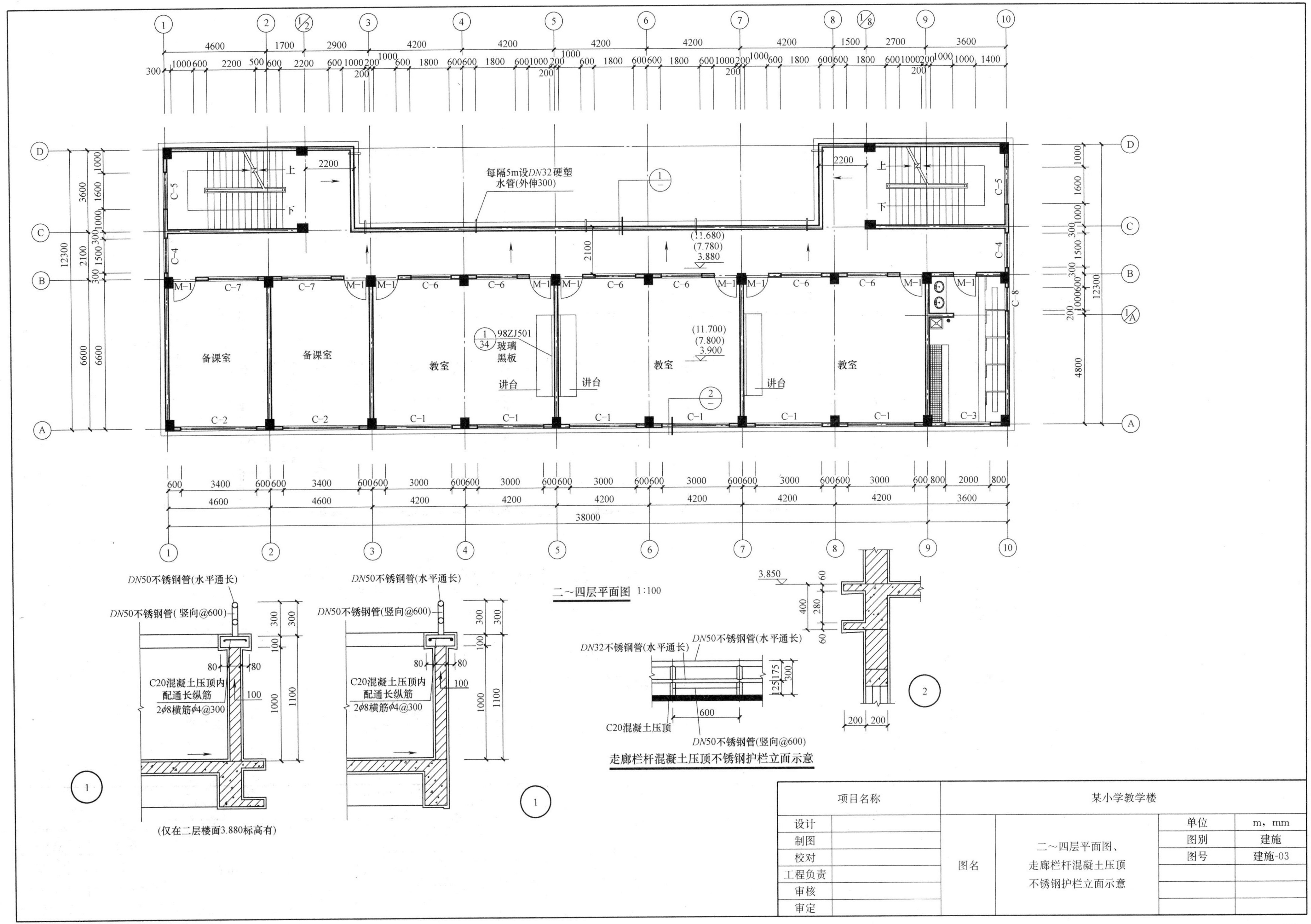

每隔5m设DN32硬塑
水管(外伸300)
备课室
备课室
教室
教室
教室
98ZJ501
玻璃
黑板
讲台
讲台
讲台
(11.680)
(7.780)
3.880
(11.700)
(7.800)
3.900
上
下
二~四层平面图 1:100
DN50不锈钢管(水平通长)
DN50不锈钢管(竖向@600)
C20混凝土压顶内
配通长纵筋
2ϕ8横筋ϕ4@300
(仅在二层楼面3.880标高有)
DN32不锈钢管(水平通长)
C20混凝土压顶
走廊栏杆混凝土压顶不锈钢护栏立面示意
项目名称
某小学教学楼
设计
制图
校对
工程负责
审核
审定
图名
二~四层平面图、
走廊栏杆混凝土压顶
不锈钢护栏立面示意
单位
m，mm
图别
建施
图号
建施-03

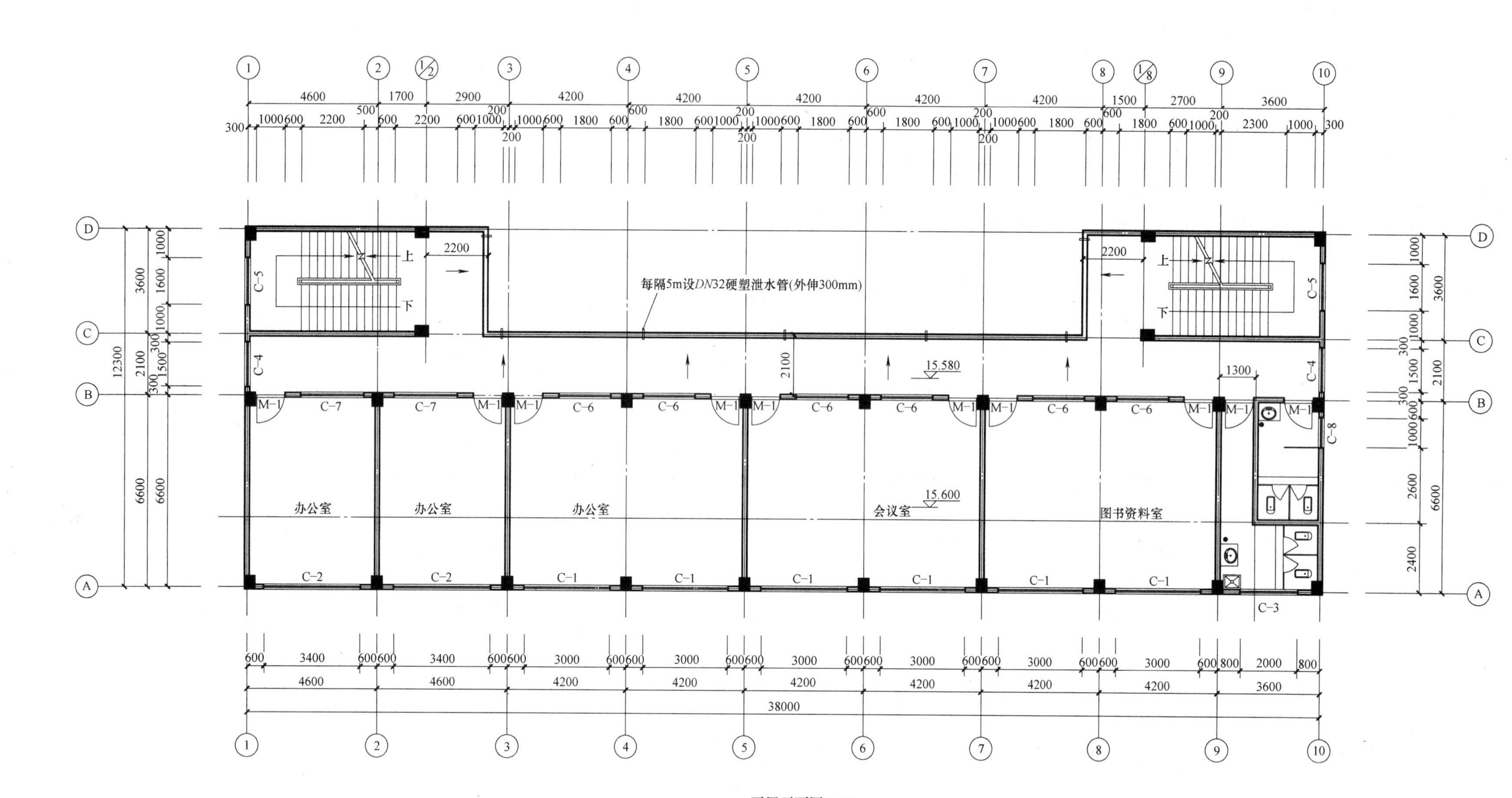

五层平面图 1:100

项目名称		某小学教学楼			
设计		图名	五层平面图	单位	m，mm
制图				图别	建施
校对				图号	建施-04
工程负责					
审核					
审定					

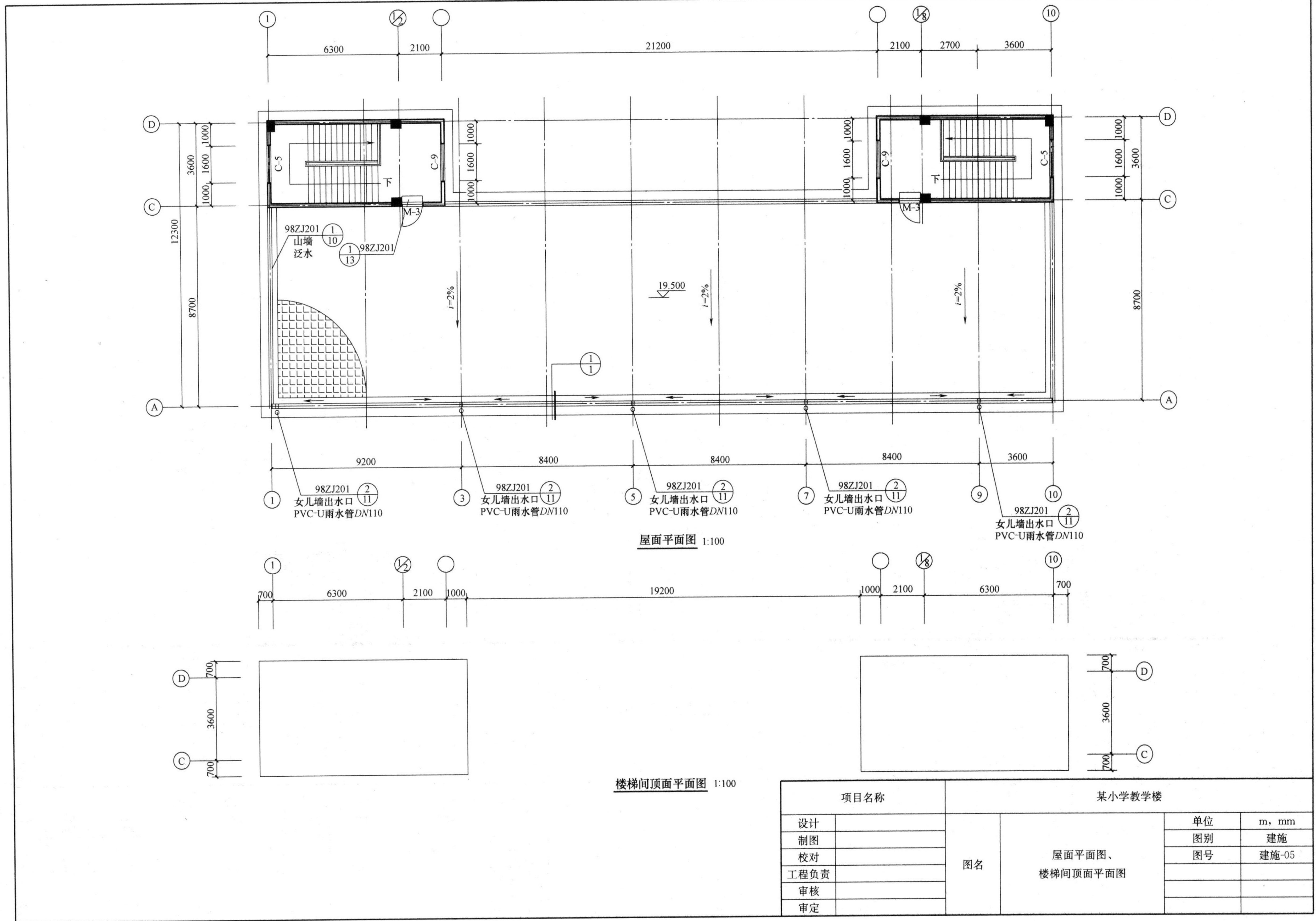

6300
2100
21200
2100
2700
3600
D
C
A
1000
1600
3600
12300
8700
C-5
C-9
下
M-3
98ZJ201
山墙
泛水
19.500
i=2%
9200
8400
8400
8400
3600
98ZJ201
女儿墙出水口
PVC-U雨水管DN110
屋面平面图 1:100
700
6300
2100
1000
19200
1000
2100
6300
700
楼梯间顶面平面图 1:100
项目名称
某小学教学楼
设计
制图
校对
工程负责
审核
审定
图名
屋面平面图、
楼梯间顶面平面图
单位
m，mm
图别
建施
图号
建施-05

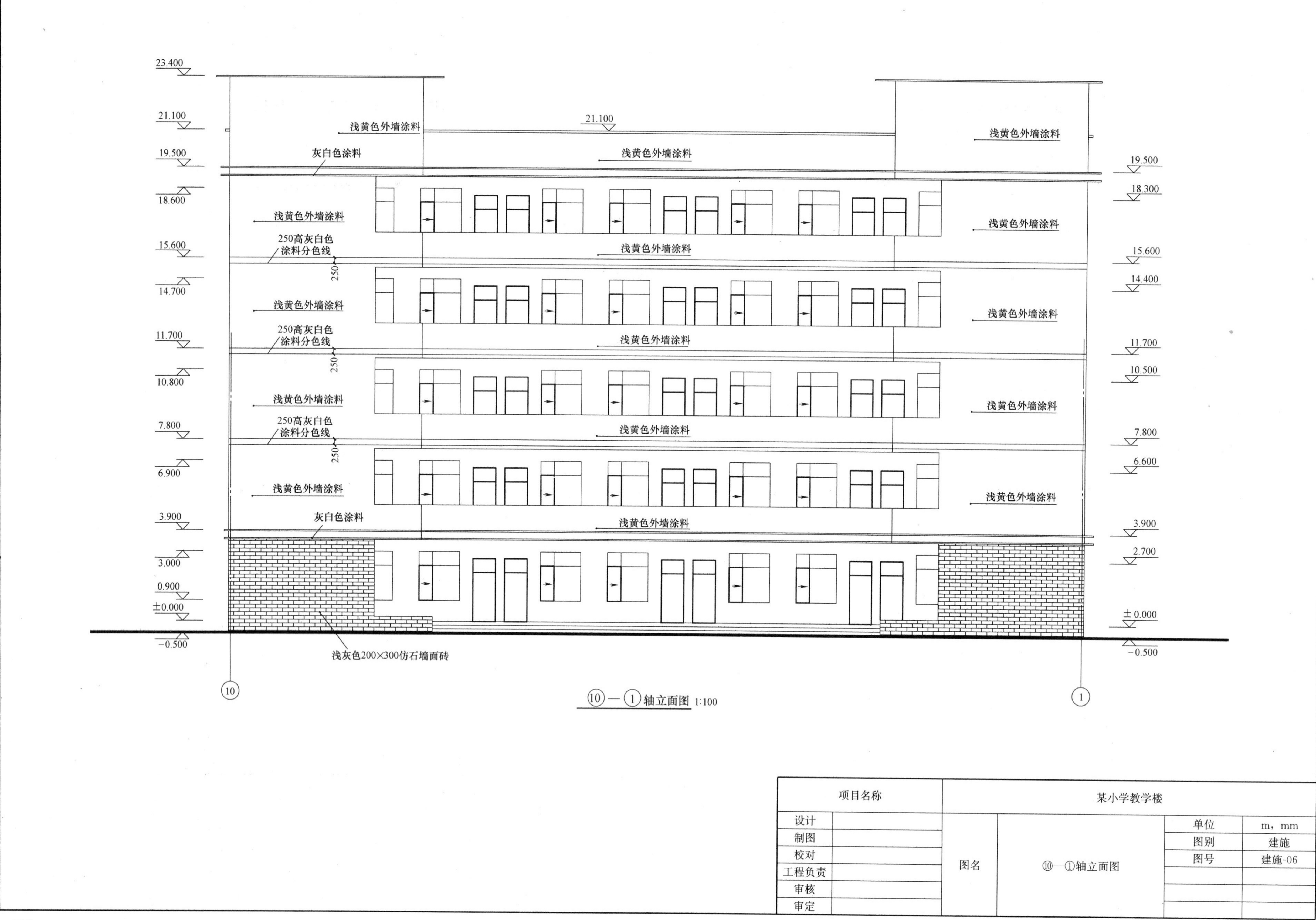
23.400
21.100
19.500
18.600
15.600
14.700
11.700
10.800
7.800
6.900
3.900
3.000
0.900
±0.000
−0.500
浅黄色外墙涂料
灰白色涂料
250高灰白色涂料分色线
250
浅灰色200×300仿石墙面砖
19.500
18.300
15.600
14.400
11.700
10.500
7.800
6.600
3.900
2.700
±0.000
−0.500
10
1
⑩—①轴立面图 1:100
项目名称
某小学教学楼
设计
制图
校对
工程负责
审核
审定
图名
⑩—①轴立面图
单位
m，mm
图别
建施
图号
建施-06

①—⑩轴立面图 1:100

项目名称		某小学教学楼			
设计		图名	①—⑩轴立面图	单位	m，mm
制图				图别	建施
校对				图号	建施-07
工程负责					
审核					
审定					

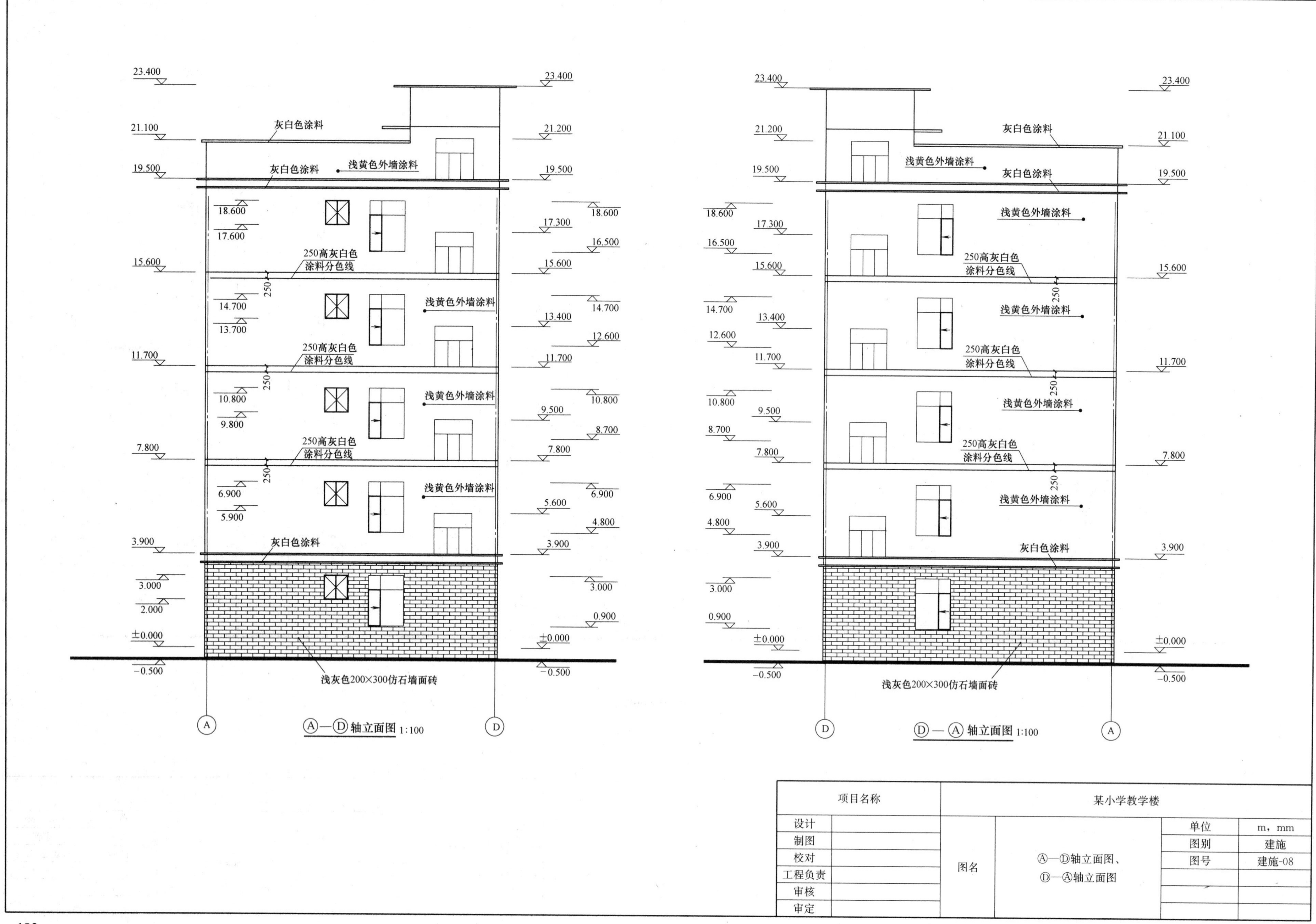
23.400
21.100
21.200
19.500
灰白色涂料
浅黄色外墙涂料
18.600
17.600
17.300
16.500
15.600
250高灰白色
涂料分色线
250
14.700
13.700
13.400
12.600
11.700
10.800
9.800
9.500
8.700
7.800
6.900
5.900
5.600
4.800
3.900
3.000
2.000
0.900
±0.000
−0.500
浅灰色200×300仿石墙面砖
A
D
Ⓐ—Ⓓ轴立面图 1:100
Ⓓ—Ⓐ轴立面图 1:100
项目名称
某小学教学楼
设计
制图
校对
工程负责
审核
审定
图名
Ⓐ—Ⓓ轴立面图、
Ⓓ—Ⓐ轴立面图
单位
m，mm
图别
建施
图号
建施-08

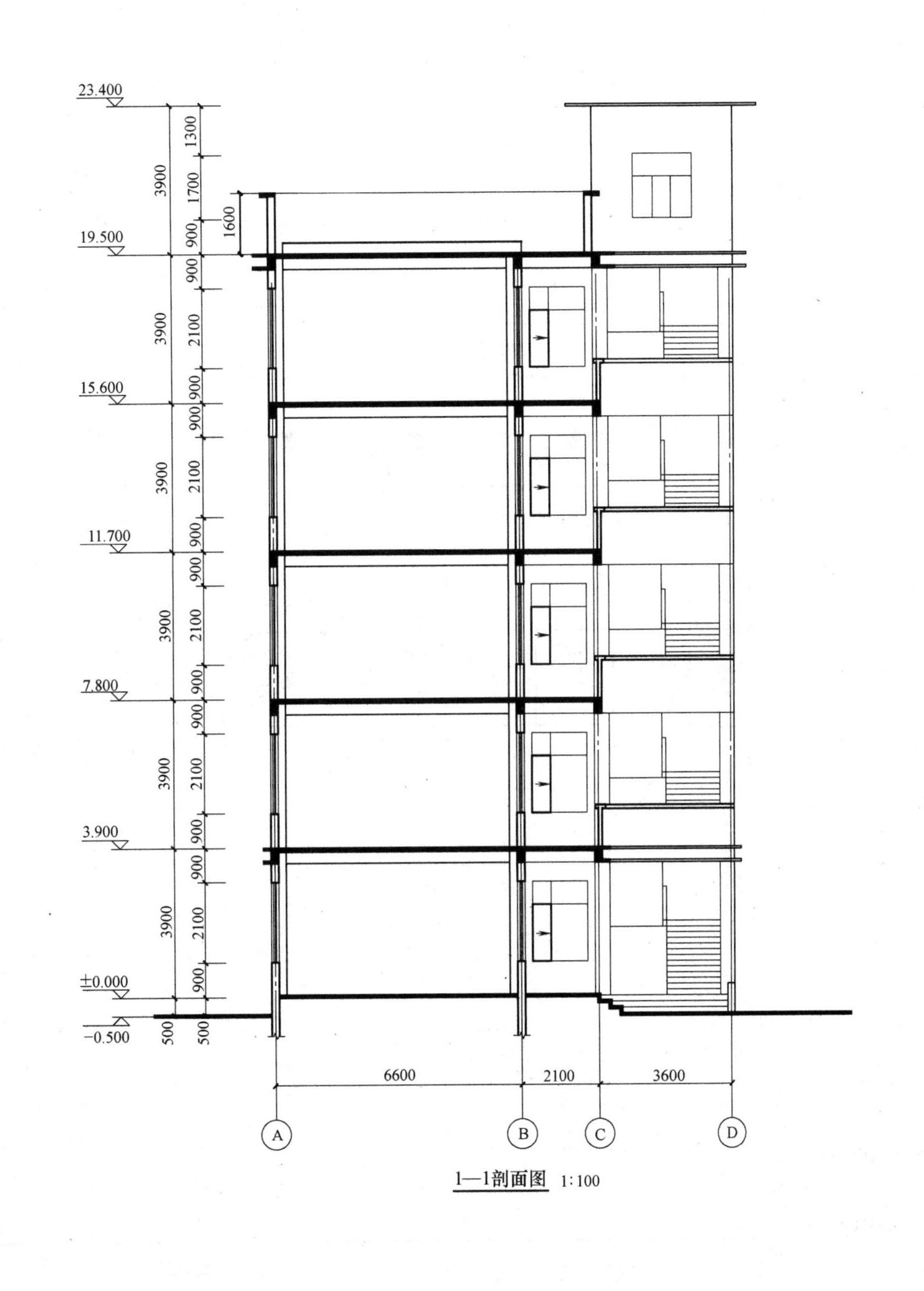

1—1剖面图 1:100

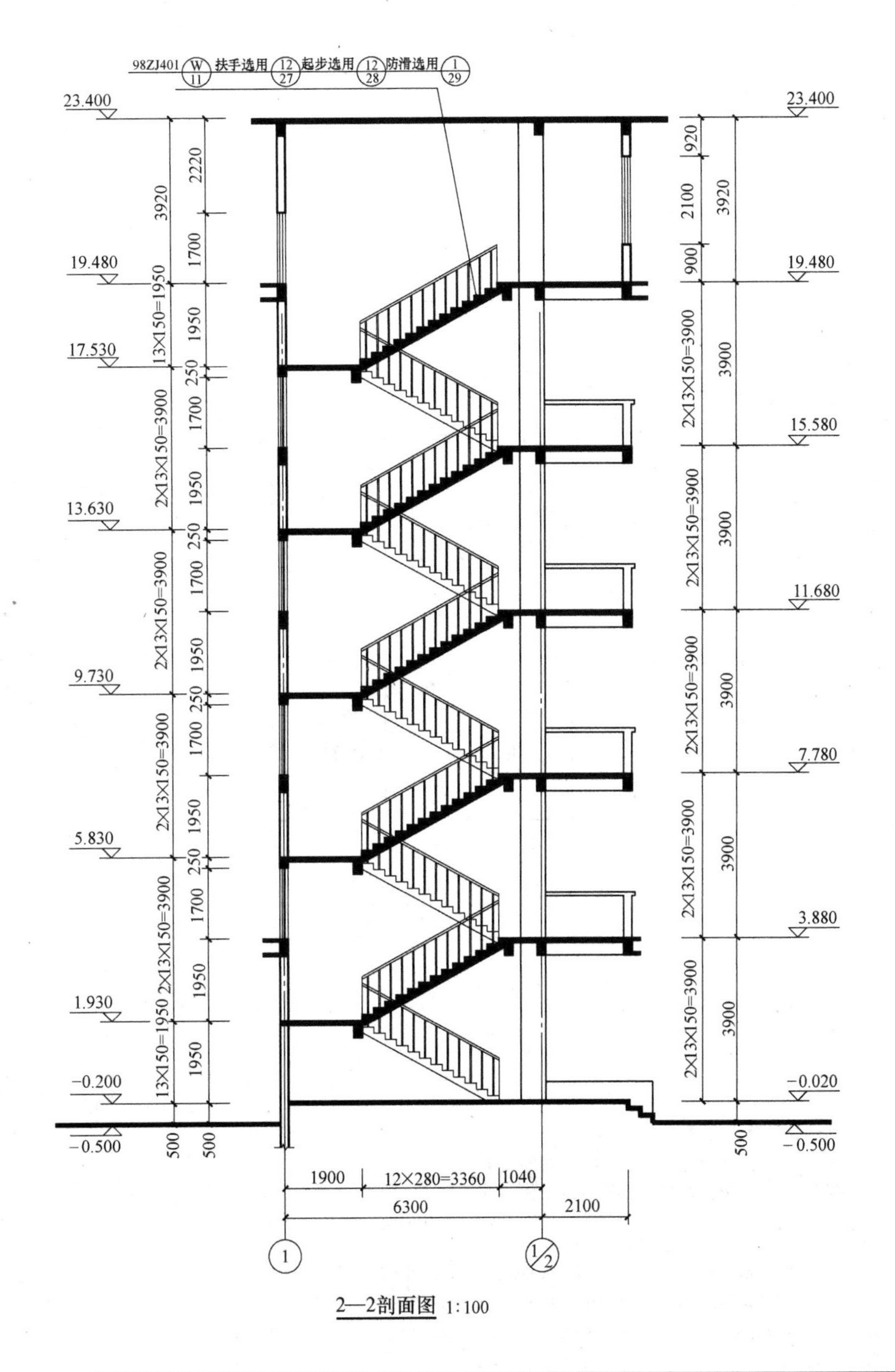

2—2剖面图 1:100

项目名称		某小学教学楼			
设计		图名	1—1剖面图、 2—2剖面图	单位	m，mm
制图				图别	建施
校对				图号	建施-09
工程负责					
审核					
审定					

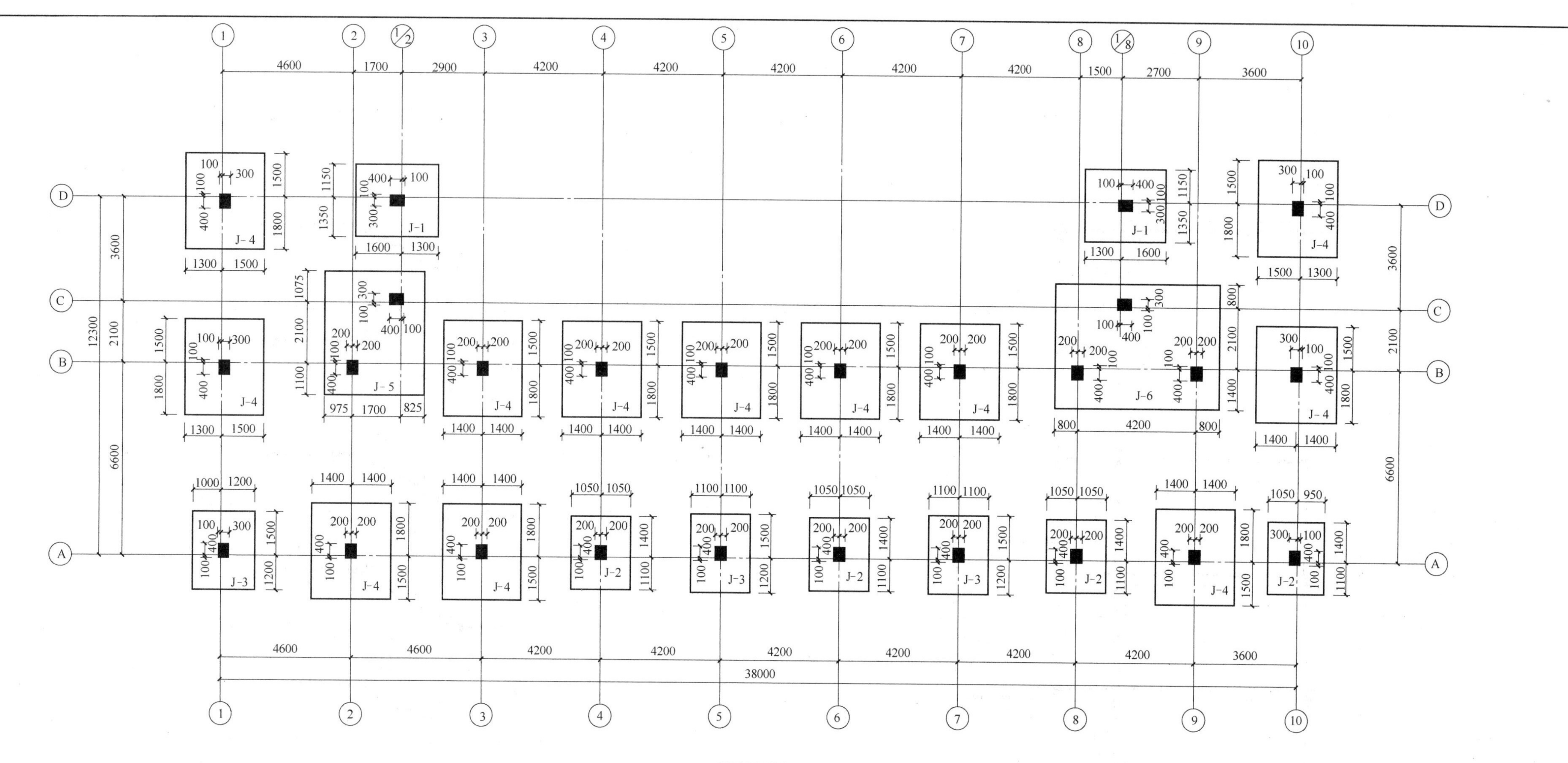

基础平面图 1:100

结构设计总说明

1.本工程为五层全框架结构，设防烈度为六度，抗震等级为四级。

2.本工程结构安全等级为二级，地基基础设计等级为丙级，设计使用年限为50年。

3.基础及梁、柱、板混凝土强度等级为C25,钢筋牌号为HPB300级，HRB335级。

4.砖砌墙体 采用M5混合砂浆砌Mu5混凝土小型砌块。

5.小型砖块墙在无钢筋混凝土的L形、T形交接部位设芯柱，用C20混凝土灌孔，L形灌3孔，T形灌4孔，每孔内设Φ12钢筋1根，上下锚入梁内或板内500mm。

6.小型砌块墙长度为墙高的1.5~2倍以上时，应在墙中设芯柱，用C20混凝土灌1孔，孔内设Φ12钢筋1根，上下锚入梁内或板内500mm。

7.板非受力分布筋为Φ6@200,板底筋长为板跨轴长+100mm。

8.基础底板混凝土保护层为40mm,梁混凝土保护层为25mm,柱混凝土保护层为30mm,板混凝土保层为15mm。

9.沿KZ高度方向每400mm高设2Φ6墙体拉结筋，每边入墙1200mm,入柱200mm,如遇门窗洞则在洞边处折断。

10.如KL不兼作门窗过梁时，当门窗洞宽大于及等于1500 mm时采用钢筋混凝土过梁，当门洞宽小于1500mm时采用钢筋砖过梁，配3Φ8，每边入墙250mm。

11.本图所标注的柱平面表示法、梁平面表示法中受力筋搭接、锚固长度、箍筋加密、箍筋形式等要求，均按中国建筑标准设计研究院的《混凝土结构施工图平面整体表示方法制图规则和构造详图》11G101要求。

12.本图设计依据如下设计规范：

《建筑结构荷载规范》GB 50009—2012

《建筑抗震设计规范》GB 50011—2010

《混凝土结构设计规范》GB 50010—2010

《建筑地基基础设计规范》GB 50007—2011

《砌体结构设计规范》GB 50003—2011

13.活荷载(可变荷载)标准值取值如下：

楼面：q=2.0kN/m•m

上人屋面：q=2.0kN/m•m

楼梯，走廊：q=2.5kN/m•m

风荷载基本风压：W=0.35kN/m•m

项目名称		某小学教学楼		
设计		图名	单位	m，mm
制图		基础平面图、结构设计总说明	图别	结施
校对			图号	结施-01
工程负责				
审核				
审定				

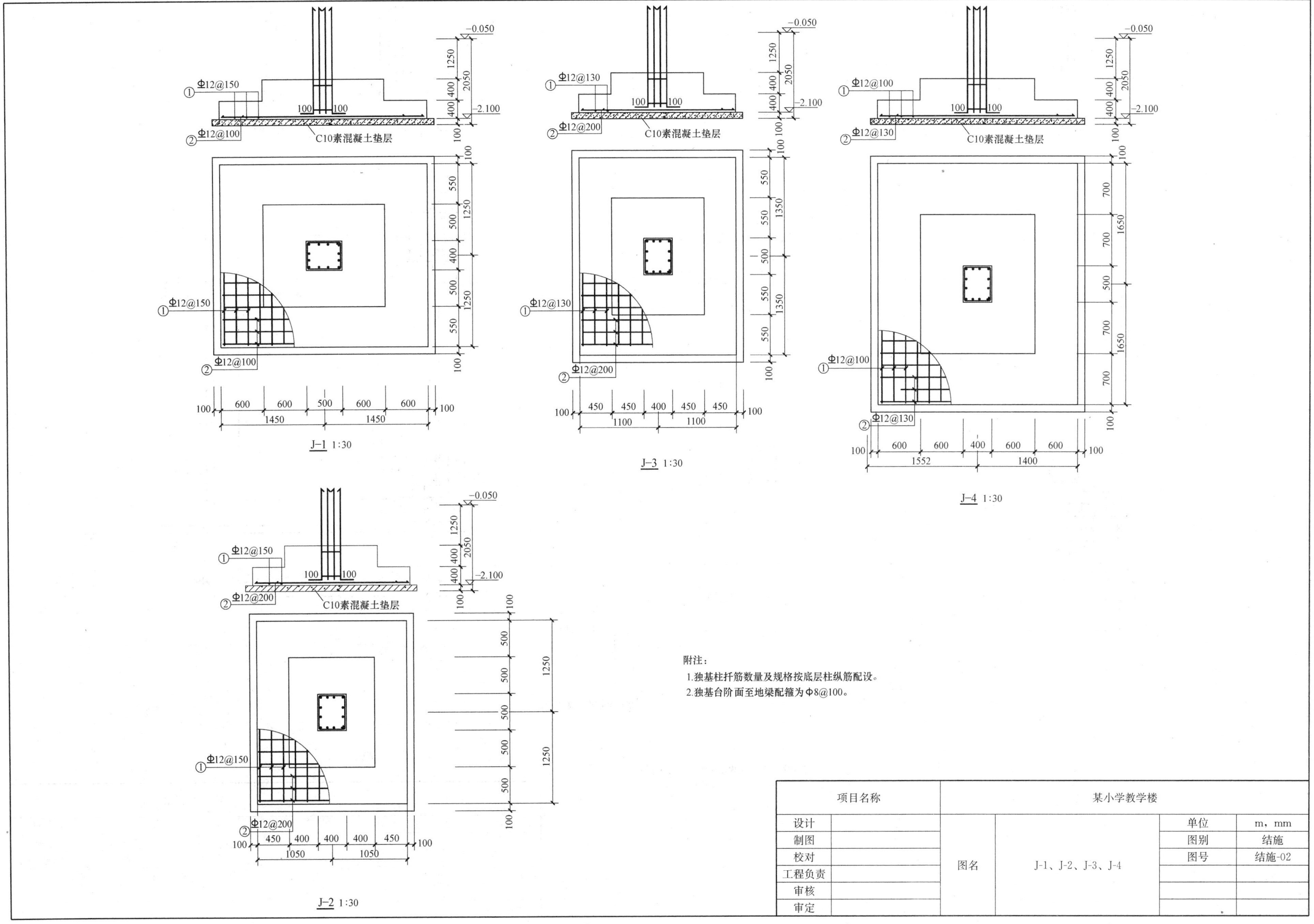

-0.050
-2.100
1250
400
2050
100
Φ12@150
Φ12@100
Φ12@130
Φ12@200
C10素混凝土垫层
J-1 1:30
J-2 1:30
J-3 1:30
J-4 1:30
附注：
1.独基柱扦筋数量及规格按底层柱纵筋配设。
2.独基台阶面至地梁配箍为Φ8@100。
项目名称
某小学教学楼
设计
制图
校对
工程负责
审核
审定
图名
J-1、J-2、J-3、J-4
单位
m，mm
图别
结施
图号
结施-02

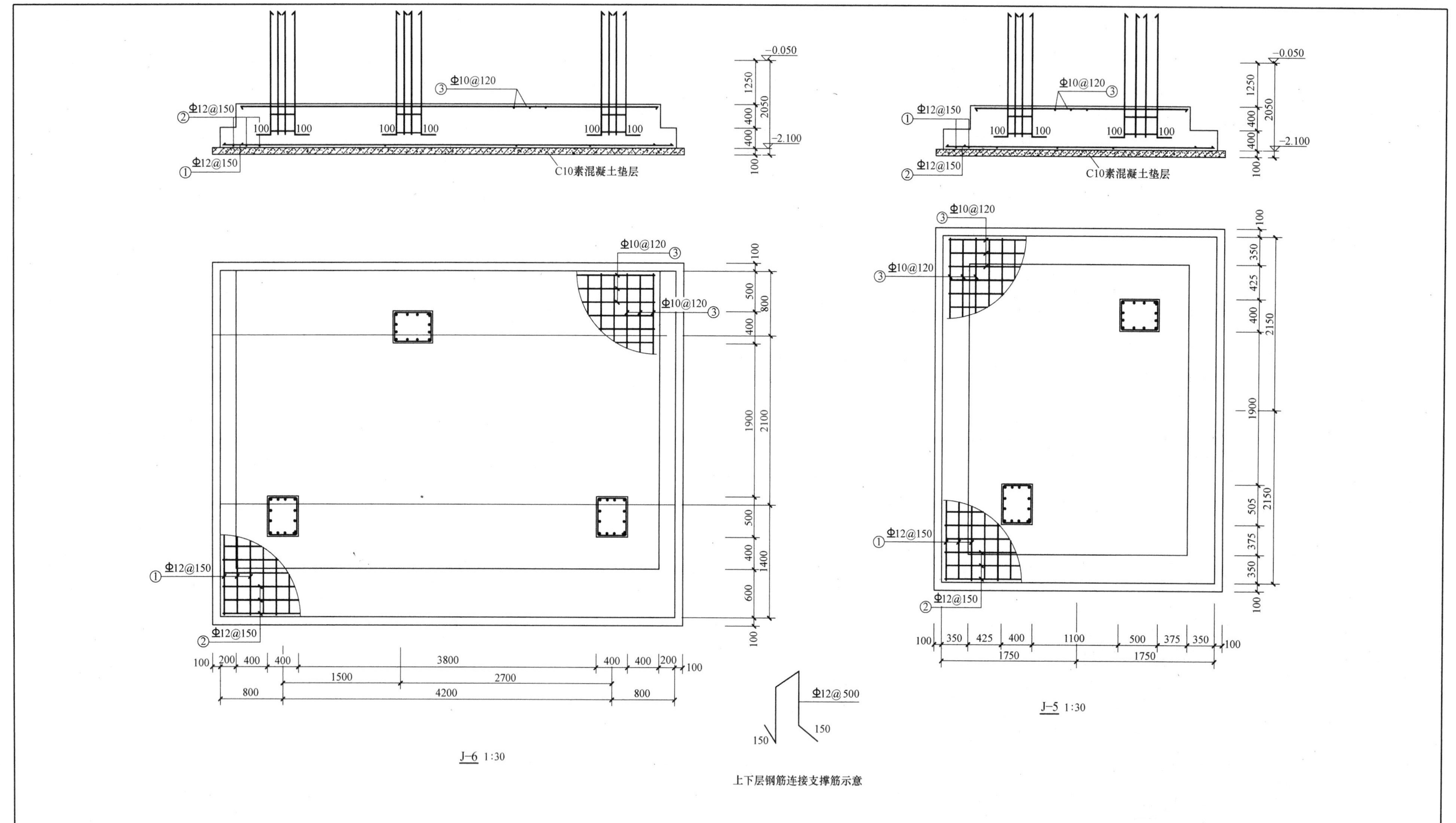

附注：

1.独基柱扦筋数量及规格按底层柱纵筋配设。

2.独基台阶面至地梁配箍为Φ8@100。

项目名称		某小学教学楼			
设计		图名	J-5、J-6	单位	m，mm
制图				图别	结施
校对				图号	结施-03
工程负责					
审核					
审定					

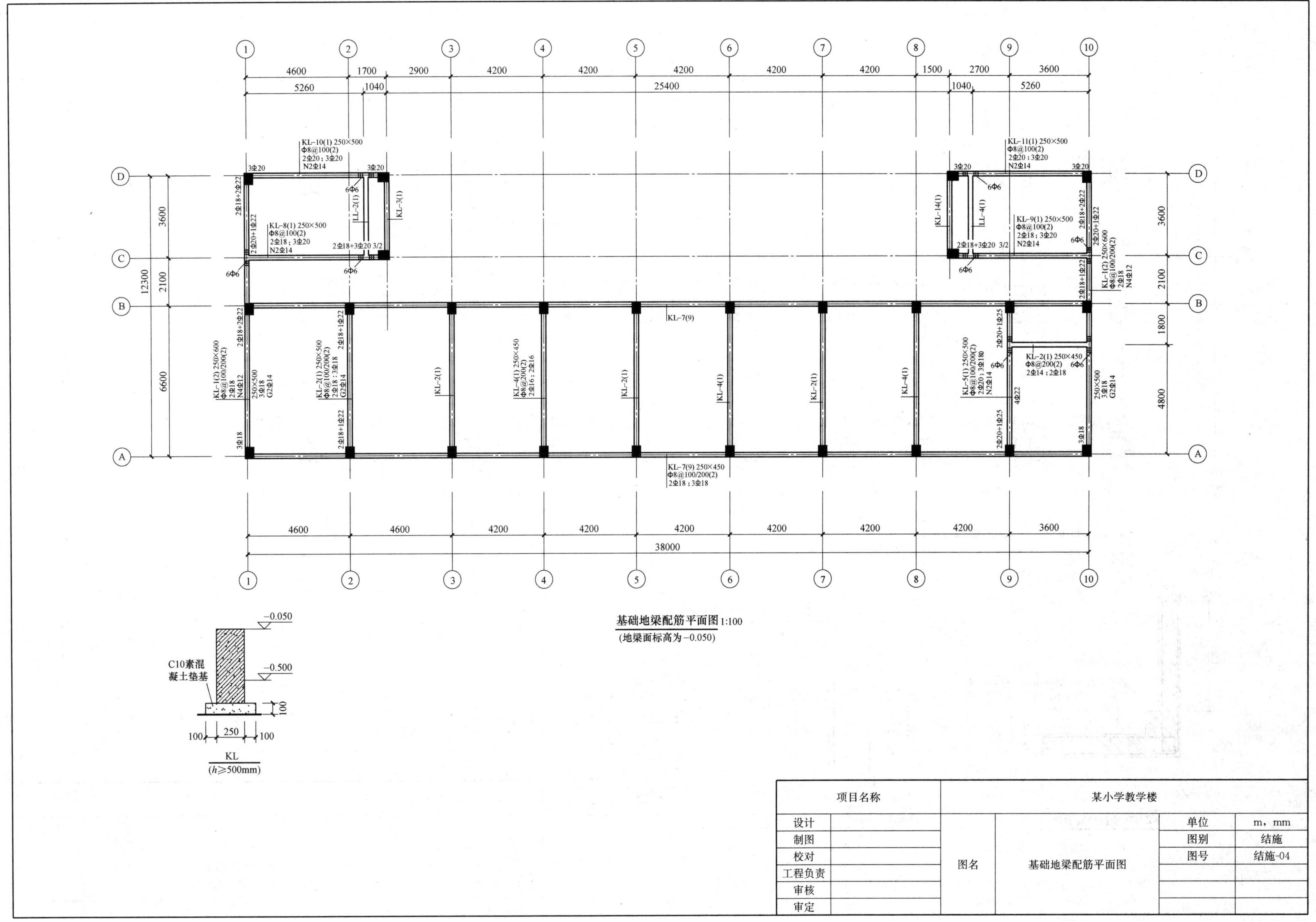
基础地梁配筋平面图 1:100
(地梁面标高为-0.050)
KL-10(1) 250×500
Φ8@100(2)
2Φ20；3Φ20
N2Φ14
KL-11(1) 250×500
Φ8@100(2)
2Φ20；3Φ20
N2Φ14
KL-8(1) 250×500
Φ8@100(2)
2Φ18；3Φ20
N2Φ14
KL-9(1) 250×500
Φ8@100(2)
2Φ18；3Φ20
N2Φ14
KL-7(9) 250×450
Φ8@100/200(2)
2Φ18；3Φ18
KL-2(1) 250×450
Φ8@200(2)
2Φ14；2Φ18
KL-7(9)
C10素混
凝土垫基
-0.050
-0.500
KL
(h≥500mm)
项目名称
某小学教学楼
设计
制图
校对
工程负责
审核
审定
图名
基础地梁配筋平面图
单位
m，mm
图别
结施
图号
结施-04

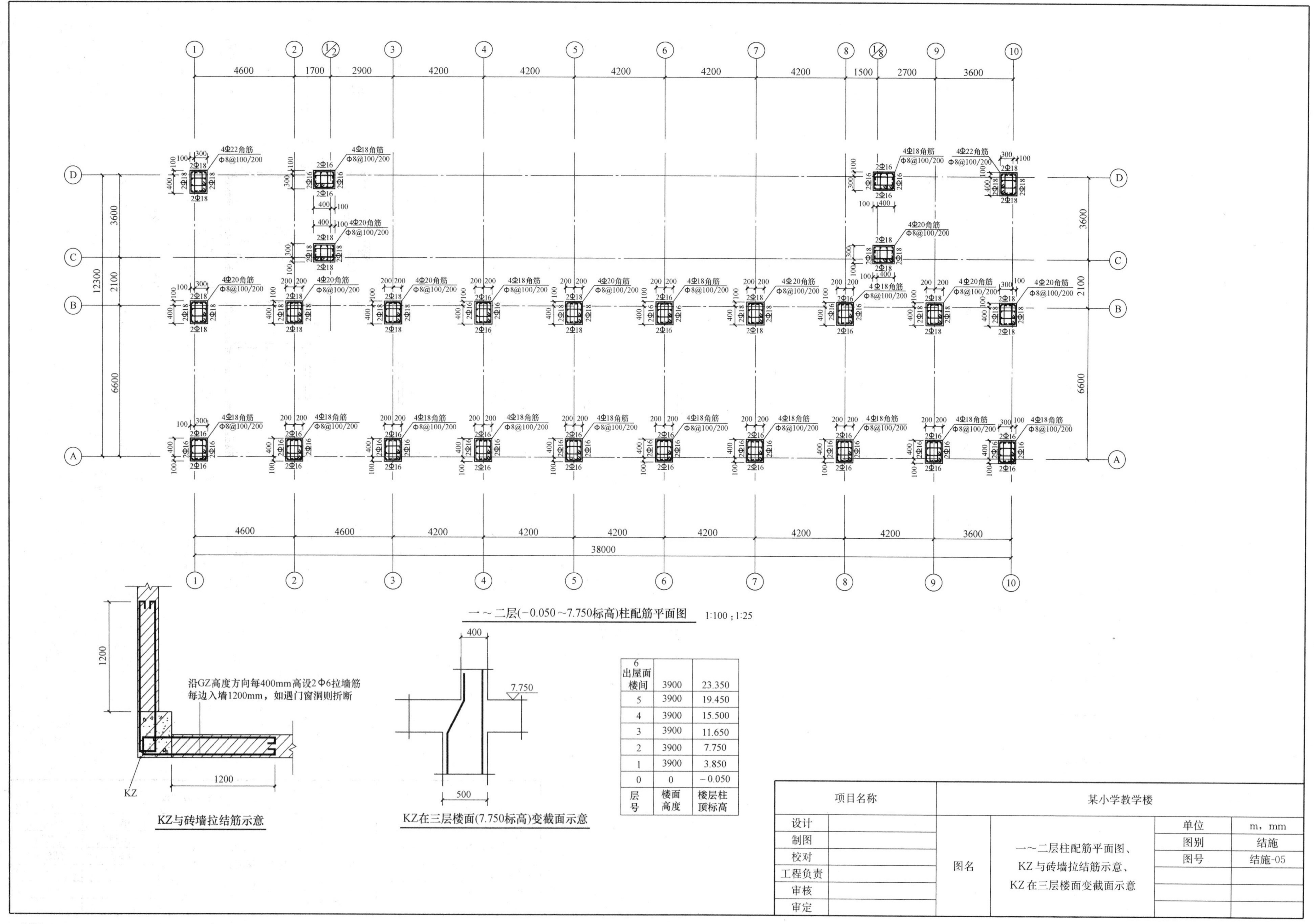

层号	楼面高度	楼层柱顶标高
6 出屋面楼间	3900	23.350
5	3900	19.450
4	3900	15.500
3	3900	11.650
2	3900	7.750
1	3900	3.850
0	0	−0.050

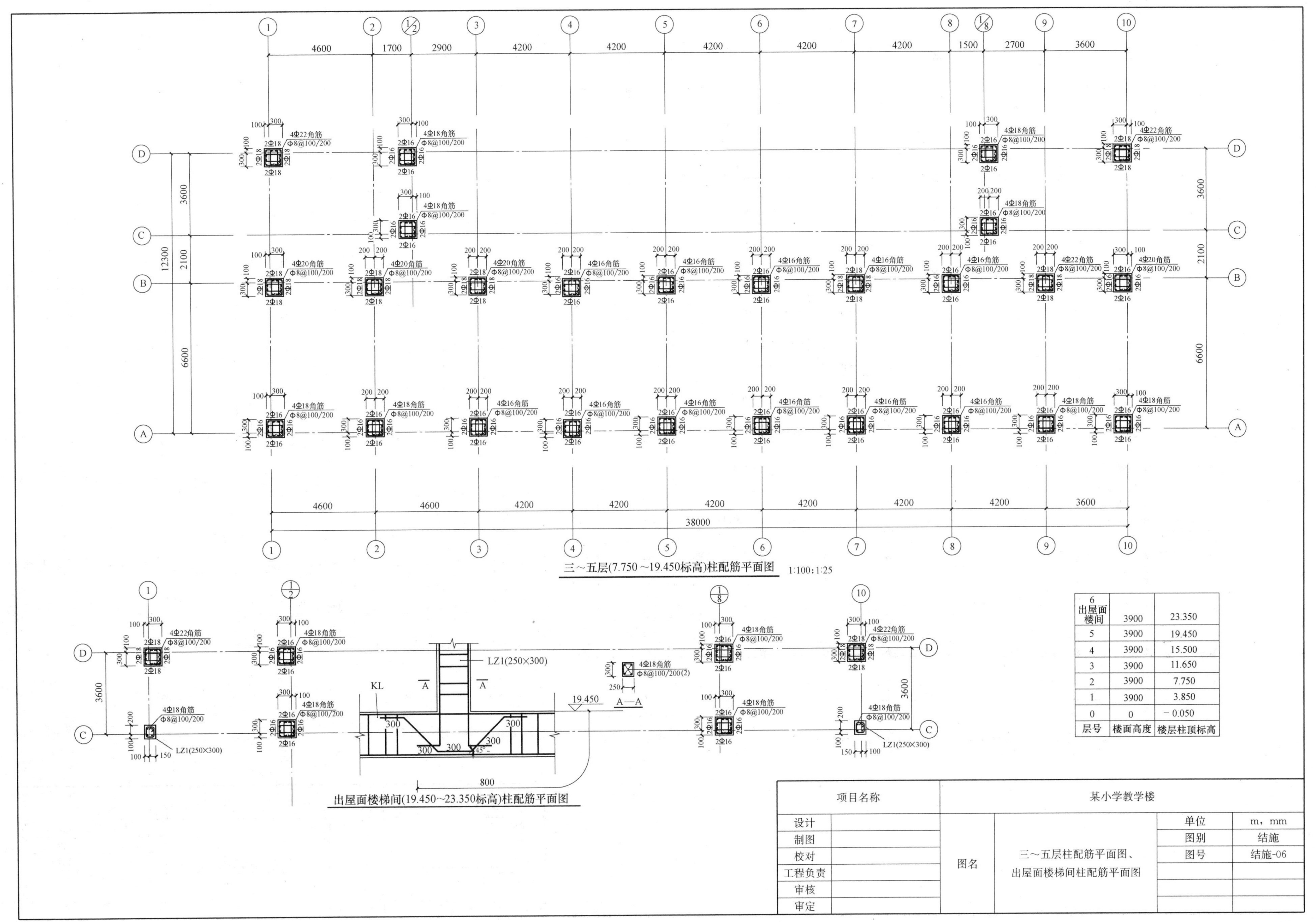
三～五层(7.750～19.450标高)柱配筋平面图
1:100；1:25
出屋面楼梯间(19.450～23.350标高)柱配筋平面图
LZ1(250×300)
KL
A—A
19.450
6 出屋面楼梯间 3900 23.350
5 3900 19.450
4 3900 15.500
3 3900 11.650
2 3900 7.750
1 3900 3.850
0 0 －0.050
层号 楼面高度 楼层柱顶标高
项目名称
某小学教学楼
设计
制图
校对
工程负责
审核
审定
图名
三～五层柱配筋平面图、
出屋面楼梯间柱配筋平面图
单位 m，mm
图别 结施
图号 结施-06

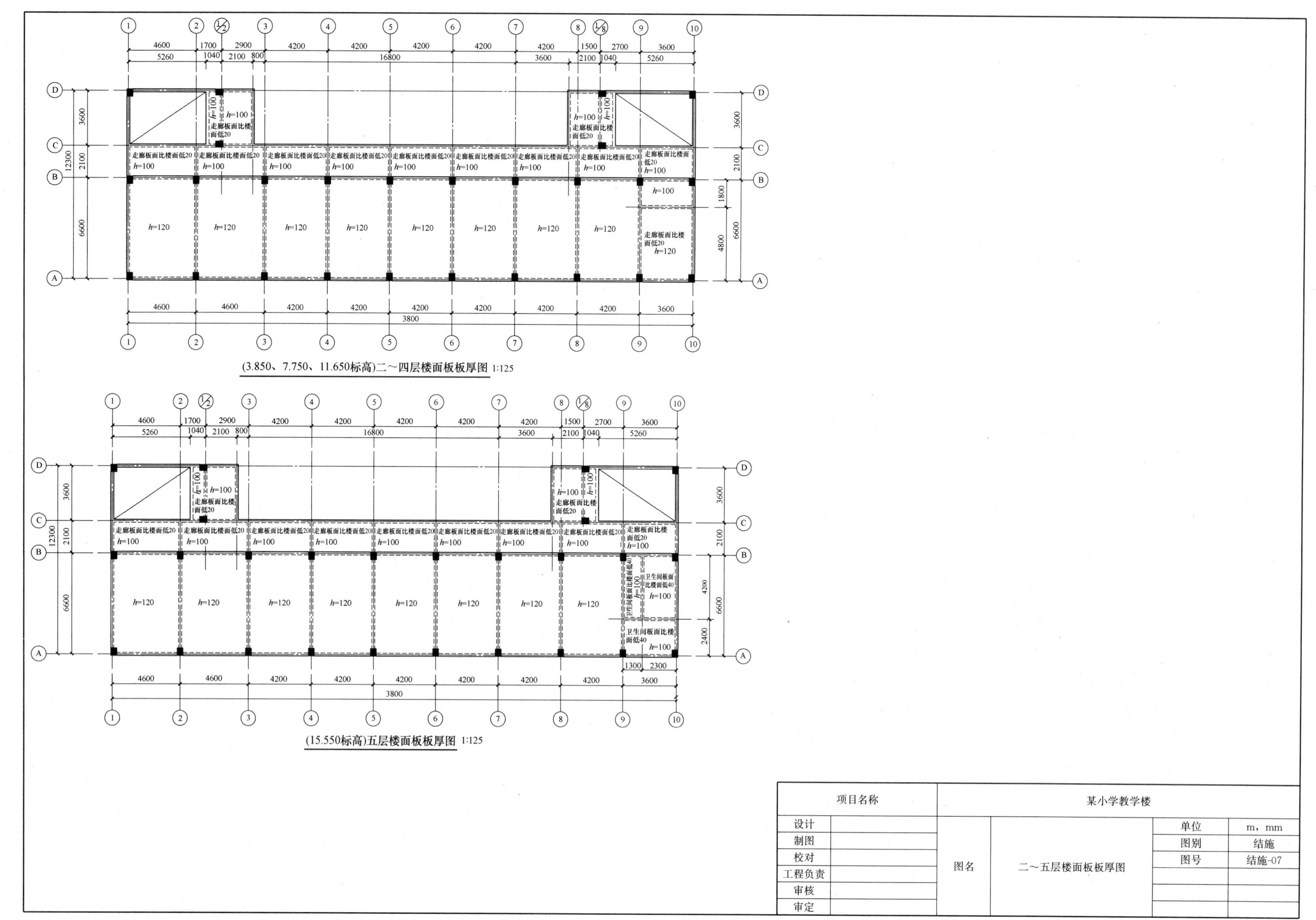
(3.850、7.750、11.650标高)二～四层楼面板板厚图 1:125
(15.550标高)五层楼面板板厚图 1:125
走廊板面比楼面低20
卫生间板面比楼面低40
h=100
h=120
项目名称
某小学教学楼
设计
制图
校对
工程负责
审核
审定
图名
二～五层楼面板板厚图
单位
m，mm
图别
结施
图号
结施-07

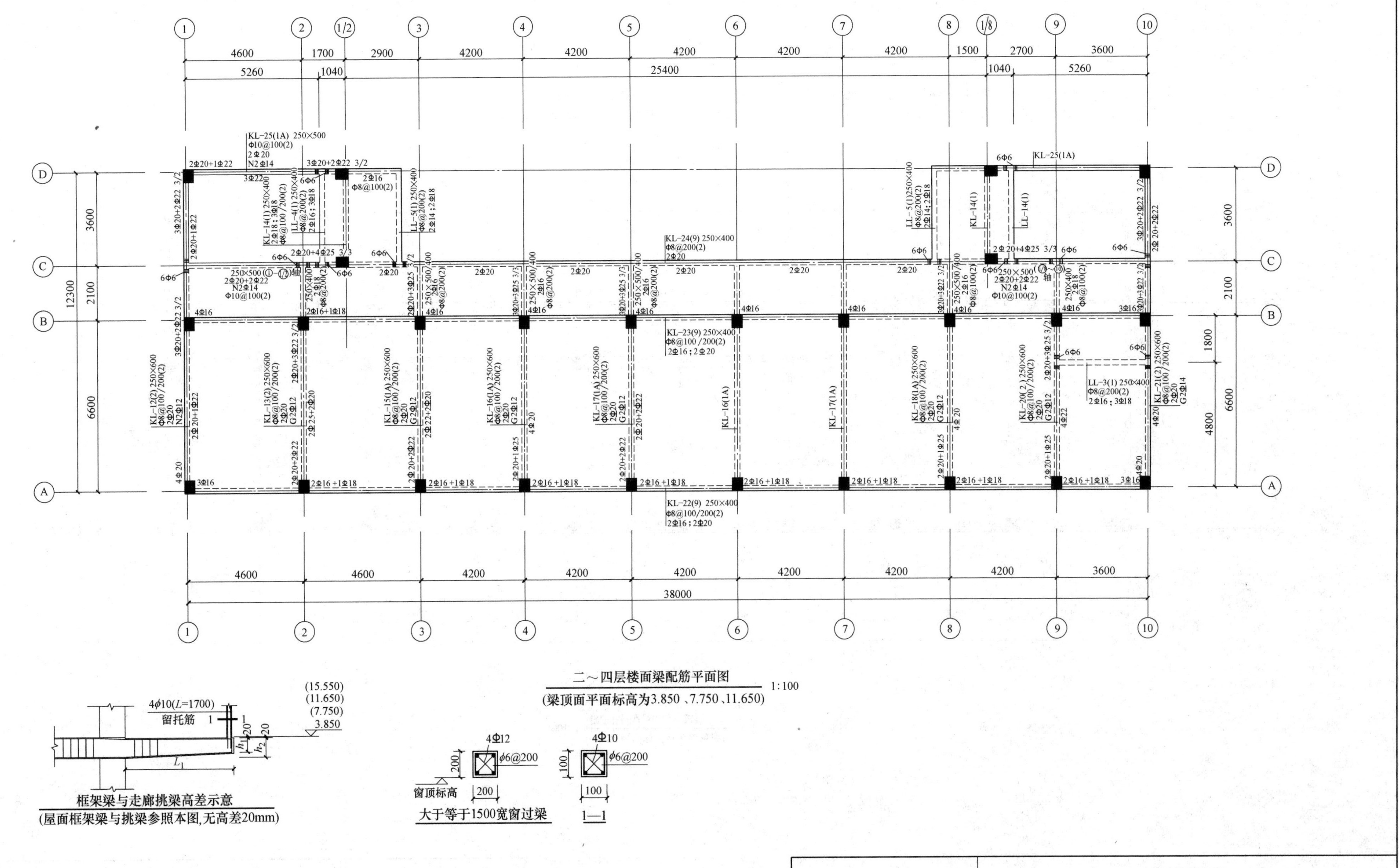

项目名称	某小学教学楼			
设计			单位	m，mm
制图			图别	结施
校对	图名	二～四层楼面梁配筋平面图、框架梁与走廊挑梁高差示意、大于等于1500宽窗过梁	图号	结施-08
工程负责				
审核				
审定				

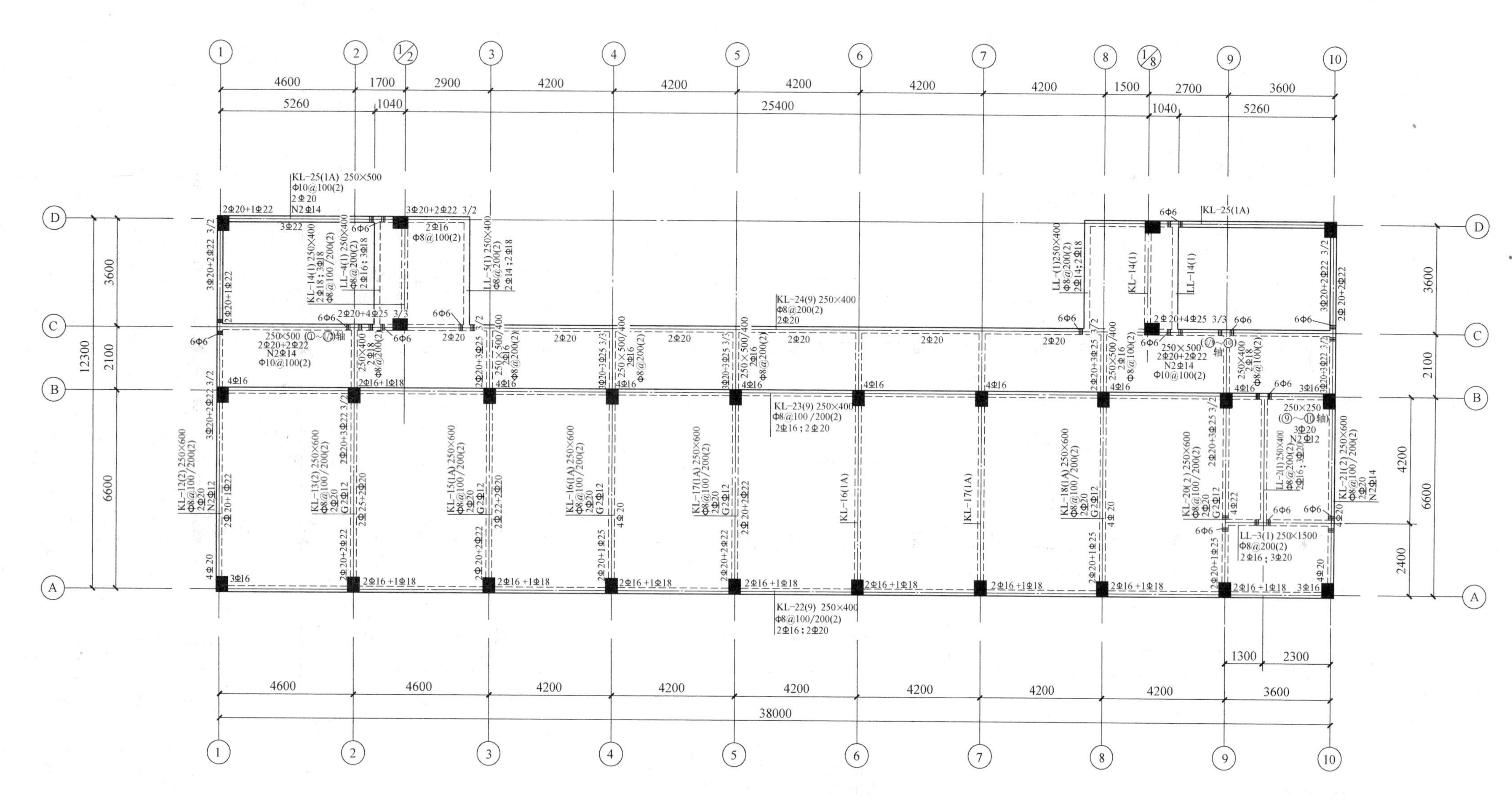

五层楼面梁配筋平面图 1:100

(梁顶面平板面标高为15.550)

项目名称		某小学教学楼			
设计		图名	五层楼面梁配筋平面图	单位	m，mm
制图				图别	结施
校对				图号	结施-09
工程负责					
审核					
审定					

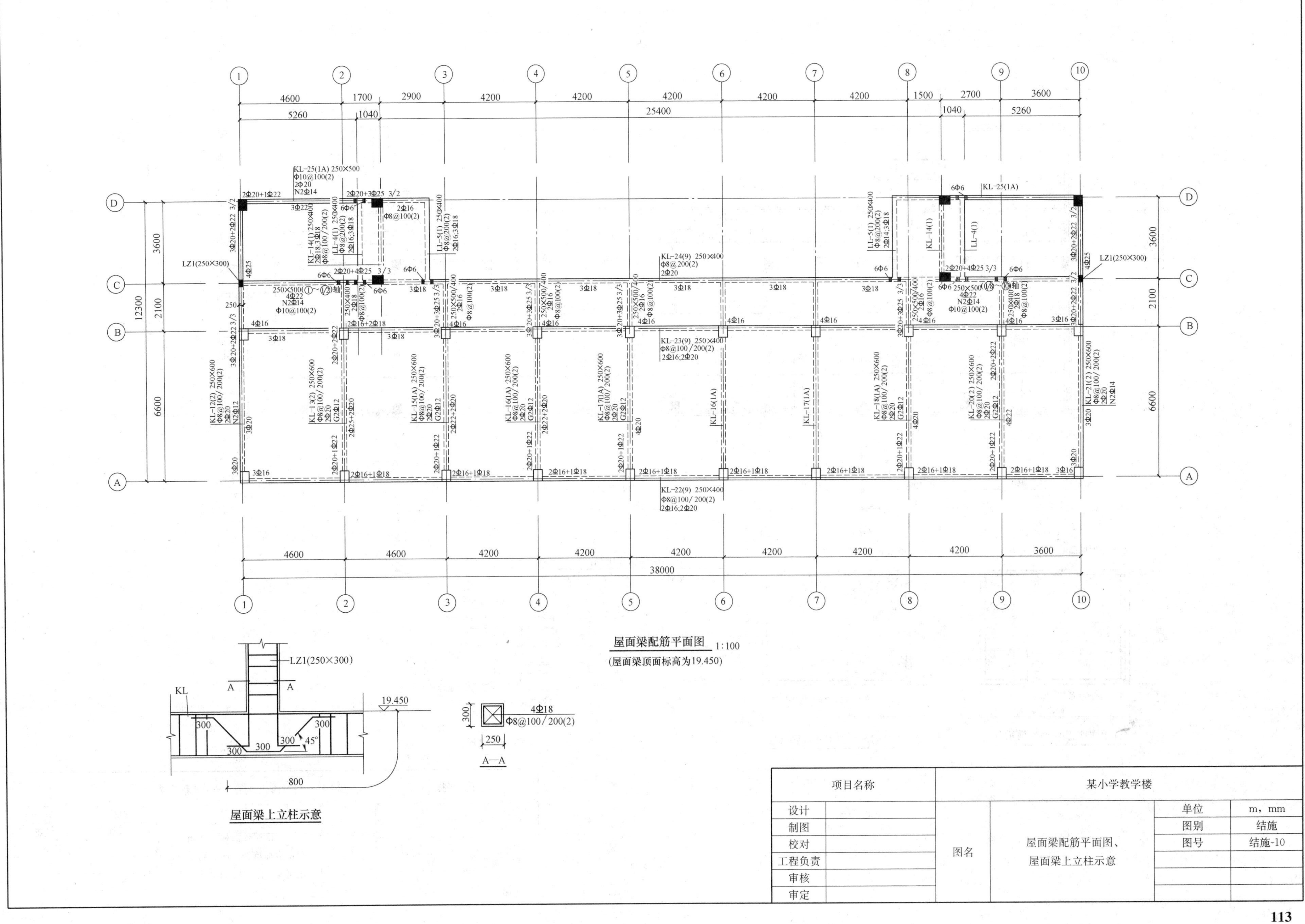
屋面梁配筋平面图 1:100
(屋面梁顶面标高为19.450)
KL-22(9) 250×400
Φ8@100/200(2)
2Φ16;2Φ20
KL-23(9) 250×400
Φ8@100/200(2)
2Φ16;2Φ20
KL-24(9) 250×400
Φ8@200(2)
2Φ20
KL-25(1A) 250×500
Φ10@100(2)
2Φ20
N2Φ14
LZ1(250×300)
4600
1700
2900
4200
1500
2700
3600
5260
1040
25400
38000
12300
6600
2100
屋面梁上立柱示意
LZ1(250×300)
KL
19.450
300
45°
800
4Φ18
Φ8@100/200(2)
250
A—A
项目名称
某小学教学楼
设计
制图
校对
工程负责
审核
审定
图名
屋面梁配筋平面图、
屋面梁上立柱示意
单位
m，mm
图别
结施
图号
结施-10

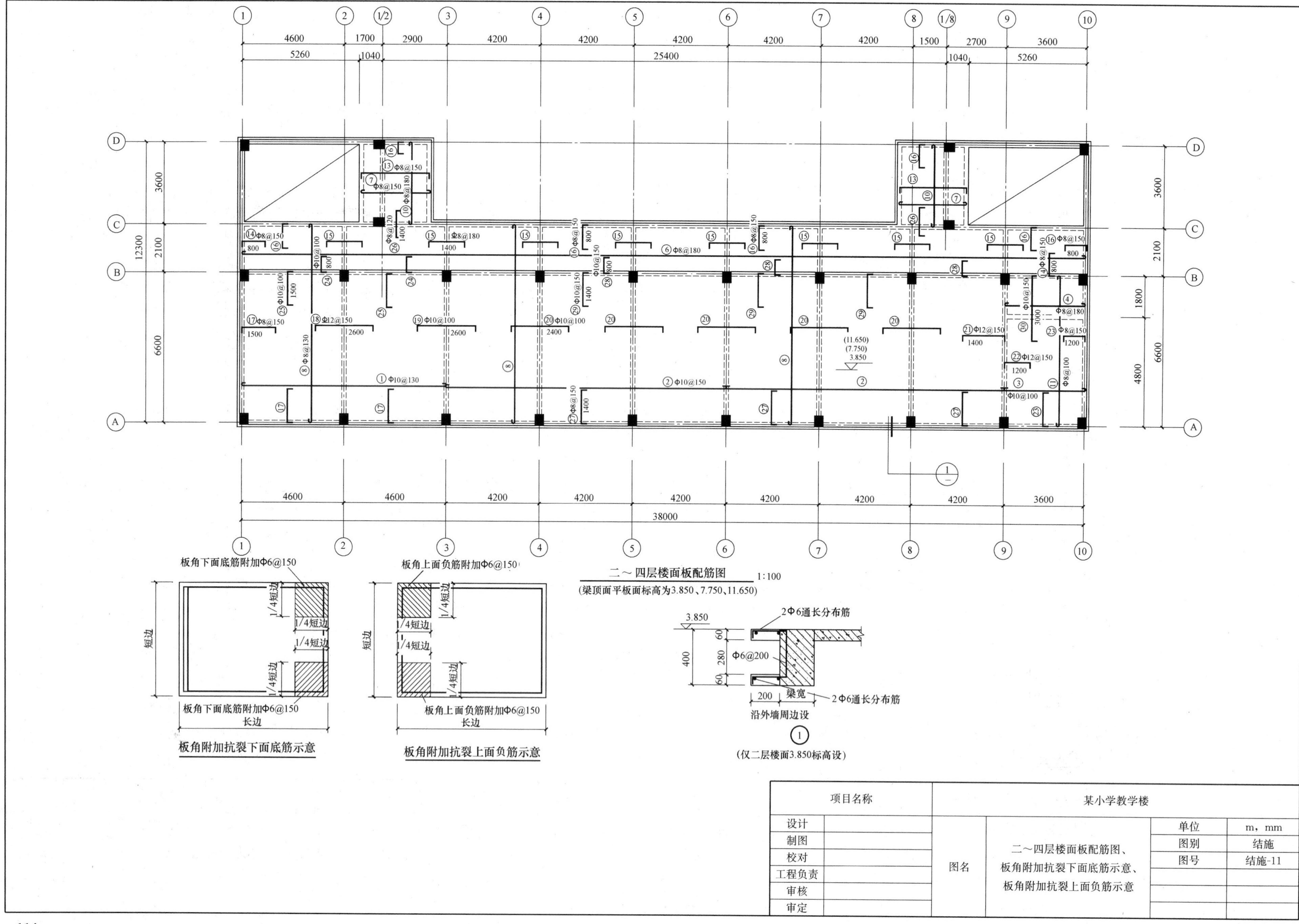
二～四层楼面板配筋图 1:100
(梁顶面平板面标高为3.850、7.750、11.650)
板角下面底筋附加Φ6@150
板角上面负筋附加Φ6@150
1/4短边
短边
长边
板角附加抗裂下面底筋示意
板角附加抗裂上面负筋示意
2Φ6通长分布筋
Φ6@200
梁宽
沿外墙周边设
(仅二层楼面3.850标高设)
项目名称
某小学教学楼
设计
制图
校对
工程负责
审核
审定
图名
二～四层楼面板配筋图、
板角附加抗裂下面底筋示意、
板角附加抗裂上面负筋示意
单位
m，mm
图别
结施
图号
结施-11

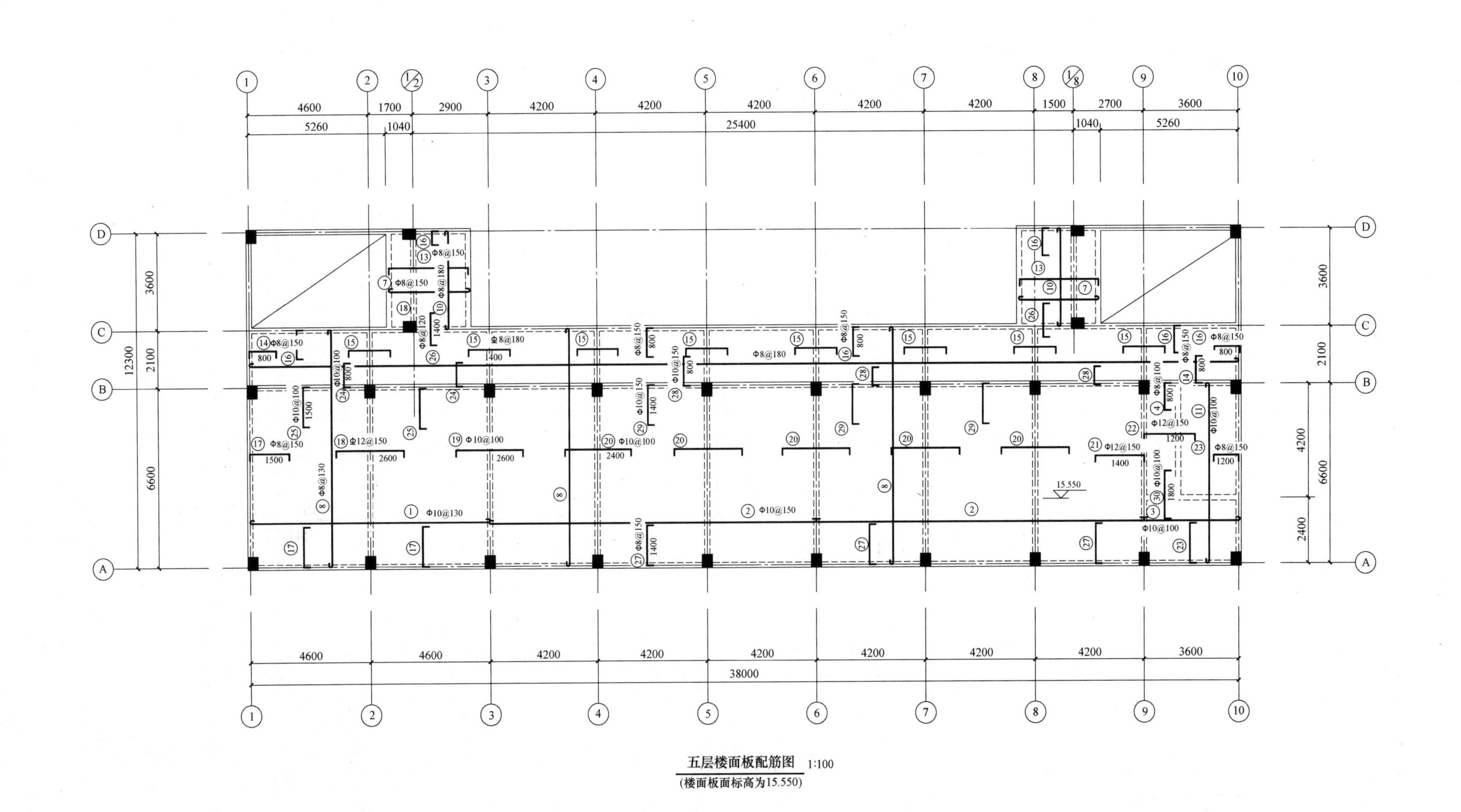

五层楼面板配筋图 1:100

(楼面板面标高为15.550)

项目名称		某小学教学楼			
设计		图名	五层楼面板配筋图	单位	m，mm
制图				图别	结施
校对				图号	结施-12
工程负责					
审核					
审定					

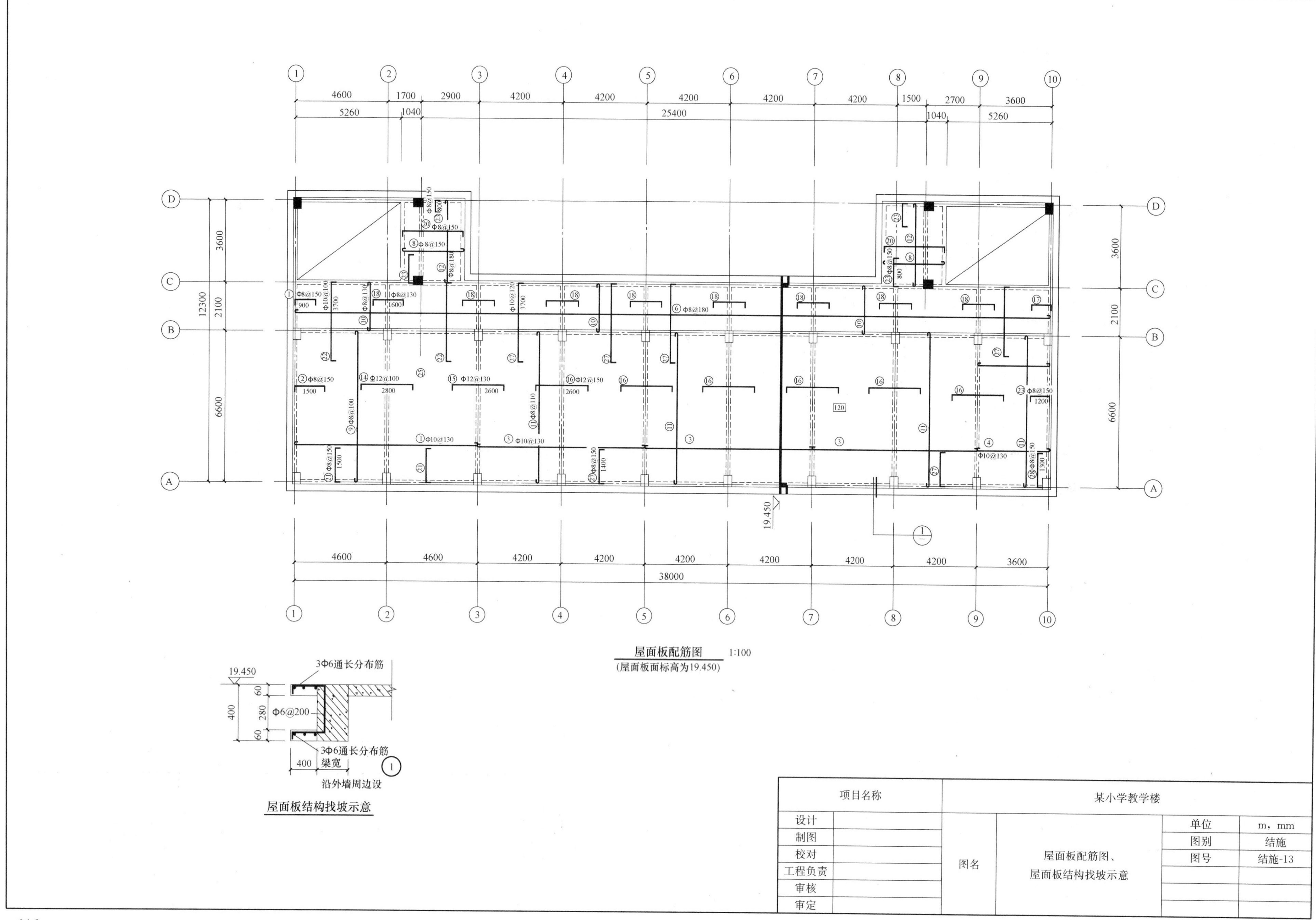
屋面板配筋图 1:100
(屋面板面标高为19.450)
4600 1700 2900 4200 4200 4200 4200 4200 1500 2700 3600
5260 1040 25400 1040 5260
4600 4600 4200 4200 4200 4200 4200 4200 3600
38000
3600 2100 6600 12300
Φ8@150
Φ10@100
Φ8@130
Φ10@120
Φ8@180
Φ12@100
Φ12@130
Φ12@150
Φ10@130
Φ8@100
Φ8@110
19.450
3Φ6通长分布筋
Φ6@200
梁宽
沿外墙周边设
屋面板结构找坡示意
项目名称
某小学教学楼
设计
制图
校对
工程负责
审核
审定
图名
屋面板配筋图、
屋面板结构找坡示意
单位
m，mm
图别
结施
图号
结施-13

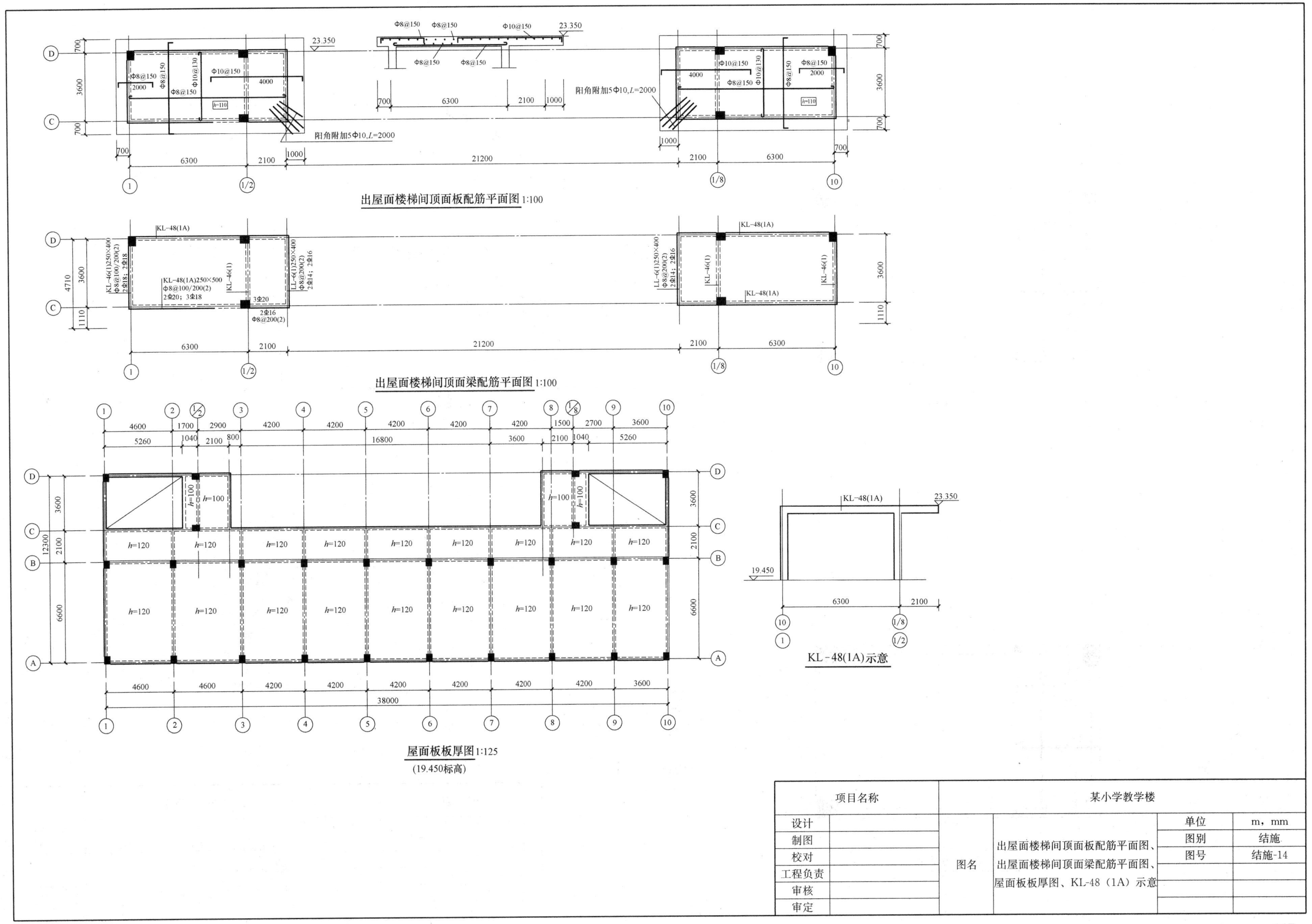
出屋面楼梯间顶面板配筋平面图 1:100
阳角附加5Φ10，L=2000
出屋面楼梯间顶面梁配筋平面图 1:100
KL-48(1A)250×500
Φ8@100/200(2)
2Φ20；3Φ18
屋面板板厚图 1:125
(19.450标高)
KL-48(1A)示意
项目名称
某小学教学楼
设计
制图
校对
工程负责
审核
审定
图名
出屋面楼梯间顶面板配筋平面图、
出屋面楼梯间顶面梁配筋平面图、
屋面板板厚图、KL-48（1A）示意
单位
m，mm
图别
结施
图号
结施-14

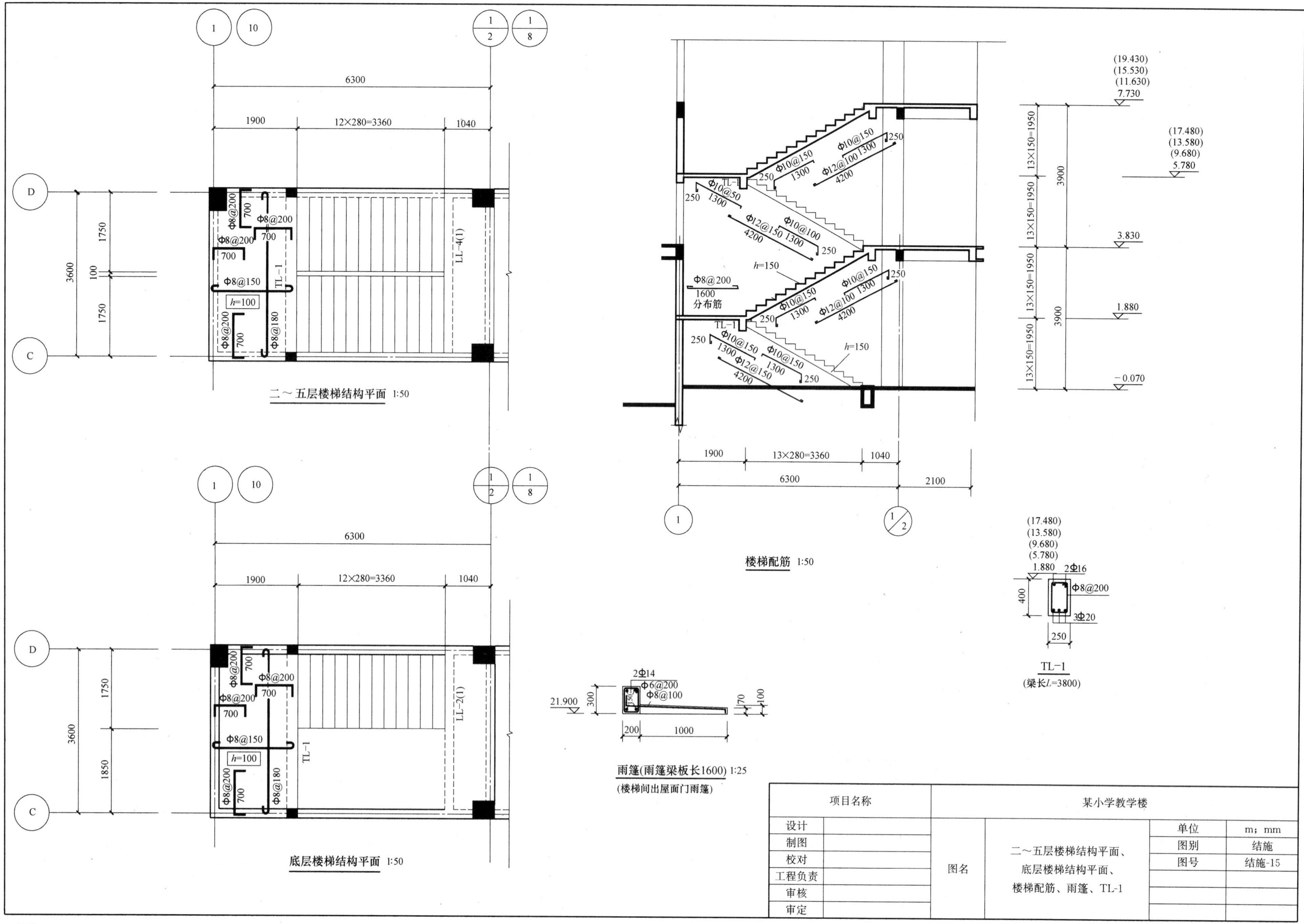

二～五层楼梯结构平面 1:50
底层楼梯结构平面 1:50
楼梯配筋 1:50
雨篷(雨篷梁板长1600) 1:25
(楼梯间出屋面门雨篷)
TL-1
(梁长L=3800)
6300
1900
12×280=3360
1040
13×280=3360
2100
3600
1750
1850
100
3900
13×150=1950
LL-4(1)
LL-2(1)
TL-1
h=100
h=150
Φ8@200
Φ8@150
Φ8@180
Φ10@150
Φ10@100
Φ12@150
Φ12@100
Φ8@200
1600
分布筋
2Φ16
3Φ20
2Φ14
Φ6@200
Φ8@100
(19.430)
(15.530)
(11.630)
7.730
(17.480)
(13.580)
(9.680)
(5.780)
5.780
3.830
1.880
−0.070
21.900
项目名称
某小学教学楼
设计
制图
校对
工程负责
审核
审定
图名
二～五层楼梯结构平面、
底层楼梯结构平面、
楼梯配筋、雨篷、TL-1
单位
m；mm
图别
结施
图号
结施-15

附录 2　某住宅楼建施图、结施图

项目名称 ×××某住宅小区 20 号住宅楼　　建筑工程

施工图设计

项目代号：0718SG-13-J

项目总设计师：
（项目负责人）________

审　定：________

设　计：________

设计证书等级：甲级

××设计研究院

××年××月

No：JS-01

××设计研究院	图纸目录		No：JS-02 共 1 页，第 1 页	
序号	名称	图号	幅面	页码
1	封面	JS-01	A4	119
2	图纸目录	JS-02	A4	119
3	总平面	JS-03	A1	120
4	建筑设计总说明	JS-04	A2	121
5	20 号住宅楼建筑构造做法一览表、采用标准图集	JS-05	A2	122
6	20 号住宅楼门窗表、采用标准图集及门窗详图	JS-06	A2	123
7	20 号住宅楼一层平面图	JS-07	A2	124
8	20 号住宅楼二层平面图	JS-08	A2	125
9	20 号住宅楼三～九层平面图	JS-09	A2	126
10	20 号住宅楼楼梯出屋面平面图	JS-10	A2	127
11	20 号住宅楼屋顶平面图	JS-11	A2	128
12	20 号住宅楼①～㉓立面图	JS-12	A2	129
13	20 号住宅楼㉓～①立面图	JS-13	A2	130
14	20 号住宅楼Ⓐ～Ⓕ立面图、1-1 剖面图	JS-14	A2	131
15	20 号住宅楼厨卫、阳台、凸窗大样图	JS-15	A2	132
16	20 号住宅楼楼梯平面图、楼梯、电梯断面图	JS-16	A2	133

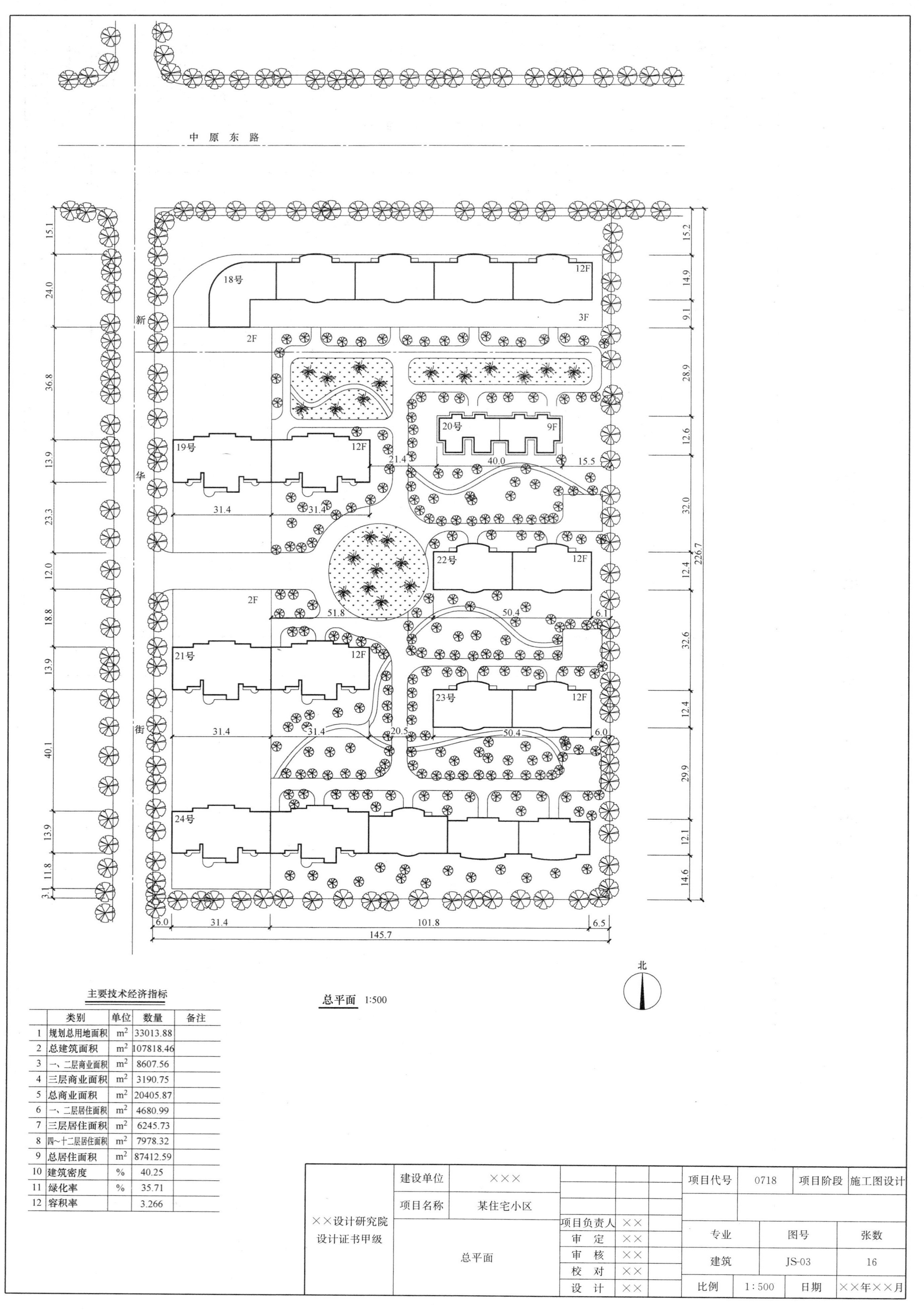

总平面 1:500

主要技术经济指标

	类别	单位	数量	备注
1	规划总用地面积	m^2	33013.88	
2	总建筑面积	m^2	107818.46	
3	一、二层商业面积	m^2	8607.56	
4	三层商业面积	m^2	3190.75	
5	总商业面积	m^2	20405.87	
6	一、二层居住面积	m^2	4680.99	
7	三层居住面积	m^2	6245.73	
8	四~十二层居住面积	m^2	7978.32	
9	总居住面积	m^2	87412.59	
10	建筑密度	%	40.25	
11	绿化率	%	35.71	
12	容积率		3.266	

××设计研究院 设计证书甲级	建设单位	×××			项目代号	0718	项目阶段	施工图设计
	项目名称	某住宅小区						
	总平面		项目负责人	××	专业	图号		张数
			审　定	××	建筑	JS-03		16
			审　核	××				
			校　对	××				
			设　计	××	比例	1∶500	日期	××年××月

建筑设计总说明

一、设计依据

1. 本院所做初步设计。
2. 建设单位对初步设计所提修改意见及关于该项目施工图设计的要求和答复。
3. 现行有关的国家建筑规范及有关条例：

(1)《房屋建筑制图统一标准》GB/T 50001—2010；
(2)《建筑制图标准》GB/T 50104—2010；
(3)《民用建筑设计通则》GB 50352—2005；
(4)《建筑设计防火规范》GB 50016—2014；
(5)《民用建筑热工设计规范》GB 50176—1993；
(6)《民用建筑照明设计标准》GBJ 133-90；
(7)《民用建筑隔声设计规范》GB 50118—2010；
(8)《饮食建筑设计规范》JGJ 64-89；
(9)《中小学校建筑设计规范》GB 50099—2011；
(10)《住宅设计规范》GB 50096—2011；
(11)《方便残疾人使用的城市道路和建筑物设计规范》JGJ 50-88；
(12)《建筑内部装修设计防火规范》GB 50222-95（2001 年修订版）；
(13)《工程建设标准强制性条文（房屋建筑部分）》(2013 年版)；
(14)《建筑工程设计文件编制深度的规定》(2008 年版)。

4. 其他现行有关的国家建筑规范及有关条例。
5. 本院各专业所提条件。

二、工程概况

本工程属二类建筑，建筑耐久年限为 50 年，防火等级为二级，屋面防火等级为Ⅱ级，建筑抗震设防烈度为六度，建筑结构类型为钢筋混凝土异型柱体系。

本工程占地 505m^2，总建筑面积 4565m^2，建筑高度 25.50m，建筑层数九层，属多层建筑。

室内装修不属本次设计范畴，由甲方日后根据实际情况自行处理，但应和设计院协商，不能违背建筑风格，且不能破坏原有结构体系。

三、设计标高及建筑定位

1. 本建筑室内地面标高±0.000，相当于绝对标高，见总平面图，建筑定位见总平面图。
2. 为便于施工及结构设计，本设计楼地面标注标高为建筑面层抹面完成之标高；室内找坡的楼地面按其最高处标注建筑标高。

四、一般说明

1. 本设计图纸中全部尺寸（除特殊注明者外）均以 mm 为单位，标高以 m 为单位。
2. 各层平面图中有放大平面图者，均见相应的放大图。
3. 所有成品器具、器材、管线均须经甲方及设计院确认无误后方可施工。
4. 除注明外，应严格执行国家颁发的建筑安装工程各类现行施工及验收规范，并与各专业设计图纸密切配合进行施工。

五、墙体

1. 本工程深色墙体（外墙及管井、电梯井、厕所、楼梯间）除注明外均为 240mm 厚 MU10 黏土空心砖墙，未加深部分内墙的厚墙为 190mm 空心砌块，薄墙为 120mm 空心砌块。砌筑方式见结构图，±0.000 以下用水泥砂浆，±0.000以上用混合砂浆。
2. 所有墙体室内阳角在楼面 2000mm 高度以下均做 1：2.5 水泥砂浆护角，厚度同内墙粉刷。
3. 所有管井门口均做 300mm 高门槛，用 MU10 黏土空心砖 M5 水泥砂浆砌筑，管井均待管线施工完毕后用与楼板相同强度等级的混凝土密封封堵。
4. 墙体留洞嵌入箱柜（消火栓、电表箱）穿透墙壁时待箱柜固定洞中后，箱柜背面洞口钉钢板网再做内墙粉刷。

六、门窗及油漆工程

1. 所有窗均采用 9mm 白色塑料钢窗框，5mm 厚无色玻璃，门连窗无色玻璃 10mm 厚，一层卫生间窗采用毛玻璃，外窗靠墙内侧立，内窗均立墙中。
2. 内木门均刷一底二度乳黄色调和漆，内木门均与开启方向一侧墙面立平，外木门内、外侧均刷一底两度浅棕色调和漆，外木门均与开启方向一侧墙面立平，凡木料与砌体接触部分应满浸防腐油或腐化钠。外不锈钢门采用 8mm 厚钢化玻璃。
3. 所有金属露明部分（除铝、铜、电镀等制品外）均刷防锈漆一度，深灰色调和漆两度。非露明部分刷防锈漆两度。所有刷金属制品在刷漆前应先除油去锈。
4. 所有门窗尺寸均为洞口尺寸，为避免施工误差或设计修改带来的变化，下料前务必实测洞口尺寸，以实测尺寸为准，门窗数量以实际为准。

七、安全防护

1. 窗台低于 900mm 的外窗且无外栏杆的护窗栏杆详 98ZJ401 页 25③B②B。
2. 本子项所有楼梯栏杆的做法参见 98ZSJ401 第 7 页②W，扶手为 Dg40 热镀管。
3. 防盗设施，甲方自理。

八、电梯

1. 本设计所有电梯井道预埋件必须待建设单位所选定的厂家提供电梯井道、机房预埋件等所有详细资料，现场配合施工。
2. 电梯门、门套待二次装修设计施工。
3. 由甲方确定电梯型后，再对电梯洞口尺寸进校准。消防电梯不应小于 800kg 的载客量。

九、其他说明

1. 高处屋面雨水管排往低处屋面时，在雨水管正下方设置一块散水板，散水板采用 490mm×490mm×30mm，C20 细石混凝土板。
2. 有水房间穿楼板立管部位均做预留套管，待立管安装好后，管壁与套管间填沥青磨丝，油膏嵌墙面，抹灰中掺防水剂。
3. 卫生间及阳台，走廊地面均做 0.6%～1%坡度，分别坡向地漏，以不积水为原则，卫生间结构降板 350mm。
4. 屋面避雷针安装及配电箱留槽等见电气专业施工图。
5. 除注明外，应严格执行国家颁发的建筑安装工程各类现行施工及验收规范，并与各专业设计图纸密切配合进行施工。

××设计研究院 设计证书甲级	建设单位	×××			项目代号	0718	项目阶段	施工图设计
	项目名称	某住宅小区						
	建设设计总说明		项目负责人	××	专业	图号		张数
			审　定	××				
			审　核	××	建筑	JS-04		16
			校　对	××				
			设　计	××	比例		日期	××年××月

建筑构造做法一览表

类别	编号	名称	构造做法	使用部位
屋面	1	卷材防水屋面（不上人屋面二级防水）	参见 98ZJ001 第 87 页屋 23，防水卷材改为 3 厚 SEP 复合防水卷材屋面，取消 40 厚 C30 混凝土以上层，改为 25 厚 1∶2.5 水泥砂浆，内配钢丝网	楼、电梯间屋面
	2	卷材防水屋面（上人屋面二级防火）	参见 98ZJ001 第 87 页屋 23，防水卷材改为 3 厚 SEP 复合防水卷材屋面，取消面层地砖	除 1 外所有屋面
地面	1	水泥砂浆地面	参见 98ZJ001 第 4 页地 2	除 2、3 以外
	2	地砖地面	参见 98ZJ001 第 6 页地 19	一层电梯间、楼梯间地面
	3	水泥砂浆地面	详见 98ZJ001 第 4 页地 1 采用 2 厚聚氨酯防水涂料两道	所有厨房、卫生间地面
楼面	1	水泥砂浆楼面	详见 98ZJ001 第 14 页楼 1	除 2 以外
	2	水泥砂浆楼面	详见 98ZJ001 第 19 页楼 24 采用 2 厚聚氨酯防水涂料两道	所有厨房、卫生间
内墙	1	仿瓷涂料	888 涂料刮两道 5 厚 1∶2 水泥石灰砂浆 15 厚 1∶3 水泥砂浆	门厅、电梯厅、楼梯间
	2	混合砂浆抹灰	详见 98ZJ001 第 30 页内墙 30	客厅、卧室
	3	水泥砂浆墙面	详见 98ZJ001 第 31 页内墙 31	住宅卫生间、厨房墙面
顶棚	1	仿瓷涂料	888 涂料刮两道 5 厚 1∶2 水泥石灰砂浆 15 厚 1∶3 水泥砂浆	门厅、电梯厅、楼梯间
	2	混合砂浆抹灰	详见 98ZJ001 第 47 页顶 3	客厅、卧室

续表

类别	编号	名称	构造做法	使用部位
外墙	1	浅灰白色涂料外墙	参见 98ZJ001 第 45 页外墙 22	阳台线脚
	2	面砖外墙	15 厚 1∶3 水泥砂浆找平，刷素水泥浆一道 3～4 厚 1∶2 水泥砂浆（每公斤水泥加纤维素 CM30 酣类 0.012 公斤水泥基粘结材料）镶贴面砖， 1∶1 水泥砖浆构造	除 1 外所有外墙，颜色见立面图
残疾人坡道及扶手	1	水泥砂浆坡道及栏杆	详见 98ZJ901 $\frac{1}{18}$ $\frac{1}{42}$	所有坡道扶手高度为 850
分仓缝	1	细石混凝土分仓缝	详见 98ZJ201 $\frac{12}{29}$	屋面

采用标准图集

序号	图集代号	名称	备注
1	98ZJ001	建筑构造用料作法	中南地区标准图集
2	98ZJ201	平屋面	中南地区标准图集
3	98ZJ401	楼梯栏杆	中南地区标准图集
4	98ZJ901	室外装修及配件	中南地区标准图集
5	98ZJ681	高级木门	中南地区标准图集

××设计研究院 设计证书甲级	建设单位	×××			项目代号	0718	项目阶段	施工图设计
	项目名称	某住宅小区						
	20 号住宅楼建筑构造做法一览表、采用标准图集		项目负责人	××	专业	图号	张数	
			审 定	××	建筑	JS-05	16	
			审 核	××				
			校 对	××				
			设 计	××	比例		日期	××年××月

门窗表

名称	设计编号	标准图集	标准型号	洞口尺寸		数量	备注
				宽	高		
窗	C1			3980	1900	36	塑钢推拉落地凸窗
	C2			1500	1200	18	塑钢推拉窗
	C2a			1400	1200	36	塑钢推拉窗
	C3			1200	1200	38	塑钢推拉窗
	C4			2100	1700	36	塑钢推拉凸窗
	C5			900	900	36	塑钢推拉窗
	C6			480	900	36	塑钢平开窗
	C7			1500	900	16	塑钢推拉窗
	C8			1500	900	2	塑钢推拉窗
门	M1	成品	用户自理	900	2100	108	木门
	M2	成品	用户自理	750	2100	36	
	M3	成品	用户自理	1500	2100	2	
	M4	成品	甲方自理	1000	2100	3	
	M5	成品	甲方自理	1200	2100	36	成品防盗门、甲方自理
	M6	成品	甲方自理	1200	2100	2	木门
门连窗	MC1			200	2200	36	塑钢推拉门

采用标准图集

序号	图集代号	名称	备注
1	98ZJ001	建筑构造用料作法	中南地区标准图集
2	98ZJ201	平屋面	中南地区标准图集
3	98ZJ211	坡屋面	中南地区标准图集
4	98ZJ401	楼梯栏杆	中南地区标准图集
5	98ZJ501	内墙装修及配件	中南地区标准图集
6	98ZJ513	住宅厨房卫生设施	中南地区标准图集
7	98ZJ901	外墙装修及配件	中南地区标准图集

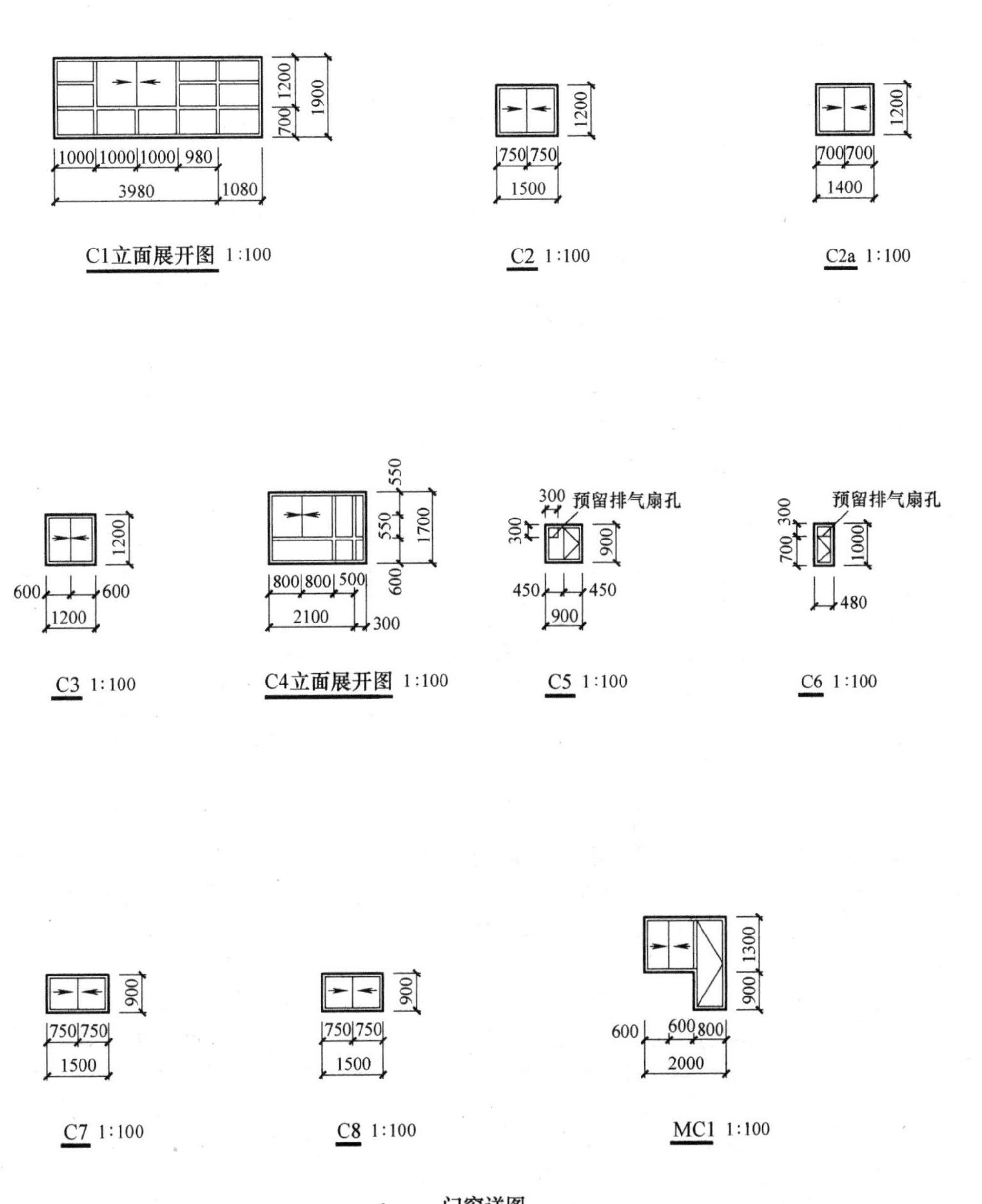

门窗详图

××设计研究院 设计证书甲级	建设单位	×××			项目代号	0718	项目阶段	施工图设计
	项目名称	某住宅小区						
	20号住宅楼门窗表、 采用标准图集及门窗详图		项目负责人	××	专业	图号		张数
			审　定	××	建筑	JS-06		16
			审　核	××				
			校　对	××				
			设　计	××	比例	1:100	日期	××年××月

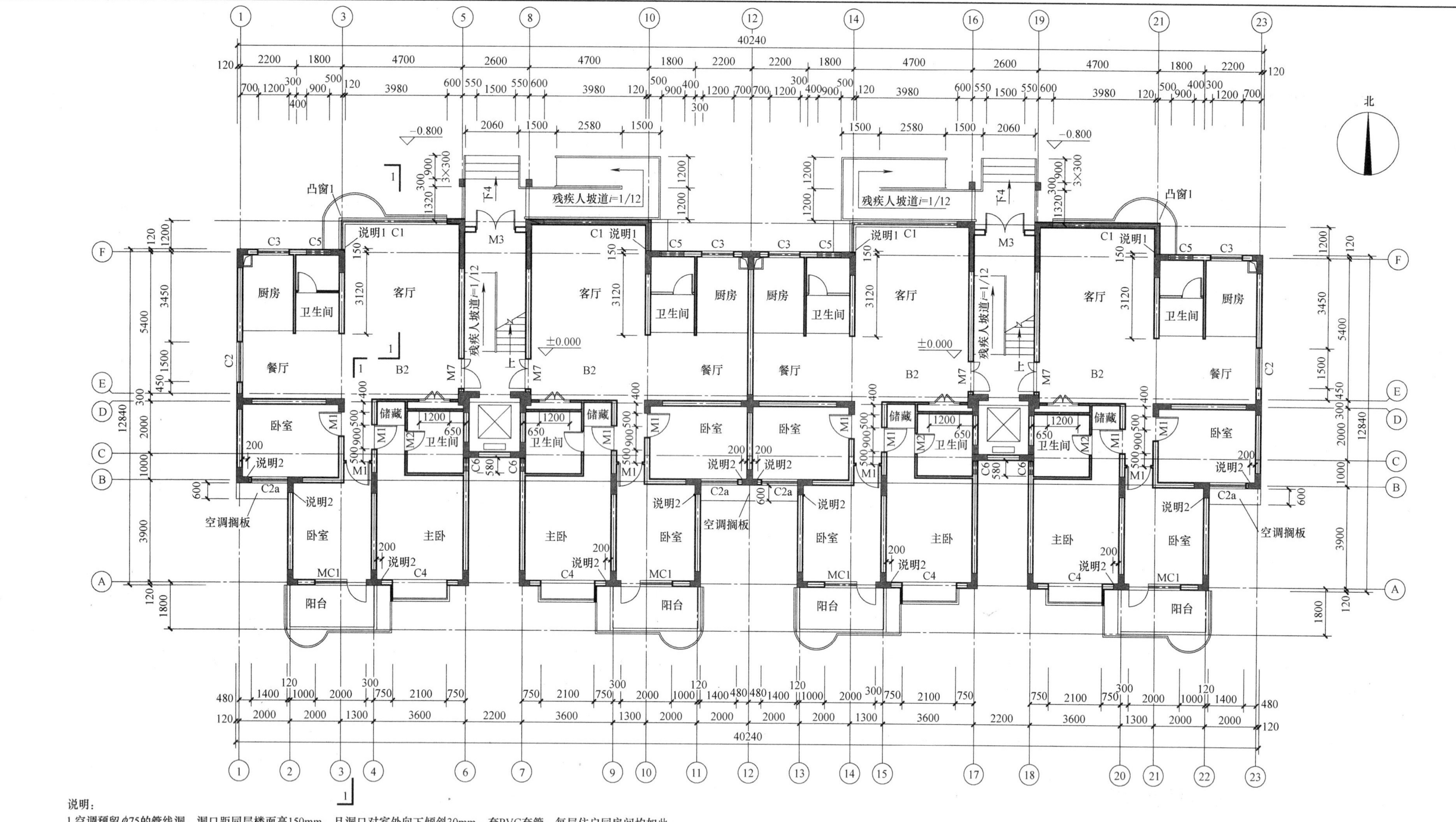

20号住宅楼一层平面图 1:100

说明：

1.空调预留$\phi75$的管线洞，洞口距同层楼面高150mm，且洞口对室外向下倾斜30mm。套PVC套管，每层住户同房间均如此。
2.空调预留$\phi75$的管线洞，洞口距同层楼面高2000mm，且洞口对室外向下倾斜30mm。套PVC套管，每层住户同房间均如此。
3.图中卫生间及厨房平面放大图、阳台详图、凸窗详见JS–15。
4.消火栓预留洞700mm×850mm(h)，距楼(地)面960mm高。
5.阳台、露台栏杆、空调板为金属铁艺栏杆外涂黑色防锈漆，样式由甲方确定。
6.室外踏步、散水做法、残疾人坡道及其余未注明室外外装修见《建筑构造做法一览表》。
7.平面及详图中未定位的门垛均为120mm。
8.楼梯间、电梯间及前室见JS–16。
9.图中未注明的窗台距同层楼(地)面高900mm。

××设计研究院 设计证书甲级	建设单位	×××	项目代号	0718	项目阶段	施工图设计
	项目名称	某住宅小区				
	20号住宅楼一层平面图	项目负责人 ××	专业	图号	张数	
		审　定 ××	建筑	JS-07	16	
		审　核 ××				
		校　对 ××				
		设　计 ××	比例 1∶100	日期	××年××月	

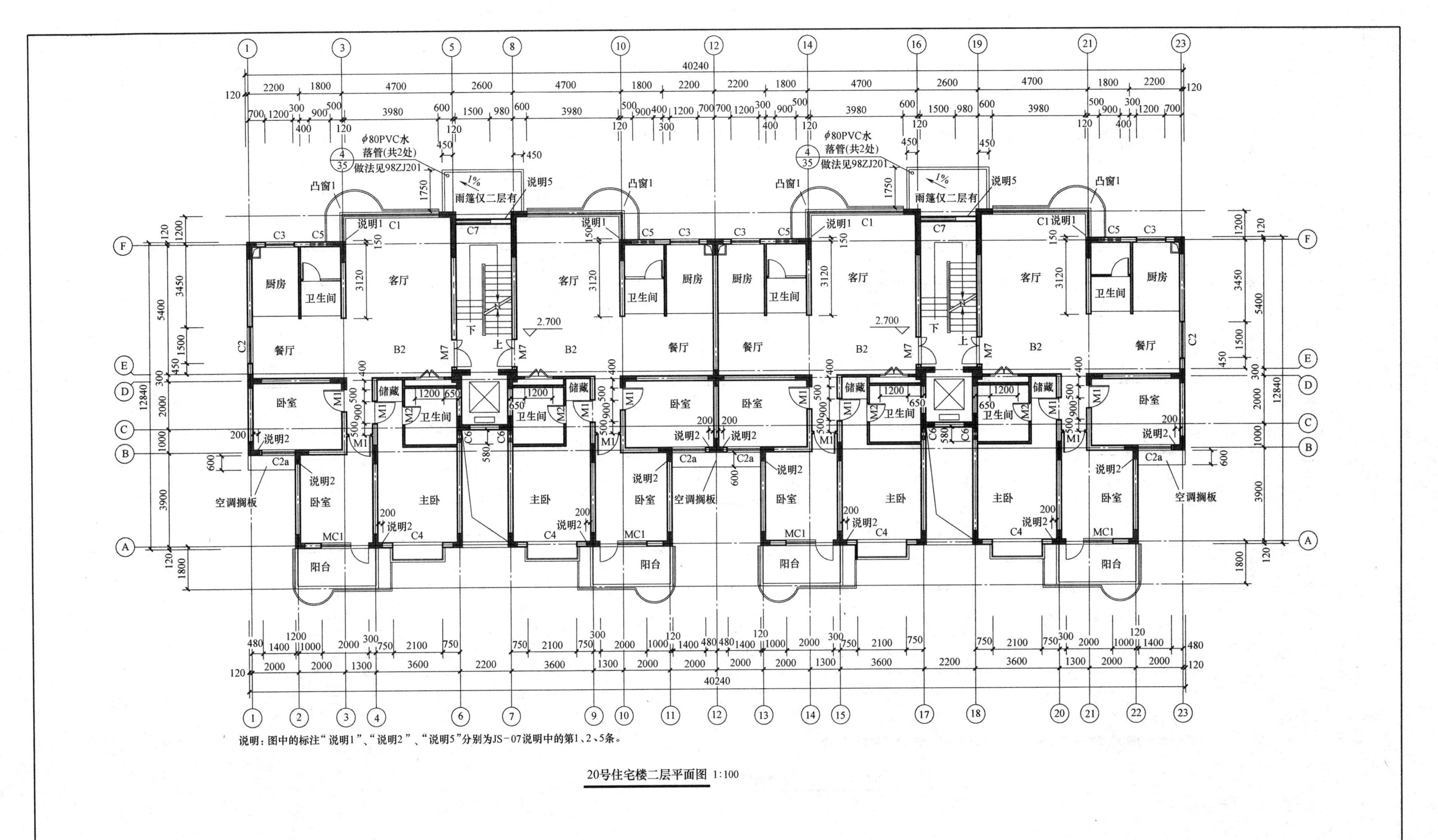

说明：图中的标注“说明1”、“说明2”、“说明5”分别为JS-07说明中的第1、2、5条。

20号住宅楼二层平面图 1:100

××设计研究院 设计证书甲级	建设单位	×××				项目代号	0718	项目阶段	施工图设计
	项目名称	某住宅小区							
	20号住宅楼二层平面图		项目负责人	××		专业	图号	张数	
			审　定	××					
			审　核	××		建筑	JS-08	16	
			校　对	××					
			设　计	××		比例	1:100	日期	××年××月

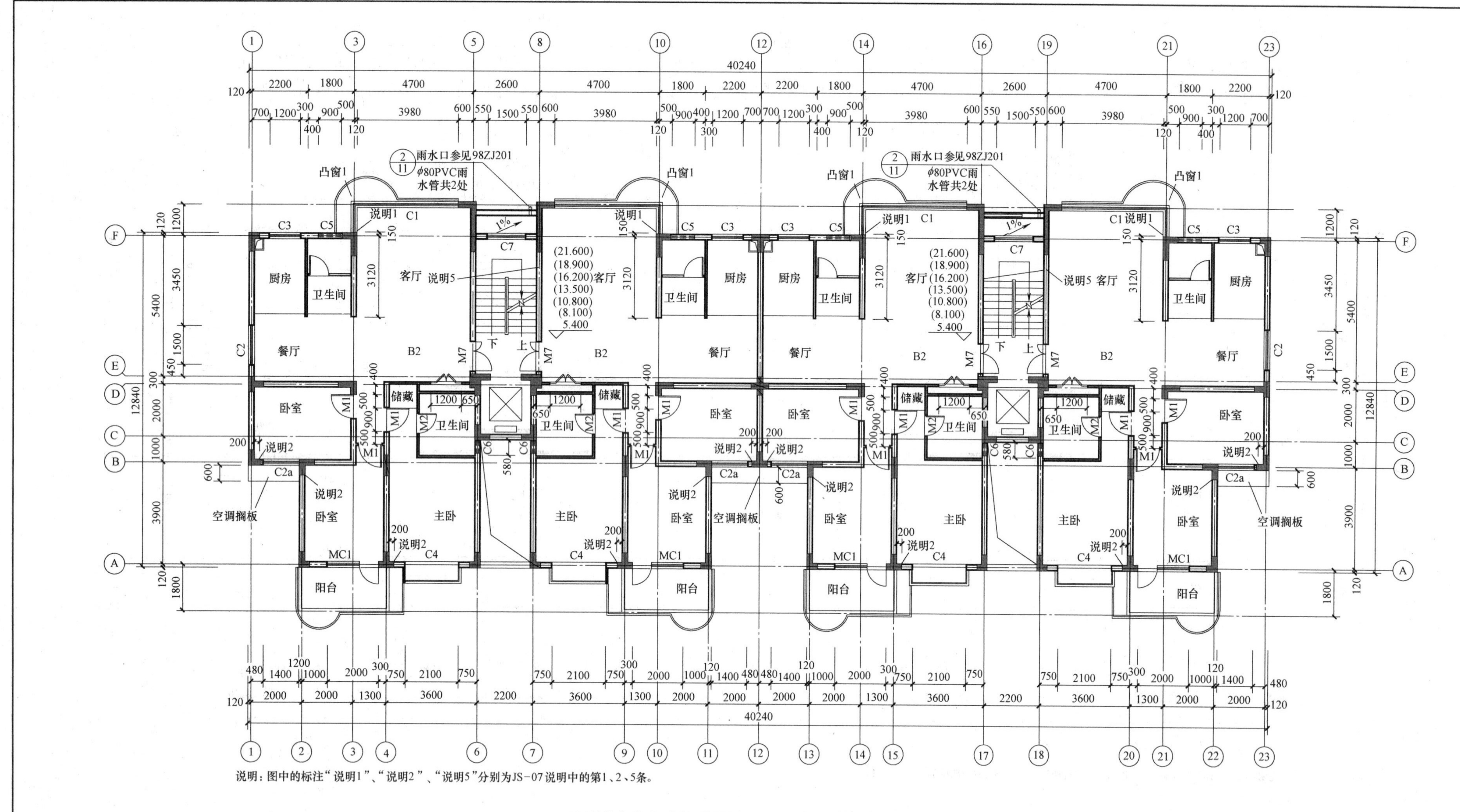

说明：图中的标注“说明1”、“说明2”、“说明5”分别为JS-07说明中的第1、2、5条。

20号住宅楼三～九层平面图 1:100

××设计研究院 设计证书甲级	建设单位	×××			项目代号	0718	项目阶段	施工图设计
	项目名称	某住宅小区						
	20号住宅楼三～九层平面图		项目负责人	××				
			审　定	××	专业	图号		张数
			审　核	××	建筑	JS-09		16
			校　对	××				
			设　计	××	比例	1:100	日期	××年××月

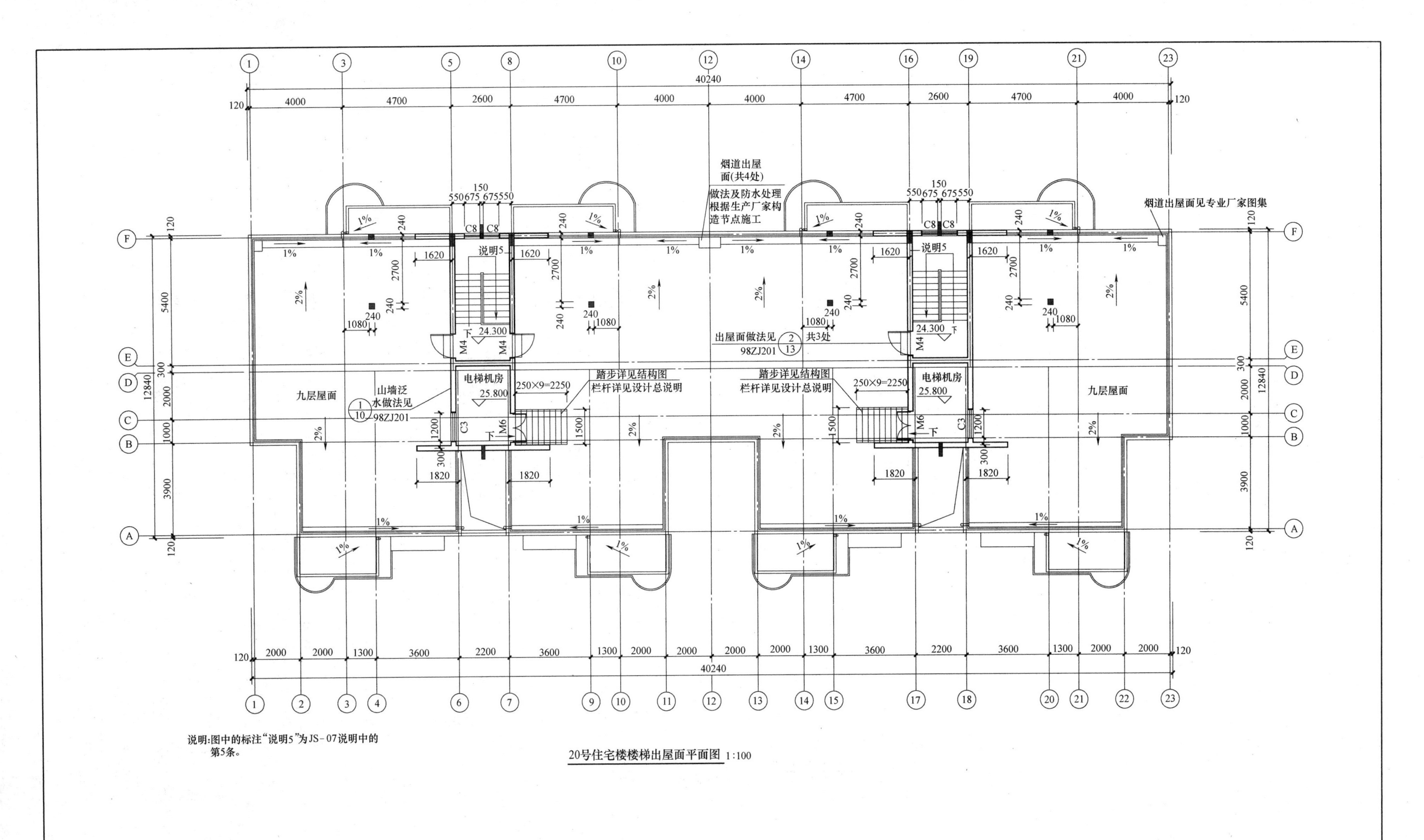

20号住宅楼楼梯出屋面平面图 1:100

××设计研究院 设计证书甲级	建设单位	×××			项目代号	0718	项目阶段	施工图设计
	项目名称	某住宅小区						
	20号住宅楼楼梯出屋面平面图		项目负责人	××	专业	图号		张数
			审 定	××				
			审 核	××	建筑	JS-10		16
			校 对	××				
			设 计	××	比例	1:100	日期	××年××月

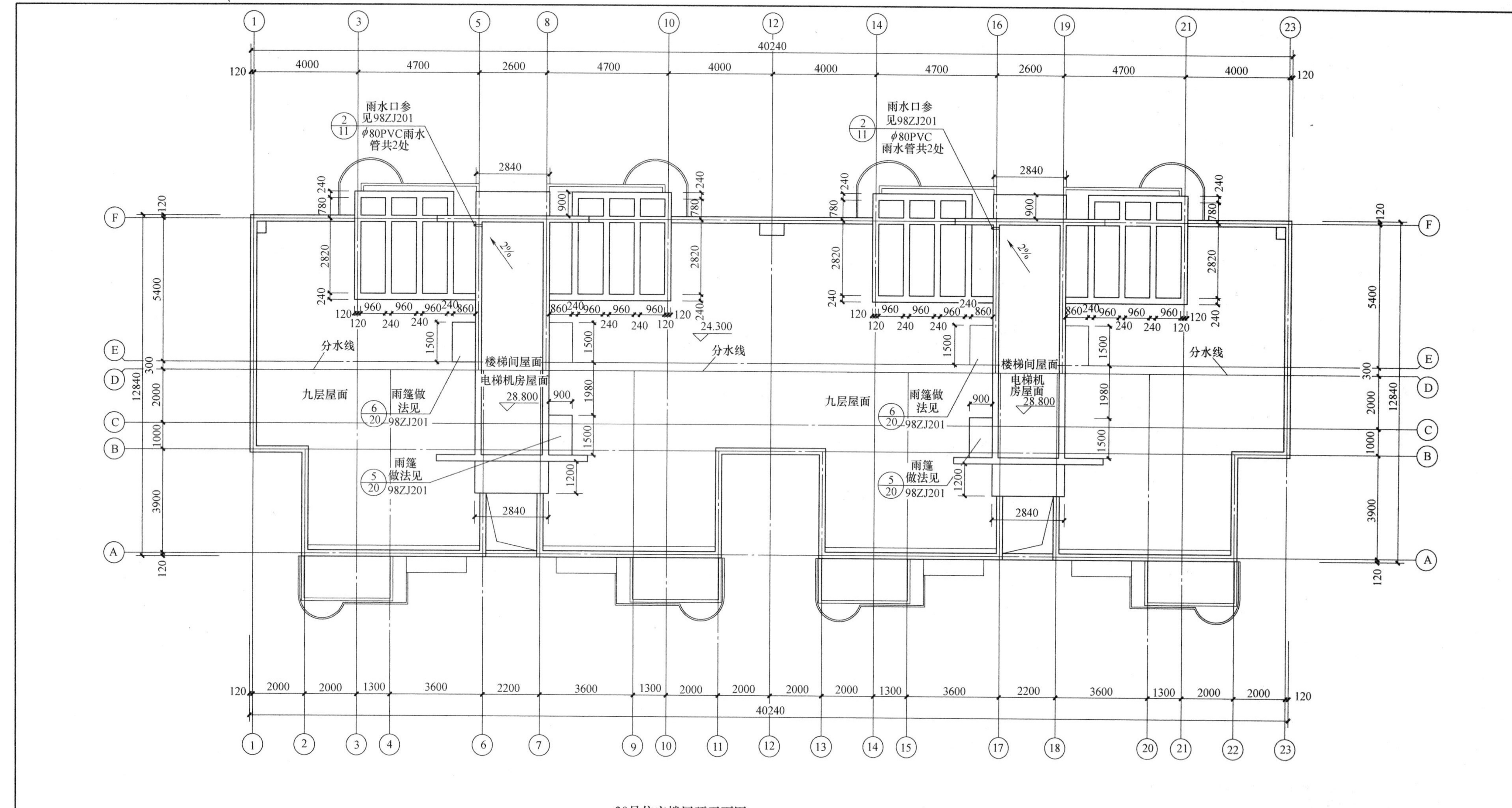

20号住宅楼屋顶平面图 1:100

说明：屋面防雷支座间距1000mm,转弯处500mm,位置详见电施图。

××设计研究院 设计证书甲级	建设单位	×××			项目代号	0718	项目阶段	施工图设计
	项目名称	某住宅小区						
	20号住宅楼屋顶平面图		项目负责人	××	专业		图号	张数
			审　定	××				
			审　核	××	建筑		JS-11	16
			校　对	××				
			设　计	××	比例	1:100	日期	××年××月

浅灰白色外墙漆外墙
蓝色外墙漆外墙
铁艺防护栏杆
浅灰白色外墙漆外墙
浅乳黄色外墙漆外墙
仿麻石瓷砖贴面
29.300
28.200
27.200
25.600
24.700
24.300
23.700
22.500
22.000
21.800
21.600
21.000
19.800
19.300
19.100
18.900
18.300
17.100
16.600
16.400
16.200
15.600
14.400
13.900
13.700
13.500
12.900
11.700
11.200
11.000
10.800
10.200
9.000
8.500
8.300
8.100
7.500
6.300
5.800
5.600
5.400
4.800
3.600
3.100
2.900
2.700
2.100
0.900
0.400
0.200
±0.000
−0.800
C2a
C4
MC1
1
23
20号住宅楼①～㉓立面图 1:100
建设单位 ×××
项目名称 某住宅小区
××设计研究院
设计证书甲级
20号住宅楼①～㉓立面图
项目负责人 ××
审 定 ××
审 核 ××
校 对 ××
设 计 ××
项目代号 0718
项目阶段 施工图设计
专业 建筑
图号 JS-12
张数 16
比例 1:100
日期 ××年××月

20号住宅楼㉓～①立面图 1:100

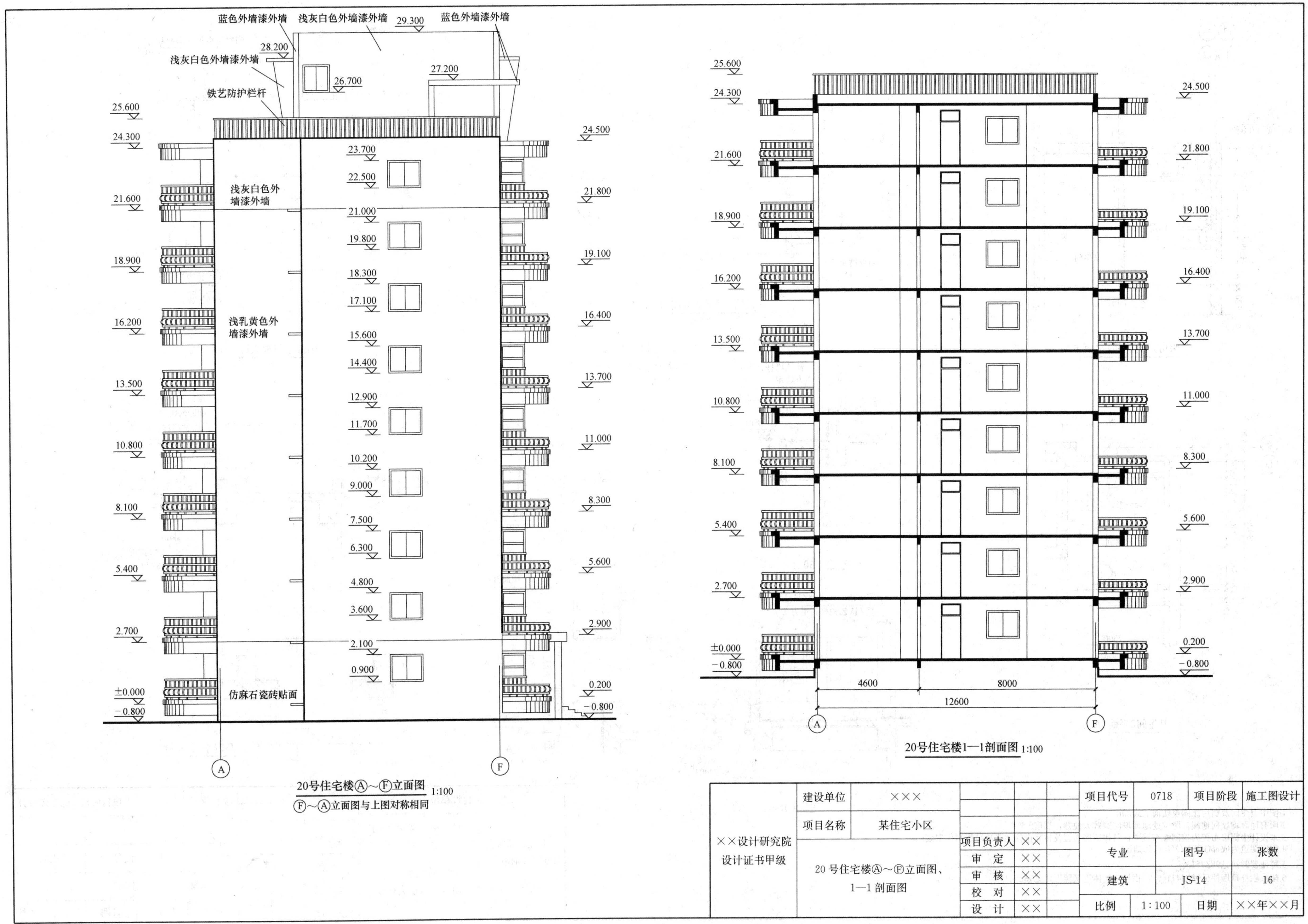
蓝色外墙漆外墙
浅灰白色外墙漆外墙
29.300
蓝色外墙漆外墙
28.200
浅灰白色外墙漆外墙
27.200
26.700
铁艺防护栏杆
25.600
24.300
24.500
23.700
22.500
浅灰白色外
墙漆外墙
21.600
21.000
21.800
19.800
18.900
19.100
18.300
17.100
浅乳黄色外
墙漆外墙
16.200
16.400
15.600
14.400
13.500
13.700
12.900
11.700
10.800
11.000
10.200
9.000
8.100
8.300
7.500
6.300
5.400
5.600
4.800
3.600
2.700
2.900
2.100
0.900
±0.000
0.200
−0.800
仿麻石瓷砖贴面
A
F
20号住宅楼Ⓐ～Ⓕ立面图 1:100
Ⓕ～Ⓐ立面图与上图对称相同
4600
8000
12600
0.200
20号住宅楼1—1剖面图 1:100
××设计研究院
设计证书甲级
建设单位
×××
项目名称
某住宅小区
20号住宅楼Ⓐ～Ⓕ立面图、
1—1剖面图
项目负责人 ××
审 定 ××
审 核 ××
校 对 ××
设 计 ××
项目代号
0718
项目阶段
施工图设计
专业
图号
张数
建筑
JS-14
16
比例
1:100
日期
××年××月

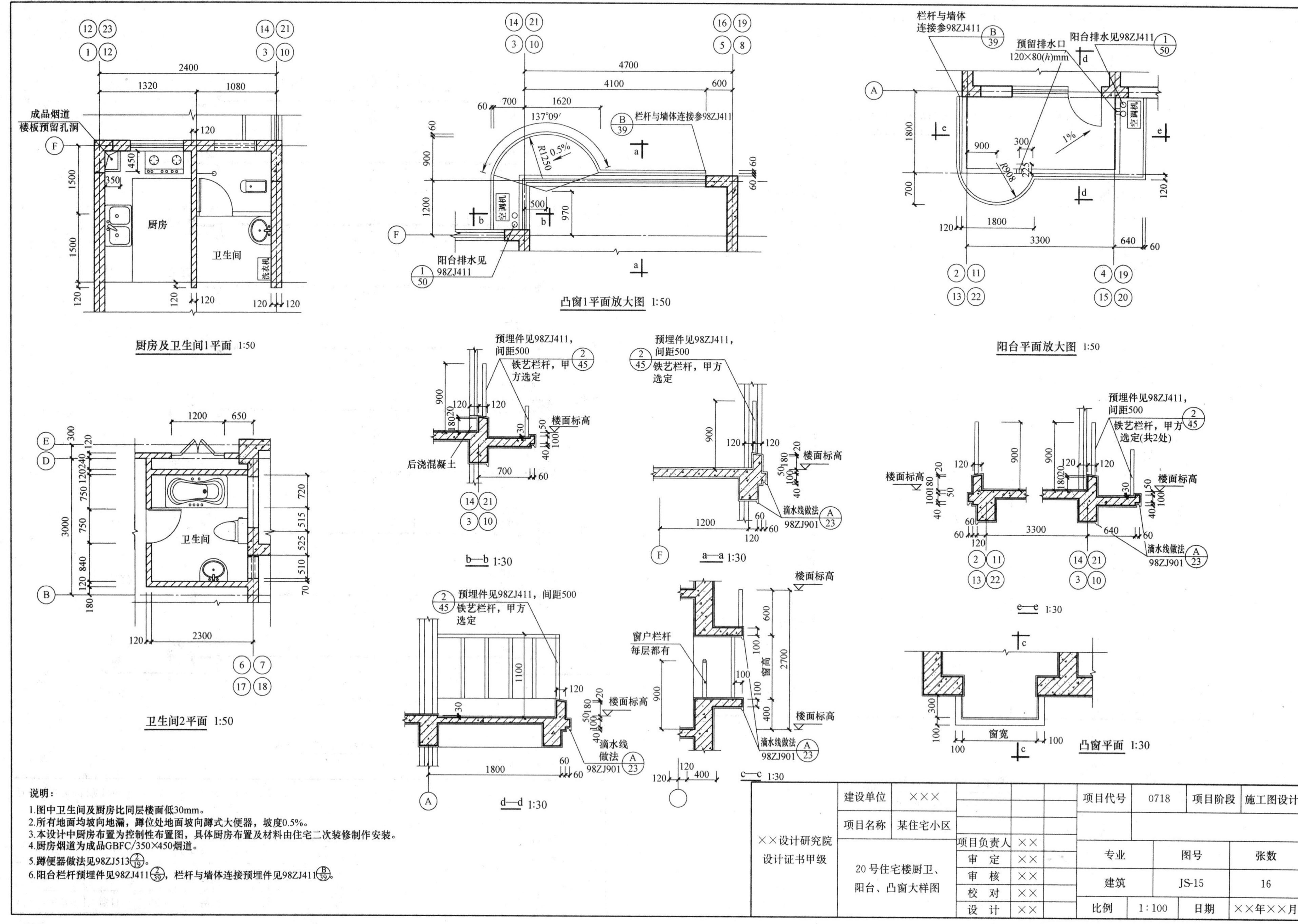

厨房及卫生间1平面 1:50
成品烟道
楼板预留孔洞
厨房
卫生间
洗衣机
凸窗1平面放大图 1:50
栏杆与墙体连接参98ZJ411
阳台排水见98ZJ411
空调机
阳台平面放大图 1:50
栏杆与墙体连接参98ZJ411
预留排水口 120×80(h)mm
阳台排水见98ZJ411
卫生间2平面 1:50
卫生间
b—b 1:30
预埋件见98ZJ411，间距500
铁艺栏杆，甲方选定
楼面标高
后浇混凝土
a—a 1:30
滴水线做法 98ZJ901
e—e 1:30
预埋件见98ZJ411，间距500
铁艺栏杆，甲方选定(共2处)
d—d 1:30
滴水线做法 98ZJ901
c—c 1:30
窗户栏杆每层都有
窗高
凸窗平面 1:30
窗宽
说明：
1.图中卫生间及厨房比同层楼面低30mm。
2.所有地面均坡向地漏，蹲位处地面坡向蹲式大便器，坡度0.5%。
3.本设计中厨房布置为控制性布置图，具体厨房布置及材料由住宅二次装修制作安装。
4.厨房烟道为成品GBFC/350×450烟道。
5.蹲便器做法见98ZJ513(2/19)。
6.阳台栏杆预埋件见98ZJ411(2/39)，栏杆与墙体连接预埋件见98ZJ411(B/39)。
××设计研究院
设计证书甲级
建设单位 ×××
项目名称 某住宅小区
20号住宅楼厨卫、阳台、凸窗大样图
项目负责人 ××
审定 ××
审核 ××
校对 ××
设计 ××
项目代号 0718
项目阶段 施工图设计
专业 建筑
图号 JS-15
张数 16
比例 1:100
日期 ××年××月

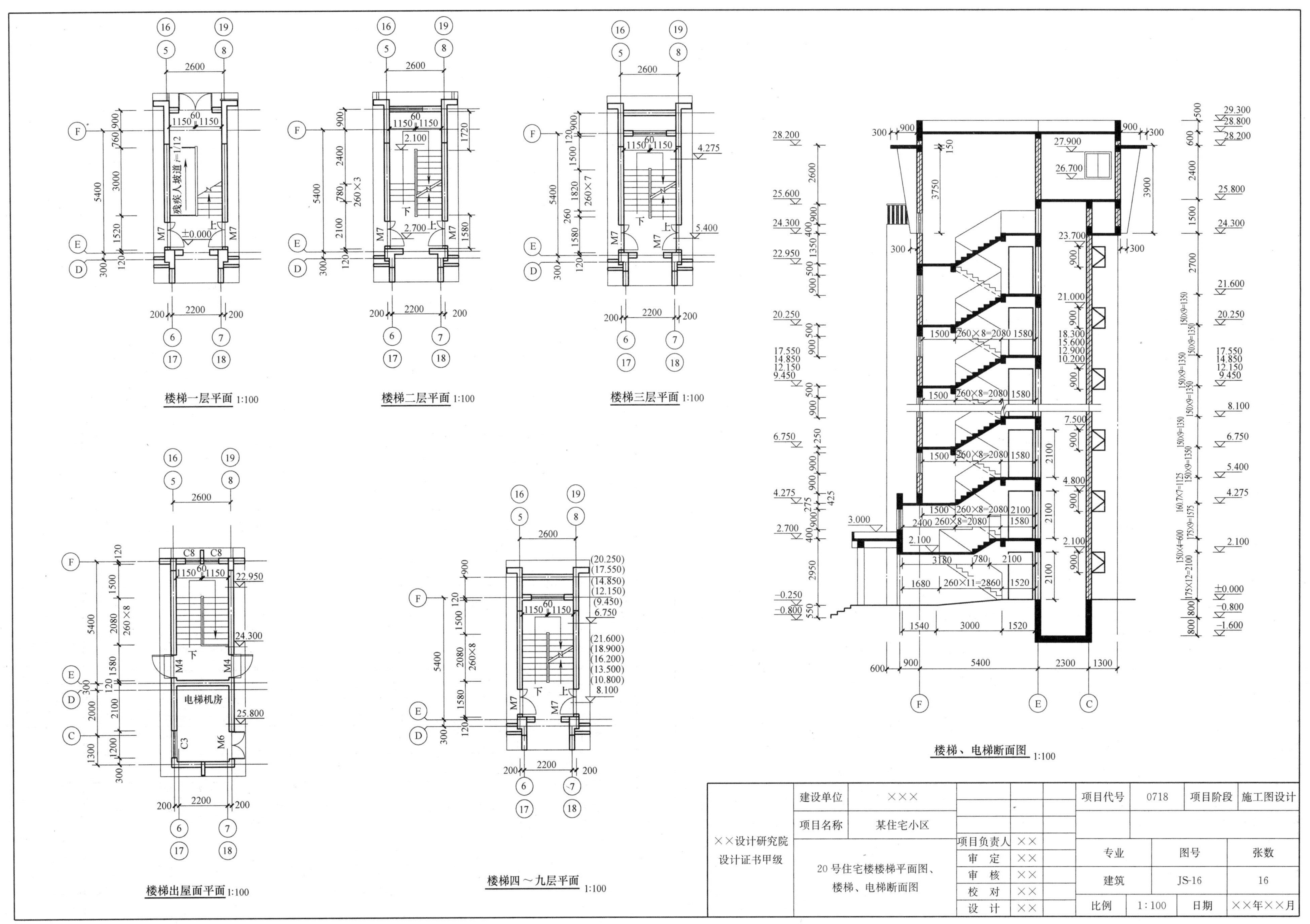
楼梯一层平面 1:100
残疾人坡道 i=1/12
±0.000
楼梯二层平面 1:100
2.100
2.700
楼梯三层平面 1:100
4.275
5.400
楼梯出屋面平面 1:100
电梯机房
22.950
24.300
25.800
楼梯四～九层平面 1:100
楼梯、电梯断面图 1:100
××设计研究院
设计证书甲级
建设单位
×××
项目名称
某住宅小区
20号住宅楼楼梯平面图、楼梯、电梯断面图
项目负责人
审 定
审 核
校 对
设 计
××
项目代号
0718
项目阶段
施工图设计
专业
图号
张数
建筑
JS-16
16
比例
1:100
日期
××年××月

项目名称 ×××某住宅小区20号住宅楼 结构工程

施工图设计

项目代号：0718SG-13-G

项目总设计师：
（项目负责人）

审　定：

设　计：

设计证书等级：甲级

××设计研究院

××年××月

图号：GS-01

××设计研究院	图纸目录	图号：GS-02 共1页，第1页

序号	名称	图号	幅面	页码
1	封面	GS-01	A4	134
2	图纸目录	GS-02	A4	134
3	建筑结构设计总说明（一）	GS-03	A2	135
4	建筑结构设计总说明（二）	GS-03a	A2	136
5	20号住宅楼桩位、承台平面图、CT1、CT2、CT3	GS-04	A2	137
6	20号住宅楼桩基础详图	GS-05	A2	138
7	20号住宅楼基础梁配筋图	GS-06	A2	139
8	20号住宅楼柱及剪力墙平面布置图	GS-07	A2	140
9	20号住宅楼二层结构平面布置图	GS-08	A2	141
10	20号住宅楼三～九层结构平面布置图	GS-09	A2	142
11	20号住宅楼屋顶结构平面布置图	GS-10	A2	143
12	20号住宅楼电梯机房屋顶层结构平面布置图、电梯机房楼面结构平面布置图、屋顶楼梯详图、构架详图、吊环图	GS-11	A2	144
13	20号住宅楼楼梯详图	GS-12	A2	145

建筑结构设计总说明(一)

一、一般说明

(一)本工程图纸除注明外,尺寸均以mm为单位,标高以m为单位。

(二)本工程±0.000相当于绝对标高。

(三)本工程结构的设计使用年限为50年。建筑结构的安全等级为二级,耐火等级为二级。

(四)本工程结构设计按现行国家有关规范规程进行,所依据的主要规范、规程有:

《建筑结构可靠度设计统一标准》GB 50068—2001

《混凝土结构设计规范》GB 50010——2010

《建筑结构荷载规范》GB 50009—2012

《建筑抗震设计规范》GB 50011—2010

《建筑地基基础设计规范》GB 50007—2011

《多孔砖砌体结构技术规范》JGJ 137—2001(2002年版)

《建筑桩基技术规范》JGJ 94—2008

《工程建设标准强制性条文》(2013年版)

《高层建筑混凝土结构技术规程》JGJ 3—2010

《工业建筑防腐蚀设计规范》GB 50046—2008

《无粘结预应力混凝土技术规程》JGJ 92—2004 J 409—2005

(五)本工程结构设计所选用的主要标准图集有:

国标《混凝土结构施工图平面整体表示方法制图规则和构造详图》11G101-1;

中南标《钢筋混凝土过梁》92ZG313过梁荷载等级均采用一级。

(六)本工程基本风压:0.35kN/m²,基本雪荷载0.45kN/m²。

(七)本工程主要部位的活荷载标准值有:

客厅:	2.0kN/m²	厨房:	2.0kN/m²	消防疏散楼梯:	3.5kN/m²
卧室:	2.0kN/m²	卫生间:	2.0kN/m²	不上人屋面:	0.5kN/m²
走廊:	2.0kN/m²	上人屋面:	2.0kN/m²	电梯机房:	7.0kN/m²

(八)本工程抗震设防类别为丙类,抗震设防烈度为六度,设计基本地震加速度为0.05g,设计地震分组为第一组,场地土的类型为二类,建筑的场地类别为二类,剪力墙抗震等级为三级。

(九)本次设计中未考虑冬期及雨期的施工措施,施工单位应据有关施工验收规范采取相应措施。

(十)应严格遵照国家现行各项施工验收规范、规程及施工有关规定进行施工,并应与建筑、给排水、电气、暖通、动力等其他专业施工图密切配合施工,其管道孔洞应事先预留,不得后凿,施工中应适当考虑以后装修工程所需的埋件预埋。

(十一)本工程结构专业构造详图,除图中注明外,均按国标《混凝土结构施工图平面整体表示方法制图规则和构造详图》11G101施工,其中±0.000以上混凝土环境类别为一类,±0.000以下混凝土环境类别为二类,基础防腐防护等级为一级。

(十二)未经设计许可,不得改变结构的用途和使用环境。

(十三)本套施工图应在通过审查机构的审查后方可用于指导施工。

二、材料

(一)各部位用料

结构部位	混凝土强度等级	钢筋	备注
基础垫层	C15		
桩基础	C25	HPB300级(Φ)　HRB335级(Φ)	最小水泥用量:300kg/m³ 最大水灰比:0.55
桩承台	C30	HPB300级(Φ)　HRB335级(Φ)	
基础梁	C30	HPB300级(Φ)　HRB400级(Φ)	
柱	C35	HPB400级(Φ)	
梁、板	C35	HPB400级(Φ)	
构造柱	C20	HPB300级(Φ)　HRB335级(Φ)	
楼梯	C20	HPB300级(Φ)　HRB335级(Φ)	

(二)地下室室外顶板、屋面板、厨房及卫生间为防水混凝土,抗渗等级为S6。

(三)混凝土保护层厚度

纵向受力的普通钢筋及预应力钢筋,其混凝土保护层厚度见11G101-1,并满足以下规定:

1. 基础中纵向受力钢筋的混凝土保护层厚度不应小于40mm,当无垫层时不应小于70mm;

2. 水池、水箱等直接防水构件,其迎水面混凝土保护层厚度不小于50mm;地下室底板外侧,地下室外墙外侧的混凝土保护层厚度不小于50mm。

(四)当柱混凝土强度等级大于梁混凝土强度等级一级时,梁柱节点处的混凝土应按柱子混凝土强度等级单独浇筑,详见图1。在混凝土初凝前浇筑完梁板混凝土,并加强混凝土的振捣和养护。

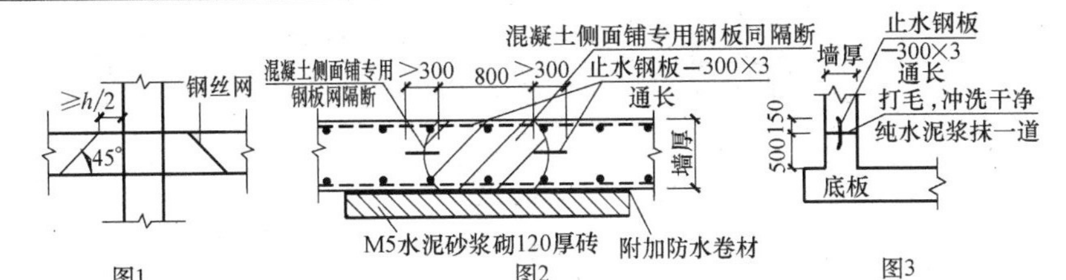

图1　图2　图3

(五)钢筋:Φ表示HPB300级钢筋(f_y=270N/mm²),Φ表示HRB335级钢筋(f_y=300N/mm²),Φ表示HRB400级钢筋(f_y=360N/mm²),预埋件钢板采用Q235钢,吊钩采用HPB300级钢筋,严禁采用冷拉钢筋加工,抗震等级为一、二级的框架结构,其纵向钢筋的抗拉强度实测值与屈服强度实测值的比值不应小于1.25,且钢筋的屈服强度实测值与强度标准值的比值不应大于1.3。

(六)焊条:HPB300级钢筋采用E43××,HRB335级钢筋采用E50××,HRB400钢筋采用E5003。

(七)墙体材料:

±0.000以下填充墙均采用MU10空心黏土砖,M7.5水泥砂浆砌筑,其容重不大于12.0kN/m³;

±0.000以上填充墙除图上注明外均采用MU5混凝土空心砌块,M5混合砂浆砌筑,其容重不大于80kN/m³。

三、钢筋的连接及锚固

(一)钢筋的连接:

当采用绑扎搭接接头时,其搭接接头连接区段的长度为1.3E_{aE},位于同一连接区段内的受拉钢筋搭接接头面积百分率:对梁类、板类及墙类构件≤25%,对柱类构件≤50%,且绑扎搭接接头的搭接长度$L_1=\zeta L_{aE}$(其中钢筋接头面积百分率≤25%时,ζ=12.25;百分率≤50%时,ζ=1.4),并且L_1≥300mm。

当采用焊接接头时,其焊接接头连接区段的长度为35d且不小于500mm,位于同一连接区段内的受拉钢筋焊接接头面积百分率,不应大于50%,钢筋直径>22mm时,应采用焊接连接或机械连接(挤压式栓螺纹连接)。

(二)纵向受拉钢筋的锚固长度L_{aE}及L_a见11G101-1。

四、地基与基础

(一)本工程地基基础设计等级为乙级,基础设计根据××勘察设计院××年××月××日提供的《××住宅小区岩石工程详细勘察报告书》,采用人工挖桩基础,基础持力层为⑩中风化粉质泥砂层,其承载力特征值为3000kPa。本工程场地地下水不发育,水位为小于−76.5m,对混凝土弱腐蚀性,无可液化土层,场地特征周期为0.35s,地面粗糙度类别:C类。

(二)基槽开挖及回填要求

1. 深基坑开挖应有详细的施工组织设计,开挖前基坑围护支撑构件均必须达到设计强度;开挖过程中应采取措施组织好基坑排水以及防止地面雨水的流入,并应确保施工降水不对相邻建筑物产生不利影响。

2. 机械挖土时,应按国家相关地基规范有关要求分层进行开挖,坑底应保留200~300mm土层用人工开挖,灌注桩桩顶应妥善保护,防止挖土机械撞击,并严禁在工程桩上设支撑。

3. 基坑回填时,其分层夯实的填土,不得使用淤泥、耕土、冻土、混凝土以及有机含量大于5%的土。

4. 基坑回填时,应先将场地内的建筑垃圾清理干净,并将填土分层夯实回填,分层厚度≤300mm,压实系数≥0.94,夯实填土的施工缝各层应错开搭接。在施工缝的搭接处,应适当增加夯实次数,若在雨期或冬期施工时,应采用有效的防雨、防冻措施。

5. 当基础超出±0.000标高后,也应将基础底面以上的填土夯实施工完毕。

6. 当无地下室时,其地坪垫层以下及基础底面标高以上的回填要求同上。

(三)地下室底板

1. 地下室底板混凝土:当设后浇带时,后浇带一侧的地下室底板混凝土应一次浇捣完成。

2. 凡属大体积混凝土的地下室底板施工时,应采用低热水泥,掺和外加剂或利用混凝土的后期强度等措施来降低水泥用量,并控制混凝土的浇灌速度,且切实做好混凝土早期养护工作,混凝土中心与混凝土表面、混凝土表面与内部温差均应控制在25°以内。

3. 地下室底板受力钢筋应采用焊接或机械连接,并且同一截面内接头数量不得大于50%,且有接头的截面之间的距离不得小于35d。

(四)地下室外墙

1. 地下室外墙预留、预埋的设备管道套管及留洞位置详见有关图纸,混凝土浇筑前,有关施工安装单位应互相配合核对相关图纸,以免遗漏或差错。

2. 地下室混凝土外墙与剪力墙的水平钢筋连接及暗柱等构造详见国标11G101-1剪力墙有关内容。

3. 地下室外墙每层水平施工缝间混凝土应一次浇捣完,混凝土应分层浇捣,分层振捣夯实,不得在墙体留任何竖向施工缝(不包括设计要求的施工后浇带)。

4. 地下室外墙施工缝后浇带做法见图2,其混凝土强度等级应相应提高一级。

5. 地下室底板与外墙板施工缝做法见图3。

6. 管道穿地下室外墙时均应预埋套管或钢筋,穿墙用的给排水管除图中注明外按给排水标准图集S312中S3采用(Ⅱ)型刚性防水套管,群管穿墙除已有详图外,可按图5施工,洞口尺寸$L\times H$见有关平面图。

7. 电缆管穿墙除详图已有注明者外按图4施工。

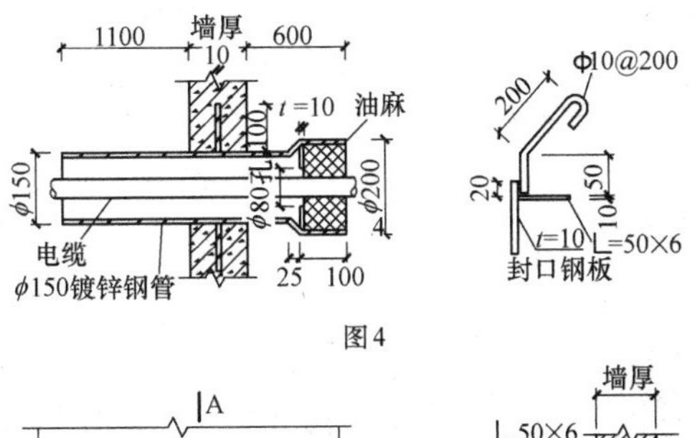

图4

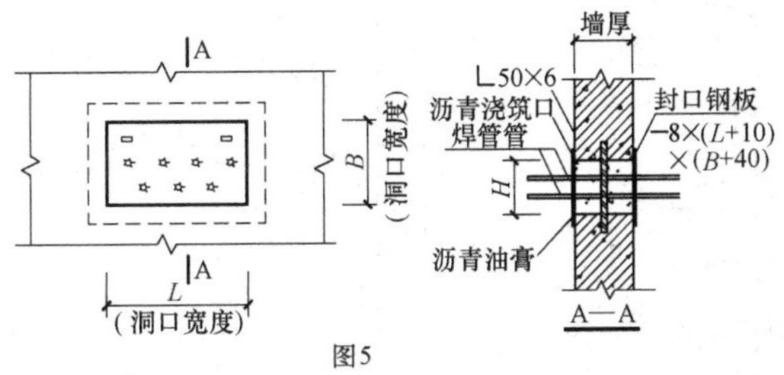

图5

(五)地基基础持力层的检验

1. 当为天然基础时,基槽(坑)开挖后,应用触探或其他方法进行基槽检验,具体方法应与甲方、质监、勘察、监理、施工等协商后再确定。

2. 人工挖孔桩终孔时,应进行桩端持力层检验。单柱单桩的大直径桩,应用超前钻透孔对孔底下3d或5mm深度范围内持力层进行检验。查明是否存在溶洞、破碎带和软夹层及人防洞等,并应提供勘探报告。

(六)沉降观测

应按规范要求设置观测点进行沉降观测,观测应从基础施工起直到建筑物沉降基本确定为止,具体要求可参见《建筑变形测量规范》JGJ 8—2007有关内容,施工中如发异常情况,应及时通知设计院以便处理。

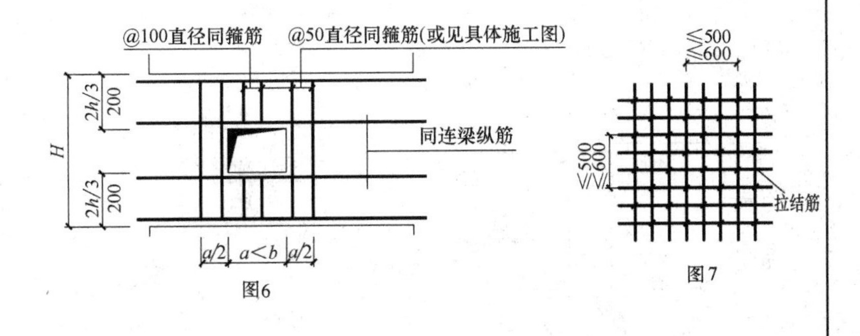

图6　图7

××设计研究院 设计证书甲级	建设单位	×××		项目代号	0718	项目阶段	施工图设计
	项目名称	某住宅小区					
	建筑结构设计总说明(一)		项目负责人 ××	专业	图号		张数
			审定 ××				
			审核 ××	结构	GS-03		13
			校对 ××				
			设计 ××	比例		日期	××年××月

五、剪力墙构造

(一)剪力墙拉结筋构造见图 7。

地下室部分:墙厚≥400mm 时为Φ8@500,其余为Φ8@600,地下室以上部分均为Φ8@600,且均为梅花状。

(二)剪力墙约束边缘构件设置:

一、二级抗震设计的剪力墙底部加强部位及上一层的墙肢端部应按 11G101-1 设置约束边缘构件。

(三)剪力墙竖向及水平分布钢筋连接:

剪力墙竖向及水平分布钢筋具体连接大样详图见国标 11G101-1。

(四)剪力墙暗柱及墙体主筋锚固与搭接构造

1. 剪力墙暗柱及端柱主筋应优先采用机械连接,或者采用焊接连接,具体连接要求同框架柱。
2. 上层或下层无洞时,暗柱主筋锚固见图 8。
3. 上层或下层错洞时,暗柱主筋锚固见图 9。

(五)连梁配筋构造

1. 剪力墙水平分布钢筋作为梁的腰筋在连梁范围内拉通连续配置,图中所配置的连梁的腰筋为另外附加配置的腰筋。
2. 横墙小墙垛处主筋锚固构造见图 10。
3. 连梁留洞构造见图 13 及图 6。

(六)剪力墙开小洞构造详见图 11。

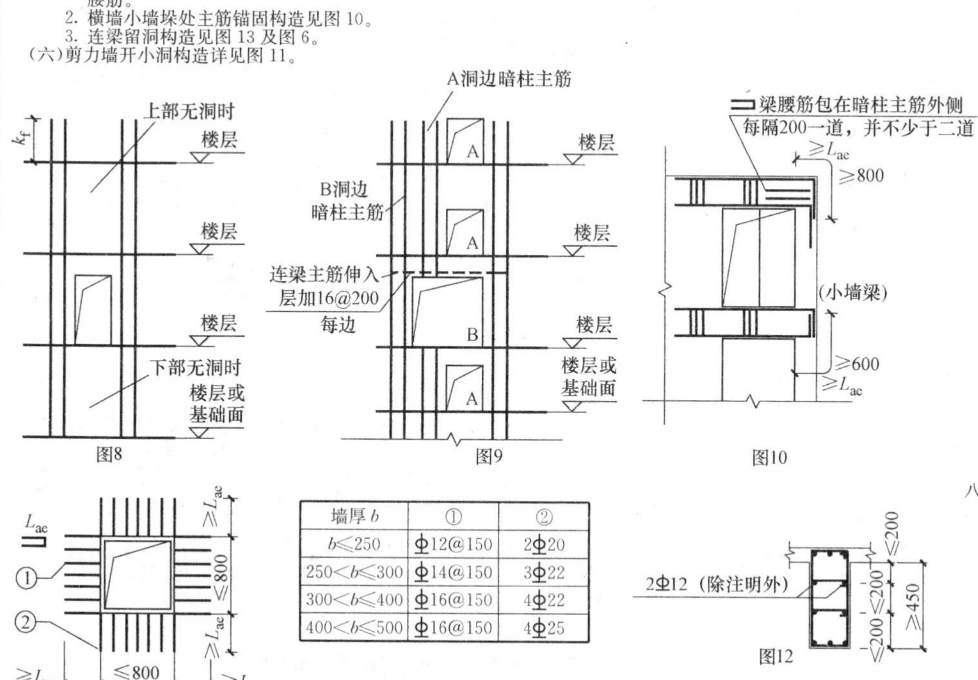

图8 图9 图10

墙厚 b	①	②
$b\leqslant 250$	Φ12@150	2Φ20
$250<b\leqslant 300$	Φ14@150	3Φ22
$300<b\leqslant 400$	Φ16@150	4Φ22
$400<b\leqslant 500$	Φ16@150	4Φ25

图11 图12

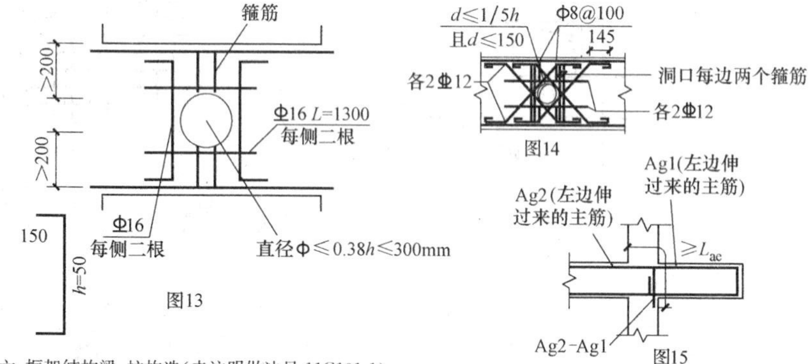

图13 图14 图15

六、框架结构梁、柱构造(未注明做法见 11G101-1)

(一)框架柱纵筋构造

1. 框架的各部位柱的纵筋连接应优先采用机械连接接头,或者焊接接头,钢筋连接范围内箍筋间距同加密区箍筋间距。
2. 框架柱的纵筋不应与箍筋、拉筋及预埋件等焊接。
3. 抗震等级为一级及二级的框架角柱的箍筋应全高范围加密。

(二)框架梁纵筋构造

1. 在框架梁的纵向钢筋连接区段范围内,其箍筋应加密,间距≤100mm。
2. 框架梁的纵向钢筋不应与箍筋、拉筋及预埋件等焊接。
3. 与剪力墙相连的梁,其构造均按框架梁处理,当上部筋水平锚固长度不满足要求时,在钢筋弯折处焊 2Φ12 锚固钢筋。
4. 框架梁带短悬臂时(即框架梁主筋大于悬臂梁主筋)的主筋锚固的构造详见图 15。
5. 当梁的腹板高度≥450mm 时,梁侧面构造钢筋做法详见图 12。
6. 梁上开小圆孔构造见图 14。

七、次梁与楼板构造

(一)次梁或楼板的通长纵筋、面筋应在跨中附近绑扎搭接,底筋应在支座处绑扎搭接。

(二)当次梁与主梁同高时,次梁主筋应放在主梁主筋之上,详见图 16。

(三)膨胀加强带大样详见图 17,施工时应在膨胀带的两侧架设钢丝网Φ5@50,并采取有效措施,防止带外混凝土流入。

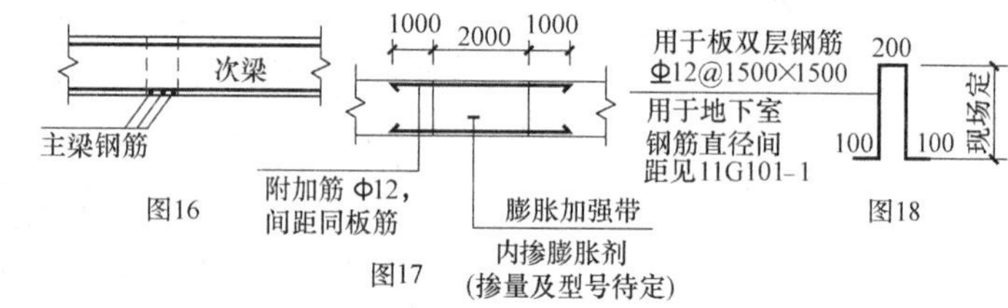

图16 图17 图18

(四)未注明的板内分布筋均为Φ6@200。

(五)双向板的短跨主筋应设在长跨主筋的下皮。

(六)双层配筋的现浇板应设置"几"字形的支撑钢筋,详见图 18。

(七)凡图中管道井口处,相邻楼板钢筋应通过不断,如井边为梁时,孔内楼板厚度范围内应留Φ8@150(双层双向插筋)。待管道安装完毕后,管道井内楼板用 C25 混凝土逐层封堵。

(八)外露的现浇挑檐、阳台等外露结构施工时,应加强养护。

(九)非受力向梯板与剪力墙紧靠时,剪力墙内应设拉结筋与楼板连接,详见图 19。

(十)楼板开洞,当洞口尺寸≤300mm×300mm 时,洞边不加钢筋,但板内钢筋不得切断,应沿洞边通过,当洞口尺寸>300mm×300mm 时,洞口应附加钢筋。

(十一)当楼板上有隔墙,未设梁而直接支承在板上时,楼板板底钢筋除详图中注明者外,应沿砖墙方向附加钢筋,详见图 20。

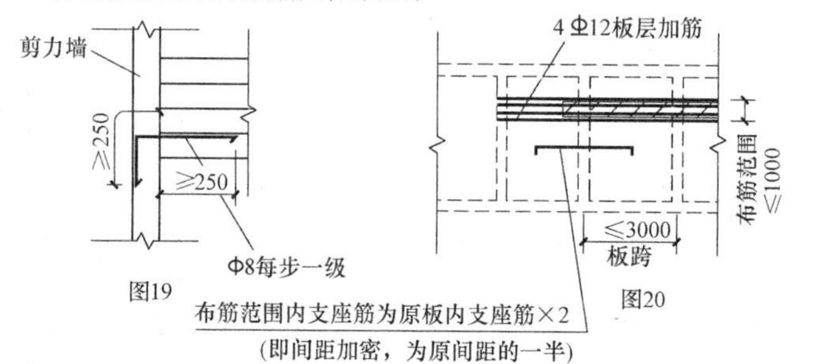

图19 图20

八、建筑非结构构件的构造措施

(一)填充墙与钢筋混凝土结构的连接。

1. 剪力墙应沿框架柱或钢筋混凝土墙全高每隔 500mm 设 2Φ6 拉结,详见图 21。当填充墙的墙厚≤200mm 时,其洞口两侧的填充墙墙长小于 400mm,填充墙的墙厚>200mm,其洞口两侧的填充墙墙长<370mm 时,均应用钢筋混凝土框代替,内配 4Φ12,Φ8@200。
2. 填充墙的墙长大于 5m 时,墙顶应与梁或板有拉结,详见图 22。

(二)构造柱及圈梁的设置。

1. 所有构造柱应先砌墙后浇筑,并应预留马牙槎,且设置拉结筋,上下与梁或板连接,详见图 22。

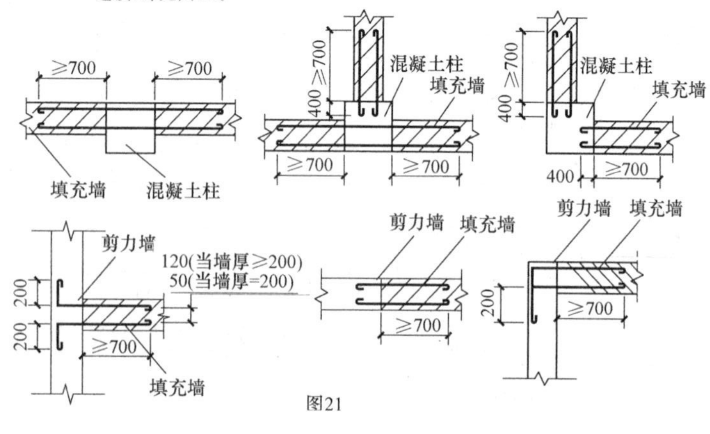

图21

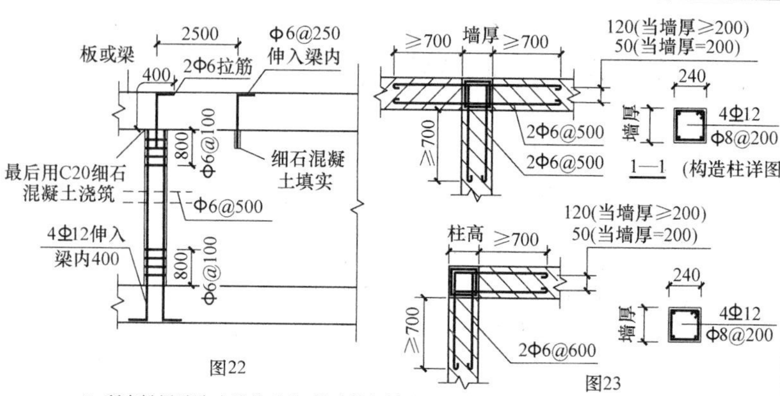

图22 图23

2. 所有挑梁墙头应设构造柱,构造柱与填充墙同高,按图 22 施工。
3. 当填充墙墙长大于等于两倍层高(或间距>3.0m)时,应在墙中部设构造柱(构造柱间距不大于 1 层高),详见图 22。
4. 填充墙墙厚为 120mm 时,应在门窗洞顶或半层高位置设置圈梁,详见图 23。当填充墙墙厚不小于 180mm 时,墙高大于等于 4m 时,应在门窗洞顶或半层高位置设置圈梁,详见图 23。

(三)过梁及梁下吊板的设置。

1. 所有门窗洞口顶应设置过梁,过梁选自中南标 92ZG313,荷载等级为 1,过梁遇柱则应现浇,铜筋锚入柱内 L_{aE}。
2. 当过梁底标高与框架梁底标高接近时,过梁应与楼面梁整浇,详见图 24。
3. 当梁底与门窗洞顶不在同一标高,而又未设置过梁时,应在梁底设置吊板,详见图 25。

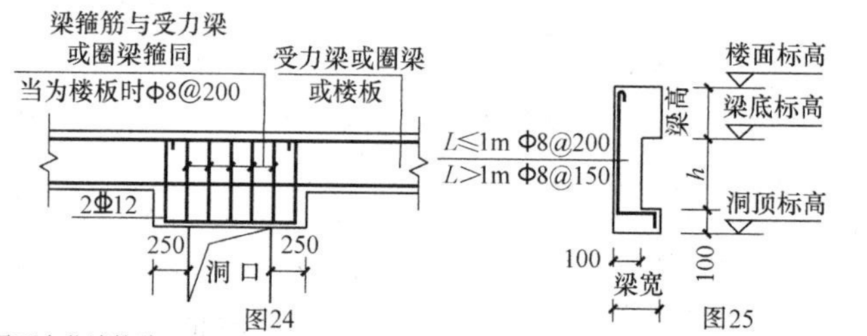

图24 图25

(四)屋面女儿墙构造。

1. 出屋面女儿墙构造柱,除图中注明者外,应在每个开间设置构造柱,且构造柱间距不应大于 4m,做法按图 22。构造柱截面为 240mm×240mm,内配 4Φ14,Φ8@200,主筋锚入屋面梁内及女儿墙顶圈梁或压顶 $35d$。
2. 屋面女儿墙顶应设置圈梁,且圈梁应沿墙高每隔 1～2m 增设一道,圈梁截面为 240mm×240mm,内配 4Φ12,Φ8@200。

九、其他说明

(一)本工程电梯基坑未设在地下室底板时,其电梯均应采用自备配重挚动钳的电梯。电梯井道施工时,应与建筑及电梯厂家提供的施工图纸相互核对,确认各种开洞留孔、预埋件位置尺寸正确无误。同时应加强井道四周墙体垂直校核,使偏差控制在电梯安装的允许范围以内。

(二)水泥水箱施工时应与水池图纸相互复核,穿墙水管应按给水排水标准图集 S312 正确选定水池水箱的池壁、池底板,应按选定的抗渗等级混凝土一次浇捣完成。

(三)剪力墙和梁板的留洞。预埋件及楼梯栏杆和阳台等的预埋件,应在施工前均应与有关专业图纸相互核对,密切配合施工。若发现问题,应与设计院及时联系,以免差错和遗漏。

(四)所有外露铁件均应涂红丹二度。

(五)悬挑构件需待混凝土强度达到 100%方可拆模。

(六)所有材料均应有国家生产许可证及出厂合格证,并应进行检测,合格后方可使用。

(七)房屋装修时,严禁改变主体结构及增加使用荷载。

(八)其他未尽事项,均按国家现行有关各种施工规范和规程执行。

(九)东西向外墙采用挤塑板进行结构保温隔热,具体做法由厂家提供方案经设计院认可后方可施工。

(十)所有上、下水管道及其他设备孔洞均须预留不得后凿,现浇板分布筋均为Φ8@200,卫生间、厨房现浇板均向上卷边高出相应楼面 400mm,卷边宽 120mm,配筋见图 26。

屋顶女儿墙(或四周墙)下梁均向上卷边高出相应屋面 600mm,卷边宽 120mm,配筋见图 26。

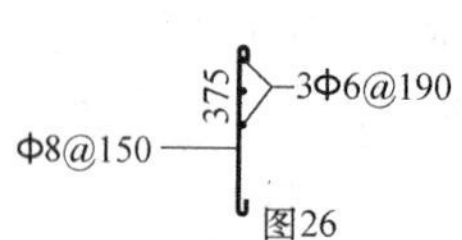

图26

××设计研究院 设计证书甲级	建设单位	×××		项目代号	0718	项目阶段	施工图设计
	项目名称	某住宅小区					
	建筑结构设计总说明(二)		项目负责人 ××	专业	图号		张数
			审定 ××				
			审核 ××	结构	GS-03a		13
			校对 ××				
			设计 ××	比例		日期	××年××月

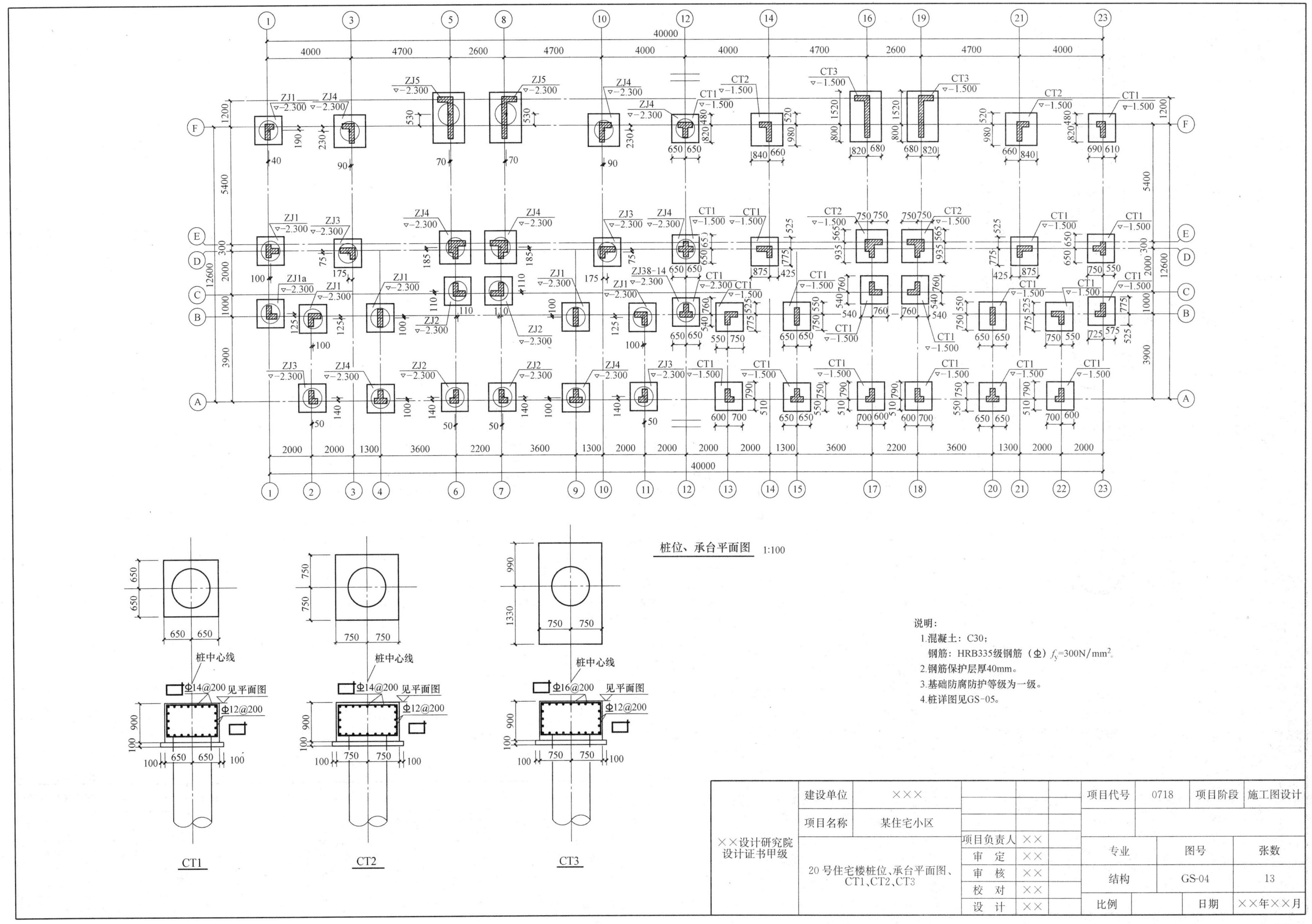

桩位、承台平面图 1:100
说明：
1.混凝土：C30；
钢筋：HRB335级钢筋（Φ）f_y=300N/mm^2。
2.钢筋保护层厚40mm。
3.基础防腐防护等级为一级。
4.桩详图见GS-05。
桩中心线
见平面图
CT1
CT2
CT3
建设单位
×××
项目名称
某住宅小区
××设计研究院
设计证书甲级
20号住宅楼桩位、承台平面图、CT1、CT2、CT3
项目负责人 ××
审 定 ××
审 核 ××
校 对 ××
设 计 ××
项目代号
0718
项目阶段
施工图设计
专业
图号
张数
结构
GS-04
13
比例
日期
××年××月

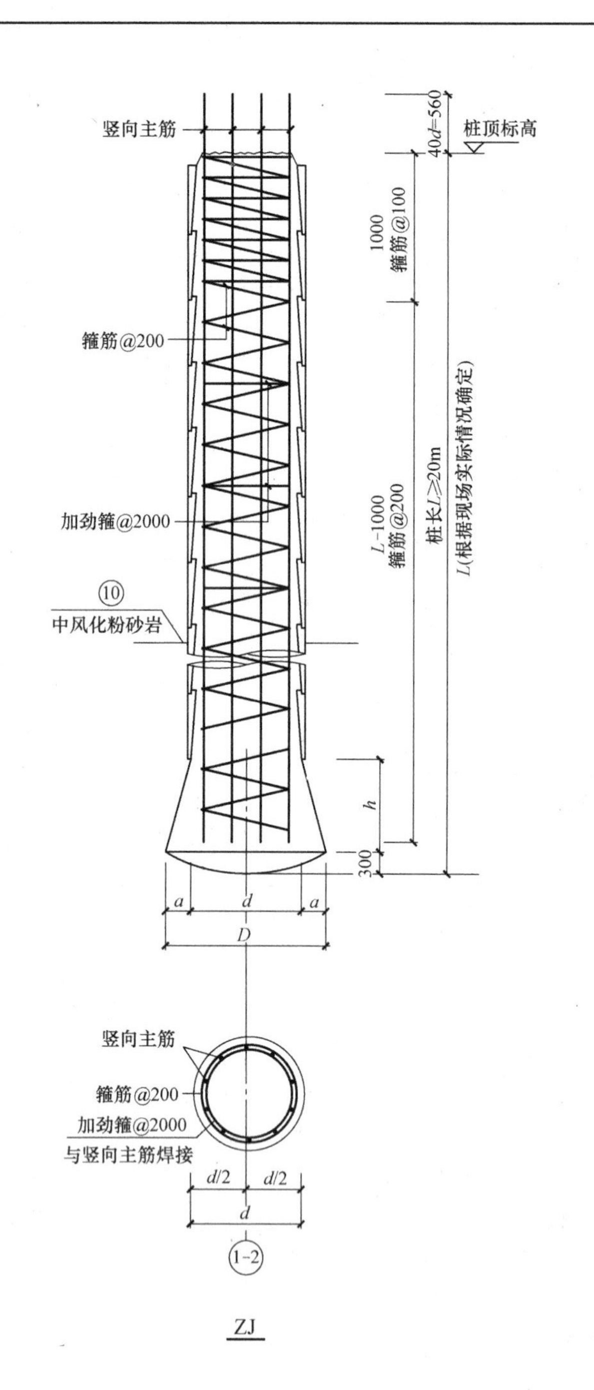

ZJ

人工挖孔桩桩基尺寸配筋一览表										
名称	编号	桩径 d(mm)	扩底尺寸			竖向主筋	箍筋	加劲箍	截断竖向主筋根数	单桩承载力特征值(kN)
			D(mm)	a(mm)	h(mm)					
ZJ	ZJ-1	900	-			10Φ18	Φ8	Φ14@200	5	1900
	ZJ-2	900	1000	50	200	10Φ18	Φ8	Φ14@200	5	2350
	ZJ-3	900	1100	100	300	10Φ18	Φ8	Φ14@200	5	2840
	ZJ-4	900	1200	150	450	10Φ18	Φ8	Φ14@200	5	3390
	ZJ-5	1000	1300	150	450	12Φ18	Φ8	Φ14@200	6	3970

注：桩端进入中风化岩时所有竖向主筋不得截断。

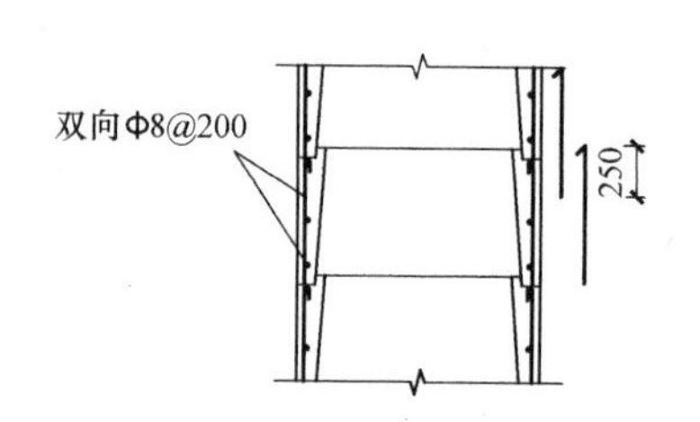

挖孔桩护壁加筋图

说明：

1.本表尺寸单位除标高为m外，其余均为mm。

2.混凝土垫层：C15，桩：C25，桩护壁：C20。

钢筋：HRB335级钢筋（Φ）f_y=300N/mm^2；HPB300级钢筋(Φ)f_y=270N/mm^2。

3.钢筋保护层厚50mm。

4.桩顶嵌入承台尺寸100mm，嵌入部分及与承台接触的桩周打毛，桩内钢筋呈伞形锚入承台内，长度≥40d。

5.本工程基础设计根据××设计院××××年××月××日提供的《××住宅小区岩土工程详细勘察报告》进行设计。

本工程采用人工挖孔桩，基础桩身必须进入⑩中风化粉砂岩层不小于1000mm，其桩端端阻力特征值为3000kPa。

具体施工时须严格按国家现行有关规范进行，桩施工完毕后必须逐根进行可靠检测，合格后方可继续施工上部结构。

6.桩开挖后，岩土条件与原勘察资料不符时，请及时通知设计、勘察，以便及时处理。

7.桩孔开挖后，必须进行施工勘探，要求探明桩底下3倍桩径（且不小于5m）深度有无黏土夹层（或人防洞），如发现请及时通知设计、勘察，以便及时处理。

8.桩孔开挖到位后，必须经施工、建设、勘察、质监、设计等部门共同验孔，满足设计要求后，方可浇筑混凝土。

9.桩孔开挖至设计标高后，孔底不应积水，终孔后应清理好护壁上的淤泥和孔底残渣、积水，然后进行隐蔽工程验收。验收合格后，应立即封底和浇筑桩身混凝土。

10.应采取有效措施防止地下渗水量过大对混凝土浇筑质量产生影响。

11.本图中d表示桩直径，D表示桩扩大直径；桩中心距小于1.5D时，施工应采用跳挖。

12.桩孔开挖时应保证施工安全，桩孔护壁由施工单位现场确定（混凝土护壁见大样图）。

13.桩施工应进行深层板荷实验，桩数为1%，且不小于3根。

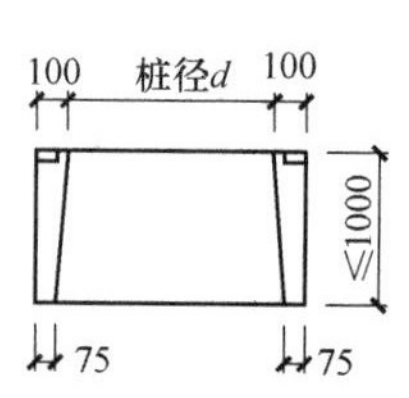

挖孔桩护壁大样

××设计研究院 设计证书甲级	建设单位	×××			项目代号	0718	项目阶段	施工图设计
	项目名称	某住宅小区						
	20号住宅楼桩基础详图		项目负责人	××	专业	图号	张数	
			审　定	××	结构	GS-05	13	
			审　核	××				
			校　对	××	比例		日期	××年××月
			设　计	××				

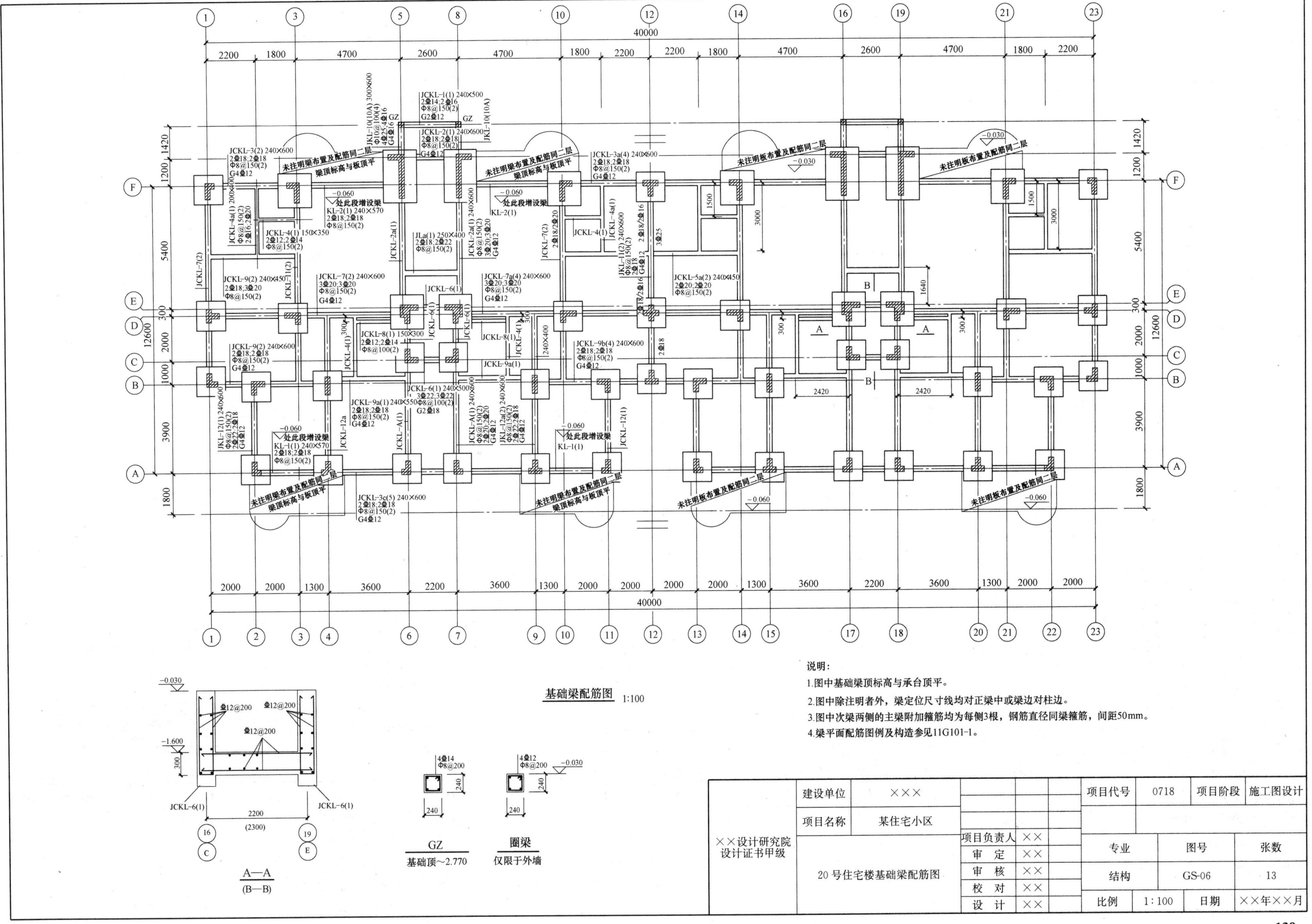

基础梁配筋图 1:100
40000
2200 1800 4700 2600 4700 1800 2200 2200 1800 4700 2600 4700 1800 2200
2000 2000 1300 3600 2200 3600 1300 2000 2000 2000 2000 1300 3600 2200 3600 1300 2000 2000
1420 1200 5400 300 2000 1000 3900 1800 12600
未注明梁布置及配筋同二层
梁顶标高与板顶平
未注明板布置及配筋同二层
处此段增设梁
JCKL-3(2) 240×600
JCKL-1(1) 240×500
JCKL-2(1) 240×600
JKL-10(10A) 300×600
JCKL-3a(4) 240×600
JCKL-4(1) 150×350
JCKL-9(2) 240×450
JCKL-7(2) 240×600
JCKL-7a(4) 240×600
JCKL-5a(2) 240×450
JCKL-9b(4) 240×600
JCKL-9a(1) 240×550
JCKL-6(1) 240×500
JCKL-3c(5) 240×600
JLa(1) 250×400
KL-2(1) 240×570
KL-1(1) 240×570
说明：
1.图中基础梁顶标高与承台顶平。
2.图中除注明者外，梁定位尺寸线均对正梁中或梁边对柱边。
3.图中次梁两侧的主梁附加箍筋均为每侧3根，钢筋直径同梁箍筋，间距50mm。
4.梁平面配筋图例及构造参见11G101-1。
A—A
(B—B)
JCKL-6(1)
2200
(2300)
GZ
基础顶~2.770
圈梁
仅限于外墙
××设计研究院
设计证书甲级
建设单位 ×××
项目名称 某住宅小区
20号住宅楼基础梁配筋图
项目负责人 ××
审定 ××
审核 ××
校对 ××
设计 ××
项目代号 0718
项目阶段 施工图设计
专业 结构
图号 GS-06
张数 13
比例 1:100
日期 ××年××月

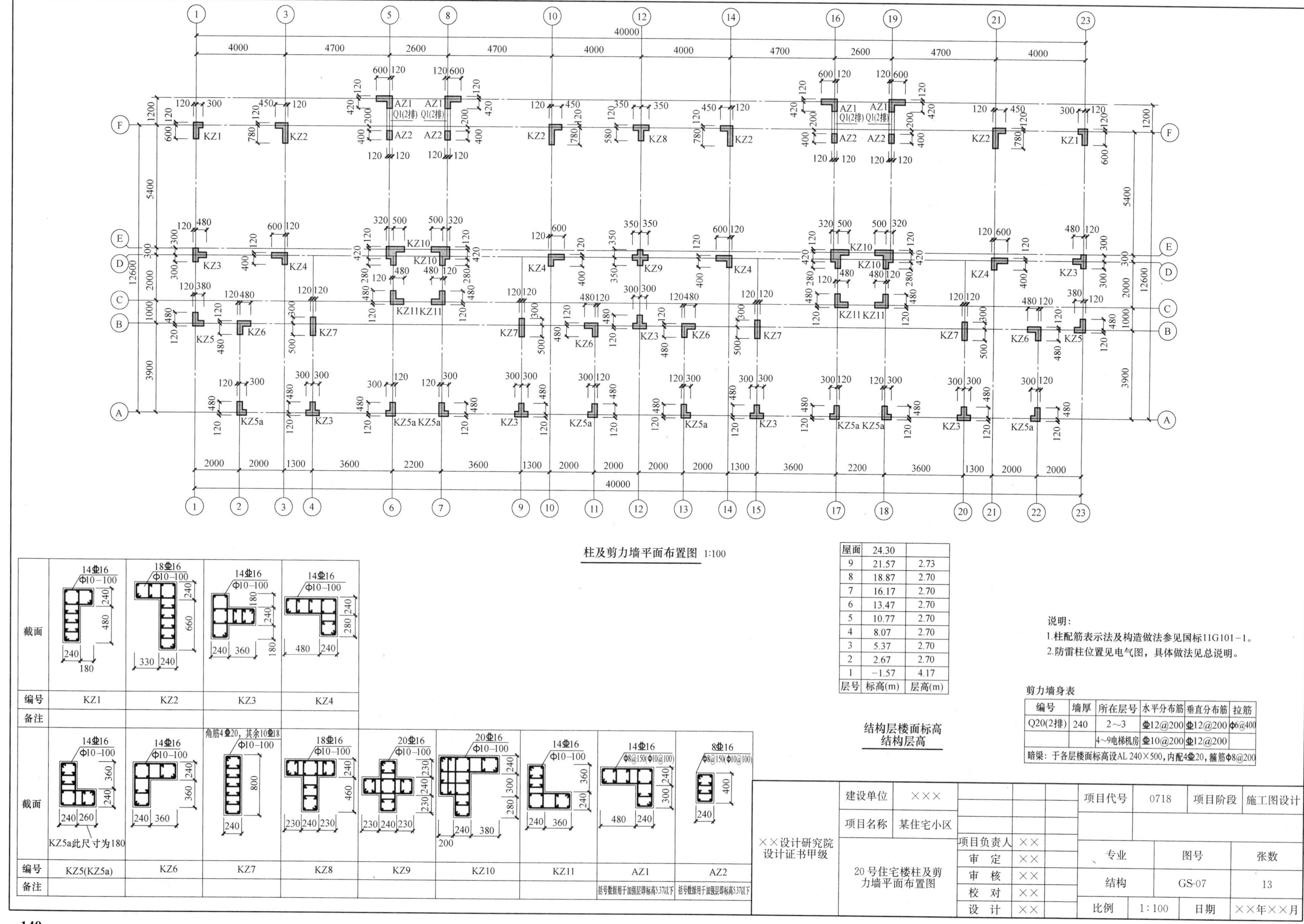

屋面	24.30	
9	21.57	2.73
8	18.87	2.70
7	16.17	2.70
6	13.47	2.70
5	10.77	2.70
4	8.07	2.70
3	5.37	2.70
2	2.67	2.70
1	−1.57	4.17
层号	标高(m)	层高(m)

结构层楼面标高
结构层高

剪力墙身表

编号	墙厚	所在层号	水平分布筋	垂直分布筋	拉筋
Q20(2排)	240	2～3	Φ12@200	Φ12@200	Φ6@400
		4～9电梯机房	Φ10@200	Φ12@200	

暗梁：于各层楼面标高设AL 240×500，内配4Φ20，箍筋Φ8@200

××设计研究院 设计证书甲级	建设单位	×××	项目代号	0718	项目阶段	施工图设计
	项目名称	某住宅小区				
	20号住宅楼柱及剪力墙平面布置图	项目负责人 ××	专业		图号	张数
		审定 ××				
		审核 ××	结构		GS-07	13
		校对 ××				
		设计 ××	比例	1:100	日期	××年××月

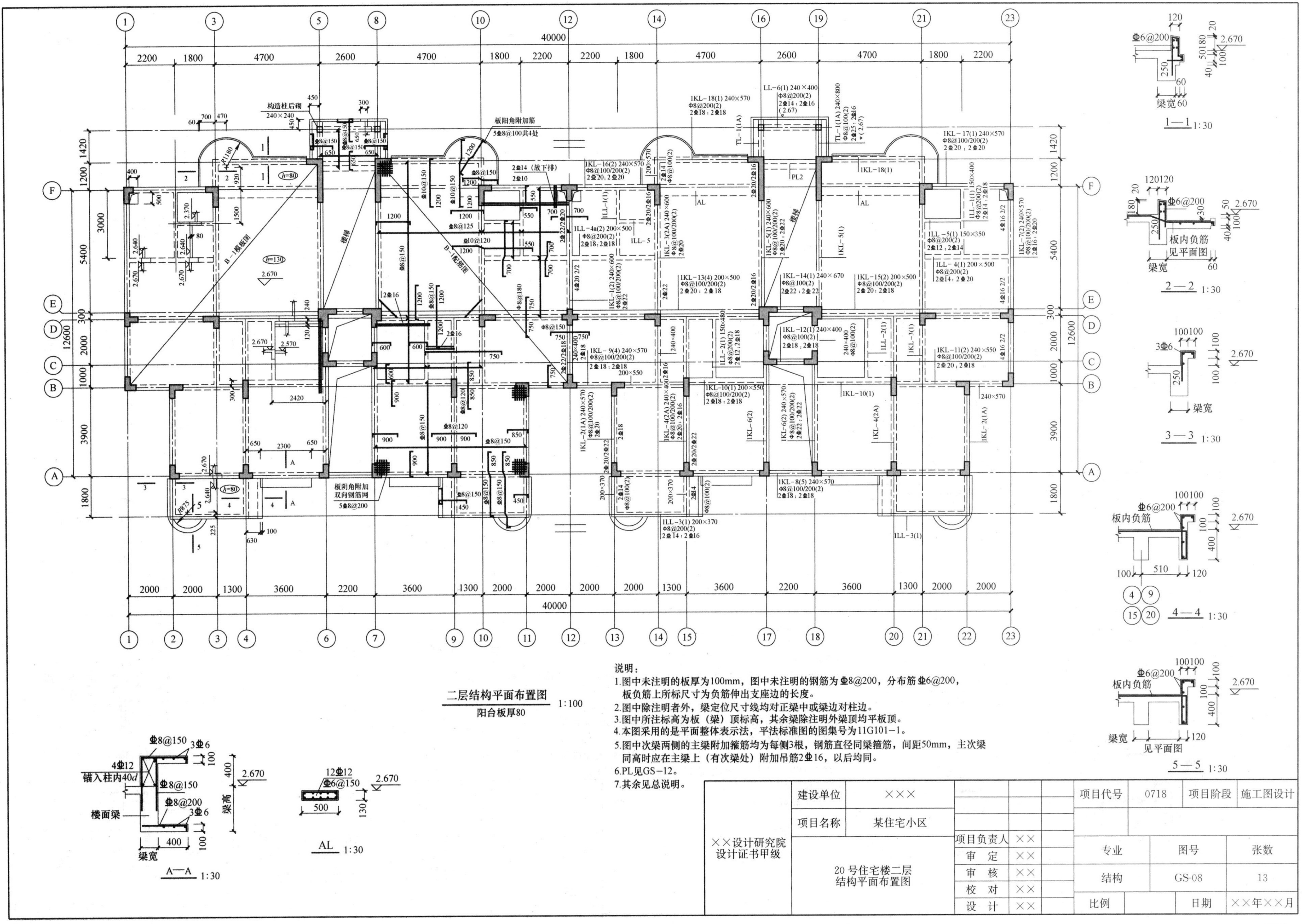
二层结构平面布置图 1:100
阳台板厚80
说明：
1.图中未注明的板厚为100mm，图中未注明的钢筋为⏀8@200，分布筋⏀6@200，
板负筋上所标尺寸为负筋伸出支座边的长度。
2.图中除注明者外，梁定位尺寸线均对正梁中或梁边对柱边。
3.图中所注标高为板（梁）顶标高，其余梁除注明外梁顶均为平板顶。
4.本图采用的是平面整体表示法，平法标准图的图集号为11G101-1。
5.图中次梁两侧的主梁附加箍筋均为每侧3根，钢筋直径同梁箍筋，间距50mm，主次梁同高时应在主梁上（有次梁处）附加吊筋2⏀16，以后均同。
6.PL见GS-12。
7.其余见总说明。
1—1 1:30
2—2 1:30
3—3 1:30
4—4 1:30
5—5 1:30
A—A 1:30
AL 1:30
40000
建设单位 ×××
项目名称 某住宅小区
××设计研究院
设计证书甲级
20号住宅楼二层
结构平面布置图
项目负责人 ××
审 定 ××
审 核 ××
校 对 ××
设 计 ××
项目代号 0718
项目阶段 施工图设计
专业 结构
图号 GS-08
张数 13
比例
日期 ××年××月

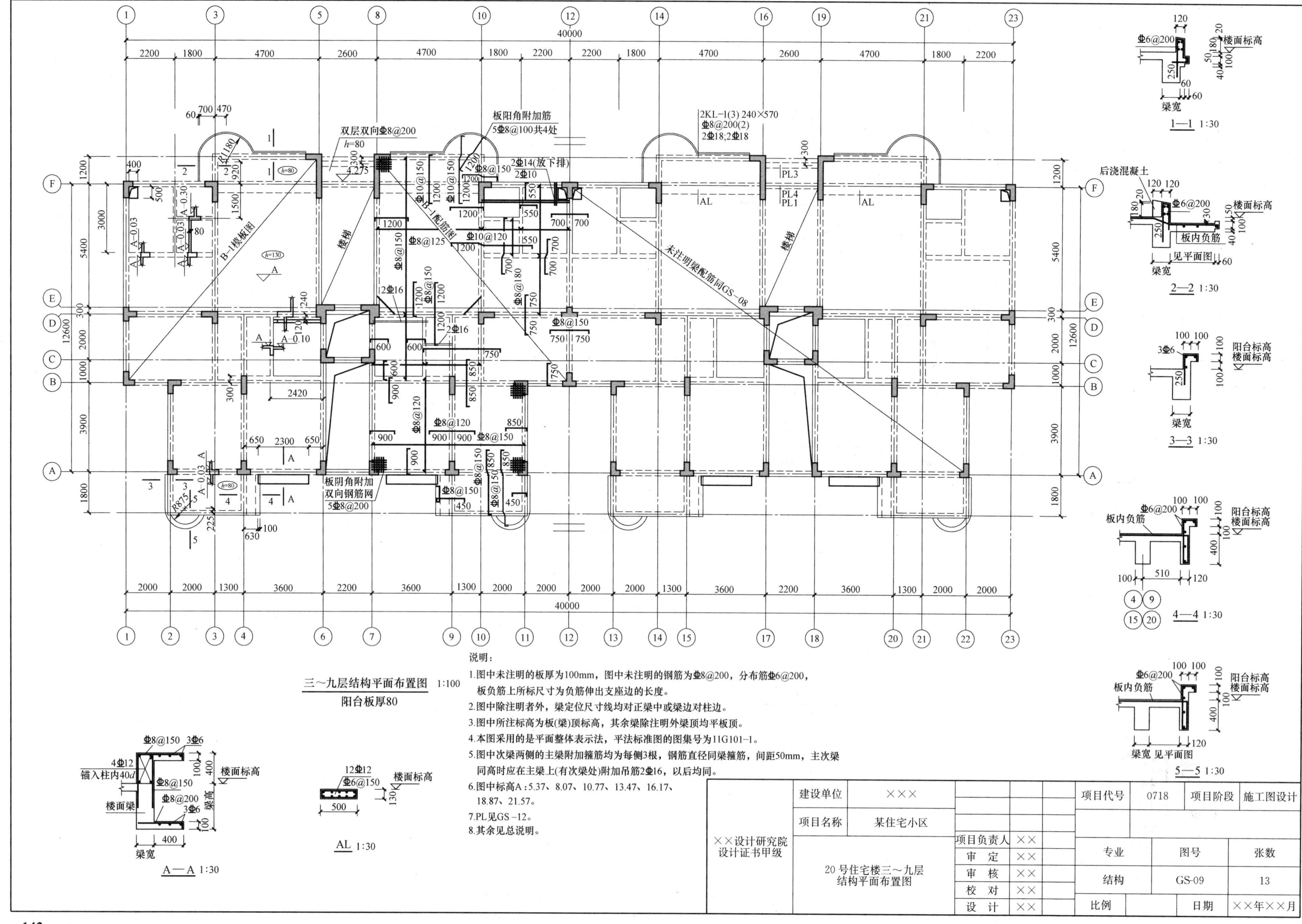
三～九层结构平面布置图 1:100
阳台板厚80
说明：
1.图中未注明的板厚为100mm，图中未注明的钢筋为Φ8@200，分布筋Φ6@200，板负筋上所标尺寸为负筋伸出支座边的长度。
2.图中除注明者外，梁定位尺寸线均对正梁中或梁边对柱边。
3.图中所注标高为板(梁)顶标高，其余梁除注明外梁顶均平板顶。
4.本图采用的是平面整体表示法，平法标准图的图集号为11G101-1。
5.图中次梁两侧的主梁附加箍筋均为每侧3根，钢筋直径同梁箍筋，间距50mm，主次梁同高时应在主梁上(有次梁处)附加吊筋2Φ16，以后均同。
6.图中标高A：5.37、8.07、10.77、13.47、16.17、18.87、21.57。
7.PL见GS-12。
8.其余见总说明。
双层双向Φ8@200
板阳角附加筋
5Φ8@100共4处
2KL-1(3) 240×570
Φ8@200(2)
2Φ18;2Φ18
板阴角附加
双向钢筋网
5Φ8@200
B-1楼板图
B-1配筋图
未注明梁配筋同GS-08
楼梯
后浇混凝土
楼面标高
阳台标高
板内负筋
梁宽
见平面图
锚入柱内40d
楼面梁
梁高
1—1 1:30
2—2 1:30
3—3 1:30
4—4 1:30
5—5 1:30
A—A 1:30
AL 1:30
××设计研究院
设计证书甲级
建设单位 ×××
项目名称 某住宅小区
20号住宅楼三～九层
结构平面布置图
项目负责人 ××
审定 ××
审核 ××
校对 ××
设计 ××
项目代号 0718
项目阶段 施工图设计
专业 结构
图号 GS-09
张数 13
比例
日期 ××年××月

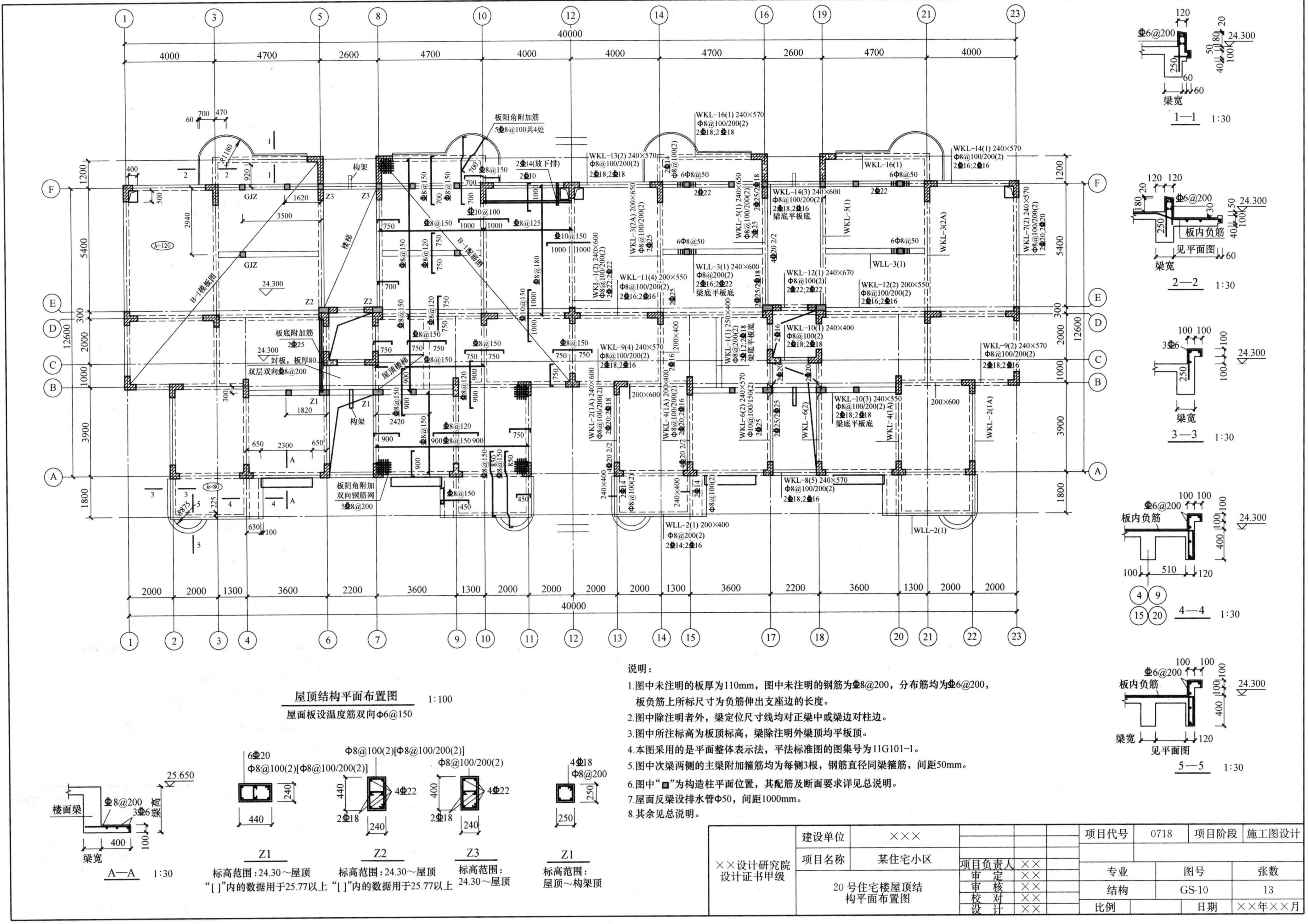
屋顶结构平面布置图 1:100
屋面板设温度筋双向Φ6@150
说明：
1.图中未注明的板厚为110mm，图中未注明的钢筋为Φ8@200，分布筋均为Φ6@200，板负筋上所标尺寸为负筋伸出支座边的长度。
2.图中除注明者外，梁定位尺寸线均对正梁中或梁边对柱边。
3.图中所注标高为板顶标高，梁除注明外梁顶均平板顶。
4.本图采用的是平面整体表示法，平法标准图的图集号为11G101-1。
5.图中次梁两侧的主梁附加箍筋均为每侧3根，钢筋直径同梁箍筋，间距50mm。
6.图中“■”为构造柱平面位置，其配筋及断面要求详见总说明。
7.屋面反梁设排水管Φ50，间距1000mm。
8.其余见总说明。
1—1 1:30
2—2 1:30
3—3 1:30
4—4 1:30
5—5 1:30
A—A 1:30
Z1
标高范围：24.30～屋顶
“[ ]”内的数据用于25.77以上
Z2
标高范围：24.30～屋顶
“[ ]”内的数据用于25.77以上
Z3
标高范围：24.30～屋顶
Z1
标高范围：屋顶～构架顶
××设计研究院
设计证书甲级
建设单位 ×××
项目名称 某住宅小区
20号住宅楼屋顶结构平面布置图
项目负责人 ××
审定 ××
审核 ××
校对 ××
设计 ××
项目代号 0718
项目阶段 施工图设计
专业 结构
图号 GS-10
张数 13
比例
日期 ××年××月

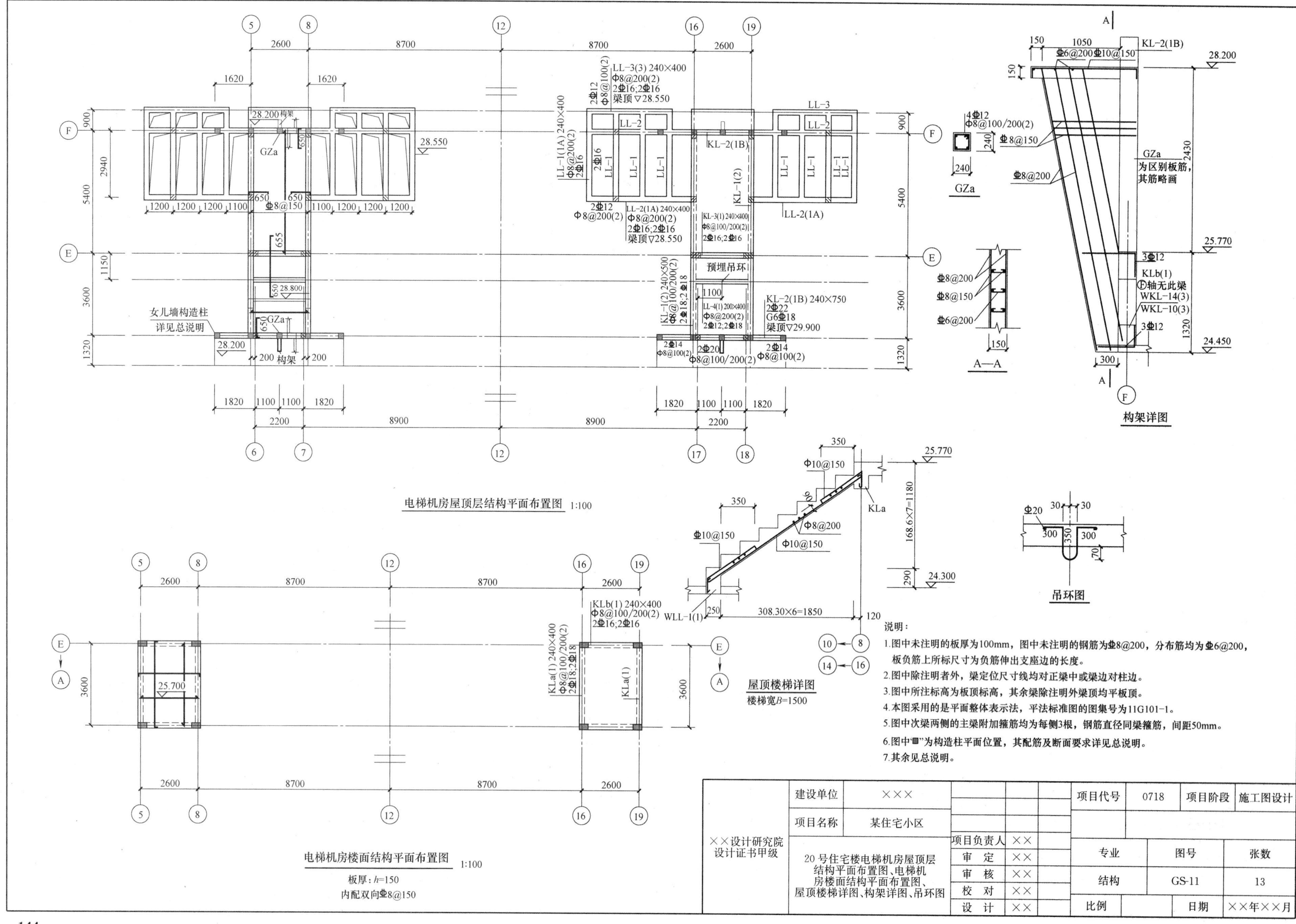
电梯机房屋顶层结构平面布置图 1:100
电梯机房楼面结构平面布置图 1:100
板厚：h=150
内配双向⏀8@150
屋顶楼梯详图
楼梯宽B=1500
构架详图
吊环图
GZa
A—A
女儿墙构造柱
详见总说明
预埋吊环
GZa
为区别板筋，
其筋略画
KLb(1)
Ⓕ轴无此梁
WKL-14(3)
WKL-10(3)
说明：
1.图中未注明的板厚为100mm，图中未注明的钢筋为⏀8@200，分布筋均为⏀6@200，板负筋上所标尺寸为负筋伸出支座边的长度。
2.图中除注明者外，梁定位尺寸线均对正梁中或梁边对柱边。
3.图中所注标高为板顶标高，其余梁除注明外梁顶均平板顶。
4.本图采用的是平面整体表示法，平法标准图的图集号为11G101-1。
5.图中次梁两侧的主梁附加箍筋均为每侧3根，钢筋直径同梁箍筋，间距50mm。
6.图中"■"为构造柱平面位置，其配筋及断面要求详见总说明。
7.其余见总说明。
××设计研究院
设计证书甲级
建设单位 ×××
项目名称 某住宅小区
20号住宅楼电梯机房屋顶层结构平面布置图、电梯机房楼面结构平面布置图、屋顶楼梯详图、构架详图、吊环图
项目负责人 ××
审 定 ××
审 核 ××
校 对 ××
设 计 ××
项目代号 0718
项目阶段 施工图设计
专业 结构
图号 GS-11
张数 13
比例
日期 ××年××月

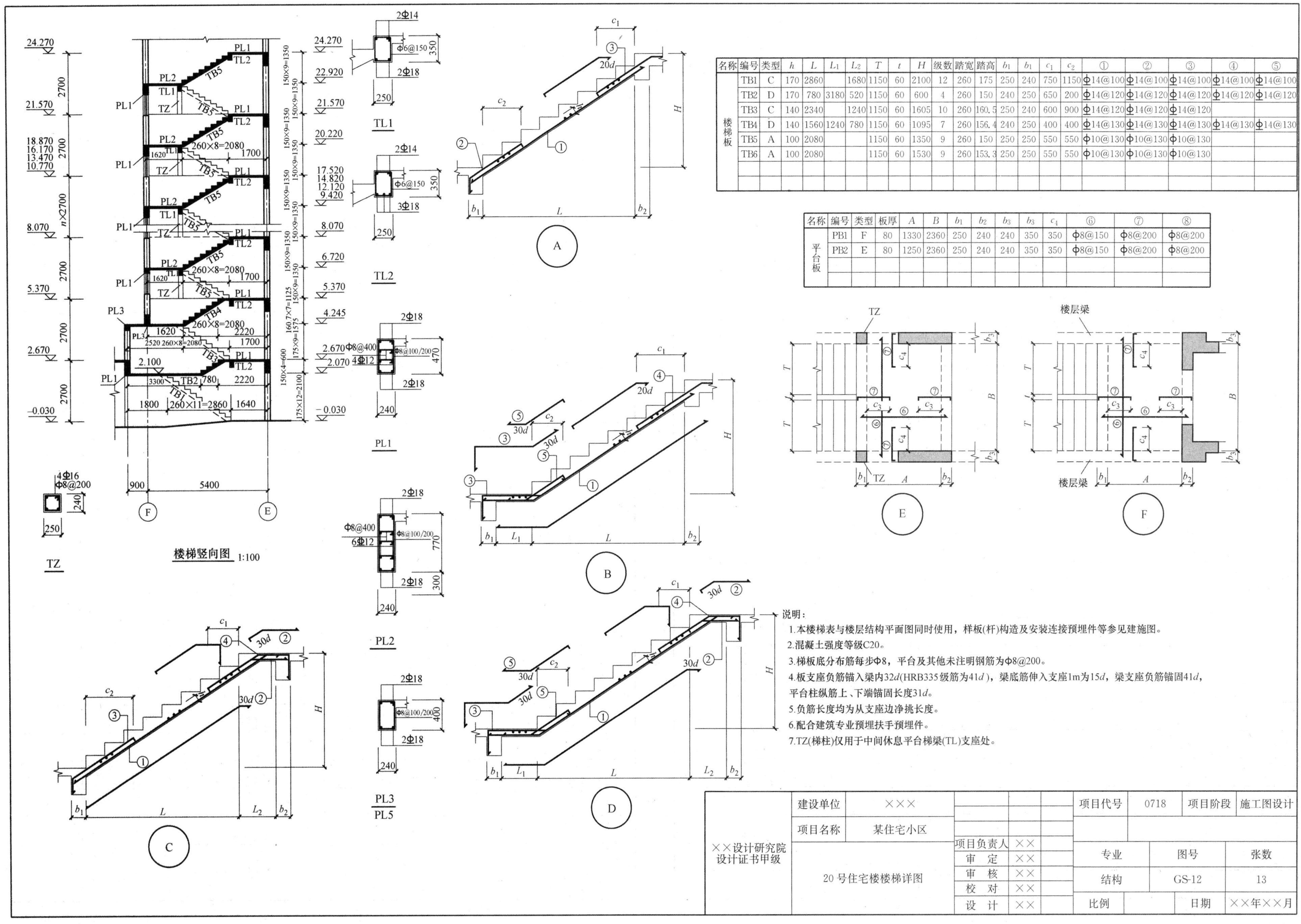

名称	编号	类型	h	L	L_1	L_2	T	t	H	级数	踏宽	踏高	b_1	b_1	c_1	c_2	①	②	③	④	⑤
楼梯板	TB1	C	170	2860		1680	1150	60	2100	12	260	175	250	240	750	1150	Φ14@100	Φ14@100	Φ14@100	Φ14@100	Φ14@100
	TB2	D	170	780	3180	520	1150	60	600	4	260	150	240	250	650	200	Φ14@120	Φ14@120	Φ14@120	Φ14@120	Φ14@120
	TB3	C	140	2340		1240	1150	60	1605	10	260	160.5	250	240	600	900	Φ14@120	Φ14@120	Φ14@120		
	TB4	D	140	1560	1240	780	1150	60	1095	7	260	156.4	240	250	400	400	Φ14@130	Φ14@130	Φ14@130	Φ14@130	Φ14@130
	TB5	A	100	2080			1150	60	1350	9	260	150	250	250	550	550	Φ10@130	Φ10@130	Φ10@130		
	TB6	A	100	2080			1150	60	1530	9	260	153.3	250	250	550	550	Φ10@130	Φ10@130	Φ10@130		

名称	编号	类型	板厚	A	B	b_1	b_2	b_3	b_3	c_4	⑥	⑦	⑧
平台板	PB1	F	80	1330	2360	250	240	240	350	350	Φ8@150	Φ8@200	Φ8@200
	PB2	E	80	1250	2360	250	240	240	350	350	Φ8@150	Φ8@200	Φ8@200

说明：

1.本楼梯表与楼层结构平面图同时使用，样板(杆)构造及安装连接预埋件等参见建施图。

2.混凝土强度等级C20。

3.梯板底分布筋每步Φ8，平台及其他未注明钢筋为Φ8@200。

4.板支座负筋锚入梁内$32d$(HRB335级筋为$41d$)，梁底筋伸入支座1m为$15d$，梁支座负筋锚固$41d$，平台柱纵筋上、下端锚固长度$31d$。

5.负筋长度均为从支座边净挑长度。

6.配合建筑专业预埋扶手预埋件。

7.TZ(梯柱)仅用于中间休息平台梯梁(TL)支座处。

附录3　某办公楼建施图、结施图

××设计研究院	图纸目录		办公楼　建筑专业	
序号	名称	图号	幅面	页码
1	设计说明、首层平面图、图集附图、柱表、门窗表	J-01	A3	147
2	二层平面图、屋顶平面图、构造柱配筋详图	J-02	A3	148
3	南立面图、北立面图	J-03	A3	149
4	1-1剖面图、楼梯、雨篷、踏步、阳台大样	J-04	A3	150

××设计研究院	图纸目录		办公楼　结构专业	
序号	名称	图号	幅面	页码
1	柱基平面布置图、J1～J3基础剖面图	G-01	A3	151
2	基础梁平面布置图、3.600m框架梁配筋图	G-02	A3	152
3	3.600m楼板配筋图、7.200m框架梁配筋图	G-03	A3	153
4	7.200m楼板配筋图、楼梯配筋大样	G-04	A3	154

建筑设计说明

一、建筑室内标高±0.000。

二、本施工图所注尺寸：所有标高以米为单位，其余均以毫米为单位。

三、楼地面：

1. 地面做法参见 98ZJ001 地 19。
2. 楼地面做法参见 98ZJ001 楼 10。

四、外墙面：外墙面做法按 90ZJ001 外墙 22。

五、内墙装修：

1. 房间内墙详 98ZJ001 内墙 4，面刮双飞粉腻子。
2. 女儿墙内墙详见 98ZJ001 内墙 4。

六、顶棚装修：做法详见 98ZJ001 顶 3，面刮双飞粉腻子。

七、屋面：屋面做法详 98ZJ001 屋 11。

八、散水：

1. 20mm 厚 1∶1 水泥石灰浆抹面压光。
2. 60mm 厚 C15 混凝土。
3. 60mm 厚中砂垫层。
4. 素土夯实，向外坡 4%。

九、踢脚：陶瓷地砖踢脚 150mm 高。

十、楼梯间：钢管扶手型栏杆，扶手距踏步边 50mm。

结构设计说明

一、设计原则和标准

1. 结构的设计使用年限：50 年。
2. 建筑结构的安全等级：二级。
3. 地震基本烈度六级；设防烈度 6 度。
4. 建筑类别及设防标准：丙类；抗震等级为四级。

二、基础

C20 独立柱基，C25 钢筋混凝土基础梁。

三、上部结构

现浇钢筋混凝土框架结构梁、板、柱混凝土强度等级均为 C25。

四、材料及结构说明

1. 受力钢筋的混凝土保护层：基础 40mm，±0.000 以上板 15mm，梁 25mm，柱 30mm。
2. 所有板底受力筋长度为梁中心线长度＋100mm（图上未注明的钢筋均为Φ6@200）。
3. 沿框架柱高每隔 500mm 设 2Φ6 拉筋，伸入墙内的长度为 1000mm。
4. 屋面板为配置钢筋的表面均设置Φ6@200 双向温度筋，与板负钢筋的搭接长度 150mm。
5. ±0.000 以上砌体砖隔墙均用 M5 混合砂浆砌筑，除阳台、女儿墙采用 MU10 标准砖外，其余均采用 MU10 烧结多孔砖。
6. 过梁：门窗洞口均设有钢筋混凝土过梁，按墙宽×200mm×（洞口宽＋500mm），配 4Φ12 纵筋Φ6@200 箍筋。

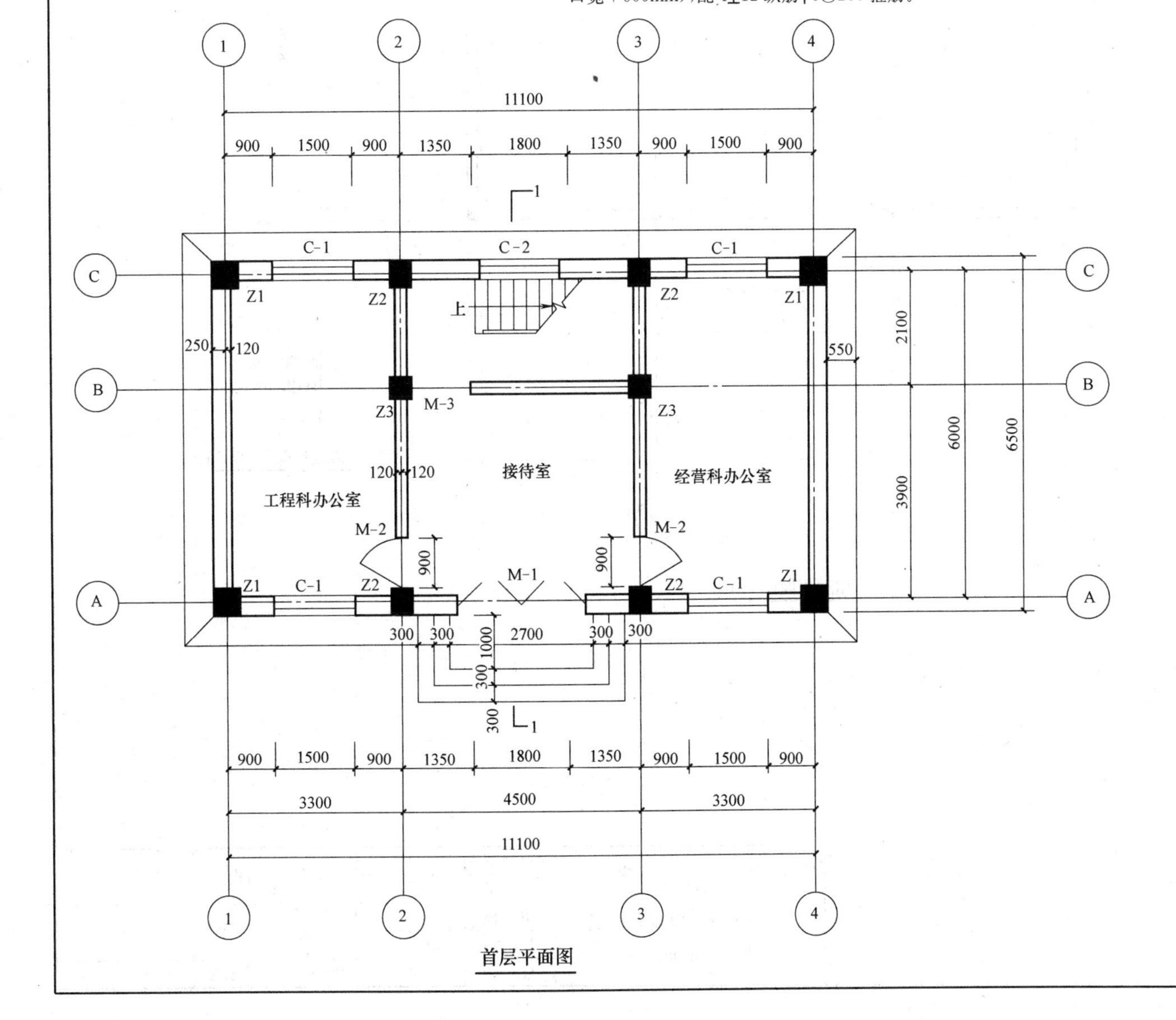

首层平面图

图集附图

图集编号	编号	名称	用料做法
98ZJ001 地 19	地 19 100mm 厚混凝土	陶瓷地砖地面	8～10mm 厚地砖（600mm×600mm）铺实拍平，水泥浆擦缝 25mm 厚 1∶4 干硬性水泥砂浆，面上撒素水泥浆 素水泥浆结合层一道 100mm 厚 C10 混凝土 素土夯实
98ZJ001 楼 10	楼 10	陶瓷地砖楼面	8～10mm 厚地砖（600mm×600mm）铺实拍平，水泥浆擦缝 25mm 厚 1∶4 干硬性水泥砂浆，面上撒素水泥浆 素水泥浆结合层一道 钢筋混凝土楼板
98ZJ001 内墙 4	内墙 4	混合砂浆墙面	15mm 厚 1∶1∶6 水泥石灰砂浆 5mm 厚 1∶0.5∶3 水泥石灰砂浆
98ZJ001 外墙 22	外墙 22	涂料外墙面	12mm 厚 1∶3 水泥砂浆 8mm 厚 1∶2 水泥砂浆木抹搓平 喷或滚刷涂料二遍
98ZJ001 顶 3	顶 3	混合砂浆顶棚	钢筋混凝土底面清理干净 7mm 厚 1∶1∶4 水泥石灰砂浆 5mm 厚 1∶0.5∶3 水泥石灰砂浆 表面喷刷涂料另选
98ZJ001 屋 11	屋 11	高聚物改性沥青卷防水，屋面有隔热层，无保温层	35mm 厚 490mm×490mm，C20 预制钢筋混凝土板 M2.5 砂浆砌巷砖三皮，中距 500mm 4mm 厚 SBS 改性沥青防水卷材 刷基层处理剂一遍 20mm 厚 1∶2 水泥砂浆找平层 20mm 厚（最薄处）1∶10 水泥珍珠岩找 2%坡 钢筋混凝土屋面板，表面清扫干净

柱表

标号	标高（m）	$b\times h$	B_1	B_2	H_1	H_2	全部纵筋	角筋	b 边一侧中部筋	h 边一侧中部筋	箍筋类型号	箍筋
Z1	−0.8～3.6	500×500	250	250	250	250		4Φ25	3Φ22	3Φ22	(1)5×5	Φ10-100/200
	3.6～7.2	500×500	250	250	250	250		4Φ25	3Φ22	3Φ22	(1)5×5	Φ10-100/200
Z2	−0.8～3.6	400×500	200	200	250	250		4Φ25	2Φ22	3Φ22	(2)4×5	Φ10-100/200
	3.6～7.2	400×500	200	200	250	250		4Φ25	2Φ22	3Φ22	(2)4×5	Φ10-100/200
Z3	−0.8～3.6	400×400	200	200	200	200		4Φ25	2Φ22	2Φ22	(2)4×4	Φ8-100/200
	3.6～7.2	400×400	200	200	200	200		4Φ25	2Φ22	2Φ22	(2)4×4	Φ8-100/200

门窗表

门窗编号	门窗类型	洞口尺寸		数量	备注
		宽	高		
M-1	铝合金地弹门	2400	2700	1	46 系列（2.0mm 厚）
M-2	镶板门	900	2400	4	
M-3	镶板门	900	2100	2	
MC-1	塑钢门联窗	2400	2700	1	窗台高 900mm，80 系列 5mm 厚白玻
C-1	铝合金窗	1500	1800	8	窗台高 900mm，96 系列带纱推拉窗
C-2	铝合金窗	1800	1800	2	窗台高 900mm，96 系列带纱推拉窗

项目名称	办公楼	项目负责人	××	专业	图号	张数
设计说明、首层平面图、图集附图、柱表、门窗表		审 定	××	建筑	J-01	4
		审 核	××			
		校 对	××			
		设 计	××	比例 1∶100	日期	××年××月

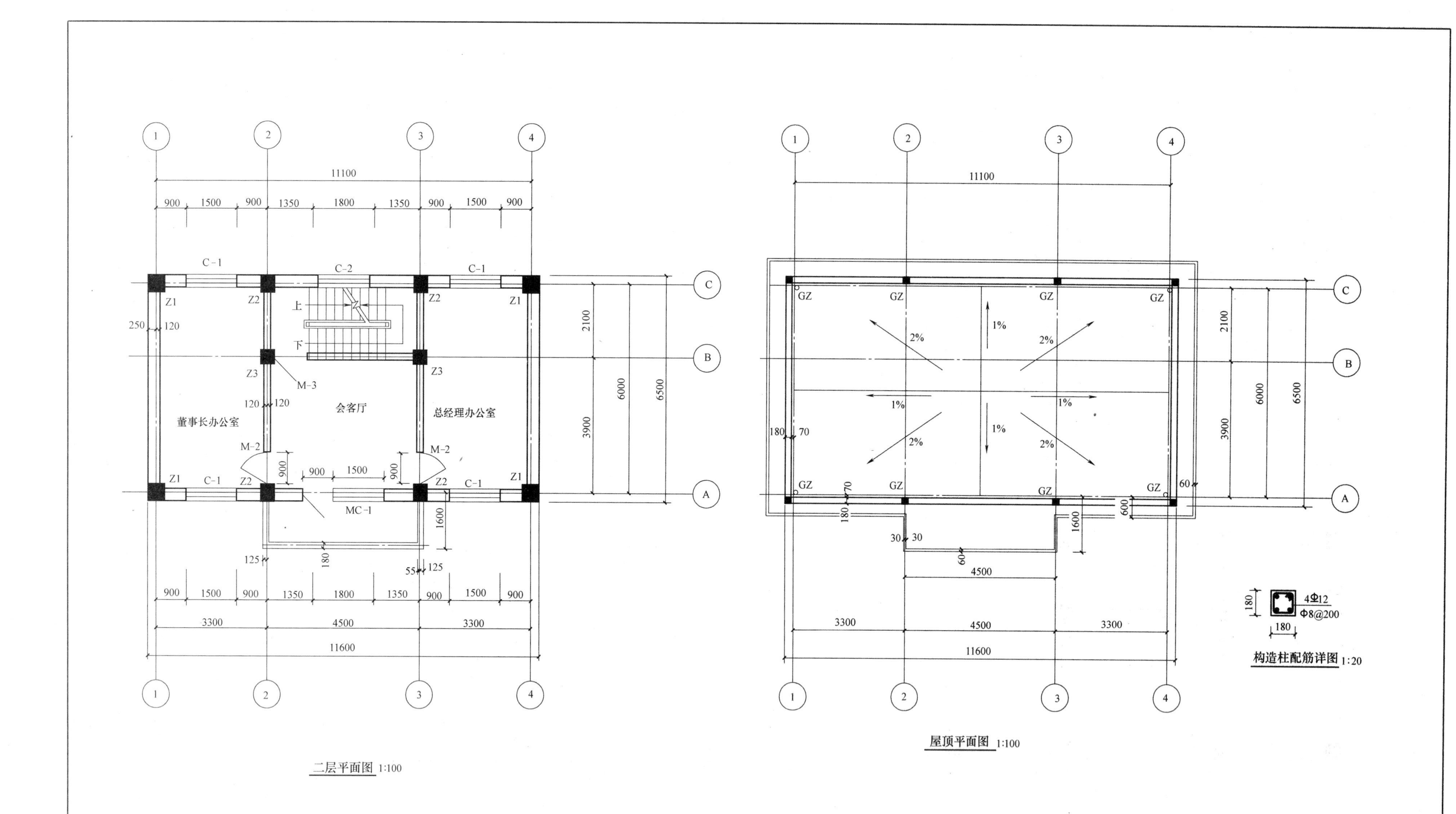

项目名称	办公楼	项目负责人	××		专业	图号	张数
二层平面图、屋顶平面图、构造柱配筋详图		审　定	××		建筑	J-02	4
		审　核	××				
		校　对	××				
		设　计	××		比例	日期	××年××月

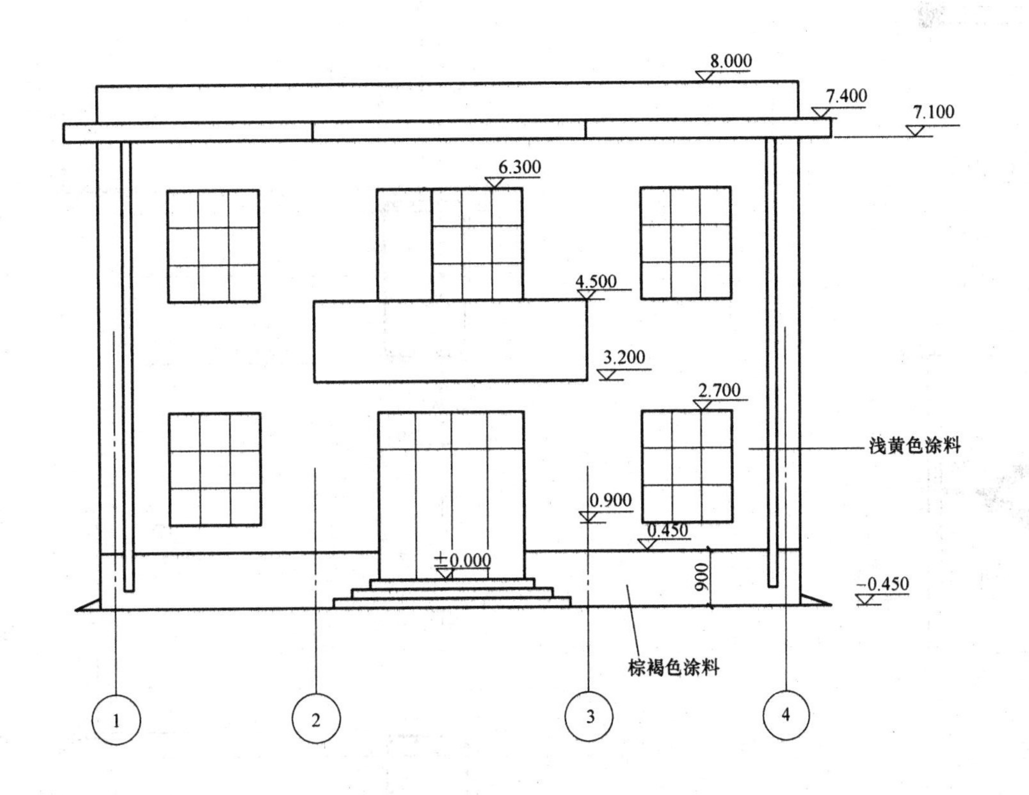

南立面图

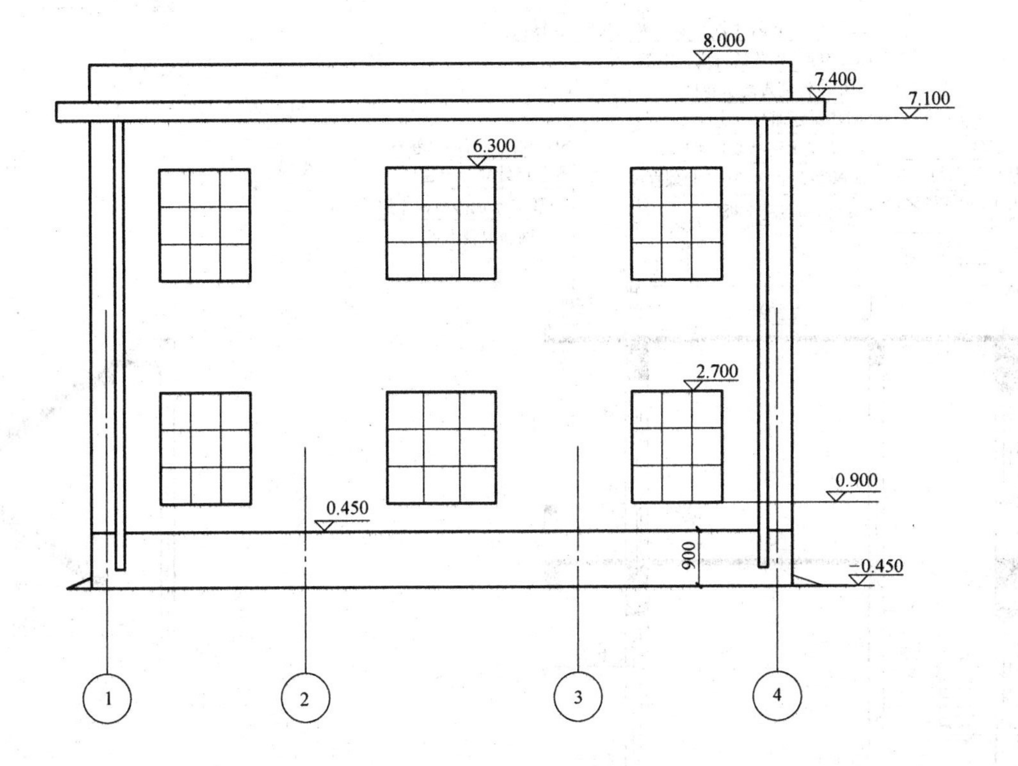

北立面图

项目名称	办公楼	项目负责人	××		专业	图号	张数
南立面图、北立面图		审　定	××		建筑	J-03	4
		审　核	××				
		校　对	××				
		设　计	××		比例 1∶100	日期	××年××月

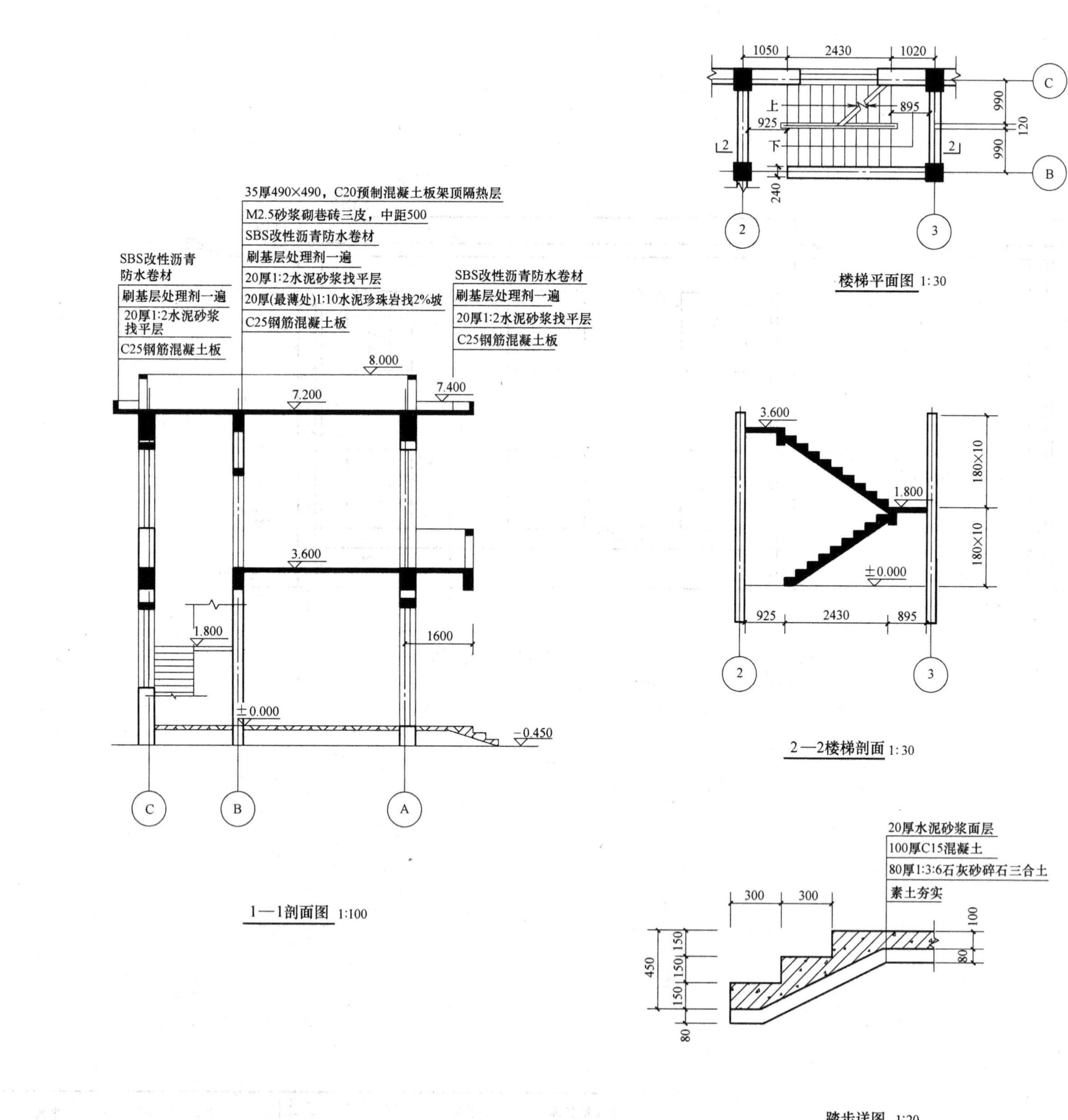

1—1剖面图 1:100

楼梯平面图 1:30

2—2楼梯剖面 1:30

踏步详图 1:20

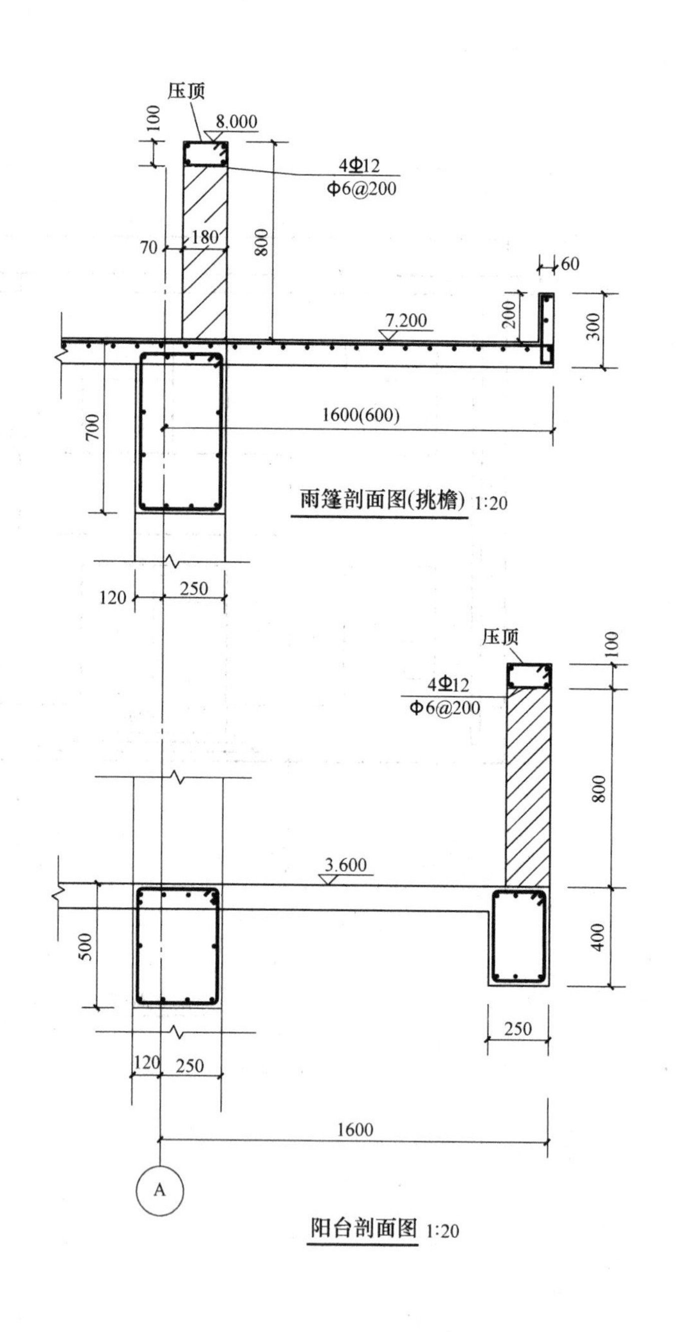

雨篷剖面图(挑檐) 1:20

阳台剖面图 1:20

项目名称	办公楼	项目负责人	××	专业	图号	张数
1-1剖面图、楼梯、雨篷、踏步、阳台大样		审 定	××	建筑	J-04	4
		审 核	××			
		校 对	××			
		设 计	××	比例	日期	××年××月

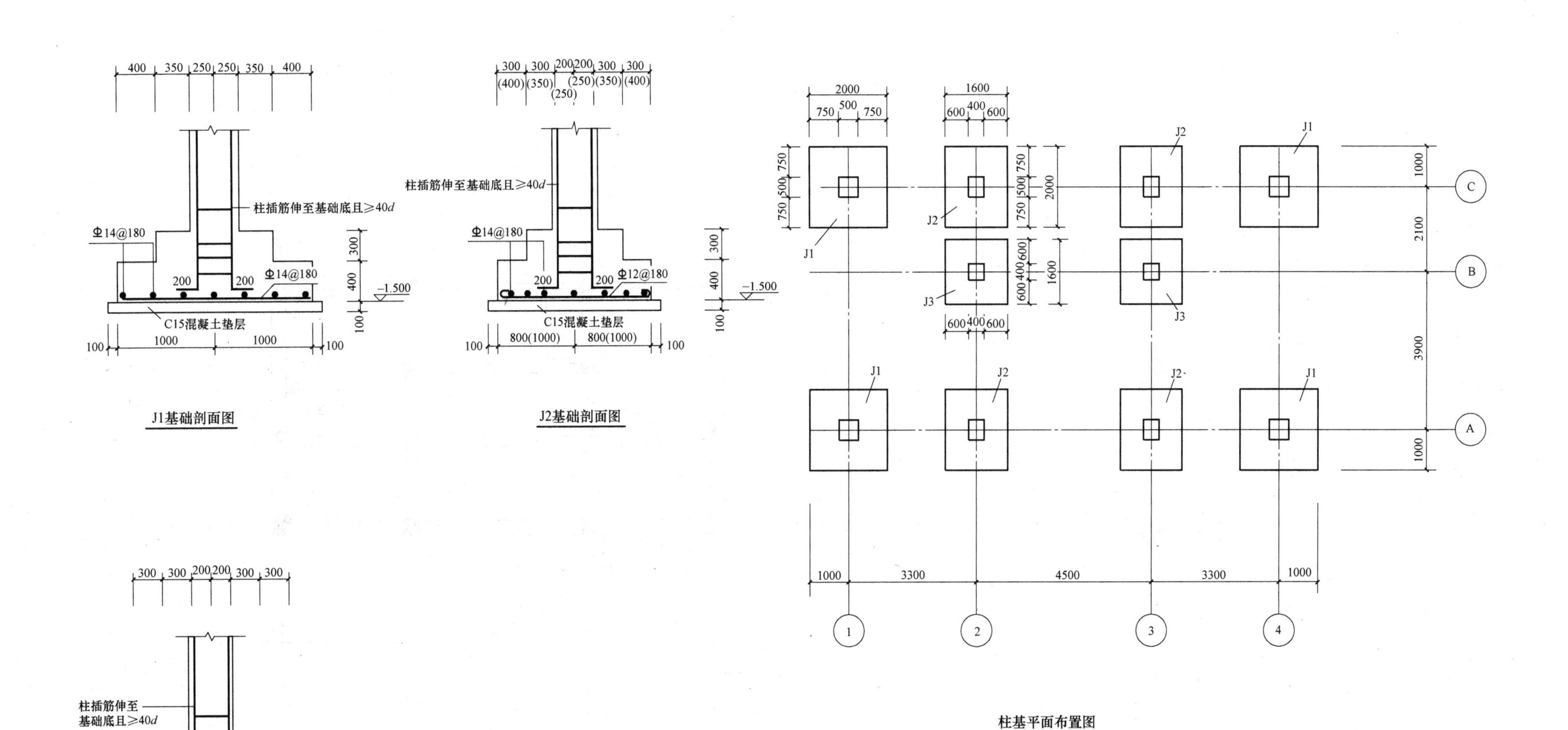

项目名称	办公楼	项目负责人	××		专业	图号	张数
		审　定	××				
柱基平面布置图、 J1～J3 基础剖面图		审　核	××		结构	G-01	4
		校　对	××				
		设　计	××		比例 1∶100	日期	××年××月

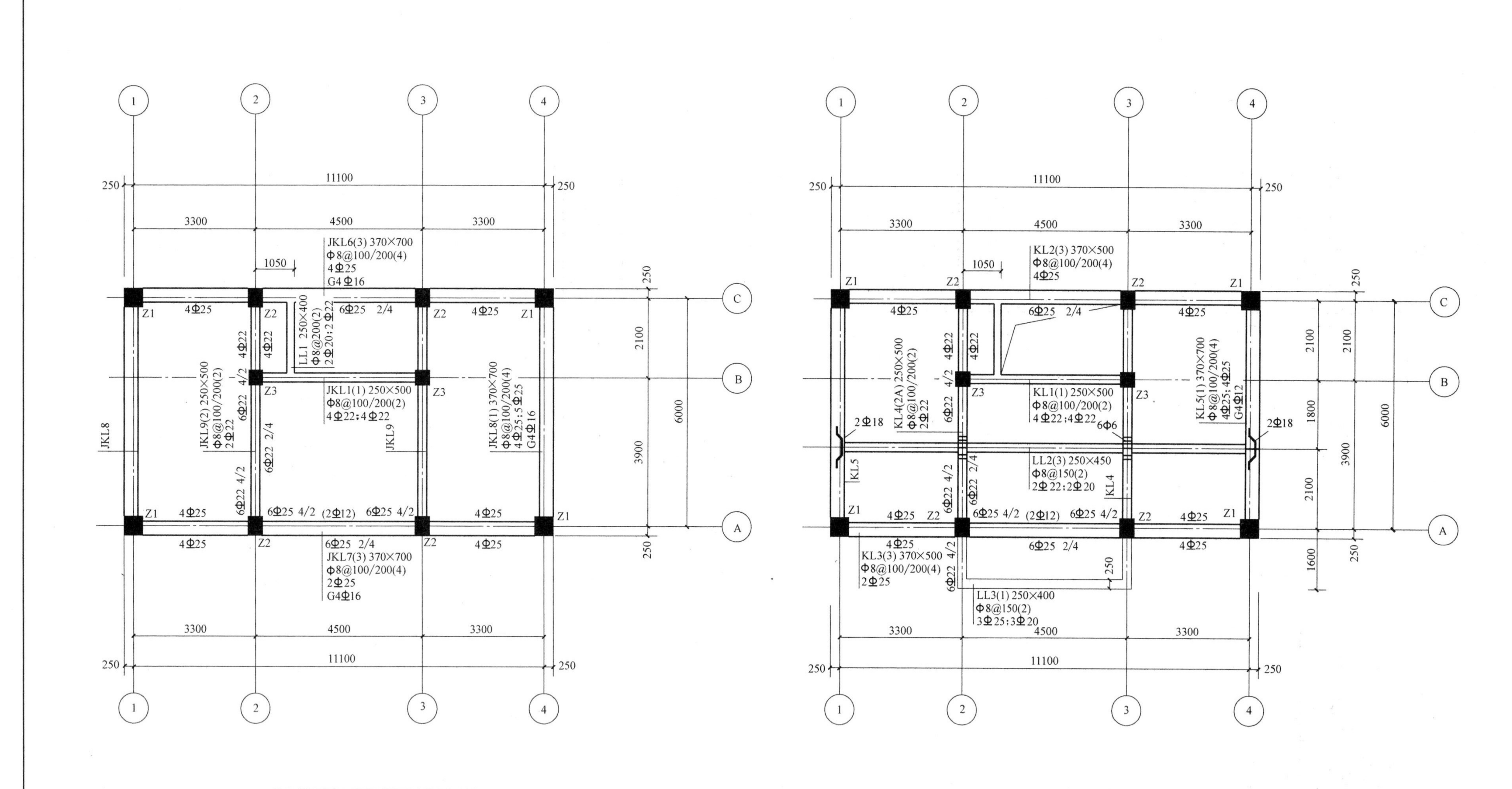

基础梁平面布置图(顶面标高±0.000)

3.600m框架梁配筋图

项目名称	办公楼	项目负责人	××		专业	图号	张数
基础梁平面布置图、3.600m框架梁配筋图		审定	××				
		审核	××		结构	G-02	4
		校对	××				
		设计	××		比例 1∶100	日期	××年××月

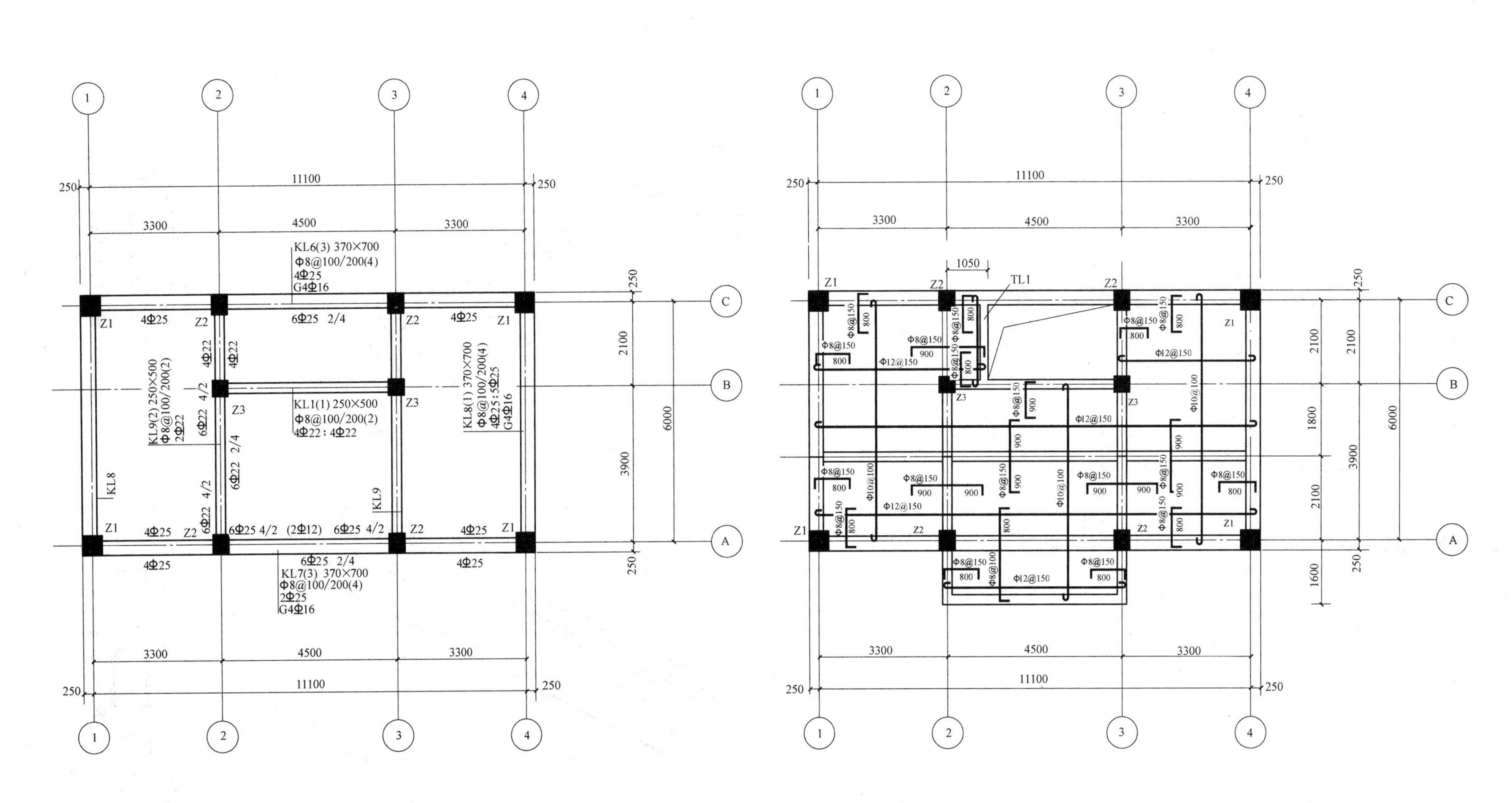

7.200m框架梁配筋图

3.600m楼板配筋图(板厚均为100)

项目名称	办公楼	项目负责人	××		专业	图号	张数
3.600m楼板配筋图、7.200m框架梁配筋图		审　定	××				
		审　核	××		结构	G-03	4
		校　对	××				
		设　计	××		比例 1：100	日期	××年××月

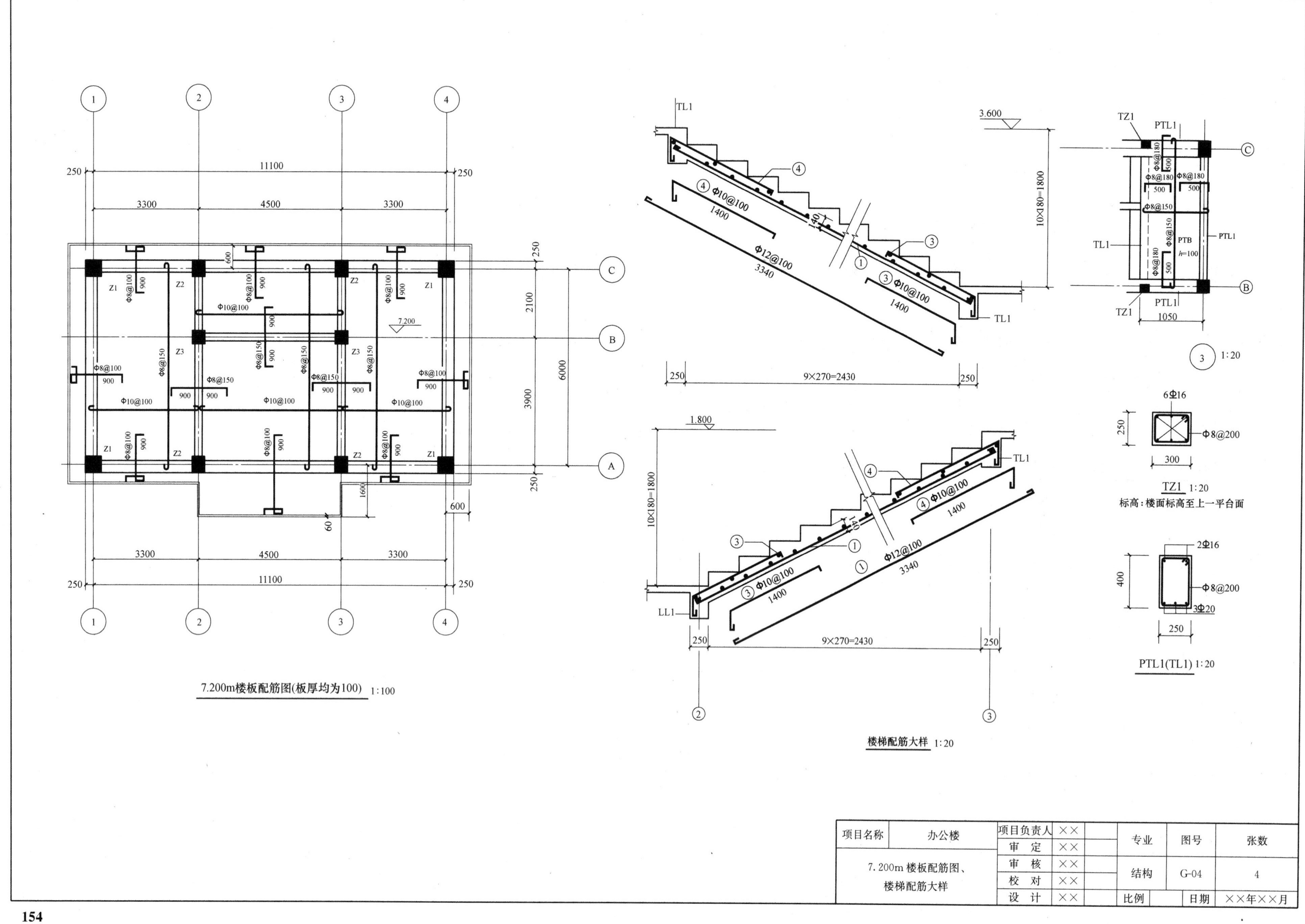
7.200m楼板配筋图(板厚均为100) 1:100
楼梯配筋大样 1:20
TZ1 1:20
标高：楼面标高至上一平台面
PTL1(TL1) 1:20
6Φ16
Φ8@200
2Φ16
3Φ20
Φ12@100
3340
Φ10@100
1400
9×270=2430
10×180=1800
3.600
1.800
7.200
11100
3300
4500
6000
2100
3900
TL1
LL1
PTL1
PTB
h=100
项目名称
办公楼
7.200m 楼板配筋图、
楼梯配筋大样
项目负责人
审　定
审　核
校　对
设　计
××
专业
结构
图号
G-04
张数
4
比例
日期
××年××月

参考文献

［1］ 葛若东．土建专业岗位基础知识［M］．北京：中国环境出版社，2014.

［2］ 陈卫平，程辉．建筑工程基础（第3版）［M］．武汉：中国地质大学出版社，2011.

［3］ 李宁宁，陈卫平．建筑识图训练（第2版）［M］．武汉：中国地质大学出版社，2011.

［4］ 中华人民共和国国家标准．总图制图标准 GB/T 50103—2010［S］．北京：中国计划出版社，2010.

［5］ 中华人民共和国国家标准．房屋建筑制图统一标准 GB/T 50001—2010［S］．北京：中国计划出版社，2010.

［6］ 中华人民共和国国家标准．建筑制图统一标准 GB/T 50104—2010［S］．北京：中国计划出版社，2010.

［7］ 中国建筑标准设计研究院．混凝土结构施工图平面整体表示方法制图规则和构造详图（现浇混凝土框架、剪力墙、梁、板）11G101-1［S］．北京：中国计划出版社，2011.

［8］ 中国建筑标准设计研究院．混凝土结构施工图平面整体表示方法制图规则和构造详图（现浇混凝土板式楼梯）11G101-2［S］．北京：中国计划出版社，2011.

［9］ 中国建筑标准设计研究院．混凝土结构施工图平面整体表示方法制图规则和构造详图（筏形基础、独立基础、条形基础、桩基承台）11G101-3［S］．北京：中国计划出版社，2011.

［10］ 中华人民共和国国家标准．建筑结构制图标准 GB/T 50105—2010［S］．北京：中国建筑工业出版社，2010.